绿色化学前沿丛书

绿色催化

邓友全 石 峰 编著

科学出版社

北京

内 容 简 介

本书比较系统地介绍了绿色催化领域中绿色催化剂、绿色催化反应过程及绿色催化技术等的相关知识。全书共7章，包括：绿色催化的起源和内涵；离子液体催化体系及反应；碳催化体系及反应；胺醇绿色催化烷基化；电催化；非光气催化体系及反应等。本书涵盖了2017年12月以前国内外有关绿色催化的最新研究成果，内容新颖翔实。

本书可供化学、化工、材料及相关学科从事研究开发、生产的科技与管理人员，以及高等院校师生参考阅读。

图书在版编目(CIP)数据

绿色催化 / 邓友全，石峰编著.—北京：科学出版社，2018.6
（绿色化学前沿丛书 / 韩布兴总主编）
ISBN 978-7-03-058138-9

Ⅰ. ①绿… Ⅱ. ①邓… ②石… Ⅲ. ①催化-化学反应工程-无污染技术 Ⅳ. ①TQ032.4 ②X78

中国版本图书馆CIP数据核字(2018)第134272号

责任编辑：翁靖一 / 责任校对：樊雅琼
责任印制：肖　兴 / 封面设计：东方人华

科学出版社 出版
北京东黄城根北街16号
邮政编码：100717
http://www.sciencep.com

艺堂印刷(天津)有限公司 印刷
科学出版社发行　各地新华书店经销

*

2018年6月第　一　版　开本：720×1000　1/16
2018年6月第一次印刷　印张：22 1/2
字数：439 000

定价：138.00元
（如有印装质量问题，我社负责调换）

绿色化学前沿丛书
编 委 会

顾　　问：何鸣元院士　朱清时院士
总 主 编：韩布兴院士
副总主编：丁奎岭院士　张锁江院士
丛书编委（按姓氏汉语拼音排序）：

邓友全	丁奎岭院士	韩布兴院士	何良年
何鸣元院士	胡常伟	李小年	刘海超
刘志敏	任其龙	佘远斌	王键吉
闫立峰	张锁江院士	朱清时院士	

总　　序

化学工业生产人类所需的各种能源产品、化学品和材料，为人类社会进步作出了巨大贡献。无论是现在还是将来，化学工业都具有不可替代的作用。然而，许多传统的化学工业造成严重的资源浪费和环境污染，甚至存在安全隐患。资源与环境是人类生存和发展的基础，目前资源短缺和环境问题日趋严重。如何使化学工业在创造物质财富的同时，不破坏人类赖以生存的环境，并充分节省资源和能源，实现可持续发展，是人类面临的重大挑战。

绿色化学是在保护生态环境、实现可持续发展的背景下发展起来的重要前沿领域，其核心是在生产和使用化工产品的过程中，从源头上防止污染，节约能源和资源。主体思想是采用无毒无害和可再生的原料、采用原子利用率高的反应，通过高效绿色的生产过程，制备对环境友好的产品，并且经济合理。绿色化学旨在实现原料绿色化、生产过程绿色化和产品绿色化，以提高经济效益和社会效益。它是对传统化学思维方式的更新和发展，是与生态环境协调发展、符合经济可持续发展要求的化学。绿色化学仅有二十多年的历史，其内涵、原理、内容和目标在不断充实和完善。它不仅涉及对现有化学化工过程的改进，更要求发展新原理、新理论、新方法、新工艺、新技术和新产业。绿色化学涉及化学、化工和相关产业的融合，并与生态环境、物理、材料、生物、信息等领域交叉渗透。

绿色化学是未来最重要的领域之一，是化学工业可持续发展的科学和技术基础，是提高效益、节约资源和能源、保护环境的有效途径。绿色化学的发展将带来化学及相关学科的发展和生产方式的变革。在解决经济、资源、环境三者矛盾的过程中，绿色化学具有举足轻重的地位和作用。由于来自社会需求和学科自身发展需求两方面的巨大推动力，学术界、工业界和政府部门对绿色化学都十分重视。发展绿色化学必须解决一系列重大科学和技术问题，需要不断创造和创新，这是一项长期而艰巨的任务。通过化学工作者与社会各界的共同努力，未来的化学工业一定是无污染、可持续、与生态环境协调的产业。

为了推动绿色化学的学科发展和优秀科研成果的总结与传播,科学出版社邀请我组织编写了"绿色化学前沿丛书",包括《绿色化学与可持续发展》、《绿色化学基本原理》、《绿色溶剂》、《绿色催化》、《二氧化碳化学转化》、《生物质转化利用》、《绿色化学产品》、《绿色精细化工》、《绿色分离科学与技术》、《绿色介质与过程工程》十册。丛书具有综合系统性强、学术水平高、引领性强等特点,对相关领域的广大科技工作者、企业家、教师、学生、政府管理部门都有参考价值。相信本套丛书的出版对绿色化学和相关产业的发展具有积极的推动作用。

最后,衷心感谢丛书编委会成员、作者、出版社领导和编辑等对此丛书出版所作出的贡献。

中国科学院院士
2018 年 3 月于北京

前　言

绿色催化(green catalysis)于20世纪90年代末在文献里出现，与更早提出的"环境友好催化"(environmentally friendly catalysis)的概念没有太大的区别。绿色催化作为绿色化学的一个重要分支，不仅是绿色化学过程的核心技术和研究前沿，同时也是实现绿色化学最终目标的重要途径。

近年来，随着社会对环境污染和资源枯竭的日益关注，绿色催化也逐步成为催化科学技术研究发展的前沿和重点，相关方面的研究工作也日趋丰富和深入，且涉及内容广泛。由于绿色催化与绿色化学和绿色化工及过程联系紧密，一般的文献和认识似乎将绿色催化与绿色化学和绿色化工及过程混为一谈。绿色催化研究发展至今，有必要对其给出一个较为准确和完整的定义，相关内容和未来发展趋势也需要进行总结、梳理和展望。

2016年年底，科学出版社和韩布兴院士组织出版"绿色化学前沿丛书"。韩布兴院士作为丛书总主编，可能考虑到本书作者在绿色催化研究领域的一些方面尚有一些积累，他指定作者撰写《绿色催化》一书，并亲自命名《绿色催化》的书名和审定了作者草拟的本书编写大纲与目录。考虑到绿色催化包含内容广泛和作者的研究工作有限，虽有些勉为其难，但还是尽力促成本书的完成。

本书首先介绍了绿色催化的起源、内涵及在绿色化学中的作用。其次，重点介绍了新近发展的离子液体、新型碳材料绿色催化剂体系及相关反应；以醇替代有毒卤代烷的胺醇烷基化和非光气制异氰酸酯为典型介绍了清洁催化反应过程；以电化学催化为例说明了绿色催化方法。最后，审慎和简要地展望了绿色催化可能的发展。

本书在内容上力图反映当前绿色催化领域的前沿和热点，从而使读者能深入地了解绿色催化的重要科学意义和实际应用价值。本书在编写中力求做到科学性、先进性和与时俱进，能给读者以借鉴和启迪，促进我国的绿色化学及催化科学技术的研究发展，这将是作者所期望的最好慰藉和回报。

本书也将近几年来直到近期作者所在的课题组所从事的有关绿色催化研究工作进展做了总结，这些研究工作先后得到了国家自然科学基金委员会、中国科学院和国内外有关企业的支持。同时，作者所在课题组的刘士民副研究员、王培学博士、倪文鹏博士、张玉璟、柳淑娟、代兴超、费玉清、龙焱、吴雅娟、李庆贺、聂超、周达伟等研究生，以及马祥元、卢六斤、何昱德、王红利、袁航空、张伟、黄永吉等工作人员和湖南大学的张世国教授从研究工作的具体而富有创新的实施，到为本书编写所需相关文献资料的搜集和各章节的初步形成都做出了很大的贡献。他们在绿色催化方向研究的实践和努力，极大地促进了本书撰写的及时完成。在此，一并表示衷心的感谢！

限于作者的时间和精力，而且鉴于绿色催化本身涉及的领域非常广泛，其国内外相关的研究工作不断涌现，因此本书很难涵盖绿色催化的全部内容，其不足和疏漏之处在所难免，如蒙读者指正，作者将十分感谢。

特别地，由于国内从事绿色催化或环境友好催化研究的单位和团队不断增加，相应的研究工作不可能全被引入本书，恳请从事绿色催化乃至催化科学技术研究的同仁见谅。

邓友全　石　峰

2018 年 2 月

目 录

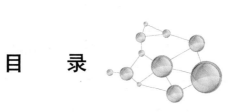

总序
前言

第1章 绪论——起源和内涵 ... 1
    参考文献 ... 3

第2章 离子液体催化体系及反应 ... 4
  2.1 引言 ... 4
  2.2 纳米限域离子液体催化体系及反应 ... 6
    2.2.1 纳米限域离子液体制备 ... 6
    2.2.2 纳米限域离子液体的结构与性质 ... 7
    2.2.3 纳米限域离子液体催化剂及其在催化反应中的应用 ... 9
  2.3 离子液体催化体系中 Beckmann 重排反应 ... 25
    2.3.1 离子液体作为反应介质的 Beckmann 重排反应 ... 26
    2.3.2 离子液体作为催化剂和反应介质的双重作用 ... 27
    2.3.3 酸性离子液体作为催化剂在有机溶剂中进行 Beckmann 重排反应 ... 30
    2.3.4 离子液体催化环己酮一步肟化重排生成 ε-己内酰胺 ... 31
  2.4 离子液体催化体系中烷基化反应 ... 32
    2.4.1 离子液体中的 C_4 烷基化反应 ... 32
    2.4.2 离子液体中的芳烃烷基化反应 ... 42
    2.4.3 离子液体中的酚类烷基化反应 ... 49
  2.5 离子液体调控的氯乙烯化反应 ... 51
    2.5.1 合成氯乙烯的催化剂研究 ... 52
    2.5.2 基于离子液体的乙炔氢氯化气液相反应 ... 53
    2.5.3 基于离子液体的乙炔氢氯化气固相反应 ... 56
  2.6 基于酸性功能化离子液体的精细化学品合成 ... 58
    2.6.1 酸性功能化离子液体的分类及酸性测试 ... 59
    2.6.2 酸性功能化离子液体中的酯化反应 ... 60
    2.6.3 酸性功能化离子液体中的杂环化合物的合成 ... 62

2.6.4 酸性功能化离子液体中的其他常见反应 ··································· 64
2.7 离子液体中生物质的催化转化过程 ·· 65
 2.7.1 离子液体中纤维素的催化转化 ·· 66
 2.7.2 离子液体中半纤维素的催化转化 ··· 71
 2.7.3 离子液体中木质素的催化转化 ·· 73
2.8 离子液体中二氧化碳的催化转化 ·· 77
 2.8.1 离子液体中基于 CO_2 的 C—N 键构筑 ······································ 77
 2.8.2 离子液体中利用 CO_2 合成环状碳酸酯 ····································· 80
 2.8.3 离子液体中利用 CO_2 合成链状碳酸酯 ····································· 83
 2.8.4 离子液体中 CO_2 催化加氢过程 ··· 84
2.9 结束语 ·· 85
参考文献 ·· 86

第3章 碳催化体系及反应 ·· 98
3.1 引言 ··· 98
3.2 碳催化材料结构 ··· 99
 3.2.1 碳催化材料的活性结构 ··· 99
 3.2.2 碳催化材料表面结构研究 ·· 102
3.3 碳材料催化的脱氢反应 ··· 104
 3.3.1 碳材料催化烷基芳烃脱氢 ·· 104
 3.3.2 碳材料催化低碳烷烃脱氢 ·· 112
 3.3.3 碳材料催化其他分子的脱氢反应 ·· 117
3.4 碳材料催化选择氧化 ··· 118
 3.4.1 醇选择氧化 ··· 119
 3.4.2 胺选择氧化 ··· 122
 3.4.3 烃类化合物选择氧化 ··· 124
 3.4.4 硫醇选择氧化 ··· 129
 3.4.5 有机污染物的氧化消除 ··· 130
 3.4.6 气体污染物的氧化消除 ··· 131
3.5 碳材料催化加成反应 ··· 134
3.6 碳材料催化还原反应 ··· 136
3.7 碳材料催化的其他反应 ··· 138
 3.7.1 烷基化反应 ··· 138
 3.7.2 加成缩合反应 ··· 140
 3.7.3 聚合反应 ·· 143
 3.7.4 酸碱催化反应：酯化、酯交换和醚化 ······································ 143
3.8 结束语 ··· 145

参考文献 145

第4章 胺醇绿色催化烷基化 156
4.1 引言 156
4.2 胺醇烷基化均相催化体系 157
4.2.1 贵金属催化剂 157
4.2.2 非贵金属催化剂 177
4.2.3 非过渡金属催化剂 181
4.3 胺醇烷基化多相催化体系 182
4.3.1 贵金属催化剂 182
4.3.2 非贵金属催化剂 190
4.3.3 非过渡金属催化剂 199
4.4 路易斯酸催化体系 200
4.5 结束语 203
参考文献 204

第5章 电催化 221
5.1 引言 221
5.2 CO_2 的电催化活化和转化 222
5.2.1 CO_2 的电催化还原基本机理 223
5.2.2 离子液体调控的 CO_2 电化学催化转化 225
5.2.3 无离子液体中的 CO_2 合成 C_{2+} 化合物 234
5.3 电催化有机合成 237
5.3.1 有机电化学合成简介 237
5.3.2 电化学偶联反应 240
5.3.3 电化学卤化反应 242
5.3.4 电聚合反应 243
5.3.5 金属有机化合物的电合成 244
5.4 水的电催化 244
5.4.1 水电解技术 245
5.4.2 析氢电催化剂 248
5.4.3 析氧电催化剂 257
5.4.4 双功能电催化剂 260
5.5 金属空气电池中的反应与催化剂体系 261
5.5.1 金属空气电池的基本原理 262
5.5.2 金属空气电池中的电解液 265
5.5.3 金属空气电池中的催化剂 268

5.6 有机污染物的电化学处理 276
5.6.1 有机污染物的来源及危害 276
5.6.2 有机污染物的电氧化机理 277
5.6.3 碳和石墨电极 280
5.6.4 贵金属类催化剂 281
5.6.5 金属氧化物催化剂 282
5.6.6 硼掺杂的金刚石催化剂 283
5.7 结束语 284
参考文献 285

第6章 非光气催化体系及反应 292
6.1 引言 292
6.2 各类非光气羰源的基本性质与性能 295
6.2.1 一氧化碳 295
6.2.2 小分子碳酸烷基酯 295
6.2.3 尿素 295
6.2.4 小分子氨基甲酸酯 296
6.2.5 二氧化碳 296
6.3 相关的催化羰基化反应过程 296
6.3.1 CO 为羰基源合成 N-取代氨基甲酸酯或异氰酸酯 296
6.3.2 小分子碳酸烷基酯为羰基源合成 N-取代氨基甲酸酯 302
6.3.3 尿素为羰源合成 N-取代氨基甲酸酯 306
6.3.4 氨基甲酸酯为羰源合成 N-取代氨基甲酸酯 311
6.3.5 直接以 CO_2 为羰基源合成 N-取代氨基甲酸酯 318
6.3.6 CO_2 为羰源两步法合成 N-取代氨基甲酸酯 320
6.4 相关的催化热裂解反应过程 325
6.4.1 N-取代氨基甲酸酯的热裂解用的溶剂和催化剂 328
6.4.2 离子液体中催化 N-取代氨基甲酸酯热裂解 331
6.4.3 催化热裂解反应机理 332
6.4.4 热裂解中的副产物 334
6.5 结束语 337
参考文献 338

第7章 展望 345
附录 347

第1章
绪论——起源和内涵

催化不仅是化学工业的基石，还在医药合成、农业、环境、能源及国防等领域发挥着越来越重要的作用，为世界各国的社会和经济发展做出了很大的贡献。但是，随着人类社会的不断发展和进步，人口与资源、环境的矛盾也越来越突出，可持续发展的压力日益增加。作为国民经济支柱产业之一的化学工业及相关产业，为人类创造了大量的物质财富，但同时也会在生产活动中排放出废弃物，给环境和人类的健康带来一定的危害。因此，国际上绿色化学的概念在20世纪90年代初应运而生。由于绿色化学和催化科学技术有千丝万缕的联系，1994年"环境友好催化"接踵而来[1]。需要指出的是，这并不意味着环境友好催化研究在此之前不存在，这本身也是催化科学技术从诞生以来一直追求的重要目标。环境友好催化的提出可以说是与时俱进地将传统的催化技术在科学层面上做了细化、凝练和提升的同时，也对从事此类研究发展的团队努力的工作方向给了一个正式的名称。直到20世纪90年代末又出现了"绿色催化"的说法[2]。一般地讲，环境友好催化和绿色催化没有大的区别。但仔细探究一下，一方面可以理解为环境友好是目标，而绿色是实现目标的方法或手段；另一方面，环境友好催化是绿色催化的初级阶段，即前者是采用新的催化材料、反应和手段来尽量减少传统化工产业对环境的污染；而绿色催化则是以低成本下的"零排放"作为最终的目标。并且，绿色催化的说法似乎更为简洁易懂和时尚。

在我国，几乎在同一时期对绿色化学与催化开始了关注。1995年，中国科学院化学部确定了"绿色化学与技术——推进化工生产可持续发展的途径"的院士咨询课题。闵恩泽院士等在"九五"计划期间提出和开展了"环境友好石油化工催化化学与化学反应工程"的重大项目研究。此研究具有里程碑性，正式拉开了我国绿色催化或环境友好催化的序幕。

绿色催化应是绿色化学的核心，这也许就是多年来即便是专业的科研人员也容易将绿色催化与绿色化学混在一起考虑的原因。绿色化学的发展取决于绿色催化的发展，即绿色催化是纲，纲举目张。同时，绿色催化是催化科学技术研究发展领域的前沿。什么是绿色催化？似乎至今尚未有一个完整的定义。并且，在当今学科发展相互交叉和融合的情势下，准确地给出绿色催化的科学定义和内涵是困难的。但是，绿色催化研究发展至今，它的内涵应该凝练梳理一下。在此，我们试图定义绿色催化：①发展绿色的催化材料和制备方法，如研究发展碳催化材料、离子液体催化材料、固体酸催化材料等，摒弃强腐蚀的氢氟酸、浓硫酸催化剂，严重污染环境的汞、铅、铬催化剂，剧毒的羰基金属催化剂等；②研究发展绿色的催化反应过程和相关机理，使用无毒无害的原料如二氧化碳、碳酸二甲酯、尿素及使用可再生资源如生物质等，摒弃剧毒的光气、氰化物等；③研究发展绿色催化方法，如电催化、酶或生物催化等温和反应条件下的催化方法。总之，绿色催化材料、反应和手段三个方面的研究发展与融合，达到高效、环保和安全三者的统一。在多数文献中或传统观念上，以一氧化碳为羰源的原子经济型羰化反应取代产生大量废物的氢气、分子氧或过氧化氢作为催化加氢或催化氧化反应均视为绿色催化的范畴。似乎不幸的是，这些反应都以高压、剧毒、易燃易爆为特点。从本征安全与绿色的要求来看，它们是否仍属于绿色催化的范畴值得商榷。

　　绿色催化的科学问题是什么？其核心应该是高效的绿色催化材料的设计与构建，具体就是如何研究发展本身对环境无害的、同时具备高的催化性能的催化剂体系；绿色催化反应设计与构建，具体就是设计不违背热力学平衡规律的原子经济反应，发展无毒无害(如以可再生资源为原料)的新反应；还包括如何实现绿色催化材料、绿色催化反应和绿色催化方法三者的协同与匹配。从分子水平上看，还应包括本质对环境无害的高效催化微环境或活性位的创制，绿色催化材料、绿色催化反应和绿色催化方法三者协同下的反应机理。

　　本书以绿色催化为主题，主要介绍了相关绿色催化剂、绿色催化反应过程及绿色催化技术等。目的是使读者对当前的绿色催化领域的基本知识和相关进展有一定的了解。绿色催化有着丰富的内涵，鉴于作者以往有限的研究方向，围绕作者作为催化研究工作者多年来从事过的相关领域作为本书的内容。因此，它绝不意味着本书的内容代表了绿色催化的全部内容。本书主要包含以下内容：①离子液体催化体系及反应：离子液体的极低挥发、多重弱相互作用的存在、结构性质可调，可构成宽尺度的绿色催化剂和功能介质体系。这是近年来绿色催化剂体系新的组成部分。②环境友好的新型碳材料催化体系及反应：碳基催化材料具有环境友好且表面功能基团易于调控等优点，为针对不同反应的催化材料创制提供了有力的手段。近年来，碳基催化材料已经被广泛用于烃、醇、胺等基础分子的催化转化，是当前绿色催化材料乃至催化材料研究的重要前沿领域。③以醇替代有毒的卤代烷的胺醇绿色催化烷基化：N-烷基化胺是化学工业的重要中间体，在医药、农药、燃料等领域得到广泛应用。以醇为烷基化试剂合成 N-烷基化胺时，水是唯一的副产物，它具有原子经济性高、环境友好的特点。通过高效催化体系的创制进而实现温和条件下的胺醇烷基化反应是当前绿色催化反应研究发展的热点领域之一。④电化学技术在绿色催化中的应用：电催化中的氧化和还原剂是"清洁的"电子。电催化通常可在常温下进行，可以打破反应的化学平衡限制，电催化是绿色催化中最具潜力的技术。⑤非光气过程清洁合成异氰酸酯：异氰酸酯是生产世界上最重要合成材料之一聚氨酯的原料，现工业年产异氰酸酯的规模达到千万吨，主要是光气工艺。光气剧毒，反应副产大量腐蚀性氯化氢，生产过程复杂甚至危险。实现异氰酸酯清洁生产是绿色催化的重要使命。

总之，绿色催化是从源头上消除催化剂本身和催化反应可能带来的污染，这不仅丰富和纯化提升催化科学技术的内涵，也对节能减排乃至社会的可持续发展具有重要的意义，将产生巨大的经济和生态效益。

参 考 文 献

[1] Clark J H, Cullen S R, Barlow S J, et al. Environmentally friendly chemistry using supported reagent catalysts: structure-property relationships for clayzic. Journal of the Chemical Society-Perkin Transactions1, 1994, 2(6): 1117-1130.

[2] Yasuhiro U, Watanabe T. Green catalysis: hydroxycarbonylation of aryl halides in water catalyzed by an amphiphilic resin-supported phosphine-palladium complex. Journal of Organic Chemistry, 1999, 64: 6921-6923.

第 2 章
离子液体催化体系及反应

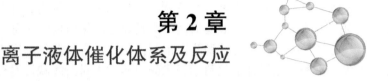

2.1 引言

离子液体(ionic liquid, IL)常由大体积、低对称的有机阳离子和小体积的无机阴离子组合而成。由于阳离子体积大且对称性低，小体积的阴离子无法与其接近形成强的离子键，在室温或近室温下只能形成液体。离子液体完全由阴、阳离子所构成，与固态物质比较，是液态的；与传统液态物质比较，是离子的。离子液体的突出特点是极低的挥发性和难以燃烧，使得其在催化过程中替代易挥发易燃而造成环境污染和安全事故的传统有机溶剂成为可能。这也是离子液体作为"绿色溶剂"受到绿色催化和化学关注的重要原因之一。另外，离子液体拥有强的静电场、特有的微环境、存在多重弱相互作用、性质可调及多样性，使得离子液体可以调控反应的选择性和活性，这就是离子液体作为新型的催化剂受到重视的原因。

离子液体首次应用于催化反应中是在 1986 年，John S. Wilkes 等将氯铝酸类离子液体作为溶剂和催化剂用在 Friedel-Crafts(以下简称傅-克)烷基化和傅-克酰基化反应中，其展现了良好的催化性能[1]。作者当时的研究动机应该仅仅是氯铝酸类离子液体在室温下是液体，其初衷与绿色催化无关。1992 年，对水和空气稳定的离子液体出现，标志着离子液体用于绿色催化的开始[2]。本书作者所在课题组于 2001 年在国内率先开展了离子液体在催化反应中的应用研究，成功地将离子液体应用于酯化、加成、烷基化等多个催化反应中[3-6]。在 WOS 网站查询，2000年以来发表离子液体的文章数量处于逐年上升的态势，截至 2017 年 11 月底，与离子液体有关的文章共发表 7.8 万余篇[图 2.1(a)]。其中，与催化有关的文章共2.1 万篇，而 2016 年催化合成精细化学品论文所占比例最大[图 2.1(b)]。离子液体参与的液相催化反应几乎涵盖了所有的有机化学反应类型，通过选择合适的离子液体可以获得较普通溶剂更高的反应速率、选择性，且易于分离。

本章主要围绕作者过去从事过的离子液体催化体系和基于离子液体催化反应如纳米限域离子液体催化体系及反应，离子液体催化体系 Beckmann 重排反应、烷基化反应、氯乙烯化反应、生物质转化、二氧化碳转化利用等，以及近十年来报道的重要和热点的基于离子液体催化的若干反应给予介绍。

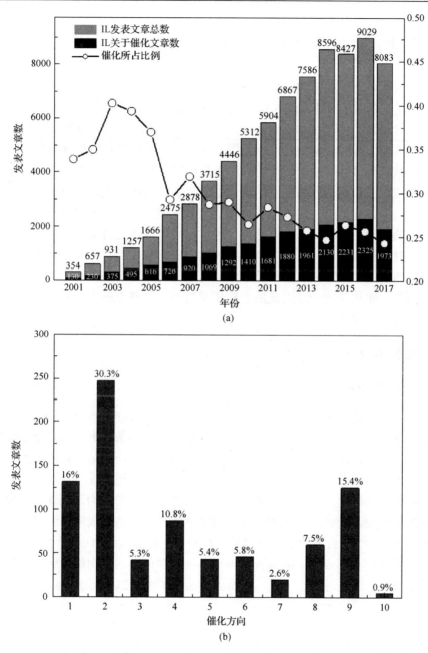

图 2.1 (a) 2001~2017 年离子液体及与催化相关文章发表情况；(b) 2016 年离子液体催化各方向文章发表情况

1. 简单有机反应；2. 精细化学品合成；3. 有机人名反应；4. 生物质转化；5. 电化学催化；6. 综述；7. 生物催化；8. 二氧化碳利用；9. 催化材料合成；10. 光催化

2.2 纳米限域离子液体催化体系及反应

离子液体由于其独特的性质，作为溶剂或催化剂成为当前绿色催化领域研究的热点[7]。但是离子液体在均相催化体系中，存在着黏度较大、扩散系数低等问题，这无疑增加了离子液体工业化应用的难度[8]。将离子液体催化剂固载到载体上的策略则可以较好地解决这些问题[9]。固载离子液体是利用化学或物理方法将离子液体负载到多孔基质上，而得到固载化离子液体或表面具有离子液体结构的物质。传统的有机溶剂容易挥发，很难稳定地负载到载体上，而离子液体由于其极低蒸气压则很容易实现固载化。将离子液体限域到纳米多孔材料上，微观上可形成超薄的离子液体膜，从而可避免使用体相离子液体所带来的问题，因此它结合了多孔材料和离子液体两种功能材料的优势，非常有可能成为沟通多相催化与均相催化的桥梁和纽带[10]。按照离子液体与载体材料之间的相互作用方式，可将其分为两类，即化学键合型固载离子液体和物理限域型固载离子液体，本节只围绕物理限域型固载离子液体进行阐述。

2.2.1 纳米限域离子液体制备

1. 原位引入法

原位引入法是比较常用的合成纳米限域离子液体的方法之一，一般通过溶胶-凝胶的办法将离子液体在合成过程中原位限域到氧化物基体上。邓友全团队提出了将离子液体和催化活性物种包载到介孔硅胶的超笼中，制备包载零维纳米离子液体催化剂的构想[11]。在该体系中，离子液体能够同时起到反应介质和催化剂的作用，硅胶的纳米孔腔将扮演纳米反应器的角色，底物和产物可以通过硅胶的纳米孔道进行传输。此外，包载催化剂的超笼环境产生的纳米效应，可以大大提高催化剂的催化活性。典型的合成过程是将乙醇和正硅酸乙酯(TEOS)混合，加入离子液体和催化剂并形成均匀的溶胶，再加入浓盐酸使该混合物逐渐转变为凝胶，最后对生成的干胶进行真空干燥，即得到产品，如图2.2(a)所示。

2. 浸渍法

浸渍法也是合成纳米限域离子液体的重要方法，其制备过程比较简单。主要是通过载体材料对离子液体的物理吸附作用，将离子液体吸附在载体的孔洞中。其典型的制备方法如下：将要进行浸渍的多孔材料预先放入烧瓶中，减压抽真空排出孔道内吸附的气体；再将离子液体通过注射器注入烧瓶中，加热超声振荡几小时后，离子液体将会通过毛细作用进入载体的孔道中；接下来选择合适的低沸点溶剂洗去载体表面未被吸附的离子；最后减压干燥除去溶剂，便可得到相应限域离子液体。此方法中对基质的抽真空处理很重要，如在常压下进行浸渍，离子液体会吸附在载体表面，而不是进入孔道中。

3. "瓶中造船"法

原位引入法和浸渍法是目前应用比较广泛的方法，但是这两种方法制备的纳米限域离子液体稳定性相对较差，特别是应用于催化反应的时候容易流失，导致催化剂使用寿命缩短。研究者们最近提出了"瓶中造船"（ship-in-bottle）法来制备性能稳定的纳米限域离子液体[图 2.2(b)][12]。将合成离子液体的前驱体原料通过孔道依次扩散到多孔材料的孔洞中（"瓶"），然后在"瓶"中通过化学反应生成相应的离子液体（"船"）。由于生成离子液体的体积大于孔道的尺寸，则其会保留在孔洞中而不会流失。需要注意的是，采用此方法合成纳米限域离子液体时，要考虑离子液体分子和载体孔道的尺寸，此方法目前只适用于含有笼状结构单元的微孔材料，如 ZIF 和 MOF 材料等。

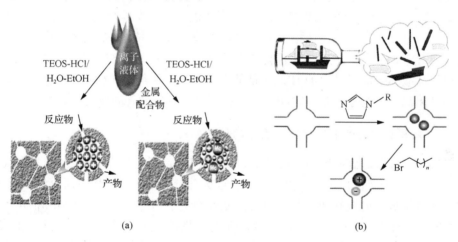

图 2.2 (a)硅胶包载纳米离子液体催化剂合成；(b)"瓶中造船"概念示意图

2.2.2 纳米限域离子液体的结构与性质

纳米限域离子液体在载体孔道内会受到两方面的作用，即空间位阻效应及离子液体与孔壁的相互作用，这些作用对离子液体的物理化学性质会产生一定的影响，如热性质、光谱性质等。以硅胶为基质的纳米限域的烷基咪唑类离子液体是目前研究最多的体系。

1. 硅胶基质的纳米限域离子液体的结构

了解载体孔壁与离子液体之间的相互作用对于理解纳米限域离子液体的结构

和性质有十分重要的作用。多孔硅胶表面一般含有 Si 原子、Si—O 键、硅羟基(Si—OH)基团。当离子液体限域于纳米硅胶时,离子液体表层与载体表面基团之间存在着相互作用,而远离硅胶壁的离子液体则没有这些作用。①由于离子液体阴离子中一般含有电负性较强的原子(如 F、O 原子),硅胶表面的硅羟基与离子液体的阴离子存在着氢键作用,并且界面之间也可能存在其他的作用方式;②SiO_2 上的 O 原子与烷基链末端原子的相互作用;③SiO_2 上的 O 原子与咪唑阳离子上的 C—H 键的作用;④SiO_2 上的 Si 原子与阴离子之间的作用等。具体存在哪些作用与离子液体的种类有关。例如,将离子液体[EMIm][$EtSO_4$]限域到硅胶中,离子液体与载体表面除了有前三种作用方式外,还可以用红外的手段检测到 Si—O—S 键的存在[13],而硅胶限域的[BMIm][$OcSO_4$]则没有 Si 原子与阴离子之间的作用,可能是由[$OcSO_4$]阴离子烷基链太长,存在的空间位阻造成的[14]。

此外,限域离子液体与硅胶表面的作用还会影响离子的构象,甚至是配位结构。例如,[TFSI]阴离子有 *cis*(顺)和 *trans*(反)两种构象异构体,*trans* 构象更加稳定,因此在体相离子液体中,[TFSI]主要以 *trans* 构象存在。有意思的是,Raman 光谱[15]和 MD 模拟[16]的结果都表明,当离子液体限域在硅胶纳米孔道时,[TFSI]阴离子构象发生改变,在体相中为主的 *trans* 构象转换成了 *cis* 构象。这是由于在限域情况下,*cis* 构象在载体表面能更有效地进行堆积,[TFSI]的磺酰基上的四个氧原子与载体表面羟基上的 H 原子都能发生作用,使其更加稳定。相比之下,离子液体阳离子的构象在限域时相对于体相则没有发生显著的变化[17]。

2. 硅胶基质的纳米限域离子液体的性质

离子液体限域到硅胶纳米孔道后,其热性质(包括相行为、比热容、热稳定性等)与体相离子液体相比会发生变化。目前大部分对离子液体熔点研究结果表明,离子液体限域到硅胶孔道后其熔点会降低或测量不到。例如,将[EMIm][DCA]和[EMIm][OTf]采用溶胶-凝胶法限域到硅胶中,DSC 测量结果显示,与纯离子液体相比,它们的熔点分别降低了 13℃和 8℃[18]。离子液体的阴离子体积大小也对其限域后的熔点有很大影响,如含有较大阴离子的[BMIm][$OcSO_4$]在限域后,其熔点竟然降低了 52℃[14]。作者所在课题组也对硅胶包载离子液体的热性质进行了系统研究[19],发现将离子液体限域在介孔硅胶(孔径 3~12nm)中,其玻璃态、固态到液态的相转变均消失,并且具有典型热致液晶性质的[C_{16}MIm][BF_4]在硅胶孔道中的液晶行为也未观测到;此外,离子液体包载后其比热容显著下降,最小可降至纯离子液体的 1/5。目前对于限域的咪唑类离子液体热稳定性的研究认为,与体相离子液体相比其热分解温度明显下降,并且下降程度主要与离子液体所含阴离子种类有关,而阳离子上烷基链长度、离子液体担载量及硅胶本身的性质对其影响则不明显[9]。

离子液体限域到硅胶纳米孔道后其光谱性质也会有所变化,尤其是荧光光谱、振动光谱等,邓友全课题组对离子液体限域后的光谱变化也进行了深入研究[19, 20]。将离子液体包载到介孔硅胶的孔道中(孔径大小为 5~8nm,担载量为 5wt%[①]~60wt%时),发现硅胶孔道中限域的二氰胺离子液体的荧光行为与体相离子液体相比发生了显著的变化,其荧光发射的强度显著增强,最大发射光谱的强度比体相离子液体高 40~100 倍。二氰胺阴离子通过刚性平面可以进行 π-π 共轭,同时二氰胺阴离子与咪唑阳离子之间也能够形成一定 π 相互作用体系,π 超共轭体系可能是导致二氰胺离子液体包载于介孔硅胶后出现荧光增强效应的原因。

2.2.3 纳米限域离子液体催化剂及其在催化反应中的应用

将含有活性组分的离子液体负载到多孔材料的孔道中就形成了纳米限域离子液体催化剂。限域离子液体催化剂大致可分为三类:①负载离子液体型[SILP,图 2.3(a)]:即将含有活性组分的离子液体负载到多孔基质中,离子液体作为反应介质溶解催化活性物质。尽管负载型离子液体催化剂外观上是固体状态,但催化活性物种溶解在离子液体微相结构中,会表现出均相催化剂的性能。②固体催化剂包覆离子液层[SCILL,图 2.3(b)]:先将催化剂通过共价键接枝到多孔材料中,

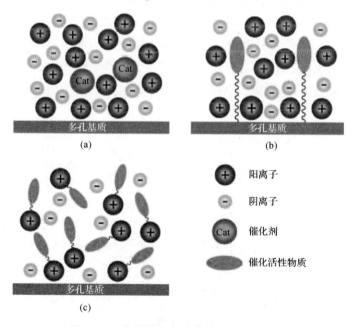

图 2.3 三类限域离子液体催化剂的示意图

---

① wt%表示质量分数。

再用离子液体层将其包覆。离子液体层包覆后起到协同催化的效果，促进催化剂的性能。③负载催化活性离子液体[SCAILP，图 2.3(c)]：类似负载离子液体型催化剂，但不是溶解活性物质，而是把活性物质连接到离子液体分子上形成功能化离子液体，可起到传质和均相催化剂的双重作用。比较常见的具有催化活性的功能化离子液体为含有 Brønsted(以下简称 B)或 Lewis(以下简称 L)酸性离子液体，以及含有金属络合物阴离子的离子液体等。

1. 催化加氢反应

催化加氢反应是工业上获得精细化学品的重要途径，由于很多加氢产物不溶于极性离子液体，产物分离和催化剂再生比较容易，因此得到广泛关注。早在 2002 年，Mehnert 等就将硅胶担载纳米限域离子液体催化剂应用于烯烃加氢的反应中[图 2.4(a)]，他们将溶有铑配合物的[BMIm][PF_6]担载到硅胶上，表现出了很好的催化性能，与两相离子液体催化体系相比，其转化频率提高了百余倍[21]。随后，Kiwi-Minsker 等进一步发展了基于铑配合物[Rh(H)$_2$Cl(PPh$_3$)$_3$]的限域离子液体催化体系，采用高孔隙率的碳纳米纤维修饰的烧结金属纤维作为载体(CNF/SMF)，实现了 1,3-环己二烯选择性加氢为环己烯，反应的转化率高于 96%；离子液体层限域到多孔基质上后提供了高导热系数和较大的界面面积，促进了过渡金属催化剂的催化性能[22]。并通过 H 和 P 核磁表征推测出了选择加氢过程中催化活性物可能形成的活性中间体[图 2.4(b)]，即体系中多余的 PPh$_3$ 与催化活性物(A)上的 PPh$_3$ 配体可迅速交换，在此期间底物取代了 PPh$_3$，形成了可能的中间体(B)。

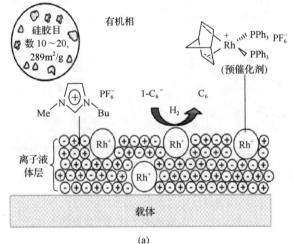

(a)

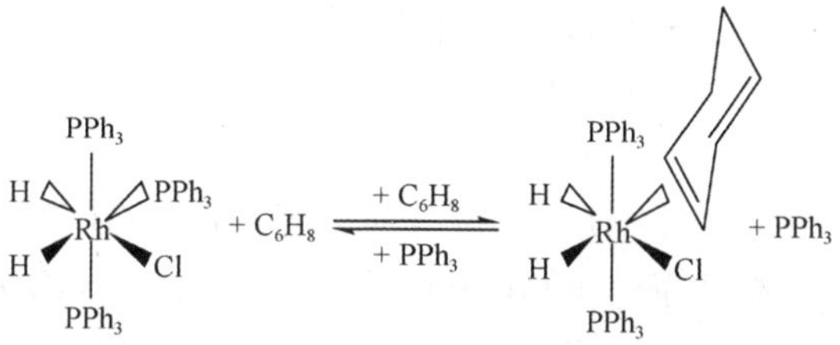

$$\text{(structure with PPh}_3\text{, H, Rh, Cl)} + C_6H_8 \xrightleftharpoons[+PPh_3]{+C_6H_8} \text{(structure with PPh}_3\text{, H, Rh, Cl, cyclohexenyl)} + PPh_3$$

核磁图谱原位观测物种　　　　　　　提出的催化中间体

(b)

图 2.4　(a)含有铑配合物限域离子液体体系应用于催化加氢反应；(b) 1,3-环己二烯选择性加氢过程中可能形成的反应中间体

纳米限域离子液体同样可被应用于炔烃选择加氢反应中。Kiwi-Minsker 以 CNF/SMF 担载的离子液体单分散 Pd 作为催化剂(Pd/IL/CNF/SMF)实现了连续流动模式的乙炔选择加氢生成乙烯的过程[23]。纳米 Pd 制备过程中，[BMIm][PF$_6$]作为溶剂时，以氢气作为还原剂，制备出的 Pd 颗粒尺寸约为 10nm；而[BMImOH][TFSI]作为溶剂时，则不需要使用还原剂，制备出的 Pd 颗粒大小约为 5nm(图 2.5)，相同条件下，基于[BMImOH][TFSI]催化体系表现出了更好的催化活性和选择性。该催化体系避免了聚烯烃副产物的生成,乙烯的选择性可达 100%，并表现出了很好的稳定性,在连续流动过程中 150℃条件下持续使用 8h 后, 乙烯选择性为 85%。离子液体在该体系中起到了双重作用：①其阴阳离子的网络结构可稳定纳米 Pd，使催化活性位分散开来，避免了烯烃齐聚反应，从而提高了催化剂寿命；②由于在离子液体中乙烯产物的溶解度比乙炔的小，因此阻止了乙烯进一步加氢生成乙烷。

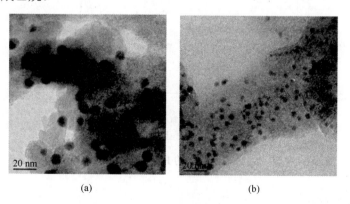

图 2.5　HRTEM 图片：(a) 10nm Pd /[BMIm][PF$_6$]/CNF/SMF；(b) 5nm Pd/[BMImOH][NTf$_2$]/CNF/SMF

MOF 材料由于其极高的比表面积及结构性能可调的特点，成为受广泛关注的多孔材料之一。最近,Zhang 等合成了基于 MOF 基质的 Pd/IL/MOF 复合催化剂，

发现对末端炔选择加氢具有极高的催化活性[24]，离子液体为1,1,3,3-四甲基胍三氟乙酸盐（TMGT）。通过对比催化体系中有无离子液体时的XPS图谱（图2.6），发现离子液体的阳离子与Pd纳米颗粒及Cu-MOF载体均有相互作用，表明离子液体能够稳定纳米Pd催化剂，使其高度分散并固定在MOF载体上，从而使其具有优良的催化活性。在温和条件下（40min，30℃，常压），苯乙炔转化率和苯乙烯的选择性均大于99%。该催化剂综合了高分散Pd纳米颗粒，微相离子液体及多孔MOF几种材料的优势，具有很好的重复使用性和普适性。

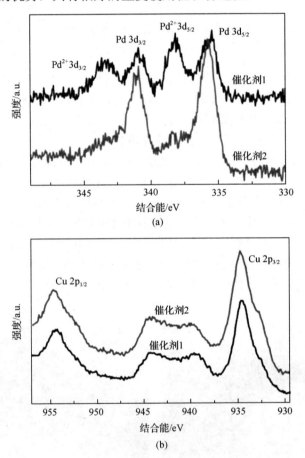

图2.6　催化剂1及催化剂2的Pd 3d(a)和Cu 2p(b) XPS图谱

2. 选择氧化反应

醇被氧化为相应的醛酮是有机合成中最基础、用途最广泛的官能团转换反应之一。利用分子氧作为氧化剂，是实现绿色催化醇氧化的重要手段。2,2,6,6-四甲基哌啶-N-氧自由基（TEMPO）是优异的醇氧化有机小分子催化剂，能够在温和条件下高效催化醇选择氧化。一般来说，TEMPO 催化醇的氧化总是借助均相催化剂，将 TEMPO 与纳米限域离子液体相结合，是实现"均相催化与非均相分离"一体化的有效策略。

Karimi 等设计了 SCILL 型催化剂(IL@SBA-15-TEMPO)[25]，首先将 TEMPO 通过共价键接枝到介孔的 SBA-15 表面，再将[BMIm]Br 物理限域到孔道中[图 2.7(a)]。离子液体担载后，其 N_2 吸脱附等温线发生明显变化[图 2.7(b)]，毛细凝聚现象消失，并且 BET 比表面积和孔容大大减小。该催化体系对烯丙基醇选择氧化过程表现出了极好的催化性能，例如，反应温度为 40℃，反应时间为 3.3h，O_2 压力为 1atm①，以亚硝基异丁酯为 NO 源，乙酸溶液中，苄醇可以定量地转化为苯甲醛。此外，此体系不含过渡金属，并且具有良好的循环稳定性(循环使用 11 次，催化活性和产物选择性没有明显下降)和底物普适性。

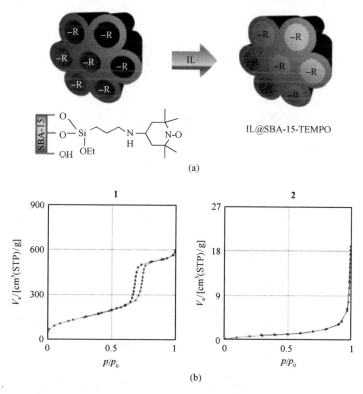

图 2.7 (a) IL@SBA-15-TEMPO 催化体系；(b) 担载离子前(1)后(2)催化剂的 N_2 吸脱附等温线

Lu 等考察了 SCAILP 体系对于醇选择氧化的催化性能[26]。他们首先将 Fe_3O_4 纳米颗粒(MNP)表面包裹硅胶制备成具有磁性的载体(SMNP)；同时将 TEMPO 基

---

① 1atm=1.01325×10^5Pa。

团接枝在咪唑环上形成阳离子,合成阴离子为磷钼钒杂多酸($[PV_2Mo_{10}O_{40}]^{5-}$,POM)的双功能化离子液体;最后将离子液体固载到 SMNP 上(IL/SMNP)[图 2.8(a)]。该催化体系对苄醇、杂环类醇、烯丙基醇及仲醇的选择氧化为醛酮具有很好的催化性能,对脂肪醇的催化活性则稍低,需延长反应时间才能达到较好的效果。此外,由于磁性载体的存在,在外加磁场下该催化剂很容易回收,并至少可以重复使用 10 次。其可能的催化机理如图 2.8(b)所示。

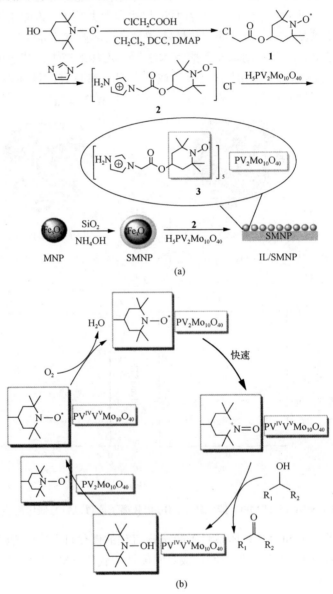

图 2.8 (a)IL/SMNP 催化体系合成路线;(b)该催化体系下醇选择氧化可能的机理

Tong 结合了 SILP 与 SCAILP 的两种合成策略，构建成了催化体系，研究了其对醇选择氧化的催化效果。其具体制备过程是通过溶胶-凝胶法把具有催化活性 TEMPO 功能化离子液体及共催化剂 $CuCl_2$ 等过渡金属负载到硅胶基质中得到 TEMPO-IL/$CuCl_2$/硅胶催化剂[27]。该催化体系在正辛烷溶剂中同样对苄醇、杂环类醇、烯丙基醇具有良好的催化性能。以对甲氧基苄醇为例，在正辛烷中，1atm O_2 环境，50℃下，反应 3h，甲氧基苄醇的转化率和甲氧基苯甲醛苄醇的选择性分别为 100%和 99%，催化剂至少可以重复使用 5 次。

3. 催化羰基化反应

催化羰基化反应是指通过催化反应方式在有机化合物分子内引入羰基而形成含氧化合物的一类反应，是制备醛、酮等羰基化合物的重要方法。传统的羰基化反应大多采用贵金属催化剂，反应和分离过程涉及大量的有机溶剂，且催化剂易流失。将纳米限域离子液体体系引入羰基化反应中，为解决以上问题，发展绿色催化羰基化过程为其提供了一种行之有效的方法。

1) 高碳烯烃氢甲酰化反应

基于离子液体的氢甲酰化反应(图 2.9)是离子液体在催化反应中的重要应用之一，其中具有代表性的工作是 Rh 催化的两相氢甲酰化反应[28]，SILP 催化体系能够显著地促进氢甲酰化反应的进行。Mehnert 等[29]在 2002 年将 SILP 型催化剂用于正己烯的氢甲酰化反应，载体为离子液体共价接枝修饰的硅胶，而限域的离子液体中含有 HRh(CO)(TPPTI)$_3$ 活性组分及多余的(TPPTI，三磺化三苯基膦的 1-丁基-3-甲基咪唑盐)配体。结果表明，当使用基于[BMIm][BF_4]的催化剂时，正己烯与合成气($CO+H_2$)生成庚醛的转化频率(TOF)由两相体系中的 23min^{-1} 提高到 65min^{-1}，正异庚醛的比例为 2.0～2.4。SILP 活性提高的主要原因在于载体界面具有更大的接触面积，以及界面处 Rh 活性物种的浓度更高。然而，离子液体和 Rh 配合物会在有机相中溶解导致其流失，尤其是在反应体系中醛的浓度较高的时候。使用固定床催化反应器是解决催化剂流失问题可行的方法之一。Wasserscheid 等[30]考察了正辛烯在固定床反应器上的氢甲酰化反应，采用的催化体系为 Rh/[BMIm][PF_6]/硅胶。当液时空速为 16h^{-1} 时，生成壬醛的 TOF 维持在 40(mol Rh)$^{-1}\cdot h^{-1}$，且直链醛与支链醛的比大于 2。连续流动反应完成后，ICP-AES 分析表明反应过程中 Rh 活性物种的流失仅小于 0.7%。

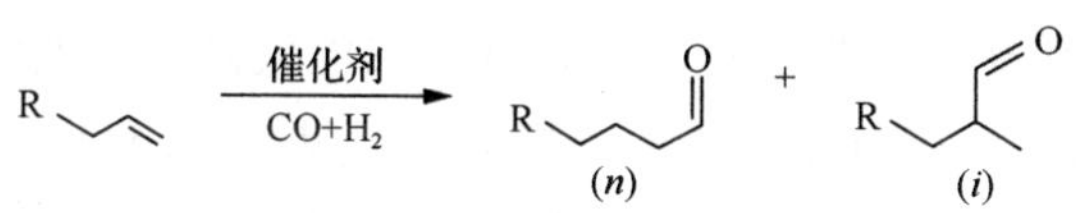

图 2.9 烯烃的氢甲酰化反应

催化剂载体的结构和性质对烯烃氢甲酰化反应效果也有明显的影响。Yuan等[31]将水溶性的铑配合物溶于[BMIm][BF$_4$]、[BMIm][PF$_6$]、TMGL(1,1,3,3-四甲基胍乳酸盐)三种离子液体,再采用浸渍法担载到介孔 MCM-41 上制备成催化剂,研究了其对高碳烯烃的氢甲酰化反应的催化性能。结果表明,该催化体系对催化正己烯的羰化反应的活性,明显好于两相反应及硅胶作为载体时的效果,其原因主要归结于 MCM-41 载体的高比表面积和有序介孔结构,而离子液体的种类对其影响不大。催化剂重复使用 6 次后没有明显失活,MCM-41 的六边形有序结构保持完好。

离子液体和超临界二氧化碳(scCO$_2$)均被认为是绿色介质。挥发性和非极性 scCO$_2$ 与非挥发性和极性的离子液体可形成性能独特的两相体系,可有力地推动催化反应过程绿色化。Cole-Hamilton 课题组[32]把限域离子液体和 scCO$_2$ 技术相结合,应用在烯烃氢甲酰化连续反应模式过程中,取得了重要进展(图 2.10)。该体系中硅胶担载的铑配合物、助剂和离子液体,分别为 [Rh(acac)(CO)$_2$]、[PrMIm] [Ph$_2$P(3-C$_6$H$_4$SO$_3$)]和[OMIm][TFSI]。反应中正辛烯、CO、H$_2$ 随 scCO$_2$ 流体进入含有催化剂的连续反应器中,烯烃氢甲酰化反应在硅胶表面离子液体层中进行。由于 scCO$_2$ 可溶于离子液体,离子液体不溶于 scCO$_2$,所以离子液体相不会随 scCO$_2$ 流走,而 scCO$_2$ 可以带着溶解的反应物进入离子液体相,反应后又可以带走不溶于离子液体的产物,不会使其堆积在催化剂表面造成失活。在优化条件下,TOF 可达 800h^{-1},40h 内催化剂活性可保持不变,Rh 只有微量流失。

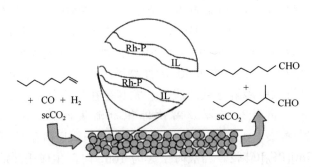

图 2.10 限域离子液体和 scCO$_2$ 技术应用在烯烃氢甲酰化反应

2) 低碳烯烃氢甲酰化反应

限域离子液体催化体系也可以应用在低沸点的低碳烯烃的氢甲酰化反应。以硅胶固载的 Rh(acac)(CO)$_2$SX(SX 配体结构见图 2.11)配合物-离子液体([BMIm][OcSO$_4$])复合催化体系(Rh/IL/SiO$_2$)填充固定床反应器中,丙烯的气相氢甲酰化反应可在连续流动模式下实现[33]。与不含配体和离子液体的催化剂相比,硅胶固载复合催化剂展现了优异的区域选择性，链状醛的产率可达到96%。但是，当反应时间延长到 24h，该催化剂的失活也比较明显[34]。但当硅胶载体部分脱羟基化后，可大大延长催化剂的使用寿命，催化剂活性可稳定保持 180h，正丁醛的选择性维持在 95%。通过红外(FTIR)和 ^{31}P 核磁(NMR)表征，Wasserscheid 等认为催化剂的失活是由于催化剂的配体与硅胶表面硅羟基会发生不可逆的反应。因此，他们认为离子液体、过量的磷配体，以及通过热处理减少硅胶表面的硅羟基，对获得长程稳定的烯烃氢甲酰化催化剂具有重要作用。对该催化体系的动力学研究表明，反应活化能为 (63.3 ± 3.1) kJ/mol，这与两相反应的活化能吻合得很好，表明体系中溶解于离子液体层的催化剂为均相催化剂[35]。因此，该催化体系综合了均相催化和多相催化的特点。此外，Rh/IL/SiO$_2$ 也可应用于丁烯的氢甲酰化合成戊醛的反应[36]。

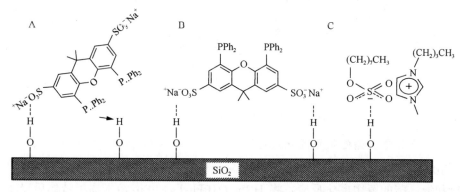

图 2.11　SX 配体(构象 A 和 B)和[BMIm][n-C$_8$H$_{17}$OSO$_3$](构象 C)与表面硅羟基之间的作用

最近，Bell 等也对 Rh/IL/SiO$_2$ 催化的氢甲酰化反应进行了研究，但得到了不同的结论[37, 38]，他们通过 ^{31}P MAS NMR 和 FTIR 揭示了催化剂配体、离子液体与载体之间的相互作用(图 2.11)，其中构象 B 由于 SX 上的磷配体没有与载体作用，更容易与 Rh 配位，使其更具催化活性。因此认为 Rh 活性中心不在离子液体层内，而是在载体表面，离子液体的作用则是阻止 SX 上磷配体与载体相互作用，从而得到更多的活性位。动力学研究表明，反应温度是控制产物选择性和反应决速步(RDS)的关键因素，在低温(363K)条件下，由于烯烃插入 Rh—H 键的焓变值高于 H$_2$ 氧化加成的活化能，所以烯烃的插入过程是反应的决速步。相反，在高温(413K)条件下，H$_2$ 的氧化加成为反应的决速步。在此基础上，提出了丙烯氢甲酰化反应可能的反应机理，如图 2.12 所示。

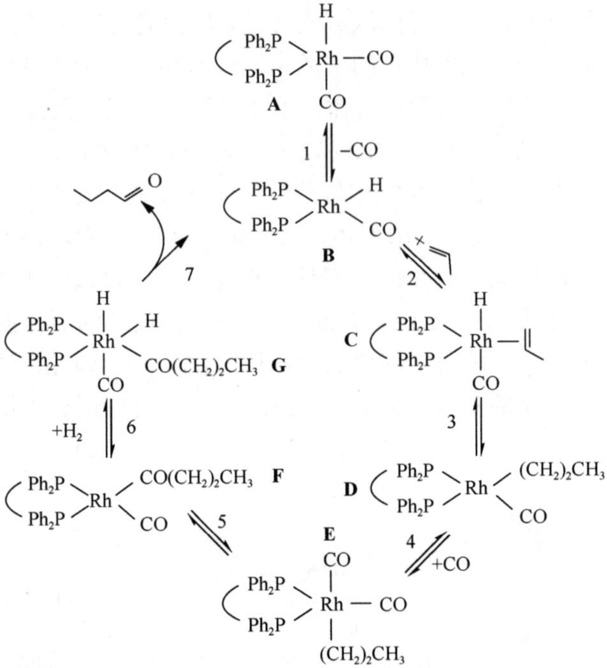

图 2.12 丙烯氢甲酰化反应可能的反应机理

3) 不饱和醇、酯的氢甲酰化反应

SILP 型催化剂除了对烯烃的氢甲酰化反应有良好的催化性能外，还可应用于不饱和醇、酯的氢甲酰化反应。将 HRhCO(PPh₃)₃、PPh₃ 溶于离子液体后浸渍到硅胶上制备成催化剂(Rh/PPh₃/SILPC)，在水相介质中，可以催化烯醇的氢甲酰化反应[39]。丙烯醇、3-丁烯-2-醇等几种不同结构的烯醇在此催化体系中可高效地进行氢甲酰化反应，生成相应含醛的选择性在 90%左右，且大部分产物中正异醛的比例大于 20。例如，将 Rh 配合物换成 Ru 制备成 SILP 催化剂(Ru/PPh₃/SILPC)还可以对生成的醛进行加氢反应生成二醇。该催化体系采用廉价易得的 PPh₃ 作为配体，反应在水中进行，具有操作简单、反应条件温和、催化剂可重复使用等优点。Rh/PPh₃/SILPC 对不饱和酯的氢甲酰化反应也有良好的催化性能[40]。例如，丙烯酸甲酯在此催化体系下可以高选择性地生成支链醛，优化条件下，相应醛的产率为 90%，异正醛的比例可达 99%。

4) 胺的氧化羰化

通过胺的氧化羰化合成 N-取代氨基甲酸酯或 N,N-二取代脲，然后再进行热裂解是非光气法制备异氰酸酯潜在的清洁合成路线。邓友全课题组发展了硅胶包载的 Rh(PPh₃)₃Cl/离子液体催化体系，实现了高效的苯胺氧化羰化制备 N,N-二取代脲过程[11]。该催化体系采用溶胶-凝胶法一步合成出来(见 2.2.2 小节原位引入法)。通过 FT-Raman 表征发现，与体相离子液体相比，该催化体系中限域离子液体表现出了特殊的 Raman 光谱(图 2.13)。例如，归属于[BMIm][BF$_4$]阳离子烷基侧链在 2967cm^{-1}、1421cm^{-1} 和 766cm^{-1} 处吸收峰(或对于[DMIm][BF$_4$]侧链在 2898cm^{-1}、1421cm^{-1}、1025cm^{-1} 和 766cm^{-1} 处吸收峰)的强度在低担载量时明显减小，甚至消失；但随着担载量的增加又逐渐恢复。与此同时，归属于咪唑环骨架振动的吸收峰强度([BMIm][BF$_4$]：2941cm^{-1}、1449cm^{-1}、880cm^{-1}；[DMIm][BF$_4$]：2930cm^{-1}、1453cm^{-1}、879cm^{-1})随着担载量的增加，先增强(担载量 8%～17%)，后减弱(担载量 35%～53%)。同时还发现，短链的离子液体担载到硅胶后，可以被洗脱掉，而长链离子液体如[DMIm][BF$_4$]、[C$_{16}$MIm][BF$_4$]则可以牢固地包载到硅胶上。通过考察离子液体溶解 Rh 配合物担载到硅胶上对苯胺氧化羰化的催化性能发现，当以 Rh/[DMIm][BF$_4$]/硅胶为催化剂时，苯胺的转化率为 92%，转化频率高达 11548mol/(mol·h)；而以 Rh(PPh$_3$)$_3$Cl 或者物理吸附制备的 Rh/[DMIm][BF$_4$]/硅胶为催化剂时，苯胺的转化率均小于 40%。这表明该催化剂体系在经过包载以后其反应性能得到了极大的提高，其原因可能在于载体纳米孔腔中保持了高浓度

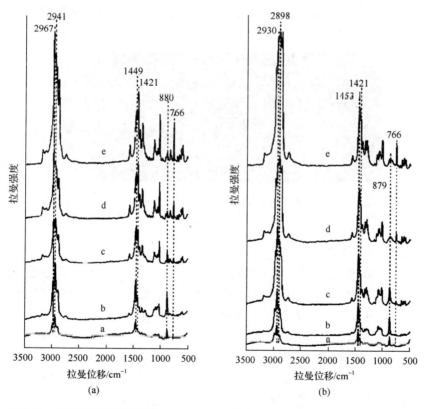

图 2.13 不同担载量的硅胶包[BMIm][BF$_4$](a)与[DMIm][BF$_4$](b)的 Raman 光谱
a. 8wt%；b. 17wt%；c. 35wt%；d. 53wt%；e. 纯离子液体

的离子液体和金属配合物催化剂及"纯离子"环境,而在均相体系中,离子液体和金属配合物则被溶剂和反应物稀释。在该体系中,离子液体能够同时起到反应介质和催化剂的作用,硅胶的纳米孔腔将扮演纳米反应器的角色,底物和产物可以通过硅胶的纳米孔道进行传输。此外,该催化体系具有很好的普适性,可适用于芳香胺和脂肪胺的氧化羰化过程中,相应 N,N-二取代脲的产率为 80%~90%[41]。

邓友全课题组还采用"瓶中造船"法制备了纳米限域催化剂,用于苯胺氧化羰化合成苯氨基甲酸酯[42]。通过分子自组装的方式将离子液体[DMIm]Br 和钯的菲罗啉络合物依次引入 NaY 分子筛超笼内,组装成了金属配合物和溶剂分子一体化的高活性催化剂 Pd(phen)Cl$_2$/IL/NaY。该催化体系的催化剂和溶剂比常规均相反应的更少,但活性更高,TOF 高达 230000 h^{-1}。通过计算机模拟的结果可以看出(图 2.14):在分子筛超笼中自组装一个离子液体分子和一个 Pd(phen)$^{2+}$络合物是可能的,离子液体分子和 Pd(phen)$^{2+}$是平行分布的,并且在分子筛中反应物和产物的传输也是可行的。该体系的高催化活性除了需要 Pd、离子液体和 NaY 之间的作用外,空间协同效应也是必需的,钯、邻菲罗啉、甲基咪唑和溴癸烷在分子筛超笼中原位形成了 Pd(phen)$^{2+}$络合物和离子液体,并在分子筛超笼的作用下形成了高活性的物种。

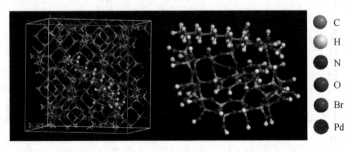

图 2.14 离子液体分子和 Pd(phen)$^{2+}$在分子筛的超笼中的空间排布

4. 水煤气变换反应

水煤气(WGS)变换反应是工业制氢($CO+H_2O \longrightarrow CO_2+H_2$)的重要方法,发展温和条件下高效 WGS 反应催化剂是其研究的重要方向。Werner 等通过浸渍法制备了对 WGS 反应具有高活性的 RuCl$_3$/[BMMIm][OTf]/硅胶催化剂[43]。该催化剂在常压、较低温度下(160℃)水煤气变换的连续流动反应模式的 TOF 大于 2h^{-1},相比于工业化的 Max®240 催化剂(TOF<0.5h^{-1})具有更高的催化活性。随后,将一系列过渡金属配合物制备成 SILP 催化剂[44,45],发现依然是基于 Ru 的催化剂对 WGS 反应展现出了最好的催化活性,并可连续运行 20h。

Haumann 等以担载量为 0~40vol%①的[Ru(CO)$_3$Cl$_2$]$_2$/[EMIm][TFSI]/硅胶为催化剂，利用固态 NMR 研究了 WGS 反应中离子液体的分散和催化剂活性之间的关系(图 2.15)[46]。^{1}H NMR 图谱揭示了载体表面硅羟基与离子液体 C$_2$ 上 H 质子的相互作用：离子液体担载量小于 10vol%时，离子液体可能先填充到硅胶的孔洞中，形成离子液体岛；担载量大于 10vol%时，离子液体可完全覆盖住载体表面，硅羟基基团的信号消失；当担载量继续增加到 20vol%~40vol%时，NMR 信号与体相离子液体接近，表明硅胶表面有多层离子液体膜生成。NMR 结果与 Ru-SILP 催化的水煤气变换反应动力学研究结果相吻合，均相的 Rh 配合物在适量离子液体中才能具有较高活性，当离子液体担载量在 14vol%时，催化剂的活性最高，离子液体担载量继续增加时，由于硅胶孔道的阻塞，催化剂活性将会降低。

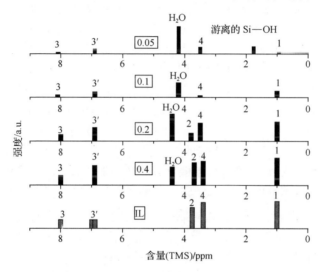

图 2.15　不同担载量离子液体/硅胶的 ^{1}H NMR 图谱
ppm=10^{-6}，TMS 为四甲基硅烷

除了 Ru 配合物作为活性物质外，将含有 Ru 纳米颗粒的离子液体包载到硅胶中制备成 SILP 催化剂，对 WGS 反应也有很好的催化活性[47]。Ru 配合物可在离子液体中还原为高度分散的纳米颗粒(2.4nm)，通过溶胶-凝胶法将其包埋到硅胶中制备成 Ru/[BMIm][BF$_4$]/SiO$_2$ 催化剂。结果表明，相比于碱性条件下制备的催化剂，在酸性介质中合成的催化剂具有较大的比表面积、孔容及对活性组分较好的稳定性，因此也对水煤气变换反应表现出了较高的催化活性，在 140℃时，CO 的转化率为 37.8%，大大高于碱性条件下制备的催化剂(CO 转化率仅为 10%)，且在连续流动反应模式下，该催化剂可使用 25h。

---

① vol%表示体积分数。

5. 异构化和齐聚反应

烃类化合物的异构化和齐聚反应是生产高附加值化工产品的重要途径，目前它们在酸性离子液体催化体系中研究得比较广泛。担载的氯铝酸离子液体催化剂是在该类反应中应用较早的催化体系。Lin 等[48]采用了酸性的 SCAILP 催化体系应用于催化 endo-四氢二环戊二烯(THDCPD)异构化为 exo-THDCPD 的反应，其催化剂制备过程为：先将钠基蒙脱土(Na^+-MMT)与二烷基咪唑氯盐(如[C_{16}MIm]Cl)进行离子交换形成载体(I^+-MMT)，这样可将硅酸盐的层间距从 1.2nm 扩展到 3.7~4.1nm，并使其变为疏水材料以较好地吸附烃类底物；再通过浸渍法将 PHC(吡啶盐酸盐)/$AlCl_3$ 离子液体担载到载体上，制备成催化剂(PHC-$AlCl_3$/I^+-MMT)。在该催化体系下，经 50℃反应 2h，exo-四氢二环戊二烯的收率大于 99%，而在非离子液体修饰的 Na-MMT 为载体时，endo-四氢二环戊二烯的收率仅为 82.7%，修饰后的催化效果与硅酸盐层间距扩大及其表面可与底物兼容有关。此外该催化剂有较好的重复使用性，使用 4 次后其催化活性无明显降低。

邓友全课题组也采用固载的氯铝酸离子液体开展了异丁烯齐聚反应(图 2.16)的研究[49]。在固定床反应器上考察了玻璃、硅胶、MCM-41 和 SBA-15 等担载的离子液体[BMIm]Cl-$AlCl_3$ 对含有异丁烯的 C_4 组分中异丁烯三聚反应的催化性能。当以玻璃为载体时，异丁烷与丁烯的烷基化是主要反应，而以硅胶、MCM-41 和 SBA-15 等作为载体，则可以有效地催化异丁烯的齐聚反应。硅胶担载的离子液体催化剂 XPS 和 ^{29}Si NMR 表征结果显示，$Al_2Cl_7^-$ 与硅胶表面硅羟基存在明显的相互作用，使得它们可有效地催化异丁烯三聚反应。在最优反应条件下(异丁烯/异丁烷=1/10，空速 600h^{-1}，50℃)，异丁烯可完全转化，三聚产物($C_{12}^=$)的选择性可达 91.4%，且催化剂至少可使用 6h。Skoda-Földes 课题组[50]则采用硅胶担载的 Brønsted 酸离子液体进行了异丁烯齐聚的研究。采用离子液体的阳离子为磺酸功能化的咪唑鎓盐，阴离子则为[OTf]$^-$或[HSO_4]$^-$，将其通过浸渍的方法担载到硅胶上。尽管使用不同催化剂时，100℃，5h 反应条件下，异丁烯的转化率均能达到 90%~100%，但是离子液体的阴离子的种类，对产物的选择性有很大影响。当使用基于[HSO_4]$^-$离子液体催化剂时，异丁烯二聚产物($C_8^=$)选择性为 82%；而使用硅胶担载[OTf]$^-$为阴离子的离子液体时，三聚产物选择性($C_{12}^=$)则为 84%。因此，此体系可通过选择不同的催化剂种类达到调控齐聚产物选择性的目的。

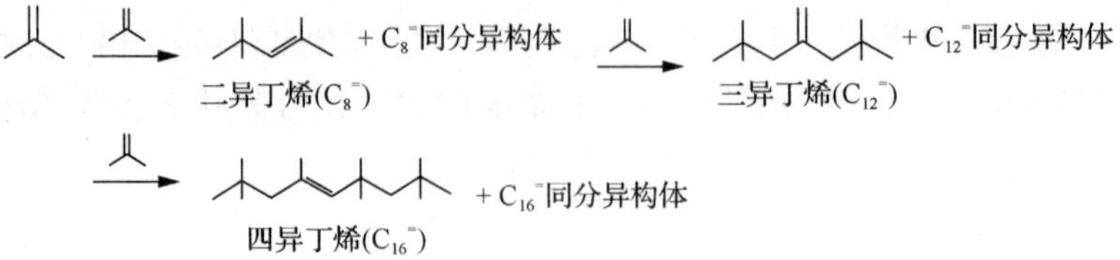

图 2.16 异丁烯齐聚反应

6. C—C 键偶联反应

过渡金属催化的 C—C 键偶联反应（如 Heck 反应、Suzuki 反应等）是简单方便的构建有机分子的有力手段，是现代有机合成化学的研究热点之一。利用 C—C 键偶联反应能够高选择性、高效合成具有特殊精细骨架结构的化合物。C—C 键偶联反应一般在均相条件下进行，常用的催化剂为 Pd、Rh 等贵金属催化剂，因此存在催化剂用量大、难以回收等问题。限域离子液体催化体系用于 C—C 键偶联反应则可有效地解决这些问题。

2004 年，Hagiwara 等[51]通过将乙酸钯溶于[BMIm][PF$_6$]离子液体，再浸渍到球形多孔硅胶上制备成 SILP 型催化剂，可高效地催化 Heck 反应（图 2.17）。在不加任何配体的情况下，正十二烷溶液中目标产物的产率为 89%～98%，转化数和转化频率分别为 68400 和 8000h^{-1}，且催化剂至少可以重复使用 6 次，仅有 0.24%乙酸钯流失。此外，该催化体系制备简单，便于储存和使用，同时具有较好的热稳定性，可在空气中稳定存在。采用溶胶-凝胶法，将乙酸钯/离子液体包埋到硅胶中制备成离子凝胶催化剂，也可用于催化 Heck 反应[52]。该催化体系的反应速率可以达到在均相反应中的水平，反应完毕后，没有发现贵金属催化剂的流失。此外，该类催化剂还可以将铵盐副产物捕获到离子凝胶中，具有随时可用的优点。

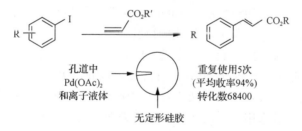

图 2.17　限域离子液体催化剂应用于 Heck 反应

除了 SILP 型催化剂，SCILL 催化体系也可应用于 C—C 键偶联反应。Karimi 和 Zamani[53]将 Pd 催化活性物质化学键合到 SBA-15 载体表面，再用离子液体包覆形成 SCILL 催化剂：IL@SBA-15-Pd（制备过程见图 2.18）。离子液体在此体系中起着重要的作用，与未包覆离子液体的催化剂 SBA-15-Pd 相比，IL@SBA-15-Pd 催化剂可使产物的产率从 58%提高到 95%。且离子液体的种类也影响催化活性，[BMIm][PF$_6$]离子液体是最佳选择。此体系在水溶液中可以高效催化多种卤代芳烃与芳基硼酸的 Suzuki 反应，分离收率为 91%～100%，且重复使用 4 次后，其活性没有明显降低。此外，该催化体系还可以催化卤代芳烃与 K$_4$[Fe(CN)$_6$]的氰基化反应[54]，目标收率大于 90%。载体孔道中的离子液体不仅在反应过程中可以稳定 Pd 活性位，还可使 Fe(CN)$_6^{3-}$ 快速渗透到活性中心附近，避免催化剂中毒。

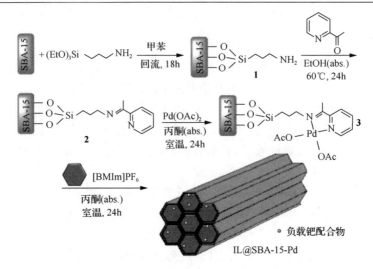

图 2.18　SCILL 型催化剂 IL@SBA-15-Pd 制备过程

abs.表示无水

7. 不对称催化反应

不对称催化反应是合成手性化合物的重要手段，可以仅使用少量的手性催化剂便可获得大量的光学活性物质。Gruttadauria 等[55, 56]最早使用基于限域离子液体的不对称催化剂应用于 L-脯氨酸催化的羟醛缩合反应(图 2.19)。催化剂制备过程为：先将离子液体接枝到硅胶上，形成单层离子液体膜，然后再把含有不对称催化剂 L-脯氨酸的离子液体(如[BMIm][PF$_6$]或[BMIm][BF$_4$])限域到经修饰的硅胶上。化学键合的离子液体形成的液膜对该催化体系至关重要，其作为反应介质可溶解手性催化剂，若未用离子液体修饰硅胶表面，只有物理吸附的离子液体，则对应选择性大幅降低。以苯甲醛与丙酮进行缩合反应生成 4-羟基-4-苯基-2-丁酮为例，经离子液体修饰的催化体系，产物收率为 51%，对映体过量值(ee)为 64%，而在未修饰的体系产物的收率和 ee 值分别仅为 38%和 12%。该催化体系可以回收使用数次。将上述催化模式中的不对称催化剂由 L-脯氨酸换成手性 Mn(Salen)络合物可应用于烯烃的不对称环氧化反应中[57]。将离子液体接枝修饰的 MCM-48 作为载体，担载含有 Mn(Salen)络合物的[BMIm][PF$_6$]制备成多相催化剂，以间氯过氧苯甲酸和 4-甲基吗啡-N-氧化物(m-CPBA/NMO)为氧化剂，在二氯甲烷溶液中，可进行一系列芳基烯烃衍生物的不对称环氧化反应，如苯乙烯、α-甲基苯乙烯、1-苯基环己烯等。在温和条件下(0℃，2h)，α-甲基苯乙烯转化率可达 90%，ee 为 99%，催化剂使用 3 次未见失活。

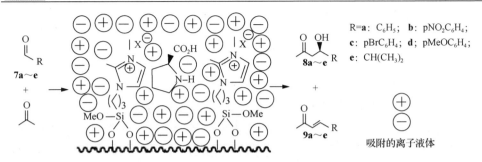

图 2.19 基于限域离子液体的不对称催化剂应用于 L-脯氨酸催化的羟醛缩合反应

以 scCO$_2$ 作为流动相,以脱羟基硅胶担载的 Rh 配合物/离子液体相作为 SILP 催化剂,可高效催化连续流动模式的手性烯醇酯的不对称加氢反应[58]。与 IL/scCO$_2$ 体系相比,SILP/scCO$_2$ 体系在连续流动模式下表现出了更好的催化活性和稳定性。在 SILP/scCO$_2$ 体系中,催化剂可稳定使用 233h(转化率为 70%~90%),ee 值为 80%~84%,转化数达到 70400;而在 IL/scCO$_2$ 体系中,相同条件下催化剂仅可稳定使用 48h,ee 值略低(80%~82%),转化数仅为 11200。可见,将限域离子液体和 scCO$_2$ 技术相结合,使催化剂具有更好的催化性能,有利于其大规模工业应用。

2.3 离子液体催化体系中 Beckmann 重排反应

酮肟在 Brønsted 或 Lewis 酸性催化剂(如硫酸、五氯化磷)的作用下发生分子内重排反应生成相应的酰胺,称为 Beckmann 重排反应。Beckmann 重排反应在工业上有重要的应用价值,特别是环己酮肟的重排生成的 ε-己内酰胺,是一种重要的化工原料。目前工业上生产己内酰胺的技术主要采用含约 30% SO$_3$ 的发烟硫酸在 100~120℃下进行重排反应,反应结束后需要加入大量氨水使与浓硫酸结合的己内酰胺游离出来,会生成大量固体废物。虽然以分子筛和金属氧化物等催化剂的气相 Beckmann 重排在一定程度上减少了污染,但过高的反应温度(250~500℃)使催化剂快速失活。有机溶剂中的液相重排溶剂很容易挥发,也会给人体和环境带来危害。近年来有报道可以在超临界水中实现环己酮肟重排为己内酰胺,但反应条件苛刻,工业应用难度很大。因此,寻找反应条件温和、环境友好的液相 Beckmann 催化体系和重排工艺十分必要。

离子液体的问世给 Beckmann 重排反应带来了新的契机,研究表明 Beckmann 重排的决速步是肟的氮氧键部分离子化,接着形成环亚胺鎓离子中间体,而离子液体内部强大的库仑引力,可以增强这种正电荷中间体的稳定作用,并且离子液体的弱配位能力有可能增强氢离子的离解,使其显更强酸性。因此,在离子液体中比普通溶剂更适宜进行 Beckmann 重排反应。邓友全课题组率先开展了离子液体催化体系中 Beckmann 重排反应的研究，为开发室温离子液体中清洁 Beckmann 重排反应绿色催化体系与工艺提供了一定的依据。

2.3.1 离子液体作为反应介质的 Beckmann 重排反应

Hardacre 等[59]利用热力学分析研究表明，酮肟的 Beckmann 重排反应为动力学控制反应，因此通过选用合适的酸性催化剂，可在较温和的条件下生成目标产物酰胺。以 B 酸或 L 酸为催化剂在离子液体反应介质中进行 Beckmann 重排反应是较早开始研究的催化体系(表 2.1)。邓友全课题组在 2001 年首次报道了在一系列离子液体介质中，以含磷酸性化合物为催化剂进行了酮肟的 Beckmann 重排反应研究[60]。PCl_5 为催化剂，在温和条件的反应下(80℃，2h，5mmol [BPy][BF_4]，2mmol 催化剂)，环己酮肟几乎可以定量地转化为 ε-己内酰胺，催化转化数为 5(表 2.1，条目 1)。通过对不同催化剂的对比发现，尽管 $POCl_3$ 对产物有较高的选择性，但是底物转化率远低于 PCl_5 催化剂，而 P_2O_5 在所考查的离子液体中主要起脱肟的作用。随后，Ren 等[61]以 P_2O_5 和伊顿试剂为催化剂，在疏水性离子液体[BMIm][PF_6]中实现了环己酮肟高产率(95%～99%)地转化为 ε-己内酰胺，但是所需反应时间延长至 16～24h(表 2.1，条目 2)。

表 2.1 离子液体作为介质的 Beckmann 重排反应[1)]

条目	底物/mmol	催化剂/mmol	离子液体/用量	温度/℃	时间/h	产率/%	文献
1	CHO/10	PCl_5/2	[BPy][BF_4]/5mmol	80	2	>99[3)]	[60]
2	CHO/2	P_2O_5/0.2	[BMIm][PF_6]/1mL	75	16	95[3)]	[61]
3	CHO/2	MBA/6	[BMIm][PF_6]/2mL	90	3	93[4)]	[62]
4	APO/4.38	$AlCl_3$/10.5	[BMIm]Br/5.25mmol	80	0.5	100[3)]	[63]
5	APO/4.38	$TiCl_4$/10.5	[N_{4444}]Br/5.28mmol	80	0.5	100[3)]	[63]
6	APO/1	In(OTf)$_3$/0.1	[BMMIm][PF_6]/0.3g	350W[2)]	0.0028	89[4)]	[66]

1) CHO 环己酮肟，APO 苯乙酮肟；2) 微波辅助加热；3) 色谱收率；4) 分离收率。

由于所使用的各种磷化合物催化剂毒性大，容易与反应体系中的微量水反应生成刺激性危害性气体，限制了其进一步应用。邓友全课题组又在离子液体中发展了更加绿色的偏硼酸(MBA)催化剂[62]，偏硼酸催化剂是将硼酸在 120℃脱水生成。由于水的存在会使反应向脱肟方向进行，因此离子液体则采用了疏水性的[BMIm][PF_6]。最优的反应条件下，90℃反应 3h，底物转化率和目标产物选择性分别为 98.1%和 99%，分离产率为 93%(表 2.1，条目 3)。如用酸性较强的冰醋酸或对甲苯磺酸代替 MBA 在[BMIm][PF_6]中催化环己酮肟的重排，发现它们的转化率和选择性均不如偏硼酸好，因此酸性强弱并非是催化效果的主要因素。

Zicmanis 等在离子液体中研究了多种 Lewis 酸催化剂的对重排反应效果[63, 64]，

发现 $AlCl_3$、$TiCl_4$ 在离子液体中均有较好的催化性能,在较低温度下(40℃或80℃),30min 内即可实现底物到产物的完全转化(表 2.1,条目 4、5)。对于相同阴离子的咪唑离子液体来说,重排反应速率会随侧链链长的增加而降低,可能是与其链长增长离子液体极性降低有关。咪唑阳离子 C2 位上的 H 原子被烷基取代后会大大增加 Beckmann 重排的反应速率,可能是 C2 位 H 与底物中氧原子形成氢键作用,导致其反应速率降低。在所考察的离子液体中,重排反应在[N_{4444}]Br 中具有较快的反应速率,可能是其结构中不含 π-π 共轭作用造成的。

与传统的加热方式相比,微波辅助加热可大大提高反应速率,缩短反应时间。此外,微波辅助合成还具有重现性高、绿色环保的特点。将微波技术与离子液体相结合在发展绿色催化反应过程中会发挥重要作用。同样,将微波辐射技术引入离子液体催化的 Beckmann 重排反应中,将原本为几个小时的反应时间,可缩短至几分钟,甚至是数十秒钟[65, 66]。例如,在 In(OTf)$_3$/[BMMIm][PF$_6$]催化体系中进行催化芳基酮肟的 Beckmann 重排反应,采用微波辅助加热(350W),反应在 10~270s 内即可完成,相应酰胺的收率约为 90%,且采用二异丙醚作为萃取剂时,催化体系可重复使用 4 次(表 2.1,条目 6)。

2.3.2 离子液体作为催化剂和反应介质的双重作用

Sun 等首次将功能化酸性离子液体应用于 Beckmann 重排反应,离子液体起到了催化剂和反应介质的双重作用[67]。合成的疏水性磺酰氯功能化的咪唑离子液体([PSO$_2$ClEIm][PF$_6$])对环己酮肟的重排反应有优良的催化效果,底物与离子液体的摩尔比为 1∶1 时,80℃反应 2h,转化率和选择性分别为 99.2%和 98.3%;当底物与离子液体的摩尔比增大到 5∶1,转化率和选择性也仅仅是稍微降低,分别为 98.0%和 98.1%,分离产率为 83%(表 2.2,条目 1)。反应完毕后,由于离子液体不溶于水,向体系中加入水即可将产物萃取出来。但是由于酰氯易发生水解,功能化的离子液体重复使用时,其活性大大降低,环己酮肟转化率仅为 34%。邓友全课题组利用 FTIR 分析了磺酰氯功能化离子液体催化剂失活的可能原因[68]:在不引入水的情况下,其失活原因并不是因为—SO$_2$Cl 转变为—SO$_3$H,而可能是因为碱性的产物被酸性离子液体部分捕获,导致催化剂失活。此外,还提出了磺酰氯功能化离子液体催化环己酮肟重排的可能机理(图 2.20),首先对磺酰氯基团与肟反应形成氧质子化肟酯 **1** 并脱去氯离子,**1** 经过 1,2-H 迁移生成 *N*-质子化物 **2**,**2** 接着形成三元环 N 正离子 **3** 后扩环成碳正离子 **4**,**4** 再经过一个五元环过渡态 **5**,脱去磺酰基得到重排产物己内酰胺。

表 2.2 基于离子液体催化剂的 Beckmann 重排反应[1)]

条目	底物/mmol	助催化剂/mmol	离子液体/mmol	溶剂/mL	温度/℃	时间/h	产率/%	文献
1	CHO/26		[PSO$_2$ClEIm][PF$_6$]/5.2		80	2	83	[67]
2	CHO/5		[NHC][BF$_4$]/15		100	5	79.6	[70]
3	CHO/0.95		[BSO$_3$HMIm][HSO$_4$]/4.7		80	4	96	[71]
4	APO/1	ZnCl$_2$/0.05	[Bis-BSO$_3$HImD][OTf]$_2$/0.05	乙腈/5	80	5	96	[73]
5	BPO/2	ZnCl$_2$/0.6	[PSO$_3$HMIm]$_3$[PW$_{12}$O$_{40}$]/0.2	乙腈/5	90	1	98[2)]	[76]
6	CHO/1		[PSO$_3$HMIm]$_3$[PW$_{12}$O$_{40}$]/0.1	苯乙腈/4	130	2	73[2)]	[77]

1) CHO 环己酮肟,APO 苯乙酮肟,BPO 二苯甲酮肟;2) 色谱收率,未标注为分离收率。

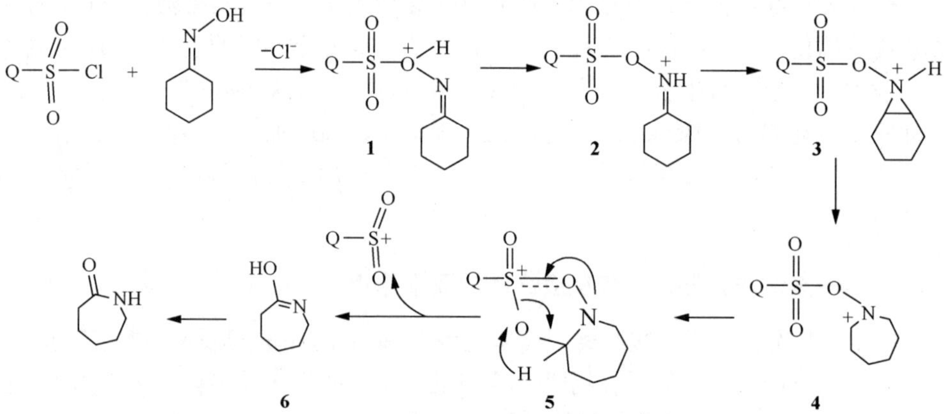

图 2.20 磺酰氯功能化离子液体催化环己酮肟重排的可能机理(Q 代表离子液体除磺酰基外的剩余结构)

另外,邓友全课题组以价格低廉的己内酰胺作为原料,采用一步酸碱中和的原子经济反应合成了一系列质子化内酰胺(NHC)类离子液体[69]。通过表征分析,质子化内酰胺类离子液体有较强的酸性和较好的热稳定性,能作为酸性催化剂和反应介质应用于环己酮肟 Beckmann 重排反应中[70]。在[NHC][BF$_4$]离子液体中,底物与离子液体摩尔比为 1∶3 时,100℃反应 5h,转化率和选择性分别为 95.1% 和 85.1%。通过原位 RT-Raman 研究,ε-己内酰胺 C=O 键 1636cm^{-1} 处的吸收峰在反应前并没有被观测到,在反应过程中,此吸收峰出现并变强,说明的确发生了 Beckmann 重排反应。由于反应产物为离子液体的一个组分,简化了催化体系,反应物与催化剂的结合大为减少,有利于产物分离,其可能反应过程如图 2.21 所示。反应后的离子液体混合体系,用氨水中和后,用色谱柱分离,可以得到 79.6% 的分离产率(表 2.2,条目 2)。

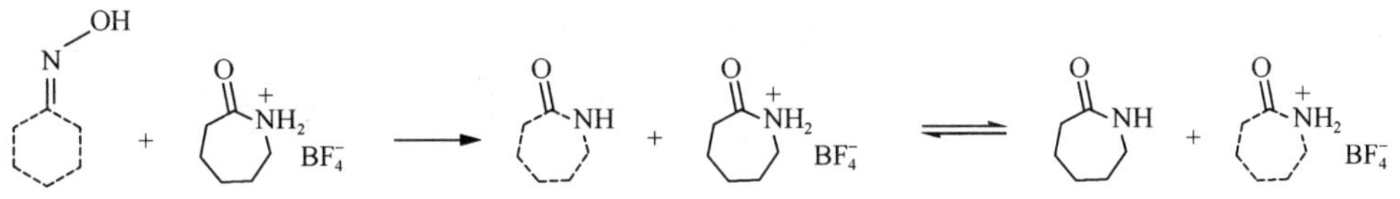

图 2.21　环己酮肟在[NHC]BF₄中 Beckmann 重排动态示意图

Raphaël 等[71]研究了磺酸基功能化的离子液体对环己酮肟 Beckmann 重排反应的效果，通过对离子液体阴阳离子的结构优化，筛选出了[BSO₃HMIm][HSO₄]作为重排反应的催化剂和反应介质。他们认为尽管所选离子液体的黏度较高，氢键数量也较多，但是在设定反应温度下，使用过量的离子液体可以削弱这些反应阻力。在离子液体与底物比为 5∶1 时，80℃反应 4h，环己酮肟和 ε-己内酰胺的转化率和选择性均大于 99%，产品的分离产率也能达到 96%（表 2.2，条目 3）。离子液体经使用后，将产物萃取出去，经过干燥处理可以重复使用 4 次，ε-己内酰胺的分离产率可维持在 92%以上。

Corma 等[72]采用了常规离子液体作为催化剂和反应介质研究了环十二酮肟重排生成 ω-十二内酰胺的反应。发现 130℃反应 2h 后，在[BMIm][PF₆]和[BMPy][PF₆]中 Beckmann 重排反应可顺利进行，并且底物可完全转化，酰胺的选择性均大于 95%；而[BMMIm][PF₆]和[BMIm][BF₄]则完全没有反应活性。他们利用原位多核固体核磁的手段对其原因进行了考察。¹⁵N CP MAS NMR 图谱表明[图 2.22(a)]，将 ¹⁵N 标记的环十二酮肟与[BMIm][PF₆]混合后，原料的 ¹⁵N 吸收峰出现在−45ppm；

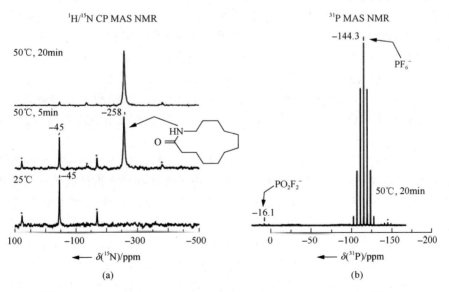

图 2.22　(a) ¹⁵N-环十二酮肟与[BMIm][PF₆]混合物及 50℃加热 5min、20min 的 ¹⁵N CP MAS NMR 图谱；(b) 混合物 50℃加热 20min 的 ¹⁹F 和 ³¹P MAS NMR 图谱

50℃加热仅5min后,在-228ppm处出现^{15}N-ω-十二内酰胺的吸收峰;继续加热,20min后产物吸收峰占绝对优势,说明在[BMIm][PF$_6$]中50℃即可发生重排反应;^{19}F和^{31}P MAS NMR图谱[图2.22(b)]则都证明了$PO_2F_2^-$的存在,说明[PF$_6$]$^-$在水存在的情况下发生了水解,生成$PO_2F_2^-$及HF,而HF可催化Beckmann重排反应。在[BMMIm][PF$_6$]和[BMIm][BF$_4$]存在下则没有观测到水解产物生成,因此对重排反应没有活性。有意思的是,即使是经过干燥处理的[PF$_6$]离子液体水解出的ppm数量级的HF也能对Beckmann重排反应有很好的催化性能。

2.3.3 酸性离子液体作为催化剂在有机溶剂中进行Beckmann重排反应

一般来说,离子液体经功能化后黏度往往会变大,对传质传热不利,这就需要反应在有机溶剂中进行,而离子液体作为催化剂的用量则可以减少。Xia等报道了双磺酸功能化离子液体-氯化锌复合催化体系在乙腈溶液中催化芳基酮肟的Beckmann重排反应[73,74]。80℃下在乙腈溶液中反应5h(苯乙酮肟1mmol,IL/底物=0.05,IL/ZnCl$_2$=1,溶剂5mL),重排产物收率可达到99%,分离产率为96%(表2.2,条目4);但是单独使用酸性离子液体或ZnCl$_2$作为催化剂时,几乎没有重排产物,这可能是由于单独的酸性离子液体的酸量较低不足以催化反应,而反应过程中离子液体与氯化锌发生了协同作用,从而导致催化活性大幅度提高。

Srivastava等[75]考察了单阳离子磺酸功能化离子液体-金属氯化物催化体系中苯乙酮肟在乙腈溶液中Beckmann重排反应,并且结合UV-vis、FTIR及DFT等手段研究了催化体系各组分的结构和酸性对催化性能的影响。同样,单独使用酸性离子液体[PSO$_3$HMIm]Cl或ZnCl$_2$对重排反应无催化效果,而两组分摩尔比为1:1时效果最好。离子液体的阴离子对催化效果影响明显,在此体系中,并非离子液体酸性越强其催化效果越好,而是能与ZnCl$_2$形成阴离子配合物活性物种的Cl$^-$具有最好活性。由于[PSO$_3$HMIm]阳离子与Cl$^-$作用较弱,使其较易解离,从而易于与ZnCl$_2$形成活性物质;对于金属氯化物来说,具有中等强度L酸性的ZnCl$_2$最适合作为催化剂。

具有特殊多氧簇金属配合物结构的杂多酸(HPA),作为一类环境友好的催化剂,在催化领域受到广泛关注。将杂多酸与离子液体相结合设计成具有磺酸基团多相催化剂也被应用于Beckmann重排反应中。Wang等合成了单阳离子的[PSO$_3$HMIm]$_3$[PW$_{12}$O$_{40}$],发现将其与ZnCl$_2$组成催化体系,在乙腈溶液中对芳基酮肟和环己酮肟重排反应具有较好的催化性能[76]。在优化条件下,二苯甲酮肟和环己酮肟对应酰胺的产率分别为98%和83%(表2.2,条目5)。此外,由于[PSO$_3$HMIm]$_3$[PW$_{12}$O$_{40}$]为固体多相催化剂,通过简单过滤可使离子液体与有机相分离,在加入新鲜助催化剂ZnCl$_2$的情况下,催化体系可重复使用。随后,他们又发展了磺酸功能化的4,4'-联吡啶双阳离子杂多酸离子液体[DPySO$_3$H]$_{1.5}$[PW$_{12}$O$_{40}$],

考察了其对环己酮肟的重排反应的性能[77]。与单阳离子的[PSO$_3$HMIm]$_3$[PW$_{12}$O$_{40}$]离子液体相比,双阳离子催化剂的活性有所下降,温度在130℃下反应2h,环己酮肟的转化率才到达100%;由于反应温度较高,只能采用沸点相对较高的苯乙腈,而不是低沸点的乙腈作溶剂。但是对[DPySO$_3$H]$_{1.5}$[PW$_{12}$O$_{40}$]来说,助催化剂ZnCl$_2$不是必需的:没有ZnCl$_2$时,环己酮肟也可完全转化,ε-己内酰胺的选择性仅从有助催化剂时的80%下降到73%(表2.2,条目6)。用纯离子液体作为多相催化剂,可进一步简化反应后处理过程,该离子液体催化剂可重复使用4次,其转化频率可基本保持稳定。通过FTIR表征说明,基于杂多酸催化体系的失活原因,可能是催化剂酸性位与碱性的产物发生反应造成的。

2.3.4 离子液体催化环己酮一步肟化重排生成 ε-己内酰胺

开发由环己酮或其前驱体开始一步合成 ε-己内酰胺的新型催化剂,也是研究环己酮肟重排反应的一种新思路。由于肟化反应的原料羟胺的稳定性较差,在室温下会迅速分解,因此需要加入酸生成相应羟胺盐将其稳定。传统的方法使用盐酸或硫酸作为羟胺的稳定剂,生产己内酰胺的过程中,会重新生成强酸,对设备造成严重腐蚀。Wang 等采用了磺酸功能化离子液体取代传统的无机强酸作为羟胺稳定剂,生成了基于离子液体羟胺盐,并以此与环己酮反应一步合成了 ε-己内酰胺(图 2.23)[78,79]。首先以[BSO$_3$HMIm][HSO$_4$]作为稳定剂与羟胺作用生成新型的离子液体羟胺盐(NH$_2$OH)$_2$·[BSO$_3$IIMIm][HSO$_4$],该羟胺盐与传统的硫酸羟胺和盐酸羟胺相比具有更好的热稳定性。以 ZnCl$_2$ 作为催化剂,该羟胺盐可在不加溶剂的情况下与环己酮进行反应,150℃反应2h后ε-己内酰胺的产率可达91%。随后,他们又发展了价格相对低廉的[BSO$_3$HNMe$_3$][HSO$_4$]酸性离子液体稳定羟胺,同样加入 ZnCl$_2$ 催化剂与环己酮反应,以乙腈为溶剂时,其反应温度可大大降低,最优条件下(80℃,4h),环己酮的转化率和ε-己内酰胺的选择性分别可达到99.1%和 92.0%,且[BSO$_3$HNMe$_3$][HSO$_4$]离子液体可以回收使用。此外,Lee 等[80]设计了可由苯酚出发经过加氢、肟化、重排的串联反应一锅法生成ε-己内酰胺的多功能复合催化剂 Pd-C/Sc(OTf)$_3$/[BMIm][PF$_6$],该催化剂可使苯酚定量地加氢转化为环己酮,而最终 ε-己内酰胺的总产率为67%。

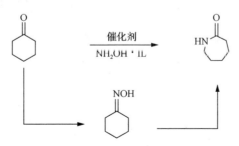

图 2.23 由环己酮一步合成 ε-己内酰胺

2.4 离子液体催化体系中烷基化反应

烷基化反应是有机化合物分子中连在碳、氧和氮上的氢原子被烷基所取代，从而增长碳链的反应过程。烷基化反应作为一种常见并且极为重要的合成手段，广泛应用于众多化工产品生产领域中。传统的烷基化反应大多采用强 Lewis 酸(如 $AlCl_3$ 等)，或者强腐蚀性的质子酸(如 HF、H_2SO_4 等)作为催化剂。这势必会造成产品残渣难以处理、严重的设备腐蚀和环境污染等问题。虽然后来发展的低污染、低腐蚀性的分子筛和固体超强酸等高活性的烷基化催化剂可以解决环境的问题，但普遍存在迅速失活、寿命短的缺点。早在 1986 年，离子液体首次被引入的催化过程之一即是傅-克烷基化反应，离子液体起到溶剂和催化剂的双重作用，从此拉开了离子液体催化的序幕[1]。随着研究的不断深入，人们认为离子液体有望替代现行的工业酸催化剂来进行绿色的烷基化催化过程。例如，中国石油大学成功开发出了基于复合离子液体的碳四烷基化技术，于 2013 年建成了世界首套 100kt/a 复合离子液体碳四烷基化工业化生产装置，并开车成功[81]。本节主要介绍离子液体在 C_4 烷基化、芳烃烷基化及酚类 C 烷基化等重要反应过程中的应用。

2.4.1 离子液体中的 C_4 烷基化反应

烷基化油具有辛烷值高(RON＞95)、敏感性低、低 Reid 蒸气压(RVP)等特点，是性质优良的调和汽油。烷基化油主要在酸催化下通过 C_4 烯烃(包括 1-丁烯、2-丁烯和异丁烯)与异丁烷的烷基化反应制备，主要是由三甲基戊烷(TMP)和二甲基己烷(DMH)等组成的异构烷烃混合物(图 2.24)。烷基化汽油的 TMP/DMH(质量比)是衡量油品质量的重要参数，比值越大，辛烷值越高，其质量也越好。如何进一步提高 TMP/DMH 比值一直是石油化工领域研究的重点方向。目前，工业上生产烷基化油主要使用的催化剂为腐蚀性的 HF 或 H_2SO_4，而离子液体在催化异丁烷/丁烯烷基化的过程中具有催化活性高、挥发性低、循环效率高、相应产物具有 TMP 选择性高等特点[82]，受到了广泛关注。

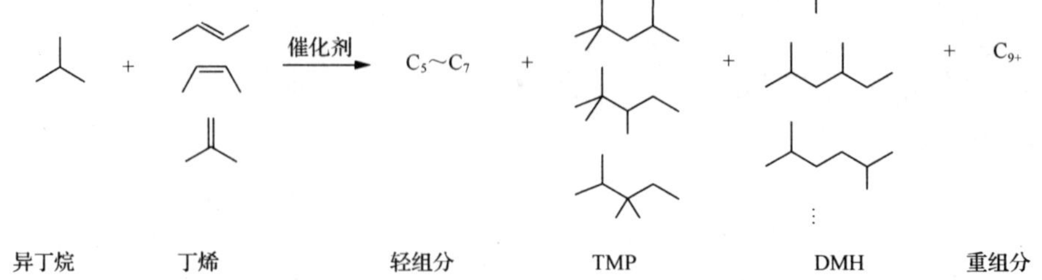

图 2.24 异丁烷与丁烯的 C_4 烷基化反应

1. 基于 L 酸离子液体的 C_4 烷基化

1) L 酸离子液体体系

Chauvin 等首次报道了氯铝酸离子液体([BMIm]Cl-AlCl$_3$)催化的异丁烷与 2-丁烯的烷基化反应[83],其催化性能可以比得上传统硫酸催化剂的性能。氯铝酸离子液体可以通过改变 AlCl$_3$ 的摩尔分数(x)来调节离子液体的酸度,从而改变其催化活性。当 x=0.55 时,异丁烷的转化率较低,主要产物为 C_{9+} 的重馏分,TMP 的收率仅为 29%;随着 x 增加到 0.6 时,TMP 的收率提高到 76.8%;当 x 增加到 0.65,TMP 的收率则会降低到 50.9%,这可能是因为酸度太高导致裂解反应发生。此外,产物在氯铝酸离子液体中的溶解度很低,易于分离,且形成的酸性溶油量(ASO)大大减少。

Yoo 等[84]系统研究了氯铝酸类离子液体的阴阳离子结构组成不同 ([C$_n$MIm]X-AlCl$_3$,n=4, 6, 8; X=Cl, Br, I)对 C_4 烷基化催化性能的影响。具有相同阴离子的离子液体,其催化活性随着阳离子上咪唑侧链长度的增长而增加,这可能与反应物在离子液体中的溶解度有关。不同阴离子的离子液体中,[OMIm]Br-AlCl$_3$ 表现出了最好的活性,与其阴离子本身具有较高的酸度有关。根据 FTIR 和 ^{27}Al NMR 的表征结果(图 2.25),[OMIm]Br-AlCl$_3$ 在 FTIR 图谱上 1570cm^{-1} 处与酸性有关的吸收峰最高,而在 ^{27}Al NMR 图谱上具有较高酸性的 [AlCl$_3$Br]$^-$ 约在 99.5ppm 可以被检测到。同样,可以通过调节 AlCl$_3$ 的摩尔分数 x,来调节离子液体的催化性能,结果表明催化剂的活性和 TMP 含量随阴离子浓度的增加而增加,当 AlCl$_3$ 的摩尔分数为 0.58 时表现出最好的催化活性,作者认为这可能是具有较强 Lewis 酸性的[Al$_2$Cl$_6$Br]$^-$ 可以与阳离子咪唑环 C2 上的 H 作用形成了 Brønsted 酸[AlHCl$_3$]$^+$ 造成的。但是,当 x 较高时,由于 AlCl$_3$ 的强吸湿性,使氯铝酸离子液体也很容易失活。

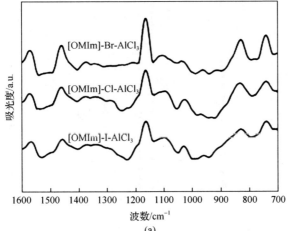

(a)

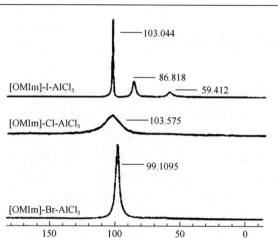

图 2.25　[OMIm]X-AlCl$_3$ 离子液体的 FTIR(a) 及 ^{27}Al NMR(b) 图谱

2) L 酸离子液体与金属化合物添加剂体系

将金属卤化物作为添加剂加入氯铝酸离子液体中能有效改善体系的催化性能。Liu 等发现向[Et$_3$NH]Cl-AlCl$_3$ 中加入 CuCl 时，可以优化异丁烷/丁烯烷基化的产物分布[85]。加入 CuCl 后，C$_8$ 产物的选择性可由 56.2% 提高到 74.8%，TMP/DMH 的比值也由无添加剂时的 2.8 提高到 6.5。这可能是由于 CuCl 可以与离子液体中的[AlCl$_4$]$^-$或[Al$_2$Cl$_7$]$^-$反应生成新的物种，从而可以抑制裂解、齐聚、异构化等副反应的发生。随后，Liu 等[86]通过 ^{27}Al NMR、FTIR 及 ESI-MS(图 2.26)等手段在[Et$_3$NH]Cl-AlCl$_3$-CuCl(x=0.63，N=0.5，N 为 CuCl/IL 摩尔比)复合离子液体体系中

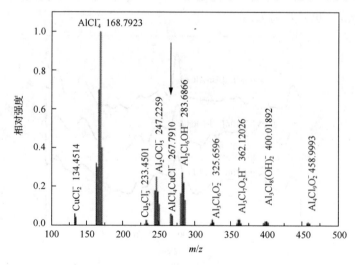

图 2.26　[Et$_3$NH]Cl-AlCl$_3$-CuCl (x=0.63，N=0.5) 的 ESI-MS 图谱

检测到了[AlCl$_4$CuCl]$^-$的存在。优化条件下，TMP 的选择性为 92%，RON 为 99.5。在相同条件下，此催化体系的 TMP 选择性要高于硫酸体系的选择性，也没有 ASO 的出现，且离子液体可以重复使用 5 次。通过对反应条件的优化，采用该复合离子液体催化体系，C$_4$ 烷基化反应在很短的接触时间内 (20s) 即可完成[87]，这样有望减小反应器体积，增强加工处理能力，从而降低成本。

Bui 等[88]比较了[OMIm]Br-AlCl$_3$ 和[Et$_3$NH]Cl-AlCl$_3$ (x=0.6)对 C$_4$ 烷基化的催化活性，发现[Et$_3$NH]Cl-AlCl$_3$ 具有较好的效果，这可能与其具有较强的 Brønsted 酸性有关。当将 CuCl 和 CuCl$_2$ 分别加入[Et$_3$NH]Cl-AlCl$_3$ 中，CuCl 的效果更好。根据 FTIR 结果，他们认为可能是 CuCl 与离子液体反应生成了超强的 Brønsted 酸质子造成的。Liu 通过 ^{27}Al NMR 和 ^{1}H NMR 系统研究了 CuCl 促进氯铝酸离子液体的催化性能机理，发现异丁烷/丁烯烷基化反应体系中确实同时存在 L 酸和 B 酸[89]。最近，Liu 等[90]又考察了[BMIm]Cl-AlCl$_3$-CuCl 和[Et$_3$NH]Cl-AlCl$_3$-CuCl (x=0.64, N=0.5)等复合离子液体催化剂中的异丁烷/丁烯烷基化反应，研究了 Cu 对离子液体烷基化选择性的影响，表明合成的均相复合离子液体催化剂比直接将 CuCl 加入氯铝酸离子液体中的催化效果好。与 Bui 等观点不同的是，Liu 认为 Cu 的引入对离子液体酸性的影响较小，而烷基化过程中形成的[AlCl$_4$CuCl]$^-$/CuAlCl$_4$ 对 2-丁烯的相互作用是改善离子液体催化选择性的关键因素。将 CuAlCl$_4$ 直接引入离子液体中也可以达到改善其催化性能的目的，IL-CuAlCl$_4$ 催化体系的 TMP 选择性最高可达 87.5wt%，产物辛烷值为 100.5。

最近，Liu 等[91]又发展了一类对水敏感性较低的基于酰胺和氯化铝(amide/AlCl$_3$)的"类离子液体"催化剂，并用 CuCl 加以修饰，考察了其对 C$_4$ 烷基化的催化性能。通过酰胺结构的变化可以调节催化剂的活性，使用 AA-AlCl$_3$(AA 为乙酰胺)作为催化剂时，C$_8$ 和 C$_5$ 轻馏分组分质量分数较低，而 C$_{9+}$重馏分所占比例较大，是因为 AA-AlCl$_3$ 的酸性较弱，导致了齐聚反应的发生。而 NMA-AlCl$_3$(NMA 为 N-甲基乙酰胺)则表现出了最好的催化效果，其 C$_8$ 和 TMP 的选择性和 TMP/DMH 比值最高，这可能是由于其具有较低的黏度及对异丁烷有较好溶解性的结果。通过调整酰胺和氯化铝摩尔比，可以影响 Al$_2$Cl$_6$ 的不对称裂分度，Al$_2$Cl$_6$ 可以裂分为[AlCl$_2$(amide)$_n$]$^+$ 和 [AlCl$_4$]$^-$，从而影响其酸性[图 2.27(a)]，研究发现 amide/AlCl$_3$=0.75 时，催化效果最好。此外，经 CuCl 修饰后，NMA-AlCl$_3$ 的催化效果可进一步提高，C$_8$ 产物选择性可从 76.18%增加到 94.65%，TMP/DMH 和 RON 分别为 14.98 和 98.40。^{27}Al NMR 图谱表明其原因也是 CuCl 的加入导致了类离子液体的结构变化，产生了复合阴离子[AlCl$_4$CuCl]$^-$[97.06ppm 处，图 2.27(b)]，从而抑制了副反应的发生。

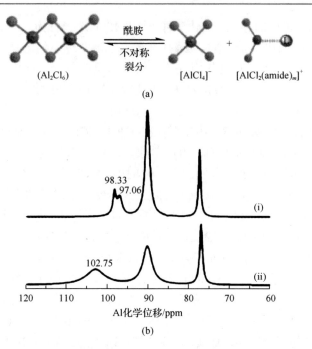

图 2.27　(a)酰胺使 Al_2Cl_6 裂分为$[AlCl_2(amide)_n]^+$和$[AlCl_4]^-$；(b) ^{27}Al NMR 图谱：
(i) 0.75NMA-$AlCl_3$，(ii) 0.75NMA-$AlCl_3$-CuCl

尽管[Et_3NH]Cl-$AlCl_3$-CuCl 催化体系对于异丁烷与丁烯的烷基化有很好的效果，但是随着运行时间的延长，在反应过程中会出现不溶于体系的固体。Liu 和 Klusener 等采用 NMR、X 射线衍射法(XRD)、X 射线光电子能谱(XPS)及元素分析等手段研究了该固体不溶物组成[92]。结果表明，该固体主要含有 CuCl 及 1wt% 的 ASO，^1H NMR 结果表明 ASO 的主要成分是烯烃和芳香烃。他们推测 CuCl 固体产生是由于 $AlCl_3$ 在离子液体中不稳定，会逐渐被底物和反应物带离出离子液体相，导致活性物质[$AlCl_4CuCl$]$^-$分解，以致体系酸性下降，甚至失活。

3) L 酸离子液体与 B 酸促进剂催化体系

提高氯铝酸离子液体对 C_4 烷基化催化性能的另一种策略是，向体系中加入 B 酸促进剂，最常见的 B 酸促进剂为 H_2O 和 HCl。氯铝酸离子液体或烃类底物中少量的水杂质可与离子液体阴离子生成 B 酸。Jess 等[93]研究了 H_2O 对[BMImCl]-$AlCl_3$(x=0.64)体系催化异丁烷/丁烯烷基化的影响时发现，0.2mol%①左右的 H_2O 能提高丁烯的转化率和 C_8 的选择性，但是并不能明显提高反应速率和缩短反应时间。Bui 等[88]在加入离子液体[OMIm]Br-$AlCl_3$(x=0.6)之前，向反应物中加入了 ppm 量级 H_2O，也发现其能提高催化活性，TMP 的选择性可由 21.3wt%提高到

---

① mol%表示摩尔分数。

49.2wt%，RON 也有所提高，但不如金属卤代物对氯铝酸的促进效果明显。

Pöhlmann 等[94]认为[BMImCl]-AlCl$_3$(x=0.64)氯铝酸离子液体的失活主要原因是其与体系中的水生成的 HCl 被烃类化合物带走，而补充饱和的 HCl 气体可以使已失活的催化剂再生。HCl 的加入使体系具有超强酸的性质，可有效缩短反应时间，这主要是由于 HCl 释放的 H$^+$直接参与反应促进异丁基碳正离子的生成。同时，引入 HCl 可促进体系提高 C$_8$ 化合物，特别是 TMP 的选择性，并且不同程度地降低 C$_9$ 以上组分含量，这是由于 H$^+$能消耗体系中的烯烃，降低碳正离子的聚合，进而提高目标产物选择性。Bui 等[88]对酸性阳离子交换树脂促进剂的研究表明，含酸性阳离子交换树脂和[OMIm]-BrAlCl$_3$ 混合使用可使 TMP 选择性和产物 RON 达到 57.8%和 95.2，比单独使用[OMIm]Br-AlCl$_3$ 体系的效果更好。酸性阳离子交换树脂的主要作用也是与 L 酸离子液体作用形成 H$^+$，加速碳正离子形成并抑制副反应发生。

2. 基于 B 酸的 C$_4$ 烷基化

1) B 酸+离子液体催化体系

2005 年，Olah 和 Prakash 等通过将无水 HF 固定到吡啶、聚乙烯胺等碱性物质上发展了一类基于聚氢氟酸鎓盐离子液体[amine-(HF)$_n$，图 2.28][95]。HF 聚合后其稳定性明显提高，而挥发性降低。例如，以 HF 的质量损失 1%作为对比研究其挥发温度时，纯 HF 为 18℃，而 PPHF(n=22)则提高到了 32℃。将所获得的聚氢氟酸鎓盐离子液体催化剂应用于 C$_4$ 烷基化反应中，相同条件下可达到传统 HF 和 H$_2$SO$_4$ 催化剂的水平。PPHF 与 PEIHF 离子液体(n=22)作为催化剂在优化条件下，C$_8$ 产物的质量比分别为 65.8%和 79.8%，RON 分别达到了 91.1 和 93.7。将 HF 与聚(4-乙烯基吡啶)相结合，可合成固体离子聚合物(PVPHF)，也有很好的催化效果，在其优化条件下 C$_8$ 产物选择性(81.1%)和 RON(94)比 PPHF 和 PEIHF 稍高。但是，该类催化剂在反应时会有少量 HF 逸出。

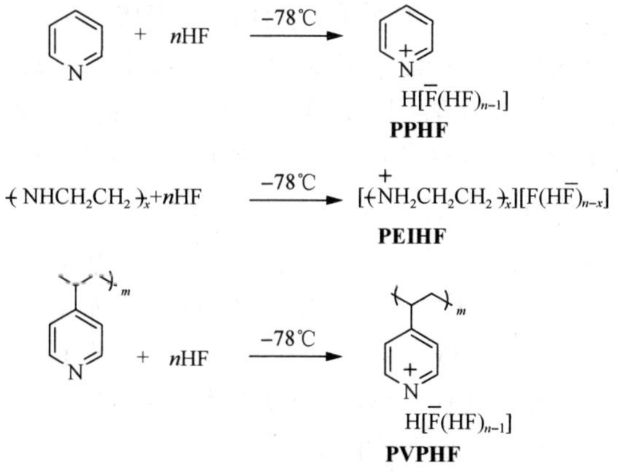

图 2.28 聚氢氟酸鎓盐离子液体

Subramaniam 等[96]考察了一系列 B 酸离子液体+超强酸混合体系的 C_4 烷基化的效果,离子液体可在体系中起到调节酸性、溶解性及界面性质的作用。由于酸强度较低,无论是阳离子上接有—SO_3H 基团,还是阴离子为[HSO_4]⁻,纯离子液体作为催化剂时丁烯转化率和 C_8 产物选择性都较低,其效果都不能令人满意。然而,离子液体和硫酸或三氟甲基磺酸组成混合体系的催化烷基化性能,要比单独的纯离子液体或超强酸的效果好。例如,对于三氟甲基磺酸(CF_3SO_3H,HOTf),由于其酸性太强,不能获得较高的 C_8 产物选择性,当与含有长链的离子液体[OMIm][HSO_4]混合时([OMIm][HSO_4]与 HOTf 质量比为 23.7∶76.3),则可以调节其酸性及对异丁烷的溶解性,C_8 产物选择性可由 41.1%提高到 75.8%,TMP/DMH 的值也由 1.4 上升至 6.8。此外,B 酸离子液体+超强酸混合体系的重复使用次数可达到 30 以上,比纯酸的重复使用性要好。

随后,Zhao 和 Zhang 研究了含有[SbF_6]阴离子的离子液体与 HOTf[97]或 H_2SO_4[98]混合体系的烷基化催化性能。同样地,离子液体加入 CF_3SO_3H 中会增强体系的催化性能。对离子液体阳离子烷基链的考察发现,无论是咪唑阳离子还是吡啶阳离子,烷基链的增长会增加烷基化产物的产率,这也跟离子液体链长增加会使烃类的溶解度增加有关,但同时也会使产物和催化体系分离困难,因此具有中等链长度的[HMIm][SbF_6]是较好的选择。[HMIm][SbF_6]与 HOTf 质量比为 47.9∶52.1 时,催化烷基化的效果最好,C_8 产物质量分数、TMP/DMH 及 RON 的值分别为 80.1%、7.2 和 95.6,且该催化体系使用 4 次后催化性能可保持稳定。类似地,将 0.5wt%的[BMIm][SbF_6]加入硫酸催化剂中,同样可以促进烷基化反应的效果,优化条件下 TMP 选择性和 RON 可分别达到 81%和 98。值得一提的是,少量[BMIm][SbF_6]的加入可使硫酸的使用寿命增长近 1 倍,作者认为[SbF_6]阴离子在体系中起到缓冲剂的作用,可以保持体系酸性,减少酸消耗量及减缓 ASO 的生成。

Zhang 课题组[99]又研究了季铵类质子酸离子液体([Et_3NH][HSO_4]和[Et_3NH][OTf])对 HOTf 催化体系的影响。在[Et_3NH][HSO_4]/HOTf(体积比 1∶3)体系中,C_8 选择性和 RON 分别可达到 91.5%和 98,该体系重复使用 5 次 C_8 选择性可保持在 90%;元素分析结果表明,烷基化油随着催化剂使用次数的增加,其 S 含量也增加,说明 HOTf 的流失导致了体系催化性能的下降。而[Et_3NH][OTf]对 HOTf 的促进效果不如[Et_3NH][HSO_4],这可能与其对碳正离子的溶解性较低有关。但是,最近该课题组又对[Et_3NH][OTf]/HOTf 体系做了相对深入的研究[100],发现与水或[Et_3NH][HSO_4]相比,[Et_3NH][OTf]与 HOTf 混合后能使酸度缓慢地下降,可起到缓冲作用,这有利于烷基化反应的进行。根据 ¹H NMR 和 FTIR 结果,HOTf 可与离子液体阴离子作用产生[CF_3SO_3(CF_3SO_3H)$_x$]⁻(x=0, 1, 2)离子簇,离子簇的形成具有缓冲作用。HOTf 与[Et_3NH][OTf]摩尔比为 0.31∶0.69 时,具有最好的催化效果,C_8 产物选择性为 86.2%,RON 达到了 97.3。由于[Et_3NH][OTf]作用,混合催化体系运行次数能大大增加，由纯 HOTf 体系的 22 次提高到 36 次。此外，IL/HOTf 有较小的腐蚀性，对不锈钢的腐蚀速率要远低于纯 HOTf 或 H_2SO_4。

2) 基于 B+L 双酸性催化体系

L 酸离子液体的催化性能良好，但存在对水敏感、极易水解，并释放 HCl 使催化剂失活等缺点；B 酸离子液体虽然水稳定性良好，但存在催化活性较弱、原料转化率较低、C_8 选择性较差的问题，仍需加入 HOTf 或 H_2SO_4。体系如同时具备 L 酸性和 B 酸性则可能产生相互增强的协同效应，提高催化烷基化的效果。Bui 等[101]向 [OMIm]Br-AlCl$_3$ (x=0.6) 中加入了磺酸功能化的离子液体 [BSO$_3$HMIm][HSO$_4$]（B 酸 IL 与 L 酸 IL 质量比为 0.24∶1），发现 L 酸 IL 的烷基化性能明显提高了，TMP 的质量分数从 21.3%提高到了 53%，RON 也由 90.5 提高到了 95。作者认为 L 酸离子液体的阴离子可与 B 酸离子液体的阴阳离子发生反应生成超强酸，促进了烷基化油产品的品质。最近，Liu 和 Yu 课题组[102]合成了同时含有 B-L 酸的双酸性离子液体，[PSO$_3$HNEt$_3$]Cl-ZnCl$_2$ (x=0.83)，将此离子液体应用于异丁烷/丁烯烷基化反应时，表现出了优异的催化性能，在含有一定量水的情况下，丁烯可完全转化，C_8 产物的选择性高达 91.7%，TMP/DMH 大于 75，并且催化剂和重复使用 10 次未见性能下降。Liu 等认为离子液体的 B 酸性位与 L 酸性位的协同效应是催化剂性能优异的关键所在。

3. C_4 烷基化相关机理

烷基化反应过程十分复杂，往往伴随着多种副反应，如聚合、歧化、裂解、环化等反应的发生，因此异丁烷/丁烯烷基化反应属于典型的连续和竞争并存的快速反应过程。目前普遍接受的烷基化机理是，无论使用 B 酸还是 L 酸作催化剂，烷基化反应都是包含一系列由碳正离子中间化合物组成的串联和平行反应[103-105]，反应机理的提出主要是以反应物的立体化学及分布为根据的。主反应由以下几个阶段组成(图 2.29)：①反应诱导期：C_4 烯烃得到 H 质子之后会形成碳正离子，然后经过 C 骨架转移或甲基转移形成稳定的叔丁基碳正离子的过程；②链增长过程：叔丁基碳正离子和烯烃通过亲电加成方式生成相应的 C_8 正离子；③C_8 正离子异构化过程：这是高支链辛烷形成的关键步骤，这时上一步中产生的 C_8 正离子进一步形成更加稳定的碳正离子；④链终止过程：C_8 碳正离子与异丁烷的氢转移反应，转化为不同的辛烷异构体，同时形成新的叔丁基碳正离子。叔丁基碳正离子重新进入链增长-异构化-链终止的循环过程中，保证反应的循环持续进行。如果没有链终止过程的存在，C_8 碳正离子和 C_4 烯烃发生聚合反应从而生成多聚物、发生歧化反应或裂解反应等副反应生成 C_5~C_7 及 C_{9+} 等副产物。

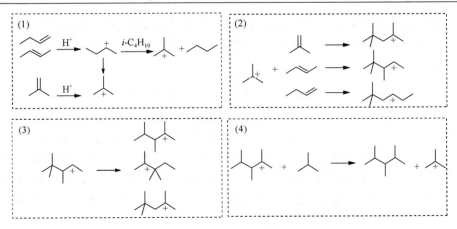

图 2.29 C$_4$ 烷基化相关机理

Liu 等[106]以[BMIm]Cl-AlCl$_3$ 和[BMIm]Cl-AlCl$_3$-CuCl 离子液体为催化剂,在连续搅拌釜式反应器中进行了异丁烷与 2-丁烯烷基化反应,并利用氘代异丁烷同位素示踪法推测了催化反应机理。研究表明,氯铝酸离子液体烷基化反应的诱导期很短(<4min),明显低于相同条件下的硫酸诱导期,异丁烷溶解到离子液体中的时间要比溶于硫酸的时间少应是离子液体反应诱导期较短的主要原因。

根据传统的碳正离子机理,TMP 的生成可能来自以下四种途径。

(a) 自烷基化反应:涉及 H 从异丁烷转移到烯烃上(如 2-丁烯),而后发生异丁烯和异丁烷的烷基化反应。

$$i\text{-}C_4H_{10}+C_4H_8 \longrightarrow i\text{-}C_4H_8+n\text{-}C_4H_{10} \tag{1}$$

$$i\text{-}C_4H_8+i\text{-}C_4H_{10} \longrightarrow 2,2,4\text{-}TMP \tag{2}$$

(b) 异丁烷和 2-丁烯的直接烷基化:

$$C_4H_8+tert\text{-}C_4H_9^+ \longrightarrow 2,2,3\text{-}TMP^+ \tag{3}$$

$$\text{或者 } 2\text{-}C_4H_8 + tert\text{-}C_4D_9^+ \longrightarrow 2,2,3\text{-}TMP^+ + H^- \longrightarrow 2,2,3\text{-}TMP(C_8H_9D_9\text{-}123) \tag{4}$$

(c) 2-丁烯异构化成异丁烯,再和异丁烷发生如烷基化反应:

$$2\text{-}C_4H_8 \longrightarrow i\text{-}C_4H_8 \tag{5}$$

$$i\text{-}C_4H_8+i\text{-}C_4H_{10} \longrightarrow 2,2,4\text{-}TMP \tag{6}$$

或者

$$i\text{-}C_4H_8 + i\text{-}C_4D_{10} \longrightarrow 2,2,4\text{-}TMP(C_8H_8D_{10}\text{-}124) \tag{7}$$

(d) DMH 的异构化。

由于离子液体烷基化油存在 TMP-132，这些 TMP 来自(a)自烷基化反应：$i\text{-}C_4D_8 + iC_4D_{10} \longrightarrow 2,2,4\text{-}TMP(C_8D_{18}\text{-}132)$，表明离子液体中异丁烷的自烷基化是形成 TMP 产物的途径之一。而在 H_2SO_4 催化剂中则没有这一现象，这主要是因为烷基化过程初期，异丁烷难以溶解到 H_2SO_4 中，异丁烷的自烷基化反应很难被 H_2SO_4 催化。

离子液体烷基化油存在较多的 TMP-123 和 TMP-124，说明 TMP 来自反应(4)和反应(7)，这与 H_2SO_4 中的烷基化反应是类似的。由于两种离子液体中 TMP-123 的量均少于 TMP-124 的量，说明 2-丁烯在体系中可能反应(5)优先于反应(3)，即 2-异丁烯先趋向于异构化反应，而不是烷基化反应。

C_8 产物中还含有 TMP-116。可能是源自反应物 2-丁烯的迅速聚合，紧接着发生聚合物分裂和氢转移反应，形成了氘元素较少的 TMP，反应(8)~反应(11)。与[BMIm]Cl-AlCl$_3$ 相比，[BMIm]Cl-AlCl$_3$-CuCl 中含有较多的 TMP-132，Liu 等认为应当是通过反应(11)生成的。

$$3C_4H_8 \longrightarrow C_{12}H_{24} + H^+ \longrightarrow C_{12}H_{25}^+ \tag{8}$$

$$C_{12}H_{25}^+ \longrightarrow i\text{-}C_4H_9^+ + C_8H_{16} \tag{9}$$

$$i\text{-}C_4D_{10} + C_8H_{16} \longrightarrow i\text{-}C_8H_{16}D_2(TMP\text{-}116) + i\text{-}C_4D_8 \tag{10}$$

$$i\text{-}C_4D_{10} + i\text{-}C_4D_8 \longrightarrow i\text{-}C_8D_{18}(TMP\text{-}132) \tag{11}$$

并且体系中检出了 $n\text{-}C_4H_9D$，意味着 2-丁烯在离子液体中易被质子化并形成 $sec\text{-}C_4H_9^+$，而离子液体中 DMH 的形成主要来自 2-丁烯与 $sec\text{-}C_4H_9^+$ 的烷基化。此外，[BMIm]Cl-AlCl$_3$ 与[BMIm]Cl-AlCl$_3$-CuCl 在形成 C_{12}^+ 中间体的途径上存在着明显的差异：[BMIm]Cl-AlCl$_3$-CuCl 中 C_{12}^+ 中间体主要经 2-丁烯聚合反应得到，而对于[BMIm]Cl-AlCl$_3$，2-丁烯与 C_8^+ 的二次烷基化是生成 C_{12}^+ 中间体的主要途径。大多数轻组分(C_5~C_7 组分)的生成应该归因于 C_{12}^+ 的 β 裂解，而重组分的形成大多来源于 2-丁烯与 C_5~C_7 烷烃的反应。综上所述，[BMIm]Cl-AlCl$_3$-CuCl 催化体系中可能的反应机理可由图 2.30 表示。

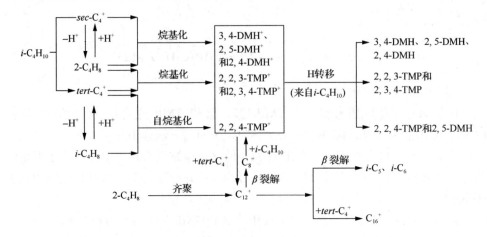

图 2.30 [BMIm]Cl-AlCl$_3$-CuCl 中 C$_4$ 烷基化可能的机理

2.4.2 离子液体中的芳烃烷基化反应

1. 卤代烷或烯烃作为烷基化试剂

1) 金属卤化物离子液体催化芳烃烷基化

最早将离子液体用于催化反应的是 Wilkes 等[1]，他们于 1986 年报道了氯铝酸离子液体作为催化剂和反应介质在苯与氯代烷的傅-克反应中的应用。2001 年邓友全实验室[5]采用 HCl 修饰的氯铝酸离子液体([EMIm]Cl-AlCl$_3$, x=0.67)研究了苯与 1-十二烯的烷基化反应，在该体系中所需的反应温度、苯/烯摩尔比均低于传统催化剂 AlCl$_3$ 的要求。引入 HCl 后该类离子液体具有超强酸性(H_0= -15.8)，使得苯与十二烯反应中的 2-苯基异构体的选择性和反应活性都有所提高。此外，HCl 修饰的氯铝酸离子液体还可以高效促进苯与二氯甲烷或氯仿的反应。苯与二氯甲烷反应中，在 0℃反应 5min，二氯甲烷的转化率为 99%，二苯甲烷的产率大于 95%；而苯与氯仿的反应要求温度稍高(30℃)，反应 8h 后，氯仿的转化率依然可以达到 94%以上，三苯基甲烷的产率约为 90%。由于产物与离子液体催化剂不互溶，使其很容易分离，且离子液体可以重复使用 5 次。后来，Cai 等[107]考察了基于[Et$_3$NH]$^+$ 阳离子的不同金属卤化物离子液体(AlCl$_3$、FeCl$_3$、ZnCl$_2$ 等)对苯与二氯甲烷烷基化反应的作用，发现仅 L 酸性最强的[Et$_3$NH]- AlCl$_3$ 具有较好的催化性能。

Han 等[108]采用红外探针法测量了离子液体[C$_n$MIm]-Al$_2$Cl$_6$X (n=4, 8, 12; X=Cl, Br, I)的相对酸强度及极性，研究了阴阳离子结构对苯与 1-十二烯的烷基化反应的影响。红外图谱表明[图 2.31(a)]离子液体的酸强度顺序为：[DMIm]-Al$_2$Cl$_6$Br<[OMIm]-Al$_2$Cl$_6$Br≈[BMIm]-Al$_2$Cl$_7$<[BMIm]-Al$_2$Cl$_6$Br<[BMIm]-Al$_2$Cl$_6$I。另外，苯的两个特征吸收峰分别出现在 1958cm^{-1} 和 1814cm^{-1}，当苯与离子液体混合时，其

特征吸收会发生蓝移,根据其波数移动的多少,可比较离子液体极性[图 2.31(b)]。不同阴离子离子液体的极性顺序为: [BMIm]-Al_2Cl_7 > [BMIm]-Al_2Cl_6Br > [BMIm]-Al_2Cl_6I;而不同阳离子的极性顺序为[BMIm]-Al_2Cl_6Br>[OMIm]-Al_2Cl_6Br>[DMIm]-Al_2Cl_6Br。具有较强酸性和极性的离子液体[BMIm]-Al_2Cl_6Br 表现出了最好的催化性能。在最优条件下,苯与十二烯摩尔比为 5,离子液体与烯烃摩尔比为 0.005,32℃反应 25min,烯烃的转化率为 91.8%,2-十二烷基苯的选择性为 38%。

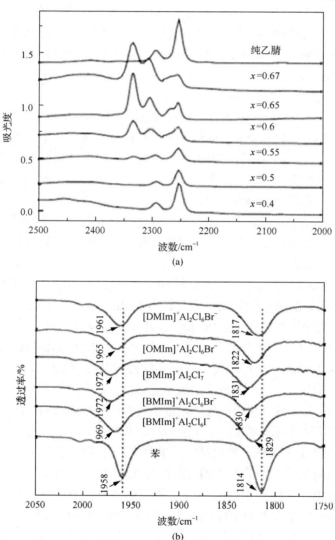

图 2.31　(a)不同 x 值的[BMIm]Cl-$AlCl_3$ 与乙腈的红外图谱;(b)苯与不同离子液体的红外图谱

除基于 $AlCl_3$ 的 L 酸离子液体外,对水具有较低敏感性 $InCl_3$ 和 $GaCl_3$ 类离子液体也可用作傅-克烷基化反应催化剂。Gunaratne 等[109]研究了[C_nMIm]Cl-InCl$_3$ 体系中酚类化合物与烯烃的烷基化反应。许多高附加值的产品通过烷基化反应在此催化体系下可以高选择性、高产率地进行。例如，以[BMIm]Cl-InCl$_3$ (x=0.67) 为催化剂，苯酚与二异丁烯生成对叔辛基苯酚的产率为 83%；邻二苯酚与二异丁烯生成 4-叔丁基邻苯二酚的产率可达 88%，且可以公斤级的规模进行生产。最近，Swadźba-Kwaśny 等[110]合成了一系列具有 L 酸性的低共融性的液体配位物(LCC)，其是由 GaCl$_3$ 与具有供电子基的有机配体如 N, N-二甲基乙酰胺(DMA)、尿素(Ur)、三正辛基氧膦(P_{888}O)等组成的。LCC 应用于苯与 1-癸烯的烷基化反应，室温下仅用 0.35mol%～2.00mol%的催化剂，2～25min 内癸烯就能完全转化，2-苯基异构体的选择性约 50%。但是 LCC 中只有 P_{888}O-GaCl$_3$ 可与反应物形成相分离，其余催化剂则溶于反应液中。

Hölderich 等[111]在 2000 年首先采用浸渍法将[BMIm]Cl-AlCl$_3$ (x=0.6)固载到 SiO$_2$、Al$_2$O$_3$、TiO$_2$ 等材料上，对催化苯等芳香族化合物与 1-十二烯的烷基化进行了连续烷基化实验。表明硅胶 T350 担载的催化剂对苯的烷基化反应具有很高的活性，优于相同条件下的沸石催化剂，在 80℃时，十二烯转化率高达 99%以上，单烷基取代产物选择性为 98%。但对于萘、苯酚烷基化的催化性能较差。对于液相连续流动模式的反应，催化剂活性会随着运行时间的延长而降低，其主要原因是 1-十二烯及齐聚反应生成的重馏分吸附在催化剂的表面，导致活性部位减少，阻碍了反应进一步进行。

2009 年，Wasserscheid 等[112]使用硅胶担载的离子液体[EMIm]Cl-AlCl$_3$ (x=0.67)进行异丙苯与丙烯的烷基化生成二异丙基苯(DIPB)反应，发现使用担载的离子液体(SILP)体系与使用体相离子液体的液-液(L-L)体系相比具有更快的反应速率，此外两种情况下的产物分布也有不同，使用 SILP 时的 p-DIPB 的选择性高于 m-DIPB，而 L-L 体系则正好相反，且无 o-DIPB 产物。但是，将[EMIm]Cl-AlCl$_3$ 直接担载到硅胶上，由于离子液体阴离子会与硅胶表面硅羟基反应，会使体系的酸性下降。如对硅胶进行化学预处理，避免表面硅羟基的影响，担载 10%的离子液体后，在其催化反应速率保持不变的同时，其产物的选择性与 L-L 体系非常接近，且 Al 的流失大大降低，催化剂经简单分离后可重复使用。

最近，Zhang 等[113, 114]采用[BMIm][TFSI]-AlCl$_3$ 体系研究了苯与 1-十二烯的烷基化反应。[BMIm][TFSI]-AlCl$_3$ 表现出了典型的两相行为，当 AlCl$_3$/IL≥1.5 时，其上层液体可作为烷基化的催化剂。核磁图谱表明体系内 IL 阴离子以[AlCl$_x$(TFSI)$_y$]$^-$和[TFSI]$^-$两种形式存在，不配位的阴离子可为催化中心提供稳定的疏水环境，可增加体系的稳定性。此体系下，1-十二烯完全转化，2-十二烷基苯的选择性可超过 50%。随后，该课题组采用浸渍法将[BMIm][TFSI]-AlCl$_3$ 担载到了有序介孔材料 SBA-15 上，并用于苯与 1-十二烯的烷基化，可进一步提高催化性能，2-苯基异构体的选择性可达 80%，且可减少离子液体用量。

2) 非金属卤化物离子液体催化芳烃烷基化

2000 年，Song 等[115]研究了以 $Sc(OTf)_3$ 与咪唑离子液体组成的复合催化剂对苯与 1-己烯的烷基化的催化作用，发现 $Sc(OTf)_3$ 在水、有机溶剂(二氯甲烷、乙腈、硝基苯等)及亲水性的含有[BF_4]$^-$和[OTf]$^-$阴离子的烷基咪唑离子液体中没有催化作用；而改用疏水性的[PF_6]$^-$和[SbF_6]$^-$离子液体时则有很高的催化活性，加入 20mol%的 $Sc(OTf)_3$ 在 20℃反应 12h，可使己烯转化率大于 99%，产品中 2-苯基己烷(DBX)与 3-苯基己烷(TBX)的比例在 1.5∶1 到 2∶1 之间。该催化体系还可以催化苯与其他烯烃(如环己烯)的烷基化反应，且离子液体可以重复使用。

Wasserscheid 等[116]将离子液体作为添加剂用于调节硫酸催化的苯与癸烯烷基化反应。当硫酸催化体系中加入[BMIm][HSO_4]时会降低体系的酸度，从而使催化活性降低；而加入[OMIm][HSO_4]（<12mol%）时，体系催化活性明显提高，尽管[OMIm][HSO_4]的引入体系酸性也会降低，但由于其对底物有良好的溶解性，可以补偿酸度降低带来的影响。他们还发展了基于[$B(HSO_4)_4$]$^-$阴离子的离子液体，通过调节其用量及阳离子的结构，既可以增加硫酸的酸性，又可改善体系对反应物的溶解性。将 2.2mol%的[OMIm][$B(HSO_4)_4$]加入硫酸中，与纯硫酸催化体系相比，催化体系的活性明显提高，单烷基苯的选择性达 95%。并且通过对离子液体的调控还有利于改善产物分布。

3) 离子液体催化芳烃烷基化反应机理

Qi 等[117]利用同位素取代法考察了[BMIm]Br-$AlCl_3$ 催化氘代苯与 1-十二烯烃烷基化，并推测了反应机理。通过 NMR 及 MS 分析烷基化反应产物同分异构体的结构，表明产物中氘原子与产物侧链 1-位碳相连。分别推导了 H^+ 及 Lewis 酸催化的反应路径：①反应如为 H^+ 引发[图 2.32(a)]，则产物侧链应不会含有 D 原子，但这与实际检测结果不符，因此反应不是由 H^+ 引发。②反应如为 Lewis 酸引发[图 2.32(b)]，则[Al_2Cl_6Br]$^-$发生平衡移动生成具有催化活性的 $AlCl_3$，使烯烃不饱和的 π 键发生极化，π 电子向 1-C 转移，2-C 形成正电中心。碳正离子攻击氘代苯的 π 电子形成 σ 络合物，σ 络合物不稳定，由于 D^+ 的亲电性强于 $AlCl_3$，因此苯环的 $C_σ$ 上的 D^+ 迁移到富电子的 1-C 上形成 C-D，相应地 $AlCl_3$ 离去形成 2-十二烷基苯，碳正离子的正电荷发生迁移，形成更稳定的碳正离子，与氘代苯反应经过 σ 络合物最终形成十二烷基苯的同分异构体。按照 Lewis 酸反应机理的路径，最终产物十二烷基苯同分异构体的结构与分析的产物结构一致，因此推断离子液体催化的烷基化反应是由 Lewis 酸引发。

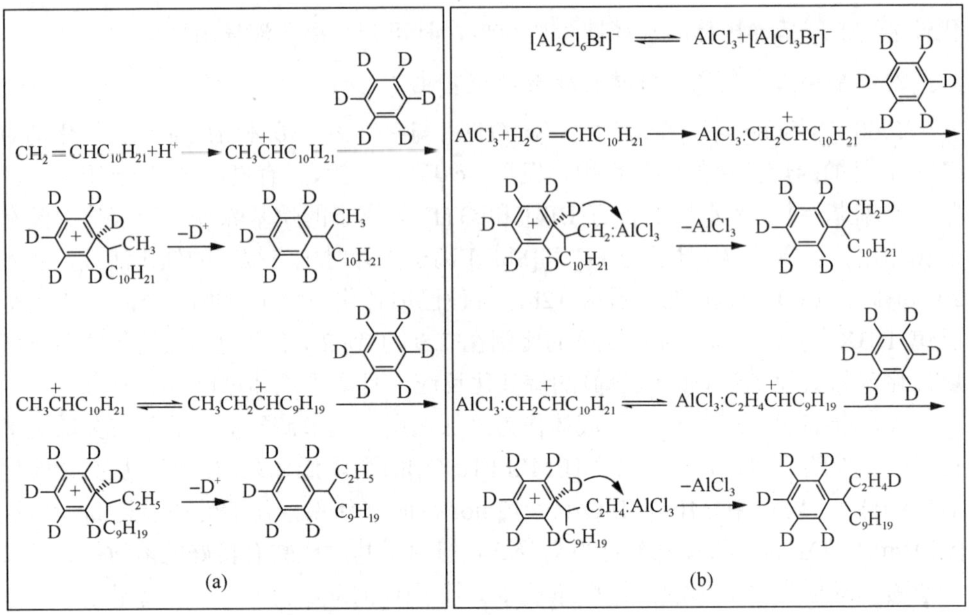

图 2.32 苯与1-十二烯烃反应机理：(a) H^+引发；(b) Lewis酸引发

2. 醇、醛、酮或酯等作为烷基化试剂

1) 体相离子液体催化剂

醇、醛和酮等为较弱的烷基化试剂，一般应用于合成二芳基烷烃(DIAA)或三芳基甲烷(TRAM)衍生物，通过此过程可以获得许多具有生物活性的化合物。He等[118]使用[BMIm][FeCl$_4$] (x=0.55)作为催化剂，对芳烃和杂环芳烃苄基化生成二芳基甲烷衍生物的反应进行了考察。以乙酸苏合香酯作为烷基化试剂与邻二甲苯反应，无需加入溶剂，80℃反应12h，酯几乎可以完全转化，烷基化产物产率大于96%，且具有很高的区域选择性，对位与邻位产物的选择性之比最高达96∶4，离子液体可使用5次未见性能下降。离子液体催化剂对富电子的芳香类底物，如二甲苯、苯甲醚、苯酚及杂环化合物呋喃，都有很好的普适性。此外，乙酸苯乙酯、苄醇、1-苯乙醇、氯化苄等在此催化体系下，都可以用作反应的苄基化试剂。

Zhang等[119]使用磺酸功能化的咪唑离子液体作为催化剂，以醛为烷基化试剂考察了多种芳烃的烷基化反应。以 1,2,4-三甲氧基苯与苯甲醛的烷基化为探针反应，20mol%的[PSO$_3$HMIm][OTf]离子液体表现出了最好的催化性能，40℃反应30min，目标产物的分离产率达99%，催化剂使用5次产率仅有微弱下降。通过对反应底物的扩展，表明磺酸功能化的离子液体可以有效催化富电子芳烃与芳香醛或脂肪醛的烷基化反应，且含有吸电子基团的芳香醛有利于反应的进行。此外，他们还考察了含有L酸低共熔物[120]对烷基化反应的作用，发现氯化胆碱与氯化锌组成的催化剂[ChCl][ZnCl$_2$]$_2$ 也能促进该反应的进行，但催化性能比[PSO$_3$HMIm][OTf]要低，50mol%催化剂在 100℃反应 6h，产物分离产率为 94%。

Gu 等发展了一类新型的含砜及磺酸双功能化的离子液体，该离子液体可以高效地催化 2-甲基吲哚与苯乙酮的 C3 烯基化反应生成 3-烯基吲哚类化合物[121][图 2.33(a)]，在温和条件下，目标产物的产率可达 95%。有意思的是，在此催化体系中，不加任何还原剂的情况下，吲哚与环己酮可发生还原傅-克烷基化反应生成 3-环己基吲哚[122][图 2.33(b)]，产物的产率为 92%，重复使用 5 次后，催化剂的活性几乎没有下降。此外，该离子液体还有很好的普适性，吲哚的苯环上的取代基，基本不会影响反应的进行，而除链状酮之外的脂肪族环状酮都可作为烷基化试剂使用。作者认为，体系中离子液体、水和氧气，在还原烷基化反应中起到关键作用，且过程中有过氧化氢生成。其可能的机理是，在酸和氧气的环境下，吲哚可生成含阳离子自由基的低聚物，生成的低聚物诱导反应中间体带上自由基；然后水再与含自由基的中间体反应，生成目标产物及释放羟基自由基，最后羟基自由基转化为过氧化氢。

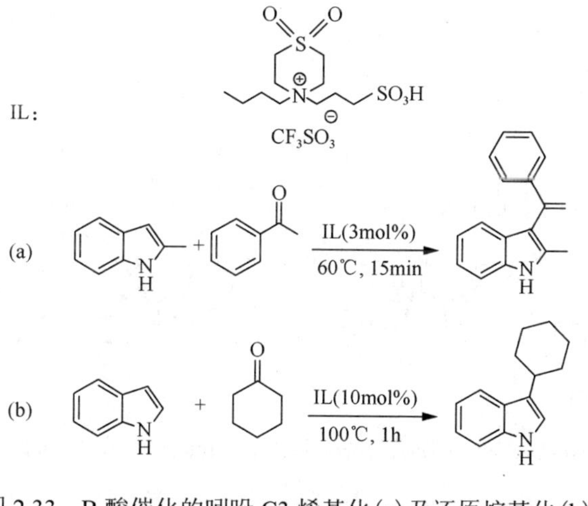

图 2.33　B 酸催化的吲哚 C3 烯基化(a)及还原烷基化(b)

2) 固载化离子液体催化剂

Zhang 等[123]通过将乙二胺氨化的聚腈纶纤进一步酸化(如硝酸等)，得到了腈纶纤维固载的硝酸乙胺类的离子液体(PANF-EAN)，将其作为催化剂用于水相中吲哚与醛的烷基化反应。室温下以吲哚和苯甲醛的反应为研究模型，发现除甲醇外，乙醇、乙腈、甲苯等作为反应溶剂时对烷基化是无效的。相比甲醇溶剂，当使用水为溶剂时反应时间可缩短至 6h，产物的分离收率可提高至 95%。该催化体系也有一定的普适性，对芳香醛类底物没有明显的电子效应，但底物上取代基的空间位阻效应对产物的影响较大。催化剂不经任何处理，可循环使用 10 次，产物的收率也没有明显降低。对于此催化体系，作者提出了"release"和"catch"的催化机制（图2.34）。纤维上的EAN可能先作为B酸来活化羰基，随后吲哚3位对羰基进行亲核加成，与此同时，解离下的硝酸根来稳定形成的正离子，即"release"过程；随着接下来的脱水，另一分子的吲哚再次发起亲核加成，而碱性的乙氨基团俘获氢质子和硝酸根离子（PANF-EAN复原），完成"catch"过程，同时，生成的中间体通过自身的芳构化作用得到相应的产物。反应溶剂在此催化过程中起着重要的作用，水作为强极性的质子溶剂有利于EAN的解离作用，其可明显促进反应过程。

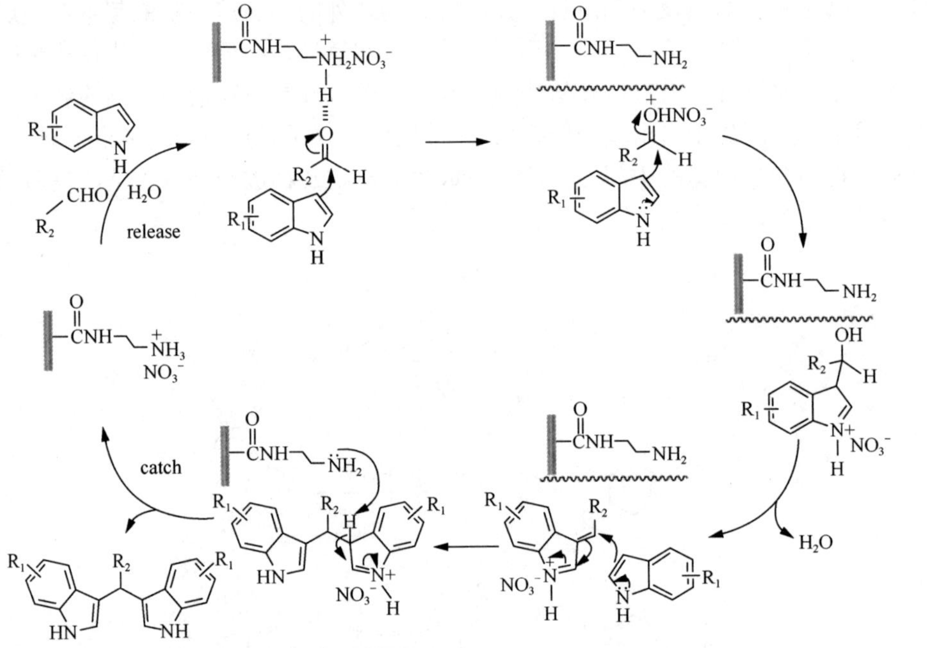

图2.34 PANF-EAN催化吲哚与醛烷基化的"release"和"catch"的催化机制

最近，Jing等[124]设计合成了一系列氮杂冠醚离子液体，将其接枝到纳米磁性$Fe_3O_4@SiO_2$复合材料上，并作为催化剂应用于吲哚与醛或酮的烷基化反应中。以吲哚和苯甲醛烷基化为探针反应，含[HSO_4]⁻阴离子的催化剂在乙醇溶剂中具有最好的催化性能，使用10mol%催化剂，在30℃反应1.5h后，产物的分离收率为92%。采用外加磁场，可使催化剂迅速分离，催化剂至少可使用5次。对产物的普适性考察发现，芳酮上的吸电子基团或供电子基团对反应影响不大；此外，该体系对脂肪族酮与吲哚的烷基化反应也有较好的催化效果。

2.4.3 离子液体中的酚类烷基化反应

1. 苯酚的烷基化

Shen 等[125]研究了[BMIm][PF$_6$]中苯酚与叔丁醇(TBA)烷基化反应,在 60℃下反应 4h,苯酚的转化率可达 90%,得到的是 o-TBP、p-TBP 和 2,4-DTBP 混合物(TBP,叔丁基苯酚;DTBP,二叔丁基苯酚),其中 2,4-DTBP 为主要产物,选择性可达 75%,但是该体系中酸主要来自[PF$_6$]水解出的 HF。他们还发现将离子液体与 H$_3$PO$_4$ 组成混合体系时(体积比为 1∶1),可以促进 H$_3$PO$_4$ 的催化性能[126]。例如,将[OMIm][BF$_4$]加入 H$_3$PO$_4$ 中,苯酚的转化率可由 44.5%提高到 77.3%,2,4-DTBP 的选择性也相应由 29.7%提高到 64.9%。此外,将[HMIm][BF$_4$]担载到 MCM-41 上可以提高催化剂的活性及 2,4-DTBP 的选择性,而将其担载到 HZSM-5 及 H-β 分子筛也能提高催化剂的活性,但对产物分布影响不大。Hoelderich 等[127]将基于 InCl$_3$ 的季鏻离子液体接枝到硅胶上,测试了其对苯酚与异丁烯的烷基化性能,90℃下反应 2.5h,苯酚的转化率约 80%,2,4-DTBP 的选择性为 60%,但其催化效果不如固体酸 WO$_3$/ZrO$_2$ 催化剂。

Sun 等[128]采用磺酸功能化的咪唑类离子液体[BSO$_3$HC$_n$Im][HSO$_4$](n=1, 2, 4, 6)作为催化剂和反应介质对苯酚与叔丁醇烷基化反应进行了考察。研究发现离子液体阳离子上链长对反应的影响较小,但离子液体的用量对苯酚的转化率有明显影响。在优化条件下,苯酚、TBA、IL 的摩尔比为 1∶2∶1.5,70℃反应 8h,苯酚的转化率和 2,4-DTBP 的选择性分别为 80.4%和 64.2%。反应体系用正己烷萃取使催化剂再生,离子液体重复使用 3 次后,其催化性能略微降低,苯酚的转化率和 2,4-DTBP 的选择性分别为 79.5%和 59.1%。最近,Upadhyayula 等[129]研究了阴离子为[OTf],而阳离子不同的磺酸功能化离子液体催化苯酚与叔丁醇烷基化,结果表明季铵类离子液体效果较好。例如,以[BSO$_3$HNEt$_3$][OTf]为催化剂 80℃反应 2h,苯酚转化率为 94.2%,2,4-DTBP 选择性大于 50%,该离子液体可以重复使用 8 次。此外,通过动力学模拟计算离子液体催化的烷基化反应的活化能和指前因子分别为 34.8kJ/mol 和 28.7L/(mol·min)。

2. 甲酚的烷基化

Guo 等[130]合成了几种磺酸功能化的吡啶离子液体,通过对其酸性的测定表明,[BSO$_3$HPy][HSO$_4$]的哈米特酸度函数 H_0 与硫酸的十分接近,可用作对甲酚(p-cresol)与叔丁醇烷基化反应的催化剂。当使用环己烷作为溶剂时,70℃反应 7h,对甲酚转化率接近 80%,2-叔丁基-4-甲基苯酚(TBC)为主要产物,其选择性为 92%。Upadhyayula 等[131]也研究了磺酸功能化季铵类离子液体催化对甲酚与叔丁醇烷基化反应，效果稍好于吡啶及咪唑功能化的离子液体，并且通过动力学模拟计算出该反应的活化能为 15.6 kJ/mol。

Guo 的课题组[132]还研究了[BSO$_3$HNEt$_3$][HSO$_4$]对间甲酚(m-cresol)的叔丁基化催化作用，同样以环己烷作为溶剂，90℃反应 7h，间甲酚转化率达到 81%，2-叔丁基-5-甲基苯酚(2-TBC)的选择性达到 96%。在相同条件下，离子液体对甲酚叔丁基化的催化性能均要好于硫酸及固体酸 HZSM-5 和 H-β 分子筛催化剂，且离子液体至少可重复使用 4 次。通过对反应产物的分析，并借助量化计算对离子液体体系的相关催化机理进行了推测。酚类的叔丁基化反应机理路线大致相同，其电荷效应和空间位阻等因素决定其产物分布。以间甲酚的叔丁基反应为例(图 2.35)，首先 TBA 质子化形成 t-C$_4$H$_9^+$，然后与间甲酚苯环的羟基 O 原子和芳环上 C 的原子发生亲电吸附，分别形成 C 和 O 烷基化中间体 A、B、C，进一步反应形成 TBMCE、2-TBC 和 4-TBC。由于 O 原子其较强的电负性和较小的位阻影响，更容易快速地将 t-C$_4$H$_9^+$ 牵引过去，形成 A 及 TBMCE，因此反应初期有大量醚生成。但是由于 O 活性位与 t-C$_4$H$_9^+$ 较弱的轨道重叠作用，导致 O-烷基化产物不稳定。而且 TBMCE 中的 O 仍有较强的电负性，容易重新转化为 A，并重排成较稳定的中间体 B 或 C。同时由于 C2 位在库仑力作用、轨道重叠作用和位阻方面均比 C4 位占优势，所以 2-TBC 成为热力学最有利产物。最终，反应接近平衡时，O-烷基化产物几乎全部消失，生成大量 2-TBC 及少量其他产物。

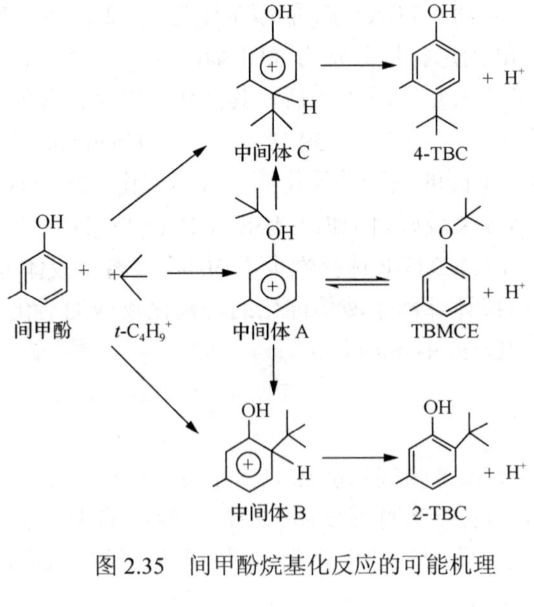

图 2.35　间甲酚烷基化反应的可能机理

2.5 离子液体调控的氯乙烯化反应

聚氯乙烯(polyvinylchloride, PVC)作为五大普遍使用的合成树脂(聚苯乙烯 PS 材料、聚丙烯 PP 材料、聚氯乙烯 PVC 材料、聚乙烯 PE 材料、丙烯腈-丁二烯-苯乙烯 ABS 树脂材料)之一，广泛应用于日常生活中。PVC 树脂具有良好的电绝缘性、耐化学腐蚀性、强度高、质轻和成本低、易加工等优点，通过对 PVC 树脂进行不同程度的改性，可以得到具有优良的物理和机械加工性能的材料。氯乙烯单体(vinyl chloride monomer, VCM)是合成 PVC 的重要化工原料。目前，国内外工业上合成氯乙烯的工艺大致可分为乙炔法、乙烯法、乙烷法。乙炔法是最早生产氯乙烯的工艺方法，早在 1931 年德国就实现了氯乙烯生产的工业化，该工艺是以煤为主原料的化工路线[图 2.36(a)]：首先利用生石灰(CaO)和以煤炭为原料进行反应生成电石，再利用电石和水反应得到乙炔，最后以氯化氢和乙炔为原料生成氯乙烯。乙烯法是一种基于石油为原料的化工路线，此法是利用乙烯和氯气通过氯化得到二氯乙烷，然后将二氯乙烷进行热裂解反应生成氯乙烯和氯化氢[图 2.36(b)]。乙烷法则是通过乙烷的氧氯化一步生成氯乙烯[图 2.36(c)]，其原料来源于价格相对较低的天然气或油田气，有着较大的发展潜力，但目前该工艺的工业化进程还处于初步摸索阶段。由于我国"富煤、贫油、少气"的能源结构，依赖煤资源的电石乙炔法制备氯乙烯的方法在我国现在及未来的一段时间内会占主导地位。

(a) $CaO + 3C \longrightarrow CaC_2 + CO$

$CaC_2 + 2H_2O \longrightarrow Ca(OH)_2 + HC \equiv CH$

$HCl + HC \equiv CH \longrightarrow H_2C = CHCl$

(b) $H_2C = CH_2 + Cl_2 \longrightarrow ClH_2C - CH_2Cl$

$ClH_2C - CH_2Cl \longrightarrow HCl + H_2C = CHCl$

(c) $H_3C - CH_3 + O_2 + HCl \longrightarrow H_2C = CHCl + 2H_2O$

图 2.36 氯乙烯生产方法：(a)乙炔法；(b)乙烯法；(c)乙烷法

工业上以氯化氢和乙炔为原料生产的氯乙烯方法，一般采用活性炭(AC)负载的氯化汞($HgCl_2$)作为催化剂。氯化汞的质量分数一般为 2%~10%，且含量越高，活性越好。反应温度为 140~180℃时，乙炔的转化率可达 99%，氯乙烯的收率也在 95%以上。当反应温度小于 140℃时，活性稳定，但是反应速率太慢，乙炔转化率低；当反应温度大于 140℃时，催化剂就会出现明显的失活，且随着温度的升高而不断加剧，并会有大量汞的升华，使催化剂的活性迅速下降。尽管 $HgCl_2$

具有很高的催化活性，而且乙炔氢氯化法生产工艺相对简单，技术成熟，但它也存在着明显的汞污染问题。特别是在固定床中进行催化反应时，反应是强放热反应(ΔH=-124.8kJ/mol)，反应热带走困难，使得局部温度难以控制，造成催化剂中$HgCl_2$易挥发流失，流失的汞被氯乙烯带出反应器，造成整个系统的汞污染，大约70%氯化汞的损失是在反应合成氯乙烯的过程中挥发流失的。流失活性组分的催化剂无法再生，导致催化剂使用寿命短、消耗高。最为严重的是，氯化汞为剧毒化学物质，汞的流失会对人体的健康及环境造成很大的危害。例如，日本熊本县水俣镇发生的水俣病事件就是汞污染造成的。$HgCl_2$催化剂存在的这些问题难以在节约成本、环保的基础上克服，使得这一催化体系的应用受到很大的限制。在国际公约和国内环境保护政策的约束下，研发乙炔氢氯化制氯乙烯的无汞催化剂已经得到越来越多的重视。

2.5.1 合成氯乙烯的催化剂研究

目前，有关乙炔氢氯化反应生成氯乙烯的非汞催化体系的研究已有很多报道，主要集中在气固相反应上。最早人们研究的是单金属催化剂，其中以Au为代表的贵金属催化剂可获得与汞催化剂相当的初始催化活性，但在反应过程中，贵金属催化剂稳定性较差，易被乙炔还原而失活。通过向贵金属中加入其他金属形成二元或三元的多组分催化剂，可通过金属间的协同作用来避免活性位点被还原，或者加入碱金属、碱土金属或稀土元素等助剂可以进一步提高其稳定性和寿命，但目前还没有形成成熟的工艺。人们也对非贵金属催化剂，如Cu、Sn和Ni等进行了研究，但非贵金属催化剂的活性低，TOF值比贵金属催化剂低一个数量级，无法达到工业化要求。对于气固相反应，载体在乙炔氢氯化反应中也有重要影响，不仅对活性组分起到支撑和分散作用，对抗腐蚀性也有一定的要求，通过改变载体的种类和载体改性来改善催化剂活性和热稳定性也是研究的重要方向。

气固反应往往伴随着飞温现象和表面积炭，容易造成催化剂失活。气液相反应具有更好的传热效果，且能避免积炭失活现象，但是乙炔的氢氯化反应温度往往较高(大于140℃)，一般的有机溶剂沸点都比较低，易挥发而污染环境，所以乙炔氢氯化液相反应的研究报道较少。离子液体的出现为乙炔氢氯化反应气液相反应提供了新的思路。相比于有机溶剂，离子液体具有饱和蒸气压极低、热稳定性好等优点，可以作为溶剂应用于乙炔氢氯化反应中，离子液体对金属化合物催化剂具有较好的溶解性，产物与体系分离也比较容易。离子液体在催化反应中除了充当反应介质外，也是一种良好的稳定剂，对Au、Pt、Rh等金属纳米粒子具有良好的稳定作用，纳米金属颗粒可以高度分散到离子液体中，抑制团聚失活，使其具有良好的稳定性且具有更高的催化活性。此外，将含有金属催化剂的离子液体沉积到载体上，可形成纳米限域离子液体体系，也可作为非均相催化剂应用于乙炔氢氯化气固相反应中。所以，基于离子液体的氯乙烯化反应不仅可应用于气液相反应，也可以应用于气固相反应。从已有的报道看，离子液体不仅可发挥其不挥发、不可燃的优势，保证了过程的安全性，减少了环境污染；还能够溶解反应物，活化非汞催化剂，减少反应时的积炭，提高体系催化性能和寿命，符合绿色催化的发展要求；此外，研究表明离子液体与非贵金属催化剂组成的催化体系，如[BMIm]Cl+$CuCl_2$，有希望替代$HgCl_2$应用于乙炔氢氯化的反应中，这样就大大降低了生产成本，具有很好的工业应用前景。

2.5.2 基于离子液体的乙炔氢氯化气液相反应

2010 年，于志勇[133]在专利中首次报道了使用离子液体为溶剂，以金、铂、钯、锡、汞、铜、铑的氯化物中的一种或两种为催化剂(浓度为 0.02~1mol/L)，将铋、钾和铈的氯化物一种或两种混合来做助剂(浓度为 0.0045~0.5mol/L)，应用于乙炔与氯化氢制备氯乙烯的气液相反应中。实例中列出的催化体系中，以[OMIm][BF_4]与 $AuCl_3$+$CuCl_2$ 组成的催化体系效果最好，乙炔与氯化氢摩尔比为 1∶1.6，空速为 13mL/(mL·h)，170℃下进行反应，催化剂用 HCl 活化 1h，乙炔的转化率为 71%~75%，氯乙烯的选择性大于 99%。反应后对催化剂称重，无质量损失，连续使用 720h，乙炔的转化率和氯乙烯的选择性均无明显下降。

随后，Cao 等[134]也系统考察了离子液体与金属氯化物催化体系对气液相反应的效果。当以 $CuCl_2$ 为催化剂时，考察了不同离子液体及 DMSO、PEG 作为溶剂时的催化效果[图 2.37(a)]，发现离子液体作为溶剂时的效果要远远好于有机溶剂的效果，如 160℃时，DMSO 作为溶剂乙炔的转化率和氯乙烯的选择性仅为 6.3%和 54.4%，而相同条件下[BMIm]Cl 为溶剂时乙炔的转化率和氯乙烯的选择性则分别达到了 68.1%和 97.5%。对于相同阳离子[BMIm]的离子液体，其阴离子活性顺序为 $Cl^->[HSO_4]^->[PF_6]^-$，[BMIm]Cl 中 $CuCl_2$ 的催化效果最好。同时测试了在[BMIm]Cl 溶剂中，不同金属氯化物催化剂的催化活性[图 2.37(b)]，其活性顺序为 Au≈Pt>Hg≈Cu>Mn>Sn，$HAuCl_4$ 和 H_2PtCl_6 的活性最好，乙炔的转化率分别为 78.5%和 79.5%。由于 Au 与 Pt 为贵金属催化剂，而 Cu 的催化活性与 Hg 相当，仅次于 Au 与 Pt，所以 $CuCl_2$ 有希望替代 $HgCl_2$ 作为催化剂应用于离子液体体系的乙炔氢氯化反应中。在[BMIm]Cl 溶剂中，$CuCl_2$ 浓度为 0.058mol/L，温度为 140℃，HCl 和 C_2H_2 气速分别为 0.4L/h 和 0.3L/h 的条件下反应 3d 催化体系性能没有明显下降，乙炔转化率保持在 62.5%，氯乙烯选择性可达 99%。

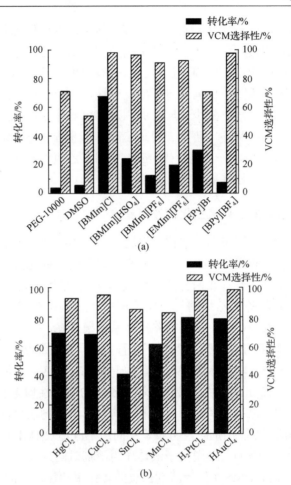

图 2.37 (a) CuCl₂ 催化剂在不同溶剂中的催化效果 (160℃; HCl: 0.4L/h; C₂H₂: 0.3L/h; CuCl₂: 0.058mol/L); (b) 不同金属催化剂在[BMIm]Cl 中的催化效果 (IL: [BMIm]Cl; 160℃; C₂H₂: 0.3L/h; HCl: 0.31L/h; 催化剂: 0.069mol/L)

Xing 等[135]合成了一系列阴离子表面活性羧酸盐(ASC)离子液体 [P₄₄₄₄][C$_n$COO] (n=7,11,13,15,17),将其与 Pd、Au、Pt 金属催化剂前驱体混合,制备了金属纳米粒子(NP)催化剂,并将合成的 NP/ASC-IL 催化体系用于乙炔氢氯化的气液相反应中。将 PdCl₂ 加入[P₄₄₄₄][C₁₇COO]中,不加任何还原剂的情况下,可原位生成 Pd NP,表面活性离子液体起到了还原剂和稳定剂的双重作用。通过 TEM 表征(图 2.38) 观察到 Pd 纳米粒子在[P₄₄₄₄][C₁₇COO]中分散性很好,几乎没有成团聚集现象,且纳米 Pd 大小均匀,粒径分布很窄(粒径范围为 2.4~4.4nm),平均粒径为 3.2nm。HRTEM 图显示了清晰可见的晶格条纹,条纹间距约为 0.23nm,对应着 Pd(111) 晶面,其他[P₄₄₄₄][C$_n$COO]中也得到了类似的结果。将合成的 NP/ASC-IL 催化体系用于乙炔氢氯化中均表现出了很好的催化活性(NP 0.04mol/L)，其中 Pd NP/ASC-[P_{4444}][$C_{17}COO$]的活性最好，乙炔的转化率达到93%，氯乙烯的选择性为99.5%。体系在反应的8h内催化活性未见下降，表现出很高的稳定性。而在许多 Pd、Au、Pt 为催化剂的乙炔氢氯化气固或气液相反应的研究报道中，催化剂虽然具有很高的初始活性，但反应不到3h便开始失活，催化活性急剧下降。

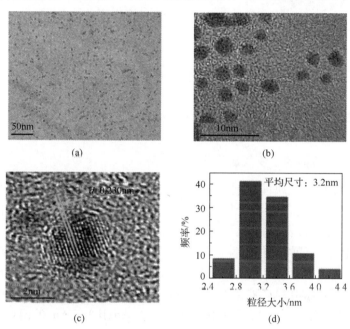

图 2.38　Pd NP 在[P_{4444}][$C_{17}COO$]中的 TEM 图：(a) 50nm 尺寸；(b) 10nm 尺寸；(c) Pd NP 的 HRTEM 图；(d) Pd NP 粒径分布

通过比较反应前后催化剂 XPS 和 TEM 表征结果，作者提出了可能的催化机理，认为 Pd NP/ASC-IL 体系催化的乙炔氢氯化反应中很可能存在零价 Pd 与二价 Pd 之间的氧化还原循环(图2.39)。当把催化剂前驱体 $PdCl_2$ 加入表面活性离子液体中，可原位生成均匀分布的零价 Pd NP，其被一层表面活性的离子液体保护层所包围，防止纳米颗粒发生聚集。反应过程中在 HCl 气氛下，纳米粒子表面上高活性的 Pd(0)原子会很容易地被逐渐氧化为具有催化活性的 Pd(Ⅱ)，当 Pd(Ⅱ)催化反应生成氯乙烯同时会伴随着部分 Pd(Ⅱ)被乙炔还原，在离子液体的环境下被还原的 Pd(0)原子又能有序地原位堆叠为 Pd 纳米粒子，维持高活性，并且可以充当活性 Pd(Ⅱ)储备，进入下一轮反应循环中。此外，对[P_{4444}][$C_{17}COO$]离子液体的物理化学性质分析表明，其强氢键碱性(β 值约1.60)和弱偶极性(π^* 0.76~0.86)使乙炔在离子液体溶解度可达 0.1~0.6mol/L，同时 1mol [P_{4444}][$C_{17}COO$]在反应温度180℃下可吸收 2mol 的 HCl，这对反应物的吸收与活化起到了重要的作用，能有效地提高反应的催化活性。

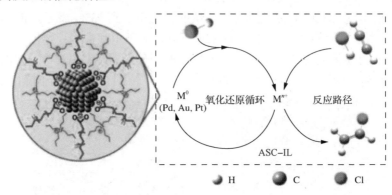

图 2.39　NP/ASC-IL 体系中乙炔氢氯化反应金属催化剂的氧化还原循环机理

2.5.3　基于离子液体的乙炔氢氯化气固相反应

虽然离子液体+金属催化剂体系中乙炔氢氯化反应气液相反应取得了一定的进展，但存在离子液高黏度导致传质传热较慢等不足，将离子液体与催化剂活性组分负载到多孔材料表面制成固体负载型催化剂(SILP)应用于气固相反应既可以保持金属催化剂的活性和稳定性，又可以减少贵金属的负载量。2016 年，X. Li 等[136]报道了将含有活性组分的[PrMIm][AuCl$_4$]离子液体采用浸渍的方法负载到活性炭上制备了 Au-IL/AC 催化剂(图 2.40)，并应用于乙炔氢氯化反应中。XRD、XPS 及 STEM 表征表明，Au 在催化剂中主要以 Au(III) 和 Au(0) 两种状态存在，

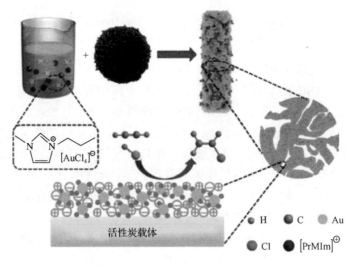

图 2.40　Au-IL/AC 催化剂的制备示意图

其比例为 76∶24，且 Au 高度均匀地分散在载体上。将 Au-IL/AC 应用于乙炔氢氯化反应时(180℃，GHSV=370，$V_{HCl}/V_{C_2H_2}$=1.2)，乙炔的转化率大于 79.2%，氯乙烯转化率 99.8%，TOF(79.2h^{-1})是不含离子液体催化剂 Au/AC 的 4.5 倍，离子液体在体系中起到稳定活性组分 Au(Ⅲ)的作用。该催化体系具有很好的稳定性，当 GHSV=30 时，乙炔的转化率可达到 99.4%，连续运行 300h 后仅下降了 3.7%。通过对使用后的催化剂表征发现，催化剂活性下降的原因是具有催化活性的 Au(Ⅲ)被部分还原为 Au(0)，而催化剂的积炭现象并不严重。

随后，X. Li 课题组[137]又发展了基于离子液体的 Au-Cu 双金属催化体系，将其负载到活性炭后(Au-Cu-IL/AC)应用于乙炔氢氯化中。结果表明 Au-Cu-IL/AC 的催化活性要高于 Au-IL/AC 的活性，TOF 达到了 168.5h^{-1}。在温度为 180℃，$GHSV_{C_2H_2}$=50h^{-1}，$V_{HCl}/V_{C_2H_2}$=1.2 的条件下对催化剂的长程稳定性测试，催化剂可稳定运行 500h，乙炔转化率保持在 98.5%，氯乙烯的转化率为 99.8%。$CuCl_2$ 的引入大大改善了催化剂的性能，且可以减少 Au 的用量。与单金属催化剂不同的是，Au 在新鲜 Au-Cu-IL/AC 中的存在形式为 Au(Ⅲ)、Au(Ⅰ)和 Au(0)三种状态，其比例为 62.2∶7.3∶30.5，Cu 也是以三种状态存在：Cu(Ⅱ)、Cu(Ⅰ)和 Cu(0)(图 2.41)。有意思的是，Au-IL/AC 催化剂使用后的 Au(Ⅲ)被乙炔还原，造成 Au(Ⅲ)活性位的减少；而 Au-Cu-IL/AC 催化剂使用后 Au(Ⅲ)的量反而上升了。这可能是由于 $CuCl_2$ 在体系中作为电子供体，将电子转移到 $AuCl_3$ 上，活性中心的供电性增强，抑制其被还原为 Au(0)，从而保持催化活性。

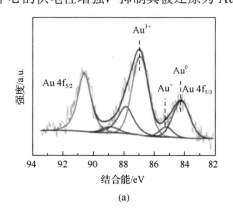 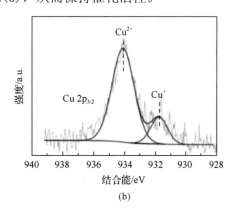

图 2.41 Au-Cu-IL/AC 的 XPS 图谱：(a) Au 4f；(b) Cu 2p

Li 等[138]则将 $RuCl_3$ 催化剂溶于季膦溴盐离子液体中，再采用浸渍的方法负载到活性炭上制备了 Ru-IL/AC 催化剂。结果表明，基于不同阳离子的 Ru-IL/AC 体系对乙炔氢氯化反应均有很好的催化性能，其中四苯基溴化膦(TPPB)与 Ru 催化体系的催化性能最好。优化条件下(170℃，$GHSV_{C_2H_2}$=360 h^{-1}，$V_{HCl}/V_{C_2H_2}$=1.15)，使用 1%Ru-15%TPPB/AC 催化剂，乙炔的转化率 48h 内可维持在 99.7%。甚至减少 Ru 的担载量(0.2%Ru-15%TPPB/AC)乙炔的转化率 400h 内仍然可维持在 99.3%的水平。通过对催化剂的表征，离子液体在催化体系中起到多重作用：①提高 Ru 活性物质在体系的分散度；②抑制 Ru 的还原；③在反应过程中减少积炭现象。作者提出了可能的机理(图 2.42)：当反应物接近离子液体表面时，乙炔优先被 Ru 活性位吸附和活化，而 HCl 优先被离子液体吸附和活化，因此在 Ru-IL/AC 体系中 HCl 的浓度大大高于乙炔的浓度，这使得乙炔可与 HCl 及时发生加成反应，避免了 Ru 活性位被乙炔还原；在产物脱附阶段，由于离子液体对氯乙烯吸附较弱，使氯乙烯迅速从体系中分离，从而抑制了积炭的形成。

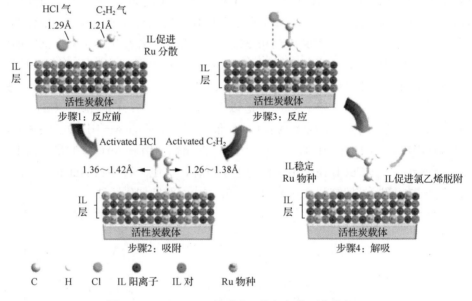

图 2.42　Ru@IL/AC 体系中乙炔氢氯化可能的机理

2.6　基于酸性功能化离子液体的精细化学品合成

酸性功能化离子液体是将含有 L 酸或 B 酸的基团引入离子液体的阴阳离子上，从而赋予离子液体具有酸性性质，它不仅具有液体酸的流动性好、酸性位密度大和酸强度高且分布均匀等优点，还具有结构和酸性可调变性、易分离、可循环使用的特性，是一类新型的酸性催化材料。酸性功能化离子液体可以替代传统的液体酸作为催化剂应用于反应中，从而避免其强腐蚀性、环境污染严重等缺点，是推动绿色催化发展的重要手段之一。目前许多酸催化反应都可在酸性功能化离子液体中进行[139-143]，如前面所提到的烷基化反应、Beckmann 重排反应等。通过前面的介绍可以看到，在酸催化过程中都得到许多精细化学品，如烷基化油、线形烷基苯、内酰胺衍生物等。由于精细化学品种类繁多，篇幅所限，本节仅对在酸性功能化离子液体中合成精细化学品常见的几个过程进行简单介绍，当然酸性离子液体中精细化学品合成不仅限于这些过程。

2.6.1 酸性功能化离子液体的分类及酸性测试

按照离子液体的酸种类可以将其分为：Lewis 酸性、Brønsted 酸性及 B-L 双酸性离子液体。L 酸性离子液体一般是将有机卤盐([Cat]X)与具有 Lewis 酸性的金属氯化物(MCl_x)混合得到的，如 $AlCl_3$、$FeCl_3$、$ZnCl_2$、$GaCl_3$、$InCl_3$ 等，其中 $AlCl_3$ 是最常用的金属氯化物。可通过调节 MCl_x 的摩尔分数，来调节离子液体的酸性，以 [BMIm]Cl-$AlCl_3$ 为例，随着 $AlCl_3$ 的逐步增加，离子液体阴离子逐步改变 ($Cl^-\rightarrow AlCl_4^-\rightarrow Al_2Cl_7^-\rightarrow Al_3Cl_{10}^-$)，其酸性逐渐增强。B 酸离子液体的获得一般通过以下手段实现：①在阳离子上引入磺酸或羧酸官能团；②阴离子为$[HSO_4]^-$或$[H_2PO_4]^-$；③氮或氧原子上存在 H^+ 的质子化离子液体，如甲基咪唑三氟磺酸盐 ([MIm][OTf])。B-L 双酸性离子液体一般是阳离子上连有—SO_3H 官能团，而阴离子则含有 MCl_x，如 [PSO_3HNEt_3]Cl-$ZnCl_2$。此外，还可以将酸性离子液体固载到多孔基质，或将酸性离子液体聚合制备成酸性固体催化材料。

测定离子液体酸性强度的方法主要有[144]：①采用电位滴定法，通过 KOH 标准溶液滴定，测得解离常数 pK_a 值；②利用紫外-可见光谱(UV-vis)测定 Hammett 指数以指示酸的强度；③利用核磁共振波谱测定离子液体酸性强度；④乙腈或吡啶作为红外光谱探针测定离子液体 Lewis 酸性强度。

UV-vis 光谱法是测定 B 酸离子液体酸性强度的常用方法。Gilbert 等[145]首次利用紫外-可见光谱，以 2,4-二硝基苯胺作为指示剂，测定了 [BMIm][BF_4]、[BMIm][TFSI] 等离子液体中 B 酸的 Hammett 酸度函数(H_0)。邓友全课题组则利用此方法以 4-硝基苯胺为探针(pK_a=0.99)，对几种酸性离子液体在惰性溶剂二氯甲烷中的 H_0 进行了测定[146]。借助于紫外光谱测量加入离子液体前后到探针的吸收峰 349nm 的吸光度 A_0 和 A_1(图 2.43)，可得指示剂的质子化程度 $A_1/(A_0-A_1)$=[I]/[IH^+]，由式 H_0=$pK(I)_{aq}$ + lg ([I]$_s$/[IH^+]$_s$)计算得到 H_0。其中，$pK(I)_{aq}$ 为所选择指示剂的 Hammett 常数。所测离子液体的酸强度顺序 [BMIm][H_2PO_4]＜[HMIm][BF_4]＜[BMIm][HSO_4]＜[BSO_3HMIm][CF_3SO_3]。但使用该方法无法测定纯的离子液体的酸性强度，因为如果没有非质子溶剂，无法获得未质子化的指示剂吸光度，且只适用于在探针特征吸收峰附近无吸收的离子液体。

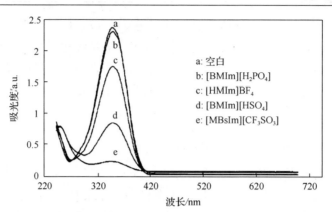

图 2.43　4-硝基苯胺在同浓度离子液体与二氯甲烷溶液中的紫外吸收光谱

Welton 等[147]在 Ghenciu 研究的基础上发展了一种采用核磁共振谱来测定 B 酸离子液体酸性强度的方法。该方法用异亚丙基丙酮作探针,通过测定在 ^{13}C NMR 中其 α-C 和 β-C 化学位移变化的化学位移差(Δδ)来实现,体系酸度变大时Δδ会增加。利用测定的异亚丙基丙酮的Δδ 值,并通过校正公式 $H_0=-4-s\times lg[(\Delta\delta-31.07)/(80.91-\Delta\delta)]$ 得到对应的 H_0 值(s 为经验参数)。该方法适用于 $H_0=-9\sim-1$ 酸度的测定,当 H_0 的值超过这个范围,需要很大的 H_0 变化,才能产生可观测的Δδ。

Hammett 酸度函数只适用于指示 B 酸离子液体酸强度,对 L 酸性离子液体采用乙腈或吡啶作为探针,结合 FTIR 图谱可表征 L 酸离子液体的酸性[148]。纯乙腈中 $\nu(C\equiv N)$ 的吸收峰出现在 $2253cm^{-1}$,该吸收峰可作为特征峰用来表征离子液体的酸性强度,利用 $C\equiv N$ 的蓝移程度可定性判断离子液体酸性的强弱,酸性越强则 $\nu(C\equiv N)$ 向高波数移动越大。吡啶也可以作为碱性探针测定离子液体的酸性强度,纯吡啶的特征吸收单峰出现在 $1437cm^{-1}$。当吡啶与 L 酸离子液体作用后,在 $1450cm^{-1}$ 附近会出现新的吸收峰带,该吸收峰带可以用来指示离子液体的 L 酸性,当离子液体酸性强度越强,特征峰向高波数移动越大。红外探针法只能定性地比较 L 酸的酸性强弱,不能进行定量测量。

2.6.2　酸性功能化离子液体中的酯化反应

羧酸与醇通过酯化反应生成的羧酸酯在精细化工产品中有广泛的应用,可作为溶剂、增塑剂、树脂、涂料、香精香料、化妆品、医药、表面活性剂等化学产品。

邓友全课题组首先将室温离子液体应用于酯化反应中[3],采用了 [BPy]Cl-AlCl₃ 作为催化剂,考察了乙酸和壬二酸与苯甲醇、甘油、异丙醇等的酯化反应,结果表明氯铝酸离子液体对酯化反应具有很好的催化效果,其催化性能超过了传统硫酸的性能;且由于酯与离子液体不互溶,使得体系可以重复使用数次。以苯甲醇与乙酸反应为例,相同条件下离子液体中反应物的转化率和产物的选择性分别为 79.6%和 97%，而在硫酸中则分别为 71.1%和 94%。尽管氯铝酸离子液体在酯化反应中可以重复使用，但由于酯化反应中有水生成还是会使其性能下降。随后，邓友全课题组又研究了对水稳定的含有磺酸功能化的[BSO$_3$HC$_n$Im][OTf](n=1, 2, 4, 6)体系中脂肪酸与烯烃的酯化[149]。在[BSO$_3$HMIm][OTf]中考察了乙酸与不同线性烯烃的反应，乙烯、丙烯和丁烯都可以和乙酸高选择性地得到相应的乙酸酯，且没有检测到烯烃齐聚产物；当烯烃的链长进一步增加时，则会有同分异构的酯生成；且对环烯烃酯化也有很好的催化效果。考察丙烯与不同脂肪酸的反应时，直链脂肪酸的转化率均大于 80%，酸转化率随脂肪酸链的增长将逐渐降低，可能是羧酸烷基链的增长在离子液体中的溶解度逐渐减小引起的。尽管 α,β-不饱和酸很容易发生聚合反应，但在此体系中它们也高选择性地得到相应的羧酸异丙基酯。在此体系中酯化反应是以均相模式进行，但是由于产物与体系不混溶，使其分离得到简化，回收的离子液体经过简单的处理之后可以重复使用多次而几乎不损失催化活性。

Ganeshpure 等[150]考察了一系列 B 酸季铵离子液体对乙酸和正辛醇的酯化反应，研究了离子液体结构对其催化性能的影响，其催化性能与离子液体的酸度有关。对于具有相同阳离子[Et$_3$NH]$^+$的离子液体来说，其阴离子活性顺序为[HSO$_4$]>[p-CH$_3$C$_6$H$_4$SO$_3$]>[H$_2$PO$_4$]>[BF$_4$]，含有[HSO$_4$]的活性最高，90℃反应 4h 后乙酸辛酯的收率为 81%。向[Et$_3$NH][BF$_4$]中加入 p-CH$_3$C$_6$H$_4$SO$_3$H 也能提高其催化性能。而对于具有相同[HSO$_4$]的离子液体，阳离子的活性为 [EtNH$_3$] > [Et$_2$NH$_2$] > [Et$_3$NH]，[EtNH$_3$][HSO$_4$]中酯的产率可达到 94%；烷基链长的影响也比较明显，催化性能随烷基链长的增加而降低，且链长增加后产物会溶于离子液体，导致体系不能分层，抑制反应进行。

Han 等[151]向[PSO$_3$HMIm][HSO$_4$]离子液体中加入等量的 ZnO 合成了含有 B-L 双酸性的离子液体[PSO$_3$HMIm](1/2Zn^{2+})[SO$_4$]。该催化剂相对于纯[PSO$_3$HMIm][HSO$_4$]，对正辛酸与甲醇酯化反应的催化性能有明显提高，90℃反应 2h 正辛酸甲酯的收率可达 95.4%，且体系可重复使用 5 次，其催化效果无明显下降。作者认为 B 酸与 L 酸摩尔比为 1:1 时，具有较好的协同效应，是其催化性能提高的关键，并提出了相应的催化机理(图 2.44)。由于电负性的差异，羰基上的氧带部分负电荷，碳上带部分正电荷，酸性中心 Zn^{2+}可与羰基氧结合，使其一个正电荷转移到氧上，使碳正离子的正电性增强，而有利于醇羟基上的氧孤对电子向碳正离子进攻，碳上的正电荷转移到醇羟基的氧上；当 H$^+$和氧结合后，Zn^{2+}得到释放，同时羧基上的 OH 和醇羟基上的 H 结合生成水；当羰基上结合的氢脱去后，酯化反应完成。

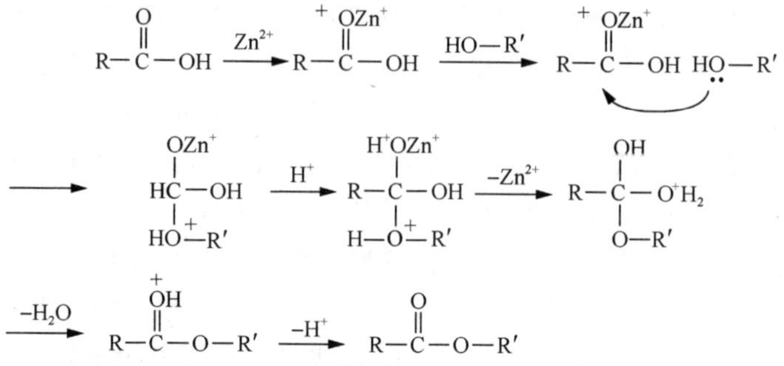

$$\text{R-C(=O)-OH} \xrightarrow{Zn^{2+}} \text{R-C(=}^+\text{OZn)-OH} \xrightarrow{HO-R'} \text{R-C(=}^+\text{OZn)(OH)(HO-R')} \longrightarrow$$

$$\text{HC(OZn}^+\text{)(OH)(HO-R')} \xrightarrow{H^+} \text{R-C(H}^+\text{OZn)(OH)(HO-R')} \xrightarrow{-Zn^{2+}} \text{R-C(OH)(O}^+\text{H}_2\text{)(O-R')}$$

$$\xrightarrow{-H_2O} \text{R-C(=}^+\text{OH)(O-R')} \xrightarrow{-H^+} \text{R-C(=O)-O-R'}$$

图 2.44 [PSMIm](1/2Zn^{2+})[SO$_4$]体系中酯化反应可能的机理

2.6.3 酸性功能化离子液体中的杂环化合物的合成

含 N、O 等原子杂环化合物具有很广的用途，特别是在药物、染料、添加剂等精细化学品合成方面越来越受到关注，离子液体已成功应用于很多杂环化合物的催化合成过程中[152]。

邓友全课题组采用 B 酸离子液体对从酚类化合物出发的 Pechmann 缩合反应合成香豆素类衍生物的过程进行了研究[146]（图 2.45）。以间二甲苯和乙酰乙酸甲酯的反应为模型反应，考察了不同离子液体的催化活性，其中酸性较强的 [BSO$_3$HMIm][OTf] 对 Pechmann 反应具有很高的活性，当催化剂量为 10mol%时，80℃无溶剂条件下 15min 就可以完成反应，以 95%的产率得到 7-羟基-4-甲基香豆素，且可以重复使用 3 次而保持较高的催化活性。此外，该体系具有较好的普适性，很多取代的酚类，如间苯三酚、焦性没食子酸、3-甲氧基苯酚和 2-甲基间苯二酚都可以高产率地转化为相应的香豆素类化合物(产率>92%)。Singh 等[153]采用[BMIm][HSO$_4$]作为催化体系催化 Pechmann 缩合反应，发现利用微波加热的方法可以大大缩短反应时间，以间二甲苯和乙酰乙酸甲酯的反应为例，微波加热 2min 目标产物的收率为 82%，而传统加热 12 h，其产率仅为 62%。

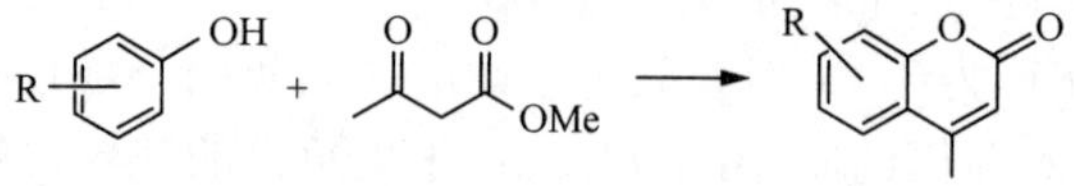

图 2.45 Pechmann 缩合反应合成香豆素类衍生物

Xu 等[154]在双磺酸功能化咪唑离子液体与水体系中以芳香肼和醛或酮为原料，研究了 Fischer 吲哚合成的催化反应过程。以苯肼和环己酮反应为例，[(PSO$_3$H)$_2$Im][HSO$_4$]作为催化剂时，80℃反应 0.5h，底物转化率和目标产物的选择性分别为 99%和 93%，其效果要好于传统的硫酸催化剂(80℃反应 1h，底物转化率和目标产物的选择性分别为 98%和 84%)，由于产物不溶于水，直接过滤可得，离子液体与生成的氨反应留在水相中；但离子液体通过与强酸性阳离子交换树脂 Dowex-50 反应后可重复使用,而交换树脂与 HCl 作用后也能再生(图 2.46);再生的离子液体可重复使用 12 次后,产物的分离产率仅有微弱降低(87%)。此外,该体系也有很好的普适性,对于不同的脂肪族和芳香族的醛或酮与含有吸电子或供电子基苯肼的反应均可高选择性地完成,其产率为 83%~93%。

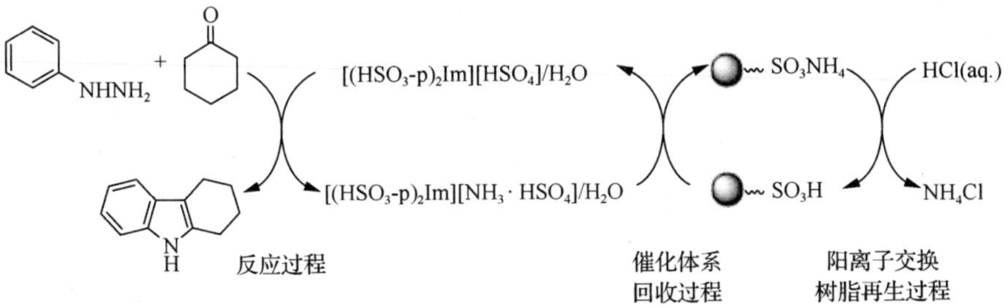

图 2.46 [(PS)$_2$MIm][HSO$_4$]与水体系中 Fischer 吲哚合成及催化剂再生

Shirini 等[155]采用双磺酸功能化咪唑离子液体[DSO$_3$HIm][HSO$_4$]在乙醇中以 6-氨基-1,3-二甲基脲嘧啶、醛及 1,3-环己二酮为原料,通过缩合反应一锅法合成了多种具有生物活性的嘧啶并[4,5-b]喹啉衍生物。离子液体对该过程具有高效的催化性能和良好的普适性,70℃反应 15~30 min,一系列官能团取代的嘧啶并[4,5-b]喹啉衍生物可以被合成出来,其产率均大于 85%,离子液体可重复使用 4 次且活性未见明显下降。作者提出了相应的反应机理路线(图 2.47),首先,醛和 1,3-环己二酮在酸性离子液体的催化作用下通过 Knoevenagel 缩合生成化合物(Ⅰ),然

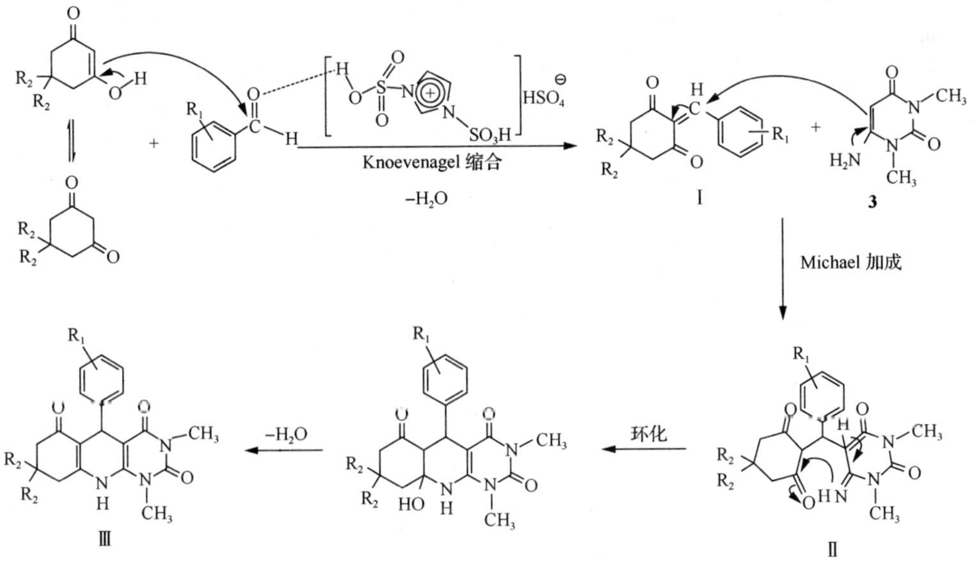

图 2.47 [DSO$_3$HIm][HSO$_4$]催化合成嘧啶并[4,5-b]喹啉衍生物可能的机理

后 6-氨基-1,3-二甲基脲嘧啶通过 Michael 加成反应进攻化合物(Ⅰ)的活泼氢并生成开环的中间体(Ⅱ)，接下来中间体(Ⅱ)中亲核的氨基与羰基作用经过分子内环化反应和脱水过程，最终得到嘧啶并[4,5-b]喹啉衍生物(Ⅲ)。

2.6.4 酸性功能化离子液体中的其他常见反应

醛酮缩合反应是一类重要的有机化学反应，通过缩醛合反应可得到日用或食用香料、药物及合成树脂和液晶原料等精细化学品。Tao 等[156]使用磺酸功能化的咪唑或季铵离子液体作为催化剂，以乙酰乙酸乙酯和乙二醇为原料，制得了合成香料苹果酯，其中[BSO$_3$HNEt$_3$][HSO$_4$]的催化性能与传统催化剂硫酸的性能相当，在不加溶剂的情况下目标产物的分离产率接近 60%，且离子液体可以重复使用 6 次。Wang 等[157]考察了一系列 B 酸离子液体催化苯甲醛与甘油反应生成甘油苯甲醛缩醛的反应，该缩醛产物为 2-苯基-1,3-二氧六环-5-醇(六元环)和 4-羟甲基-2-苯基-1,3-二氧戊环(五元环)的混合物。相同条件下离子液体的催化性能优于硫酸和盐酸的性能，其中[BPy][HSO$_4$]的活性最好，优化条件下缩醛产物的总收率达 99.8%，可能是由于离子液体特殊的结构和它独特的溶解性能，能够将反应生成的水从有机相中分离出来，促使这个平衡可逆的缩醛反应向着缩醛产物生成的方向进行。Luo 等[158]将磺酸功能化离子液体通过化学键合的办法接枝到硅胶上，研究了醛、萘酚和酰胺三组分缩合反应生成具有药理活性的 1-氨烷基-2-萘酚类衍生物，催化剂作用下在很短的时间内(5~15min)反应物就可有效地转化为目标产物，产率可达 93%，催化剂可重复利用，且具有很好的底物普适性。作者认为该三组分缩合反应机理如图 2.48 所示。首先羰基受到酸性质子氢键作用被活化，与 2-萘酚发生亲核加成反应生成活性邻亚甲基醌类中间体(o-QM)，然后酰胺与该中间体发生 Michael 加成，生成目标产物。

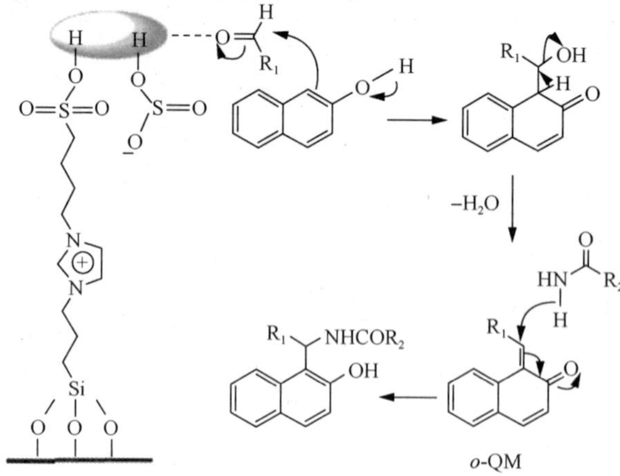

图 2.48 接枝磺酸 IL 催化的醛、萘酚和酰胺三组分缩合可能的反应机理

对硝基氯苯是制造偶氮染料、非那西丁、扑热息痛、除草醚等的重要中间体，传统的制备方法是用硫酸与硝酸的混酸与氯苯进行硝化反应，过程中产生大量废酸，且目标产物的产率较低。Zhang 等[159]采用了邓友全课题组首次提出的质子化内酰胺(NHC)类质子化离子液体，对单硝基氯苯合成的区域选择性进行了研究。以[NHC][HSO$_4$]为催化剂，硝酸和乙酸酐体系中，优化条件下单硝基产物的产率为 71.2%，对位与邻位硝基氯苯的摩尔比最高为 7.74，而传统催化剂中的产物对位与邻位的摩尔比一般仅为 2。离子液体重复使用 5 次后，其性能保持稳定。该体系中可能的反应路径如图 2.49 所示。

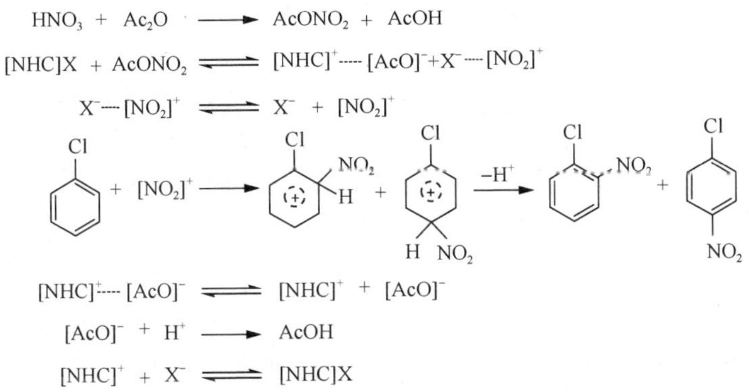

$$HNO_3 + Ac_2O \longrightarrow AcONO_2 + AcOH$$

$$[NHC]X + AcONO_2 \rightleftharpoons [NHC]^+ \cdots [AcO]^- + X^- \cdots [NO_2]^+$$

$$X^- \cdots [NO_2]^+ \rightleftharpoons X^- + [NO_2]^+$$

（氯苯 + [NO$_2$]$^+$ → 中间体 → −H$^+$ → 邻硝基氯苯 + 对硝基氯苯）

$$[NHC]^+ \cdots [AcO]^- \rightleftharpoons [NHC]^+ + [AcO]^-$$

$$[AcO]^- + H^+ \longrightarrow AcOH$$

$$[NHC]^+ + X^- \rightleftharpoons [NHC]X$$

图 2.49　氯苯在 NHC 离子液体中 HNO$_3$/Ac$_2$O 体系中硝化反应的可能路径

Peng 等[160]在磺酸功能化离子液体中实现了 L-乳酸和 ε-己内酯的共聚反应，得到了具有生物降解性的共聚物[P(LLA-CL)s]。离子液体的阳离子对聚合反应的影响不大，但阴离子起到重要作用。在[BSO$_3$HMIm][OTf]中可得到重均分子量接近 40000 的聚合物，分散性指数(PDI)为 1.8~2.0，产率约 90%。B 酸离子液体既可作为聚合反应的介质，又是有效的催化剂。反应开始时，反应物可溶于离子液体形成均相，但随着聚合反应的进行，聚合物逐渐析出，这可能是影响其分子量的主要原因之一。离子液体通过简单的相分离也重复使用 4 次。对于聚合反应的动力学研究发现，ε-己内酯开环后与 L-乳酸聚合具有较快的反应速率，随后发生缩聚反应，并同时伴随着酯交换反应的过程。

2.7　离子液体中生物质的催化转化过程

随着化石能源的日渐枯竭和环境恶化，符合可持续发展要求的可再生资源利用成为近年来的研究热点，生物质作为唯一可储存和运输的可再生能源，其高效转换和清洁利用得到越来越多的关注。生物质资源主要包括木质纤维素、甲壳素、淀粉、油脂等，其中木质纤维素是最为丰富的可再生生物质资源。生物质原料具有复杂的组分，在利用之前需要对其进行加工处理，通过溶解手段，将其进行相应产品的加工生产，如将纤维溶解后进行静电纺丝制备成纤维素纤维[161]，或将组分分离后转化为糖类，进而采用化学方法或生物发酵将其转化为相应的化学品[162, 163]。传统的用于生物质溶解的体系有强碱溶液体系、铜氨溶液体系，它们具有毒性、强腐蚀性、后续处理困难等缺点，不利于工业化生产的绿色化。

2002 年，Rogers 等发现 1-丁基-3-甲基咪唑氯盐([BMIm]Cl)离子液体可以溶解纤维素[164]，并且具有较高的溶解能力(25%)，这为生物质溶剂体系的研究开辟了一个新领域，并为生物质的进一步转化打下了基础。其溶解机理是纤维素羟基中的氢和氧在离子液体中相互作用形成电子供体-受体复合物，离子液体的 Cl⁻能与纤维素分子链中羟基上的氢结合形成氢键，有效破坏纤维素大分子中的氢键，同时[BMIm]⁺可结合纤维素分子链中羟基上的氧，从而使纤维素溶解。随后，越来越多的研究致力于离子液体体系中生物质的溶解、分离、再生及转化方面[165, 166]。本节主要介绍木质纤维素在离子液体中的催化转化过程，离子液体可以溶解高聚合度的生物质，并可避免衍生物的产生。此外，离子液体化学性质非常稳定，可循环使用，也避免了对环境的污染，有利于生物质的清洁转化。

木质纤维素主要成分为纤维素(cellulose，40wt%～50wt%)、半纤维素(hemicellulose，20%～40%)、木质素(lignin，15%～30%)，三种主要成分占生物质干重的 70%～75%。纤维素$(C_6H_{10}O_5)_n$是由 D-葡萄糖以 β-1,4 糖苷键构成的直链形多糖聚合物，其分子含有大量的羟基，分子链之间存在很强的氢键作用。由于分子间氢键的存在、牢固的纤维线层间结合力及超大的分子量导致其不溶于水和大多数溶剂。半纤维素是由两种或两种以上单糖组成的不均一的多聚糖，其聚合度远低于纤维素，是从植物组织中较容易分离出来的部分；组成半纤维素常见的糖有木糖、甘露糖、葡萄糖、阿拉伯糖及半乳糖等。木质素是以苯丙烷为基本骨架、具有三维结构的高度聚合的多羟基化合物，主要是由香豆醇、松柏醇和芥子醇三种初级前体通过酶的脱氢聚合及自由基耦合得到，三者对应的结构单元分别为对羟基苯丙烷(H)、愈创木基丙烷(G)和紫丁香基丙烷(S)。各种单体之间主要通过醚键(β-O-4, 4-O-5, α-O-4 等)和 C—C 键(5-5、β-5、β-1、β-β 等)相连，其中 β-O-4 是木质素中主要连接方式，占 45%～60%。木质素组成复杂，结构稳定，被认为是木质纤维素预处理过程中的主要障碍。下面将根据木质纤维素中的三个主要组分分别在离子液体中通过化学方法催化转化的代表性工作进行介绍。

2.7.1 离子液体中纤维素的催化转化

在离子液体介质中，纤维素可降解为还原糖，如葡萄糖、果糖等，进一步地可将还原糖通过脱水、水解、氧化、加氢等手段转化为 5-羟甲基糠醛(HMF)、乙酰丙酸(LA)、山梨糖醇、葡萄糖酸等精细化学品(图 2.50)[167]。

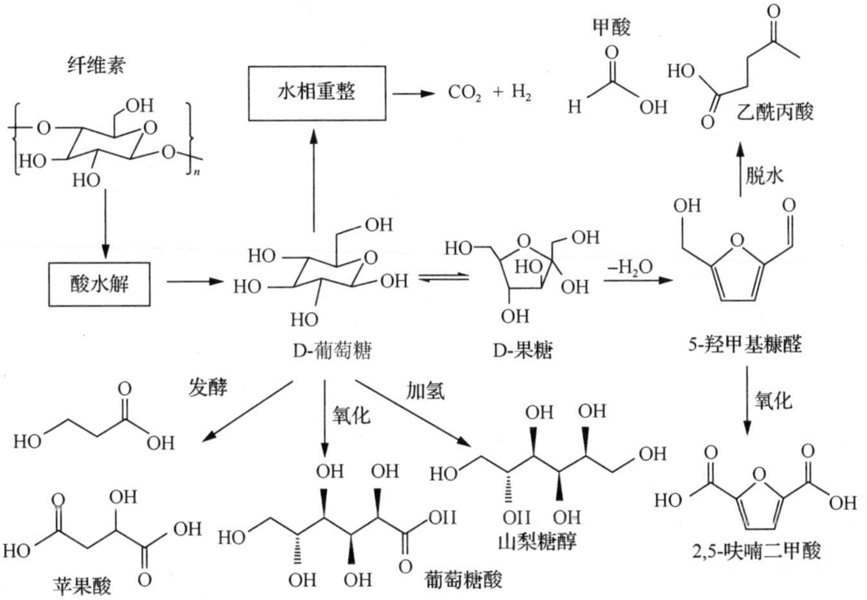

图 2.50 纤维素在离子液体中的催化转化过程

1. 纤维素水解为还原糖

2007 年，Li 和 Zhao[168]首次报道了在[BMIm]Cl 离子液体中以无机酸为催化剂可将纤维素进行有效的水解。与 HCl、HNO$_3$、H$_3$PO$_4$ 相比，H$_2$SO$_4$ 与[BMIm]Cl 体系中的催化效果最好，且 H$_2$SO$_4$ 的量对葡萄糖的产率有明显的影响，较低的酸浓度有利于纤维素解聚成葡萄糖的生成。优化条件下，当酸与微晶纤维素的质量比为 0.11 时，在 100℃下反应 9h，葡萄糖的产率为 43%，总的还原糖(TRS)收率为 77%。当此体系应用于其他聚合度(DP 从 100 到 450)纤维素的水解时，也能得到较好的结果，葡萄糖和 TRS 的收率分别为 20%~39%和 62%~73%。当纤维素完全溶于[BMIm]Cl 时，使得体系中的 H$^+$更易接近 β-糖苷键，并且离子液体中游离的 Cl$^-$及[BMIm]$^+$的富电子芳香 π 体系可能会减弱糖苷键的作用，从而有利于水解反应的进行。

Schüth 等[169]采用酸性树脂 Amberlyst 15DRY 为多相催化剂研究了在[BMIm]Cl 离子液体中的解聚过程。α-纤维素和微晶纤维素在此体系中可选择性地生成低聚物，甚至云杉木都可以在此体系中发生水解，而生成的低聚物可通过简单加水的办法将其沉淀出来。微晶纤维素在此体系中 100℃反应 1.5h 后，分离出来的产物约含 30 个葡糖酐单元(AGU)，其产率为 90%；进一步延长反应时间，溶于离子液体的单糖和二糖的产物增加，5h 后，其聚合度分布均匀，约为 10 AGU，分离产率为 48%。而传统的稀酸催化剂在相同条件下，在 0.5h 时可以将纤维素聚合度从 1500 AGU 迅速降低到 300 AGU，但不能进一步地进行降解。尽管对甲苯磺酸催化剂也可以将纤维素降解，反应速率较快，但是反应没有诱导期，在反应开始阶段就有少量的葡萄糖生成，降解的产物没有尺寸选择性。作者认为 Amberlyst 15DRY 具有的大孔网络结构、较高表面积及良好的稳定性是其在 [BMIm]Cl 中具有较好催化性能的关键。此外，纤维素在该体系中转化的低聚糖容易在离子液体中分离，有利于进一步的生物炼制，这相对于在离子液体中将纤维素直接水解成难以分离的单糖产物具有一定的优势。

Liu 等[170]通过将二乙烯苯、乙烯基咪唑及对苯乙烯磺酸钠共聚，再将磺酸基团接枝到咪唑单元上，最后用三氟甲磺酸酸化，合成了含有磺酸基团和离子液体的聚合物催化剂 PDVB-SO$_3$H-[C$_3$vim]-[OTf]。该催化剂具有多孔性海绵状结构（图 2.51），其孔径范围为 30～100nm。将此催化剂应用于纤维素(Avicel)转化为还原糖的过程中时，展现了优异的催化性能，明显好于 Amberlyst 15 和无机酸的催化效果，[BMIm]Cl 中 100℃反应 5h，葡萄糖的产率为 77%，而 TRS 收率接近 100%。并且催化剂还具有较好的重复使用性，使用 5 次后催化活性没有明显的下降。值得一提的是，该催化剂在不加[BMIm]Cl 的情况下，就能打破纤维素的结晶结构，作者认为该催化剂对纤维素水解性能，归因于对底物良好的溶解性、多孔性及高酸度的协同作用。此外，该催化剂应用于真实生物质——红藻（*Gracilaria*）的降解时，葡萄糖和 TRS 收率分别可达到 86.5%和 90.1%。

(a)

(b)

图 2.51　PDVB-SO$_3$H-[C$_3$vim]-[OTf]的 SEM 图片

2. 葡萄糖和纤维素脱水转化为 5-羟甲基糠醛

近年来，5-羟甲基糠醛(HMF)被公认为是最具发展潜力及代表性的新型平台化合物，它可通过一系列化学反应来制备多种具有高附加值的化学品。如上所述，纤维素在离子液体催化体系下可以转化为还原糖，但是糖不易与体系分离，将还原糖进一步转化为易分离的 HMF 得到了越来越多的关注。

2007 年，Zhang 等[171]在 Science 杂志上首次报道了将金属氯化物和二烷基咪唑氯盐离子液体用于糖脱水制备 HMF。在不加金属氯化物的情况下，[EMIm]Cl 中果糖就可以转化为 HMF，但是葡萄糖则难以发生转化。当加入金属氯化物时(包括 $CrCl_2$、$CrCl_3$、$FeCl_2$、$FeCl_3$、CuCl、$CuCl_2$ 等)，果糖转化为 HMF 的效率可进一步提高，80℃反应 3h 后，HMF 的收率为 63%～83%；而对于葡萄糖，仅有 [EMIm]Cl+$CrCl_2$ 体系的催化效果最好，HMF 的收率可达 70%，其他的金属氯化物则使葡萄糖转化为聚合物。作者认为由[EMIm]Cl 和 $CrCl_2$ 形成的 $CrCl_3^-$ 在此体系中起到了关键作用，并提出了相应的反应机理(图 2.52)。并通过 ^1H NMR 表征证实了 $CrCl_3^-$ 催化质子转移，即 $CrCl_3^-$ 可与 α-吡喃葡萄糖分子作用发生质子传递，使其异构体旋光异构为 β-吡喃葡萄糖，然后再通过含烯醇化铬结构的反应中间体异构化为呋喃型果糖，最后果糖可迅速脱水形成 HMF。随后，Ying 等[172]发展了

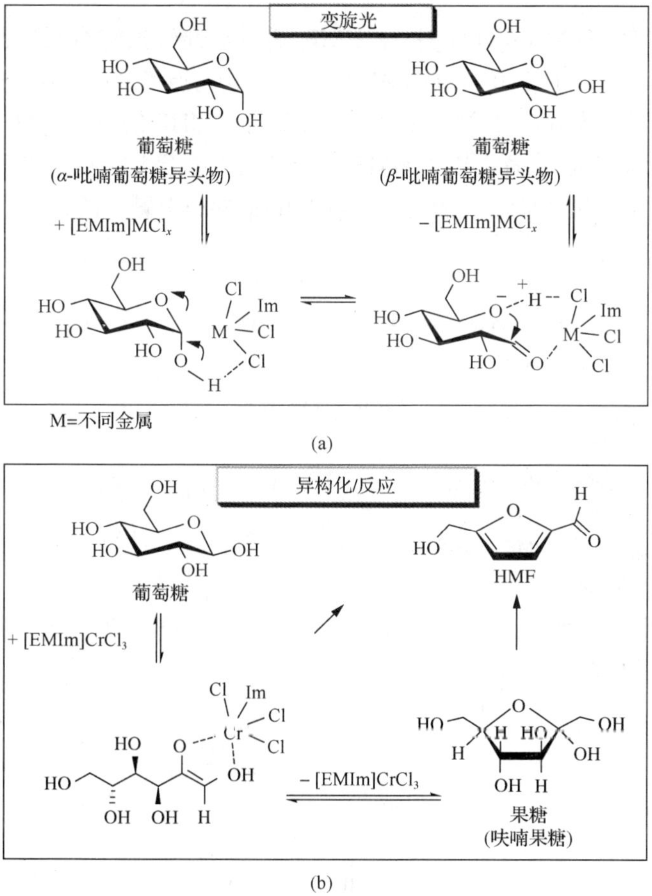

图 2.52　[EMIm]Cl+$CrCl_2$ 体系中葡萄糖转化为 HMF 的反应历程

氮杂卡宾(NHC)配位的 Cr(Ⅱ或Ⅲ)络合物作为催化剂(NHC-Cr)，以[BMIm]Cl 作为溶剂，由果糖和葡萄糖转化为 HMF 的收率分别可达 96%和 81%。

纤维素也可直接转化为 HMF，但相对于糖脱水过程更加困难，要经历纤维素—葡萄糖—果糖—HMF 的转化过程。Su 等[173]采用含有双金属的 $CuCl_2/CrCl_2$/[EMIm]Cl 体系对纤维素直接转化为 HMF 的过程进行了研究，两种金属氯化物中 $CuCl_2$ 的摩尔分数为 0.17 时效果最好，在温度 80~120℃反应 8h 后，HMF 的收率为(55.4±4.0)%，产物萃取分离后，该体系可重复使用 3 次。Wu 等[174]合成了双功能化离子液体 Cr([PSO_3HMIm]HSO_4)$_3$ 催化剂用于微晶纤维素直接转化 HMF 的过程中，以[BMIm]Cl 为溶剂时，120℃反应 5h，HMF 的转化率为 53%；作者认为纤维素中糖苷键可被体系中[HSO_4]$^-$ 的 B 酸弱化，而 Cr^{3+} 和 SO_4^{2-} 可与糖苷键上的氧原子作用，从而有利于纤维素的转化。

3. HMF 在离子液体中的进一步转化

Chen 等[175]在[EMIm][OAc]中将 HMF 通过极性转换缩合反应高效地转化为 5,5′-二羟甲基糠偶姻(DHMF)，DHMF 可作为合成高能量密度 C_{12} 燃油的原料。在常压下，反应温度为 60~80℃，[EMIm][OAc]中 DMHF 的色谱产率可达 98%，分离产率也能达到 87%。作者提出了 HMF 缩合过程由氮杂卡宾催化的机理(图 2.53)，并进行了相关实验进行验证。首先，在[EMIm][OAc]中碱性的乙酸根阴离子可夺

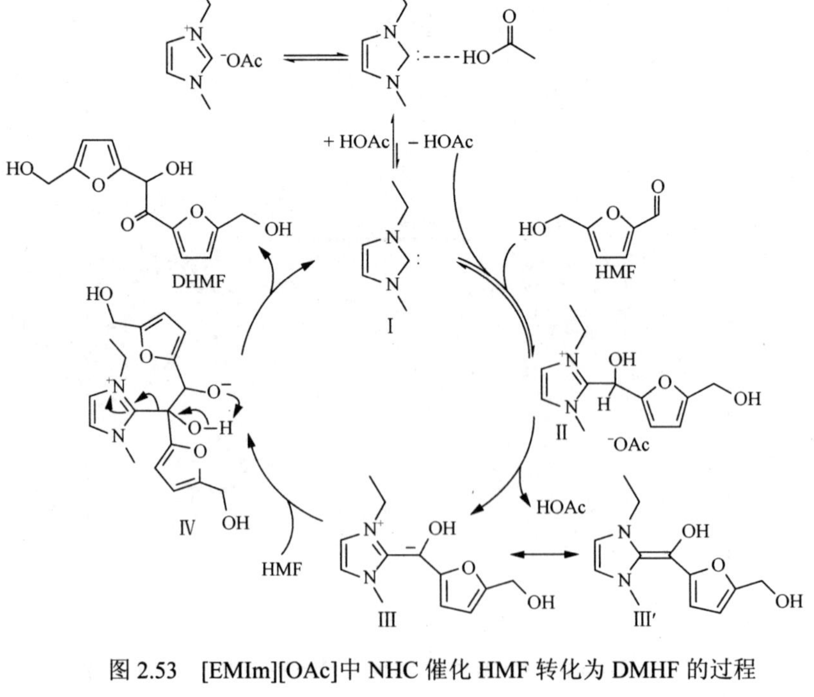

图 2.53 [EMIm][OAc]中 NHC 催化 HMF 转化为 DMHF 的过程

取咪唑环 C2 上的 H 原子，形成 NHC（Ⅰ）；Ⅰ在 HOAc 促进下与 HMF 上羰基进行亲核加成反应，生成含有两性离子的四面体中间体Ⅱ；当温度升高时Ⅱ脱去质子亲核的烯胺醇Ⅲ′和 HOAc；Ⅲ′通过共振异构化形成酰基负离子等同体Ⅲ，再与第二个 HMF 上的羰基发生作用形成第二个四面体中间体Ⅳ；Ⅳ通过氢转移和消除反应生成最终产物 DHMF 及 NHC（Ⅰ），完成一个循环。

4. 纤维素在离子液体中的其他转化过程

Yan 课题组[176]采用 Ru 纳米簇催化剂在[BMIm]Cl 中可将纤维素通过加氢反应转化为 C6 醇，但纤维素的转化率仅为 15%。随后，Zhu 等[177]将有机硼酸和离子液体单元相结合制备了新型的硼酸键合剂，将该硼酸键合剂加入[BMIm]Cl 稳定的纳米 Ru 催化剂溶液中组成催化体系，以甲酸钠作为氢源时，该体系对纤维素加氢转化为山梨醇具有很好的催化效果，80℃反应 5h，纤维素可完全转化，山梨糖醇的选择性达 94%，且该催化体系可重复使用 5 次。作者认为所合成的硼酸键合剂可与纤维素单元上 1,2-二醇发生作用，促进纤维素水解为葡萄糖，然后葡萄糖在 Ru 催化剂作用下通过加氢反应生成山梨糖醇。

纤维素在酸催化剂作用下也可转化为高附加值的乙酰丙酸（LA）。Liu 等[178]采用磺酸功能化离子液体（[PSO$_3$HMIm]X）作为催化剂考察了纤维素转化 LA 的过程，离子液体的催化活性与阴离子种类有关，且与酸性强弱顺序一致：[HSO$_4$]$^-$ > [CH$_3$SO$_3$]$^-$ > [H$_2$PO$_4$]$^-$。在[PSO$_3$HMIm][HSO$_4$]中微波辅助加热到 160℃反应 0.5h，LA 的产率最高为 55%。Shen 等[179]使用磺酸功能化离子液体（[BSO$_3$HMIm]X）也得到了类似的结果，离子液体活性顺序为[OTf]$^-$ > [HSO$_4$]$^-$ > [OAc]$^-$。水含量对离子液体的催化活性有一定影响，但 InCl$_3$ 的引入并不能增加 LA 产率，当水含量为 20wt%时效果最佳，H$_2$O-[BSO$_3$HMIm][OTf]体系中 120℃反应 2h，LA 的收率最高为 45.1%，该催化体系可重复使用 4 次。

2.7.2 离子液体中半纤维素的催化转化

与纤维素类似，半纤维素在离子液体中通过水解也能转化为相应的糖。木聚糖是植物细胞中半纤维素的主要成分，以木聚糖转化为例（图 2.54），木聚糖在酸性条件下水解会生成低聚木糖，低聚木糖溶解后水解为木糖；木糖在酸存在下，会进一步脱水转化为糠醛。糠醛是一种重要的有机化工产品，可以通过氧化、缩合等反应制取众多的衍生物，广泛应用于合成塑料、医药、农药等工业。此外，木糖和糠醛在高温下有可能发生聚合产生不溶的腐殖质。

Bell 等[180]在 H$_2$SO$_4$-[EMIm]Cl 体系中研究了木聚糖转化为木糖的过程，发现水的量对木糖的产率具有很大的影响，要获得理想的木糖收率，需要向体系中逐步加入水，在 1h 内逐步加入 48wt% 的水（200mmol/L H$_2$SO$_4$，27mg 木聚糖，500μL

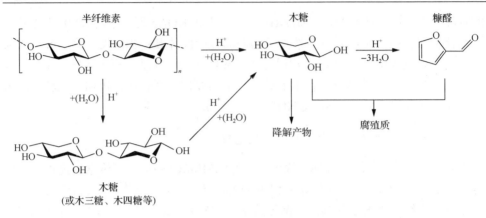

图2.54 半纤维素(木聚糖)转化过程示意图

[EMIm]Cl) 160℃反应2h,木糖的收率可达90%,仅有5wt%的糠醛和4wt%的腐殖质生成。对木聚糖和纤维素的水解过程动力学模拟进行比较显示,在离子液体中木聚糖水解具有更低的表观活化能和更快的初始反应速率。此外,木糖降解与葡萄糖的降解相比也具有较低的表观活化能,表明木糖更易降解,这主要归因于木聚糖和纤维素的内在结构不同。

Yu 等[181]在[BMIm]Cl 中以微波为热源研究了几种固体酸对木聚糖和木糖转化为糠醛的催化活性,包括 $H_3PW_{12}O_{40}$、Amberlyst-5 及 NKC-9(大孔苯乙烯系磺酸树脂)。三种催化剂中 $H_3PW_{12}O_{40}$ 对于催化转化糠醛的效果最好,以木糖为原料时,160℃反应 4min 糠醛生成的产率为82.7%;而以木聚糖为原料时,160℃反应10min 糠醛的产率可达93.7%。对于木糖脱水生成糠醛,催化剂总酸量影响糠醛的产率,B酸则有利于提高糠醛的选择性,而L酸对木糖转化效果要优于B酸,但L酸也会导致糠醛聚合及缩合等发生副反应。该体系有较好的重复使用性,生成的糠醛可采用乙酸乙酯为萃取剂分离,可重复利用5次后仍然保持稳定的性能。此外,该课题组[182]系统考察了金属氯化物在[BMIm]Cl 中对木聚糖和木糖转化为糠醛的催化性能,其活性顺序为 $AlCl_3$>$FeCl_3$>$CrCl_3$>$CuCl_2$>CuCl>LiCl,$AlCl_3$ 为催化剂时的效果最好,且比固体酸有更快的反应速率,170℃反应10s 木聚糖转化糠醛的产率即可达到84.8%;160℃反应1.5min 木糖转化糠醛的产率为82.2%,该体系可重复使用4次。

最近,Zhang 等[183]采用 PEG 枝载的磺酸为催化剂(PEG-OSO_3H),以 $MnCl_2$ 为助剂在[BMIm][PF_6]中实现了木糖向糠醛的转化。研究发现,在水、甘油、PEG400 等溶剂中,120℃反应18min,糠醛的产率只有0%~29%,而在[BMIm][PF_6]中产率最高(75%),这主要是由于离子液体既起着催化剂和溶剂的双重作用,且生成的糠醛在离子液体中能够稳定存在。此外,$MnCl_2$ 助剂对糠醛产率有着明显的影响,不加氯化锰时,产率降低到了65%。作者提出了可能的机理(图2.55):木糖

首先与 $MnCl_2$ 在离子液体中形成过渡态络合物，使 C2 位迅速地转移到 C1 位，使木糖发生异构化形成木酮糖，然后木酮糖脱去 3 分子水形成糠醛。并且通过动力学研究发现木糖的降解速率要大于生成腐殖质的速率。

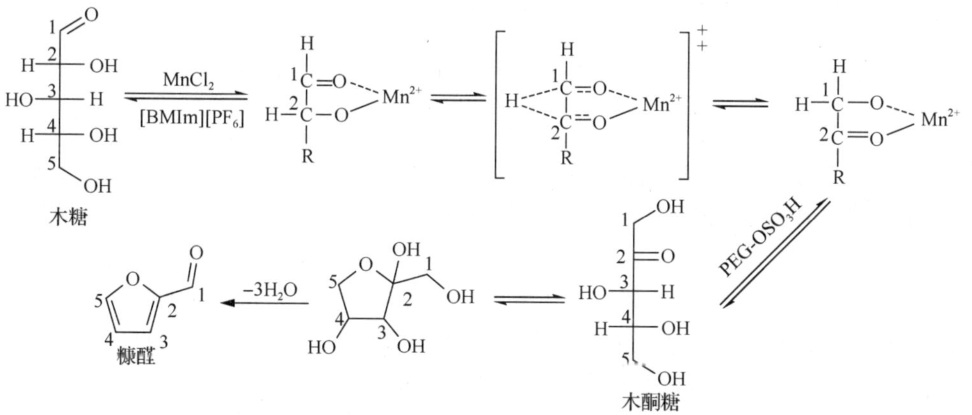

图 2.55　$MnCl_2$-PEG-OSO_3H/[BMIm][PF_6]中木糖转化为糠醛的可能机理

2.7.3　离子液体中木质素的催化转化

木质素中含有丰富的芳基醚结构单元，是目前唯一可以提供芳香环单体的可再生原料。如将连接各单元的醚键或 C—C 键完全断裂可获得多种酚类和甲氧基苯酚类单体(图 2.56)[184]，芳香类单体可进一步转化为附加值更高的精细化学品。由于木质素结构的复杂性和多变性，目前有关木质素转化的工作一般都从简单的、

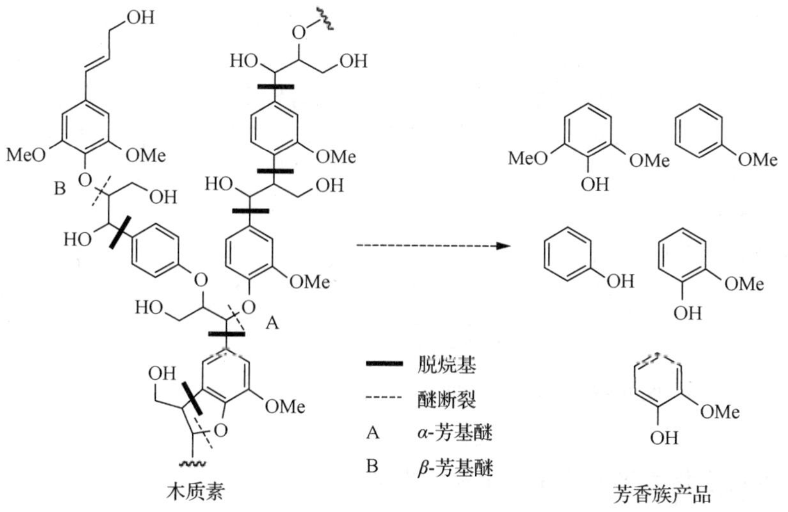

图 2.56　木质素的一般结构及可断键转化的芳香族单体

低分子量的木质素模型化合物进行研究，模型化合物主要模拟木质素中的连接键和结构单元，包括 β-O-4 醚键和 β-5 碳碳键等及香豆醇、松柏醇和芥子醇等醇类化合物。由于离子液体可以作为木质素降解的反应介质，且对其降解可以起到促进作用，离子液体中木质素的催化转化也得到了越来越多的关注。

1. 木质素模型化合物在离子液体中 β-O-4 键水解断裂

β-O-4 键是木质素中最主要的连接键，且较易断裂，因此对其断裂研究较多。Ekerdt 等[185]以愈创木基甘油-β-愈创木基醚(GG)和藜芦基甘油基-β-愈创木基醚(VG)分别为酚型和非酚型模型化合物，研究了质子酸离子液体 1-H-3-甲基咪唑氯盐([MIm]Cl)中 β-O-4 键的水解断裂生成愈创木酚过程。在此体系下，模型化合物的 β-O-4 键可进行高效水解断裂，150℃时由 GG 和 VG 生成愈创木酚的收率均超过 70%。利用离子液体处理浓度为 8%～32%的底物时，愈创木酚的收率仅有微弱下降，表明该离子液体具有解聚高浓度木质素的潜力。通过 LC-MS 的结果，作者认为 GG 或 VG 中 β-O-4 键的水解断裂可能经历两种反应途径(图 2.57)：①GG 在酸催化下发生 α 位和 β 位的脱水反应生成 EE，随后脱水产物的 β-O-4 键在酸催化下发生水解断裂，并生成愈创木酚和"Hibbert"酮；②GG 通过分子中的羟基分别发生分子间脱水聚合形成二聚体，随后二聚体的 β-O-4 键会经历持续的水解断裂生成愈创木酚。随后，Ekerdt 课题组[186]还在[BMIm]Cl+金属氯化物体系中研究了 GG 和 VG 中 β-O-4 键水解断裂，$AlCl_3$、$FeCl_3$、$CuCl_2$ 可以促进 β-O-4 的断裂，其中 $AlCl_3$ 的效果最好，优化条件下愈创木酚的收率接近 80%。[BMIm]Cl+金属氯化物体系中的催化机理与[MIm]Cl 的类似，金属氯化物与水先生成 H^+，再催化 β-O-4 键水解。

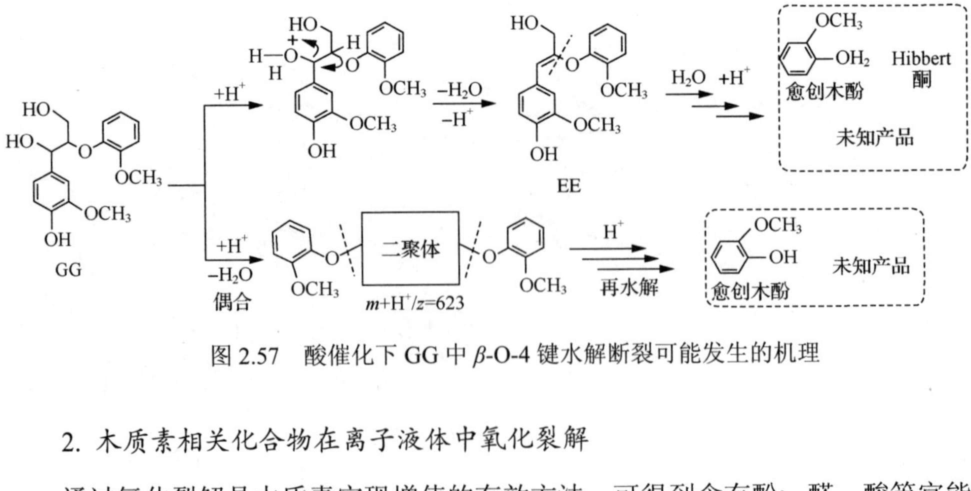

图 2.57 酸催化下 GG 中 β-O-4 键水解断裂可能发生的机理

2. 木质素相关化合物在离子液体中氧化裂解

通过氧化裂解是木质素实现增值的有效方法，可得到含有酚、醛、酸等官能团的单体和低聚物化学品。Wasserscheid 研究组[187]在[EMIm][OTf]中以 Mn(NO₃)₂ 为催化剂实现了山毛榉溶剂型木质素的氧化裂解，裂解产物主要为芳香醛类化合物。催化剂的量对产物的选择性分布有较大影响，在 100℃、84×10⁵ Pa 合成空气气氛中反应 24h，当 Mn(NO₃)₂ 的量为 2wt%（相对木质素），木质素的转化率为 63%，其产物主要为丁香醛及少量的香草醛、2,6-二甲氧基-1,4-苯醌(DMBQ)紫丁香醇；而当 Mn(NO₃)₂ 的量为 20wt%时，木质素的转化率为 66.3%，其主要产物为 DMBQ，而 DMBQ 可能是由丁香醛过度氧化得到，作为潜在的抗肿瘤药物，DMBQ 可在此体系中被萃取提纯，分离收率为 11.5%。

Yang 等[188]发现[BnMIm][TFSI]中在磷酸存在下可以促进·OOH 自由基的形成，从而有利于木质素模型化合物 2-苯氧基苯乙酮中的 β-O-4 键被 O₂ 氧化裂解生成相应的苯甲酸和苯酚。在 1MPa O₂、130℃反应 3h，模型化合物可完全转化，苯甲酸和苯酚的产率分别为 89%和 84%，且体系可重复使用 4 次。在此体系中，中等酸强度的 H₃PO₄、H₂O 及高电负性的[TFSI]⁻起着重要的作用。作者提出了可能的机理（图 2.58）：首先底物中与羰基相连的苯环与 O₂ 形成接触电荷转移复合物（CCTC）；然后 CCTC 分解成带有部分负电荷的 O 自由基和带有正电荷的底物，与醚基 O 原子相邻的 C—H 被活化，而[TFSI]⁻可使 C—H 键电子的离域，有利于其断裂；解离的 H 原子与 O₂⁻生成·OOH，得到了 ROOH 的中间体；最后在 H⁺和 H₂O 的进攻下，HCOOH 离去，生成了苯甲酸和苯酚。此外，该体系还可以促进其他的木质素模型化合物和溶剂型木质素的氧化裂解。

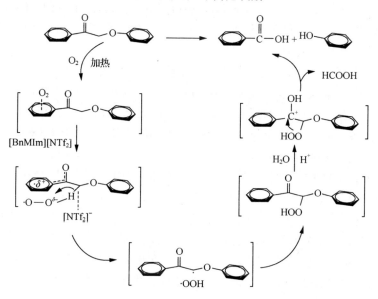

图 2.58 2-苯氧基苯乙酮被氧化可能的机理

最近，Prado等[189]先在两种酸性离子液体与水体系中将草本植物奇岗预处理，得到含木质素的黑液，再以H_2O_2为氧化剂直接对黑液进行氧化降解，并对二者进行了比较。发现由[BIm][HSO$_4$]处理得到的木质素更易降解，当H_2O_2浓度较低时，主要产物为组成木质素的酚类化合物，如愈创木酚、紫丁香醇等；当加入H_2O_2增加到10wt%时，氧化产物会明显增加，主要为香草酸及少量苯甲酸和1,2-苯二甲酸等，但此体系中[BIm][HSO$_4$]也会被氧化，从而造成产物的污染及离子液体的损失。虽然由[Et$_3$NH][HSO$_4$]预处理后得到的木质素较少且反应活性较低，但是离子液体不被氧化，这有利于离子液体的再生。当加入5wt% H_2O_2时愈创木酚所占比例最高，其他氧化产物主要为香草酸。

3. 木质素相关化合物在离子液体中加氢处理

木质素衍生物可通过加氢脱氧过程(HDO)转化为环烷烃物质，可作为燃料添加剂，提高其燃烧热值。Kou等[190]以木质素中苯酚单元为模型化合物，在MNP-BIL-IL体系中对其加氢脱氧一步生成环己烷过程进行了研究。催化剂制备过程中，采用了离子型共聚高分子化合物为稳定剂来保护B酸离子液体中的Ru、Pd、Pt等金属纳米粒子，再将其加入[BMIm][BF$_4$]或[BMIm][TFSI]中，在130℃、4MPa、反应4h条件下可实现将金属催化的加氢和酸催化的脱水反应一步完成，使苯酚转化为环己烷。并发现[BMIm][BF$_4$]和[BMIm][TFSI]常规离子液体对此串联反应中的脱水反应具有重要作用，否则苯酚主要转化为环己醇，而不是环己烷。在所考察的催化体系中，使用Rh NP-[BSO$_3$HMIm][OTf]-[BMIm][TFSI]的催化效果最好，苯酚的转化率和环己烷的选择性分别为98%和84%。此加氢脱水双功能催化体系的条件相对温和，有利于降低能耗。

此外，木质素还可以通过催化加氢降解，使分子中的C—C或C—O键断裂，获得单分子酚类产品。最近，Zhang等[191]以Pd/C为催化剂在胆碱类(Ch)离子液体中考察了硫酸盐木质素(Kraft lignin)加氢裂解为酚类单体的过程。离子液体在体系中起到了反应介质和酸性催化剂的作用，其中[Ch][MeSO$_3$]表现出了较强的酸性和良好的木质素的溶解性。优化条件下，木质素与[Ch][MeSO$_3$]质量比为1∶1，Pd/C的量为3.5wt%(相对木质素)，H_2压力2MPa，200℃反应5h，木质素的转化率为20.3%，苯酚和邻苯二酚的选择性分别为18.4%和18.1%。通过采用含有β-O-4键的GG为模型化合物对此体系的催化机理研究表明（图2.59），首先木质素在酸催化下C—O键断裂，生成愈创木酚和中间体Ⅰ，愈创木酚可进一步转化为邻苯二酚；而Ⅰ在催化剂作用下可能经历两个反应路径：①在酸和Pd/C作用下氢解生成烷基酚；②在酸作用下经过反醛醇裂解生成苯酚和邻苯二酚。

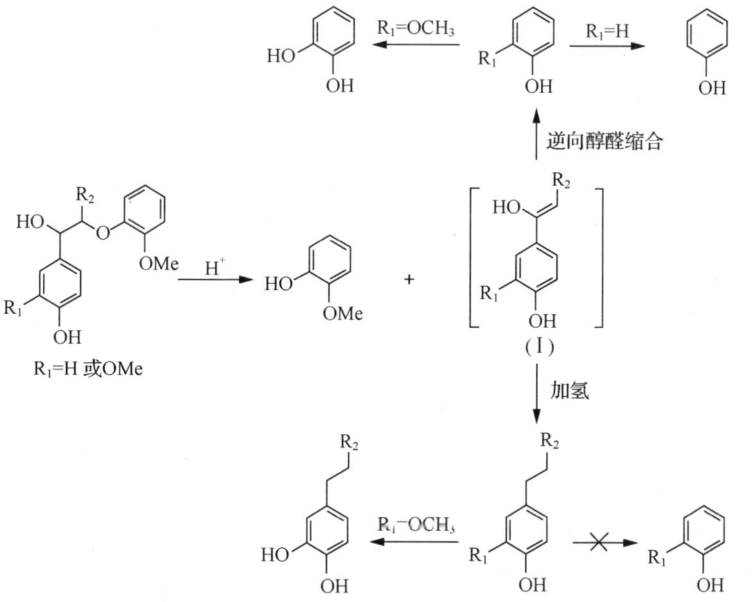

图 2.59　Pd/C-[Ch][MeSO$_3$]体系中木质素 C—C 和 C—O 键断裂的可能机理

2.8　离子液体中二氧化碳的催化转化

二氧化碳（CO_2）是温室气体的主要成分，同时也是广泛存在且可再生的 C1 资源，充分利用丰富的 CO_2 资源符合绿色化学发展方向。但是，CO_2 分子中的碳原子为最高氧化态，其标准吉布斯自由能 $\Delta G^{\ominus} = -394.38$ kJ/mol，表明 CO_2 是一种相对惰性的分子，因此转化利用 CO_2 资源需要克服其热力学稳定性，通常要经过苛刻的反应条件（如高温、高压），这是阻碍利用 CO_2 制备相关化学品的关键因素。离子液体，特别是功能化离子液体作为绿色、高容量的 CO_2 吸附剂用于其捕获或固定已被广泛研究[192,193]，在此基础上 CO_2 的催化转化也得到了很好的应用[194,195]。离子液体在发挥热稳定性好、挥发性低、溶解性好等特点的同时，还可以通过嫁接官能团或固载等办法进行修饰；在催化活化 CO_2 分子的同时，协助活化另一反应底物，起到协同催化的效果[196,197]。本节主要介绍以 CO_2 为原料，基于离子液体体系通过构建 C—N、C—O 及氢化还原等方法合成包括脲、氨基甲酸酯、噁唑烷酮、环状碳酸酯、碳酸二甲酯、甲酸等产物在内的催化转化过程。

2.8.1　离子液体中基于 CO_2 的 C—N 键构筑

以 CO_2 为原料，通过 C—N 键的构建可以合成脲、氨甲酸酯、噁唑烷酮及其衍生物等重要精细化学产品或中间体，离子液体可在催化体系中起到关键作用。

邓友全实验室以离子液体为溶剂，CsOH 为催化剂，通过胺与 CO_2 的羰化反应，在不添加任何脱水剂的条件下高效合成了 N,N'-二取代脲[198][图 2.60(a)]。二取代脲经过醇解、热裂解后可以得到相应的异氰酸酯，这为利用 CO_2 进行非光气羰化制备异氰酸酯提供了可能。该体系对脂肪族的胺(如环己胺、正丁胺、正己胺) 羰化反应具有很好的催化效果，如以环己胺为底物，[BMIm]Cl 中 6.0MPa CO_2 反应 4h 时，二环己基脲的收率达 98%；由于二丁胺的空间位阻较大，产率仅为 37%；较为遗憾的是，该体系对芳香族胺与 CO_2 反应活性相对较差。离子液体在此反应中起到关键作用，在不使用离子液体时，几乎没有产物生成。该体系操作简便，加入水后即可实现产物分离，且使用 3 次后，二环己基脲的产率仍然可以达到 93%。后来，又发展了 $Co(acac)_3$/[BMMIm]Cl 催化体系[199]，对脂肪族和芳香族胺羰化都有较好的活性。160℃反应 10h，脂肪族脲和芳香族脲的收率分别为 45%～81% 和 6%～23%。该体系避免了强碱和大量脱水剂的使用，且催化剂重复使用 3 次后活性没有明显的降低。Jiang 等[200]以碱性离子液体[BMIm]OH 作为溶剂和催化剂，也考察了胺与 CO_2 羰化的催化效果。该离子液体对于脂肪族胺活性较高，但对苯胺没有反应活性。以正丁胺与 CO_2 反应为例，P_{CO_2} 为 5.5MPa，170℃反应 19h 时脲的产率为 55%。作者提出了可能的反应机理[图 2.60(b)]。首先胺和 CO_2 生成氨基甲酸盐，随着温度的升高氨基甲酸盐与[BMIm]OH 发生离子交换，则氨基甲酸阴离子被[BMIm]$^+$活化，而 RNH_3^+ 与 OH^-生成水和胺；胺与 RNH_3^+ 相比具有更好的活性，容易与氨基甲酸阴离子形成四元环中间体，进一步生成脲并释放出 [BMIm]OH。

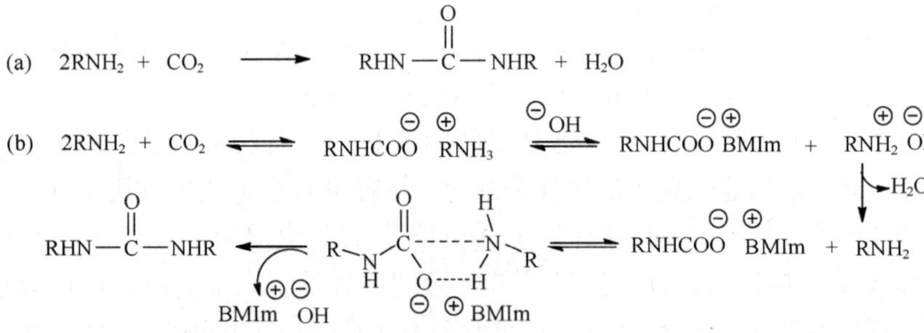

图 2.60 (a) 胺与 CO_2 反应合成二取代脲；(b) [BMIm]OH 中可能的反应机理

胺、CO_2 与卤代烷通过三组分反应可生成氨甲酸酯，这也避免了剧毒的光气使用。Yoshida 等[201]在 $scCO_2$ 条件下，以 K_2CO_3 和 [N_{4444}]Br 等季铵盐为催化剂实现了胺与烷基卤化物转化为氨基甲酸酯。该体系对脂肪胺和芳香胺均有较好的催化效果，产率最高达 98%，比在庚烷中的效率高出 50～100 倍。$scCO_2$ 不仅是溶剂，而且是初始反应羰源，胺在 CO_2 中很容易形成氨基甲酸铵盐，随着温度升高，铵盐溶解到 $scCO_2$ 后与 [N_{4444}]Br 进行离子交换，在 K_2CO_3 存在下氨基甲酸盐阴离子被[N4444]+活化,与烷基卤化物生成氨基甲酸酯,体系中使用的碱 K_2CO_3 也可被 K_3PO_4 代替。Srinivas 等[202]采用 β 分子筛包载的[N2222]Br 为催化剂,同样考察了对胺、CO_2 与溴丁烷生成氨基甲酸丁酯的催化活性。在不加任何溶剂的情况下(CO_2 压力 3.4MPa,80℃反应 4h),该体系对各种胺合成相应的氨基甲酸酯产率的顺序为:辛胺(92%) > 环己胺(85%) > 己胺(79%) > 苄胺(69%) > 苯胺(46%) > 2,4,6-三甲基苯胺(20%)。

氮杂环丙烷具有很高的环张力和反应活性,可与 CO_2 发生插入反应生成五元杂环噁唑烷酮。He 等[203]合成了一系列基于三亚乙基二胺(DABCO)、含有 L 碱性的离子液体,考察了其对 1-乙基-2-苯基氮杂环丙烷与 CO_2 加成反应的催化效果。其中[C4DABCO]Br 的活性最高,且具有很好的区域选择性,在最优反应条件下(CO_2,6MPa;90℃;3h),噁唑烷酮总收率为 89%;催化剂循环利用 4 次后活性保持不变。通过高压在线红外监测,提出了可能的反应机理(图 2.61):首先[C4DABCO]+上的三级 N 与 CO_2 进行可逆的络合活化了 CO_2,而氮杂环丙烷与活化 CO_2 形成碳正离子中心;然后 Br- 的亲核进攻导致氮杂环丙烷进行两种方式的开环,[C4DABCO]+起到稳定氨基甲酸盐的作用;最后通过分子内关环得到相应产物,主产物 2 是在取代基较多的碳原子处开环得到的。随后,He 课题组[204]又合成了几种质子酸离子液体,其中吡啶质子化的[HPy]I 催化活性最好,5MPa CO_2,100℃条件下 15min 内几乎得到了当量产率的噁唑烷酮。并推测其可能的机理为:氮杂环丙烷与 CO_2 络合成氨基甲酸盐,[IIPy]I 通过氢键作用活化氮杂环丙烷,进一步碘负离子的亲核进攻和最终的分子内关环生成相应噁唑烷酮。

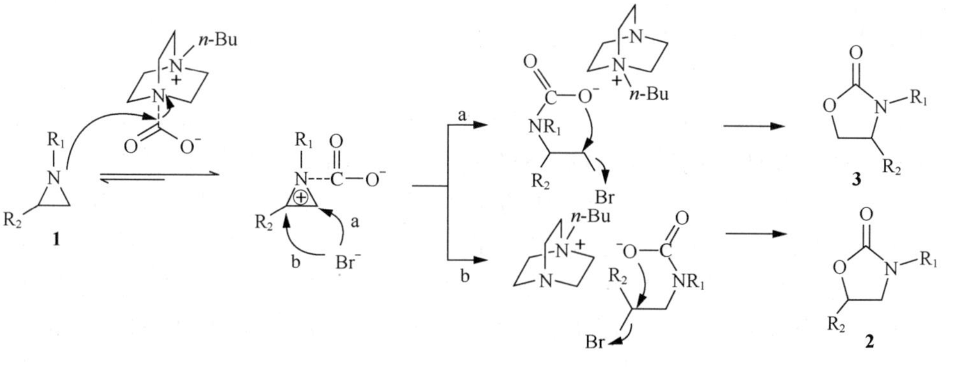

图 2.61 [C4DABCO]Br 催化 CO_2 与氮杂环丙烷的可能机理

邓友全实验室通过 CO_2、胺及三级丙炔醇三组分反应在离子液体中一步合成了一系列 4-亚甲基噁唑烷酮衍生物(图 2.62)。在 CuCl+[BMIm][BF4]体系中[205],温和条件下相应的噁唑烷酮就可以被高效地合成出来,以苯胺、1-乙炔环己醇和 CO_2 反应为例,2.5MPa CO_2,100℃反应 10h,目标产物的分离收率达 92%,且催化体系可重复使用 4 次。离子液体在体系中扮演着极为重要的角色,在有机溶剂如甲苯中,目标产物仅有 3%的产率。通过对体系的普适性考察,该体系只对三级丙炔醇有很好的催化效果,而对一级或二级丙炔醇没有反应活性;另外,对多数脂肪胺的普适性都很好,而对苯胺则没有活性。随后,通过对反应条件进一步优化,发现将 CO_2 的压力提高到 5MPa,反应温度为 120℃时,不加 CuCl 的情况下,反应也能顺利地进行[206]。离子液体可起到溶剂和催化剂的双重作用,特别是在长链的[DMIm][BF_4]中,苄胺、甲基丁炔醇与 CO_2 反应生成相应噁唑烷酮的分离产率可达 95.3%。

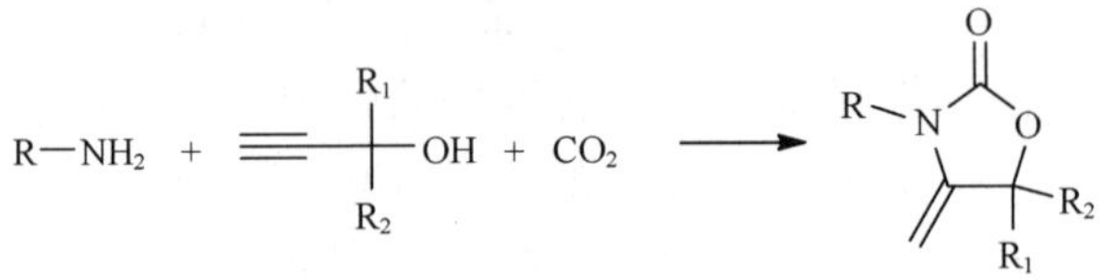

图 2.62 CO_2、胺及炔醇一步合成 4-亚甲基噁唑烷酮衍生物

2.8.2 离子液体中利用 CO_2 合成环状碳酸酯

环状碳酸酯是工业生产中重要的化合物,它们不仅是优良的非质子高沸点极性溶剂,还可作为锂电池电解液及合成碳酸酯类化合物的反应中间体。环状碳酸酯可通过 CO_2 与环氧化合物通过环加成反应制得,环氧丙烷与氮杂环丙烷类似,也具有很高的环张力和反应活性。通过与环氧化物反应制取环状碳酸酯化学是转化 CO_2 的有效方法,具有很高的原子经济性,这也是当前 CO_2 转化利用中研究最多的工作。目前很多研究工作表明,离子液体在催化 CO_2 转化为环状碳酸酯的过程具有广阔的应用前景。

2001 年,邓友全课题组首先报道了在离子液体中 CO_2 与环氧丙烷(PO)反应生成碳酸丙烯酯(PC)的过程[4][图 2.63(a)],并发现离子液体的阴阳离子对催化活性有很大的影响,其中[BMIm][BF_4]中的催化效果最好。在 CO_2 压力为 2.5MPa、110℃反应 6h 条件下,PO 几乎可完全转化为 PC。通过简单的蒸馏即可实现催化剂的循环使用,离子液体可重复使用 5 次。随后,邓友全课题组又报道了离子液体中丙炔醇和 CO_2 反应合成 α-甲烯基环状碳酸酯[207][图 2.63(b)],在 CuCl/[BMIm][$PhSO_3$]

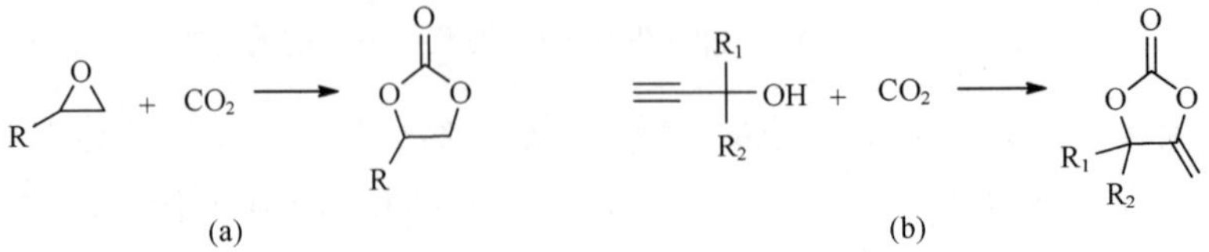

图 2.63 (a) CO_2 与环氧化合物生成环状碳酸酯;(b) 三级丙炔醇和 CO_2 合成 α-甲烯基环状碳酸酯

体系中，优化条件下，甲基丁炔醇与 CO_2 反应产物的分离产率高达 97%。与生成噁唑烷酮反应类似，该体系只对三级丙炔醇有很好的催化效果。该体系不仅可降低 CO_2 的压力，而且避免了毒性有机碱的使用。

2004 年，夏春谷课题组开发了 ZnX_2/[BMIm]X 复合催化剂用于 CO_2 与 PO 的环加成反应[208]。该体系不需有机溶剂，具有产物蒸馏分离后可循环的特点，是高效且成本低廉的催化体系。在优化条件下，$ZnBr_2$/[BMIm]Br 体系中 CO_2 压力 1.5MPa、100℃反应 1h，PC 的产率为 98%，TOF 高达 5580h^{-1}。催化剂重复使用 6 次后，催化性能没有明显下降(产率 95%)。除环氧环己烷外，该体系对于环氧氯丙烷、环氧丁烷、氧化苯乙烯等都有很好的催化效果，其 TOF 在 2919~4578h^{-1} 之间。作者提出了相关的催化机理(图 2.64)：首先，ZnX_2 与 [BMIm]Br 生成配合物①，环氧化物与①作用后取代一个 [BMIm]Br 分子形成②，同时解离的 [BMIm]Br 中 Br^- 进攻环氧化合物上位阻较小的 C 形成③；然后 CO_2 插入③的 Zn—O 键中生成活性物种④，最终④通过分子内关环生成环状碳酸酯，并释放出催化剂。夏春谷课题组利用此体系进行了 200L 规模工业放大试验，达到了实验室小试技术水平，环氧乙烷转化率接近 100%，产物 PC 的纯度达到 99%，表明该体系具有良好的工业应用前景。在此基础上，夏春谷课题组还发展了多相催化体系，将 $ZnCl_2$ 负载到壳聚糖[209]或将离子液体单元接枝到硅胶上[210]，这样就简化了产物与体系的分离程序。优化条件下生成 PC 的产率均大于 95%，TOF＞2700h^{-1}。

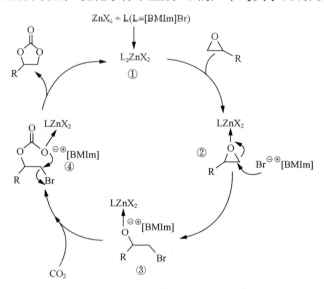

图 2.64　ZnX_2/[BMIm]X 体系中可能的催化机理

2007年，Han等[211]将含有催化活性位的离子液体[VBIm]Cl与交联剂二乙烯基苯(DVB)通过共聚反应制备了高度交联的聚合物固载的离子液体(PSIL，图2.65)，[VBIm]Cl以共价键的方式连接到聚合物基质上。该PSIL对CO_2与PO的环加成反应具有良好的催化活性和选择性，CO_2压力6MPa、110℃反应7h后PC的产率为97.4%。该催化剂同样具有较好的普适性，对具有较大位阻的环氧环己烷也能很好地催化其活性，当反应时间延长到72h时，环状碳酸酯的收率为93.1%。除了较好的反应活性外，PSIL由于不溶于反应产物，容易与体系分离，且不会造成活性位的流失。经简单过滤和淋洗，催化剂重复使用5次后，PC的收率依然达到95.8%。

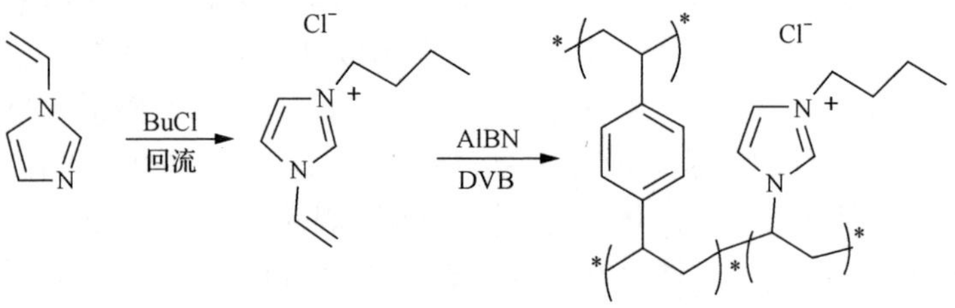

图2.65 交联聚合物固载的离子液体合成过程

2013年，Dufaud等[212]利用含磷二环有机超强碱的共轭盐酸盐(azaphosphatrane，图2.66)作为催化剂应用于CO_2环加成反应，取得了非常有意思的结果。阳离子中含有被三级N原子通过质子诱导螯合的P原子，使得P原子具有五配位结构，而Cl^-是外裸的，使其具有更高的活性。当R为较大取代基，如对甲氧基苄基和新戊基时，催化剂具有较好的稳定性和催化效果。以氧化苯乙烯(SO)为底物，在CO_2压力仅为0.1MPa，100℃反应7h后苯乙烯环状碳酸酯(SC)的产率为50%，当采用环氧氯丙烷为底物时，在80℃时反应即可进行，并可连续稳定运行数日，累计转化数大于1000。Dufaud提出了可能的反应机理(图2.66)：首先SO上的O与催化剂P连接的H通过氢键作用形成加合物；CO_2插入P—N中形成三环磷酰基-碳酸酯结构，该结构活性很高，容易水解，需要N上具有大体积的取代基对其进行保护；然后氯离子亲核进攻SO的仲碳，生成的烷氧化物进攻活化的CO_2；最后发生关环反应得到SC和催化剂。

最近，Wilhelm等[213]以$NbCl_5$与一系列取代的咪唑溴盐组成了催化体系，在十分温和的条件下就能高效催化CO_2与PO的环加成反应。体系中的$NbCl_5$作为L酸性中心活化环氧化合物，咪唑溴盐则是作为亲核试剂促使环氧化合物开环。在$NbCl_5$+[BEMIm]Br体系中(PO, 10mmol；$NbCl_5$, 0.1mmol；[BEMIm]Br, 0.2mmol)，在CO_2压力仅为0.4MPa时，室温反应2h，PO的产率就达到95%。Wilhelm研究了咪唑环上的取代基对体系催化效果的影响，当咪唑N原子与脂肪族烷基链相连

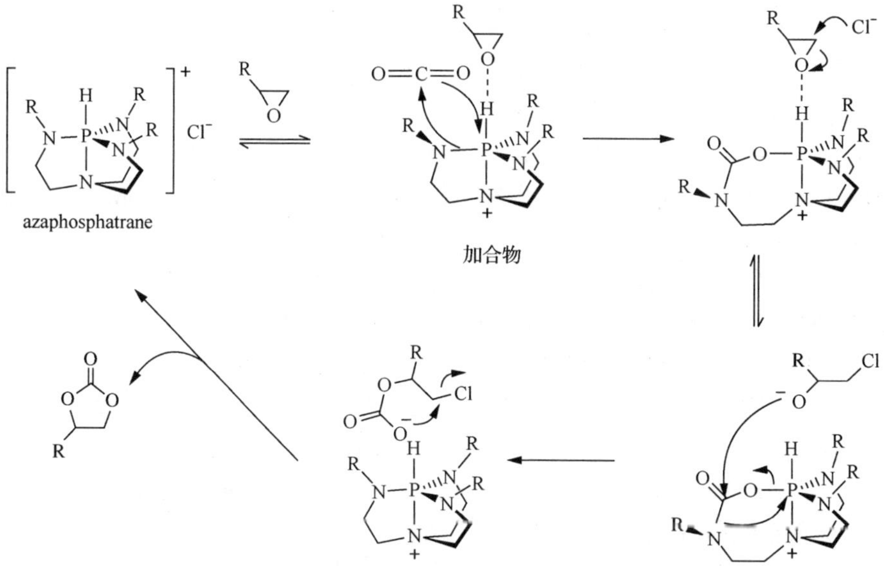

图 2.66 azaphosphatrane 催化 SO 与 CO_2 可能的反应机理

时，相对于 n-Oc 取代基，N1 和 N3 位上引入 n-Bu 对提高体系催化活性更有利；C2 位上如有 H 原子，会与 Br$^-$ 形成氢键，使其亲核性降低，活性下降，C2 位上的取代基对催化活性的顺序为 H＜Me＜Et ～ i-Pr；C4、C5 位上的 H 被 Me 取代时也能降低阴阳离子之间的静电作用，提高阴离子亲核性及其催化活性。此外，当 N 原子上引入苄基时，一般会降低离子液体在 PO 中的溶解性，从而使体系活性下降。

2.8.3 离子液体中利用 CO_2 合成链状碳酸酯

链状碳酸酯主要指碳酸二甲酯(DMC)、碳酸二乙酯(DEC)等，同样也是十分重要的化合物及极性溶剂。以 CO_2 为原料直接合成 DMC 的方法主要包括：①由 CO_2 与甲醇反应一步合成；②以 CO_2、环氧化物和甲醇为原料一锅法合成。CO_2 转化合成 DMC 一般在碱性催化剂下进行，甲醇这时生成 CH_3O^-，而 CH_3O^- 容易进一步和 CO_2 生成 CH_3OCOO^-。

早在 2004 年，Shan 等[214]采用 K_2CO_3+CH_3I 为催化体系，考察了[EMIm]Br 对 CO_2 和甲醇直接合成 DMC 反应的促进作用。通过加入离子液体(CO_2 压力 7.3MPa、80℃反应 8h)，DMC 的收率从 4.11%提高到 5.58%。最近，Kim 等[215]将咪唑取代甘油上的—OH，合成了三阳离子的离子液体[GLY(MIm)$_3$][TFSI]$_3$，与 DBU(二氮杂二环)组成催化体系，在 CO_2 压力为 7.5MPa，130℃反应 6h，甲醇的转化率为 37%，DMC 选择性为 93%，体系可重复使用 3 次。Kim 认为其可能的机理为：IL 与 DBU 先形成两性离子中间体，咪唑 C2—H 与 CO_2 形成羧酸盐，被活化的 CH_3O^-

进攻羧酸盐生成 DMC。Wu 等[216]在离子液体中室温下实现了 CO_2 与甲醇转化 DMC 的过程,以二溴甲烷为溶剂,[BMIm][HCO$_3$]+CsCO$_3$ 体系中,1MPa 压力 CO_2,室温反应 24h,甲醇转化率和 DMC 的选择性分别为 74%和 97%。Wu 推测 [BMIm][HCO$_3$]在体系中起到催化剂和脱水剂的双重作用: IL 中存在 [BMIm][HCO$_3$]与 BMIm-CO$_2$(基于咪唑卡宾-CO$_2$ 加合物)的平衡,BMIm-CO$_2$ 催化 CO_2 与甲醇生成 DMC 和 H_2O;同时 BMIm-CO$_2$ 又能与生成的 H_2O 反应,促进反应向 DMC 转化。该体系蒸馏出反应物和产物后,再减压除水即能重复使用。

以 CO_2、环氧化物和甲醇为原料也可一锅法合成 DMC。邓友全实验室合成了一系列强碱性氨基功能化季铵离子液体,该类离子液体可以大量捕获 CO_2,并在活化 CO_2 与 EO 和甲醇一步合成 DMC 过程中有良好性能[217]。P_{CO_2}=2MPa、150℃、8h 反应条件下,以[N$_{116,6N11}$]Br(季铵 N 上四个取代基分别为甲基、甲基、己基及 6-N,N-二甲基己基)为催化剂,EO 的转化率达到 99%,DMC 的选择性为 71%,且催化剂可重复使用 6 次,催化活性保持稳定。其可能的机理为在 IL 体系中,Br$^-$ 进攻 EO 上 C 原子,开环形成氧负离子中间体,再与 CO_2 反应生成环状碳酸酯 EC;然后被碱性的叔氨基团活化的甲醇,进攻季铵基团活化的 EC 上的羰基碳,从而完成酯交换生成 DMC。

2.8.4 离子液体中 CO_2 催化加氢过程

在一定条件下,CO_2 通过催化加氢反应可生成甲烷、甲醇、甲酸、二甲醚等化学品。Han 等[218]首次报道了用氨基功能化的碱性离子液体促进 CO_2 氢化反应生成甲酸过程。将二氧化硅负载的 Ru 催化剂["Si"-(CH$_2$)$_3$NH(CSCH$_3$)-RuCl$_3$-PPh$_3$,粒径 1~5μm]分散在离子液体[1-(N,N'-二甲基氨基乙基)-2,3-二甲基咪唑三氟甲基磺酸盐]的水溶液中,随着通入的 H_2 和 CO_2 压力增大或离子液体用量增加,TOF 值均增加,最大为 103h^{-1}。随着反应的进行,离子液体与生成的甲酸反应成盐,使含有离子液体的有效浓度降低,TOF 也随之降低,生成甲酸和 IL 的摩尔比最高可达 0.96。该催化体系中 IL 和催化剂可以通过简单的分离过程回收并循环使用,反应完成后 Ru 催化剂过滤回收后可直接循环使用,含有 IL、水和甲酸的滤液加热到 110℃除去水,再加热到 130℃使甲酸和 IL 分离,体系可重复使用 5 次。

最近,Branco 等[219]研究了 Ru/IL 体系中 CO_2 催化加氢生成甲烷的过程。Ru NP 在离子液体中原位合成,离子液体对 Ru NP 起到了很好的稳定作用,制备好的 Ru/IL 体系可直接作为 CO_2 催化加氢的反应介质。与[BMIm][TFSI]相比,由于 [OMIm][TFSI]可能对 Ru NP 有更好的稳定性,使其催化性能较好,TEM 表明在 [OMIm][TFSI]中原位制备的 Ru NP 平均粒径为 2.5nm(图 2.67)。研究发现,反应温度对 CO_2 转化为甲烷过程有明显影响,反应低于 120℃时无明显催化效果,随着温度升高甲烷产率明显提高,25μmol 催化剂时,P_{CO_2} 和 P_{H_2} 均为 4MPa,150℃

反应 24h，甲烷产率 17%，TOF 最高为 95h^{-1}；进一步增加催化剂用量（125μmol Ru NP），甲烷的收率最高可达 69%，TOF 稍微降为 72h^{-1}。Branco 认为在离子液体中原位合成的粒径均匀，且尺寸较小的 Ru NP 是促进 CH$_4$ 高产率的关键因素。

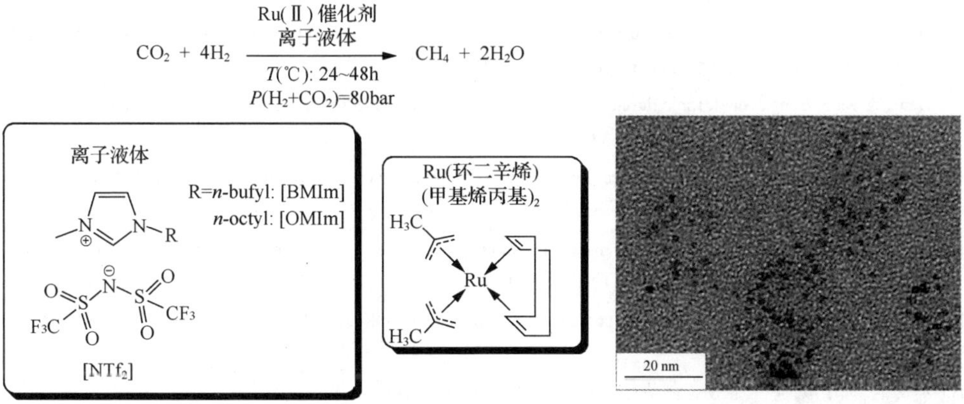

$$CO_2 + 4H_2 \xrightarrow[\substack{T(℃): 24\sim48h \\ P(H_2+CO_2)=80bar}]{\substack{Ru(Ⅱ)催化剂 \\ 离子液体}} CH_4 + 2H_2O$$

图 2.67　离子液体中 Ru 催化 CO$_2$ 转化为 CH$_4$(a) 和 Ru/IL 体系的 TEM 图(b)

1bar =10^{5}Pa

2.9　结束语

　　从 20 世纪 90 年代研究发展离子液体催化体系及相关反应仅仅二十余年的历史，作为新型及绿色催化剂和反应介质的潜力仍在不断的发掘和展现中，相关研究仍处于初级阶段，实际应用也在努力的孕育之中。当然，与其他绿色催化体系如酶催化、固体酸催化体系一样，在研究发展中也出现诸如离子液体并没有想象的那样稳定、反应中也容易出现变异、黏度偏高再加上价格相对昂贵等问题。催化反应是多样性的，这些都可以在最大限度地发挥离子液体的优势和长处的考量下弱化甚至消除其不利的一面。

　　取代传统的 HF、浓硫酸等这些腐蚀和污染严重的催化剂及易燃易爆挥发有毒的有机溶剂，离子液体有着不可替代的优势和潜力。发生反应所处微环境不同和此微环境中的多重相互或二次弱相互作用对于化学反应的演化和对催化反应的活性与选择性的重要性越来越被理解和认识。离子液体特性与多样性为这样的微环境和多重相互作用提供了另一种选择。所以，离子液体作为一类新型的绿色催化剂与介质对未来绿色催化的研究和发展是不可或缺的。

参 考 文 献

[1] Boon J A, Levisky J A, Pflug J L, et al. Friedel-Crafts reactions in ambient-temperature molten salts. Journal of Organic Chemistry, 1986, 51(4): 480-483.

[2] Wilkes J S, Zaworotko M J. Air and water stable 1-ethyl-3-methylimidazolium based ionic liquids. Journal of the Chemical Society-Chemical Communications, 1992, (13): 965-967.

[3] Deng Y, Shi F, Beng J, et al. Ionic liquid as a green catalytic reaction medium for esterifications. Journal of Molecular Catalysis A: Chemical, 2001, 165(1-2): 33-36.

[4] Peng J J, Deng Y Q. Cycloaddition of carbon dioxide to propylene oxide catalyzed by ionic liquids. New Journal of Chemistry, 2001, 25(4): 639-641.

[5] Qiao K, Deng Y Q. Alkylations of benzene in room temperature ionic liquids modified with HCl. Journal of Molecular Catalysis A: Chemical, 2001, 171(1-2): 81-84.

[6] Deng Y. Interaction and electrocatalytic conversion of CO_2 with ionic liquids. 北京: 亚太离子液体大会报告论文集, 2012.

[7] 邓友全. 离子液体——性质、制备与应用. 北京: 中国石化出版社, 2006.

[8] Perdikaki A V, Vangeli O C, Karanikolos G N, et al. Ionic liquid-modified porous materials for gas separation and heterogeneous catalysis. The Journal of Physical Chemistry C, 2012, 116(31): 16398-16411.

[9] Zhang S, Zhang J, Zhang Y, et al. Nanoconfined ionic liquids. Chemical Reviews, 2016, 117(10): 6755-6833.

[10] van Doorslaer C, Wahlen J, Mertens P, et al. Immobilization of molecular catalysts in supported ionic liquid phases. Dalton Transactions, 2010, 39(36): 8377-8390.

[11] Shi F, Zhang Q, Li D, et al. Silica-gel-confined ionic liquids: a new attempt for the development of supported nanoliquid catalysis. Chemistry—A European Journal, 2005, 11(18): 5279-5288.

[12] Khan N A, Hasan Z, Jhung S H. Ionic liquid@MIL-101 prepared via the ship-in-bottle technique: remarkable adsorbents for the removal of benzothiophene from liquid fuel. Chemical Communications, 2016, 52(12): 2561-2564.

[13] Gupta A K, Verma Y L, Singh R K, et al. Studies on an ionic liquid confined in silica nanopores: change in T_g and evidence of organic-inorganic linkage at the pore wall surface. The Journal of Physical Chemistry C, 2014, 118(3): 1530-1539.

[14] Singh M P, Singh R K, Chandra S. Studies on imidazolium-based ionic liquids having a large anion confined in a nanoporous silica gel matrix. The Journal of Physical Chemistry B, 2011, 115(23): 7505-7514.

[15] Martinelli A, Nordstierna L. An investigation of the sol-gel process in ionic liquid-silica gels by time resolved Raman and ^{1}H NMR spectroscopy. Physical Chemistry Chemical Physics, 2012, 14(38): 13216-13223.

[16] Ori G, Villemot F, Viau L, et al. Ionic liquid confined in silica nanopores: molecular dynamics in the isobaric-isothermal ensemble. Molecular Physics, 2014, 112(9-10): 1350-1361.

[17] Nayeri M, Aronson M T, Bernin D, et al. Surface effects on the structure and mobility of the ionic liquid $C_6C_1ImTFSI$ in silica gels. Soft Matter, 2014, 10(30): 5618-5627.

[18] Göbel R, Hesemann P, Weber J, et al. Surprisingly high, bulk liquid-like mobility of silica-confined ionic liquids. Physical Chemistry Chemical Physics, 2009, 11(19): 3653-3662.

[19] Zhang J, Zhang Q, Li X, et al. Nanocomposites of ionic liquids confined in mesoporous silica gels: preparation, characterization and performance. Physical Chemistry Chemical Physics, 2010, 12(8): 1971-1981.

[20] Zhang J, Zhang Q, Shi F, et al. Greatly enhanced fluorescence of dicyanamide anion based ionic liquids confined into mesoporous silica gel. Chemical Physics Letters, 2008, 461 (4-6): 229-234.

[21] Mehnert C P, Mozeleski E J, Cook R A. Supported ionic liquid catalysis investigated for hydrogenation reactions. Chemical Communications, 2002, (24): 3010-3011.

[22] Ruta M, Yuranov I, Dyson P J, et al. Structured fiber supports for ionic liquid-phase catalysis used in gas-phase continuous hydrogenation. Journal of Catalysis, 2007, 247 (2): 269-276.

[23] Ruta M, Laurenczy G, Dyson P J, et al. Pd nanoparticles in a supported ionic liquid phase: highly stable catalysts for selective acetylene hydrogenation under continuous-flow conditions. The Journal of Physical Chemistry C, 2008, 112 (46): 17814-17819.

[24] Peng L, Zhang J L, Yang S L, et al. The ionic liquid microphase enhances the catalytic activity of Pd nanoparticles supported by a metal-organic framework. Green Chemistry, 2015, 17 (8): 4178-4182.

[25] Karimi B, Badreh E. SBA-15-functionalized TEMPO confined ionic liquid: an efficient catalyst system for transition-metal-free aerobic oxidation of alcohols with improved selectivity. Organic and Biomolecular Chemistry, 2011, 9 (11): 4194-4198.

[26] Zhu J, Wang P C, Lu M. Synthesis of novel magnetic silica supported hybrid ionic liquid combining TEMPO and polyoxometalate and its application for selective oxidation of alcohols. RSC Advances, 2012, 2 (22): 8265-8268.

[27] Liu L, Ma J, Xia J, et al. Confining task-specific ionic liquid in silica-gel matrix by sol-gel technique: a highly efficient catalyst for oxidation of alcohol with molecular oxygen. Catalysis Communications, 2011, 12 (5): 323-326.

[28] Chauvin Y, Mussmann L, Olivier H. A novel class of versatile solvents for two-phase catalysis: hydrogenation, isomerization, and hydroformylation of alkenes catalyzed by rhodium complexes in liquid 1, 3-dialkylimidazolium salts. Angewandte Chemie, 1996, 34 (2324): 2698-2700.

[29] Mehnert C P, Cook R A, Dispenziere N C, et al. Supported ionic liquid catalysis—a new concept for homogeneous hydroformylation catalysis. Journal of the American Chemical Society, 2002, 124 (44): 12932-12933.

[30] Riisager A, Eriksen K M, Wasserscheid P, et al. Propene and 1-octene hydroformylation with silica-supported, ionic liquid-phase (silp) rh-phosphine catalysts in continuous fixed-bed mode. Catalysis Letters, 2003, 90 (3/4): 149-153.

[31] Yang Y, Deng C X, Yuan Y Z. Characterization and hydroformylation performance of mesoporous MCM-41-supported water-soluble Rh complex dissolved in ionic liquids. Journal of Catalysis, 2005, 232 (1): 108-116.

[32] Hintermair U, Zhao G, Santini C C, et al. Supported ionic liquid phase catalysis with supercritical flow. Chemical Communications, 2007, (14): 1462-1464.

[33] Riisager A, Wasserscheid P, van Hal R, et al. Continuous fixed-bed gas-phase hydroformylation using supported ionic liquid-phase (SILP) Rh catalysts. Journal of Catalysis, 2003, 219 (2): 452-455.

[34] Riisager A, Fehrmann R, Flicker S, et al. Very stable and highly regioselective supported ionic-liquid-phase (silp) catalysis: continuous-flow fixed-bed hydroformylation of propene. Angewandte Chemie, 2005, 44 (5): 815-819.

[35] Riisager A, Fehrmann R, Haumann M, et al. Stability and kinetic studies of supported ionic liquid phase catalysts for hydroformylation of propene. Industrial and Engineering Chemistry Research, 2005, 44 (26): 9853-9859.

[36] Haumann M, Dentler K, Joni J, et al. Continuous gas-phase hydroformylation of 1-butene using supported ionic liquid phase (silp) catalysts. Advanced Synthesis and Catalysis, 2007, 349 (3): 425-431.

[37] Shylesh S, Hanna D, Werner S, et al. Factors influencing the activity, selectivity, and stability of Rh-based supported ionic liquid phase (SILP) catalysts for hydroformylation of propene. ACS Catalysis, 2012, 2 (4): 487-493.

[38] Hanna D G, Shylesh S, Werner S, et al. The kinetics of gas-phase propene hydroformylation over a supported ionic liquid-phase (SILP) rhodium catalyst. Journal of Catalysis, 2012, 292: 166-172.

[39] Panda A G, Jagtap S R, Nandurkar N S, et al. Regioselective hydroformylation of allylic alcohols using Rh/PPh$_3$ supported ionic liquid-phase catalyst, followed by hydrogenation to 1,4-butanediol using Ru/PPh$_3$ supported ionic liquid-phase catalyst. Industrial and Engineering Chemistry Research, 2008, 47(3): 969-972.

[40] Panda A G, Bhor M D, Jagtap S R, et al. Selective hydroformylation of unsaturated esters using a Rh/PPh$_3$-supported ionic liquid-phase catalyst, followed by a novel route to pyrazolin-5-ones. Applied Catalysis A: General, 2008, 347(2): 142-147.

[41] Shi F, Zhang Q, Gu Y, et al. Silica gel confined ionic liquid+metal complexes for oxygen-free carbonylation of amines and nitrobenzene to ureas. Advanced Synthesis and Catalysis, 2005, 347(2-3): 225-230.

[42] Ma Y, He Y, Zhang Q, et al. Self-assembly of ionic liquids and metal complexes in super-cages of NaY: integration of free catalysts and solvent molecules into confined catalytic sites. Chinese Journal of Catalysis, 2010, 31(8): 933-937.

[43] Werner S, Szesni N, Fischer R W, et al. Homogeneous ruthenium-based water-gas shift catalysts via supported ionic liquid phase (SILP) technology at low temperature and ambient pressure. Physical Chemistry Chemical Physics, 2009, 11(46): 10817-10819.

[44] Werner S, Szesni N, Bittermann A, et al. Screening of supported ionic liquid phase (SILP) catalysts for the very low temperature water-gas-shift reaction. Applied Catalysis A: General, 2010, 377(1-2): 70-75.

[45] Werner S, Szesni N, Kaiser M, et al. Ultra-low-temperature water-gas shift catalysis using supported ionic liquid phase (SILP) materials. ChemCatChem, 2010, 2(11): 1399-1402.

[46] Haumann M, Schonweiz A, Breitzke H, et al. Solid-state NMR investigations of supported ionic liquid phase water-gas shift catalysts: ionic liquid film distribution vs. catalyst performance. Chemical Engineering and Technology, 2012, 35(8): 1421-1426.

[47] Ma Y, Liu B, Zhang Y, et al. Ru nanoparticles in ionic liquids confined by silica gel: a high active iongel catalyst for low temperature water-gas shift reaction. International Journal of Hydrogen Energy, 2015, 40(30): 9147-9154.

[48] Huang M Y, Wu J C, Shieu F S, et al. Isomerization of endo-tetrahydrodicyclopentadiene over clay-supported chloroaluminate ionic liquid catalysts. Journal of Molecular Catalysis A: Chemical, 2010, 315(1): 69-75.

[49] Liu S, Shang J, Zhang S, et al. Highly efficient trimerization of isobutene over silica supported chloroaluminate ionic liquid using C$_4$ feed. Catalysis Today, 2013, 200: 41-48.

[50] Fehér C, Kriván E, Hancsók J, et al. Oligomerisation of isobutene with silica supported ionic liquid catalysts. Green Chemistry, 2012, 14(2): 403-409.

[51] Hagiwara H, Sugawara Y, Isobe K, et al. Immobilization of Pd(OAc)$_2$ in ionic liquid on silica: application to sustainable Mizoroki-Heck reaction. Organic Letters, 2004, 6(14): 2325-2328.

[52] Volland S, Gruit M, Régnier T, et al. Encapsulation of Pd(OAc)$_2$ catalyst in an ionic liquid phase confined in silica gels. Application to Heck-Mizoroki reaction. New Journal of Chemistry, 2009, 33(10): 2015-2021.

[53] Karimi B, Zamani A. SBA-15-functionalized palladium complex partially confined with ionic liquid: an efficient and reusable catalyst system for aqueous-phase Suzuki reaction. Organic and Biomolecular Chemistry, 2012, 10(23): 4531-4536.

[54] Karimi B, Zamani A, Mansouri F. Activity enhancement in cyanation of aryl halides through confinement of ionic liquid in the nanospaces of SBA-15-supported Pd complex. RSC Advances, 2014, 4(101): 57639-57645.

[55] Gruttadauria M, Riela S, Meo P L, et al. Supported ionic liquid asymmetric catalysis. A new method for chiral catalysts recycling. The case of proline-catalyzed aldol reaction. Tetrahedron Letters, 2004, 45(32): 6113-6116.

[56] Gruttadauria M, Riela S, Aprile C, et al. Supported ionic liquids. New recyclable materials for thel-proline-catalyzed aldol reaction. Advanced Synthesis and Catalysis, 2006, 348(1-2): 82-92.

[57] Lou L L, Yu K, Ding F, et al. An effective approach for the immobilization of chiral Mn(III) salen complexes through a supported ionic liquid phase. Tetrahedron Letters, 2006, 47(37): 6513-6516.

[58] Zhang Z, Franciò G, Leitner W. Continuous-flow asymmetric hydrogenation of an enol ester by using supercritical carbon dioxide: ionic liquids versus supported ionic liquids as the catalyst matrix. ChemCatChem, 2015, 7(13): 1961-1965.

[59] Verevkin S P, Emel'yanenko V N, Toktonov A V, et al. Thermochemistry of ionic liquid-catalyzed reactions: theoretical and experimental study of the beckmann rearrangement—kinetic or thermodynamic control? Industrial and Engineering Chemistry Research, 2009, 48(22): 9809-9816.

[60] Peng J J, Deng Y Q. Catalytic Beckmann rearrangement of ketoximes in ionic liquids. Tetrahedron Letters, 2001, 42(3): 403-405.

[61] Ren R X, Zueva L D, Ou W. Formation of ε caprolactam via catalytic Beckmann rearrangement using P_2O_5 in ionic liquids. Tetrahedron Letters, 2001, 42(48): 8441-8443.

[62] Guo S, Deng Y. Environmentally friendly Beckmann rearrangement of oximes catalyzed by metaboric acid in ionic liquids. Catalysis Communications, 2005, 6(3): 225-228.

[63] Zicmanis A, Katkevica S, Mekss P. Lewis acid-catalyzed Beckmann rearrangement of ketoximes in ionic liquids. Catalysis Communications, 2009, 10(5): 614-619.

[64] Katkevica S, Zicmanis A, Mekss P. Imidazolium and pyridinium salts-solvents influencing the rate and direction of the Fries, Beckmann, and Claisen rearrangements. Chemistry of Heterocyclic Compounds, 2010, 46(2): 158-169.

[65] Lee J K, Kim D C, Eui Song C, et al. Thermal behaviors of ionic liquids under microwave irradiation and their application on microwave-assisted catalytic beckmann rearrangement of ketoximes. Synthetic Communications, 2003, 33(13): 2301-2307.

[66] Sugamoto K, Matsushita Y I, Matsui T. Microwave-assisted Beckmann rearrangement of aryl ketoximes catalyzed by In(OTf)$_3$ in ionic liquid. Synthetic Communications, 2011, 41(6): 879-884.

[67] Gui J, Deng Y, Hu Z, et al. A novel task-specific ionic liquid for Beckmann rearrangement: a simple and effective way for product separation. Tetrahedron Letters, 2004, 45(12): 2681-2683.

[68] Du Z, Li Z, Gu Y, et al. FTIR study on deactivation of sulfonyl chloride functionalized ionic materials as dual catalysts and media for Beckmann rearrangement of cyclohexanone oxime. Journal of Molecular Catalysis A: Chemical, 2005, 237(1-2): 80-85.

[69] Du Z, Li Z, Guo S, et al. Investigation of physicochemical properties of lactam-based brønsted acidic ionic liquids. The Journal of Physical Chemistry B, 2005, 109(41): 19542-19546.

[70] Guo S, Du Z, Zhang S, et al. Clean Beckmann rearrangement of cyclohexanone oxime in caprolactam-based Brønsted acidic ionic liquids. Green Chemistry, 2006, 8(3): 296-300.

[71] Turgis R, Estager J, Draye M, et al. Reusable task-specific ionic liquids for a clean ε-caprolactam synthesis under mild conditions. ChemSusChem, 2010, 3(12): 1403-1408.

[72] Blasco T, Corma A, Iborra S, et al. *In situ* multinuclear solid-state NMR spectroscopy study of Beckmann rearrangement of cyclododecanone oxime in ionic liquids: the nature of catalytic sites. Journal of Catalysis, 2010, 275(1): 78-83.

[73] Liu X, Xiao L, Wu H, et al. Novel acidic ionic liquids mediated zinc chloride: Highly effective catalysts for the Beckmann rearrangement. Catalysis Communications, 2009, 10(5): 424-427.

[74] Liu X, Xiao L, Wu H, et al. Synthesis of novel gemini dicationic acidic ionic liquids and their catalytic performances in the Beckmann rearrangement. Helvetica Chimica Acta, 2009, 92(5): 1014-1021.

[75] Kore R, Srivastava R. A simple, eco-friendly, and recyclable bi-functional acidic ionic liquid catalysts for Beckmann rearrangement. Journal of Molecular Catalysis A: Chemical, 2013, 376: 90-97.

[76] Zhang X, Mao D, Leng Y, et al. Heterogeneous Beckmann rearrangements catalyzed by a sulfonated imidazolium salt of phosphotungstate. Catalysis Letters, 2012, 143(2): 193-199.

[77] Mao D, Long Z, Zhou Y, et al. Dual-sulfonated dipyridinium phosphotungstate catalyst for liquid-phase Beckmann rearrangement of cyclohexanone oxime. RSC Advances, 2014, 4(30): 15635-15641.

[78] Li Z, Yang Q, Qi X, et al. A novel hydroxylamine ionic liquid salt resulting from the stabilization of NH_2OH by a SO_3H-functionalized ionic liquid. Chemical Communications, 2015, 51(10): 1930-1932.

[79] Li Z, Yang Q, Gao L, et al. Reactivity of hydroxylamine ionic liquid salts in the direct synthesis of caprolactam from cyclohexanone under mild conditions. RSC Advances, 2016, 6(87): 83619-83625.

[80] Shin J Y, Jung D J, Lee S G. A multifunction Pd/Sc(OTf)$_3$/ionic liquid catalyst system for the tandem one-pot conversion of phenol to ε-caprolactam. ACS Catalysis, 2013, 3(4): 525-528.

[81] 孙宏伟. 环境友好的复合离子液体催化碳四烷基化新技术(CILA)取得重大突破. http://www.nsfc.gov.cn/publish/portal0/tab38/info47736.htm. 2015-01-05.

[82] Wang H, Meng X, Zhao G, et al. Isobutane/butene alkylation catalyzed by ionic liquids: a more sustainable process for clean oil production. Green Chemistry, 2017, 19(6): 1462-1489.

[83] Chauvin Y, Hirschauer A, Olivier H. Alkylation of isobutane with 2-butene using 1-butyl-3-methylimidazolium chloride—Aluminium chloride molten salts as catalysts. Journal of Molecular Catalysis, 1994, 92(2): 155-165.

[84] Yoo K. Ionic liquid-catalyzed alkylation of isobutane with 2-butene. Journal of Catalysis, 2004, 222(2): 511-519.

[85] Huang C P, Liu Z C, Xu C M, et al. Effects of additives on the properties of chloroaluminate ionic liquids catalyst for alkylation of isobutane and butene. Applied Catalysis A: General, 2004, 277(1-2): 41-43.

[86] Liu Y, Hu R, Xu C, et al. Alkylation of isobutene with 2-butene using composite ionic liquid catalysts. Applied Catalysis A: General, 2008, 346(1-2): 189-193.

[87] Liu Z, Meng X, Zhang R, et al. Reaction performance of isobutane alkylation catalyzed by a composite ionic liquid at a short contact time. AIChE Journal, 2014, 60(6): 2244-2253.

[88] Bui T L T, Korth W, Jess A. Influence of acidity of modified chloroaluminate based ionic liquid catalysts on alkylation of iso-butene with butene-2. Catalysis Communications, 2012, 25: 118-124.

[89] Cui J, de With J, Klusener P A A, et al. Identification of acidic species in chloroaluminate ionic liquid catalysts. Journal of Catalysis, 2014, 320: 26-32.

[90] Liu Y, Li R, Sun H, et al. Effects of catalyst composition on the ionic liquid catalyzed isobutane/2-butene alkylation. Journal of Molecular Catalysis A: Chemical, 2015, 398: 133-139.

[91] Hu P, Wang Y, Meng X, et al. Isobutane alkylation with 2-butene catalyzed by amide-$AlCl_3$-based ionic liquid analogues. Fuel, 2017, 189: 203-209.

[92] Ma H, Zhang R, Meng X, et al. Solid formation during composite-ionic-liquid-catalyzed isobutane alkylation. Energy and Fuels, 2014, 28(8): 5389-5395.

[93] Aschauer S, Schilder L, Korth W, et al. Liquid-phase isobutane/butene-alkylation using promoted lewis-acidic IL-catalysts. Catalysis Letters, 2011, 141(10): 1405-1419.

[94] Pöhlmann F, Schilder L, Korth W, et al. Liquid phase isobutane/2-butene alkylation promoted by hydrogen chloride using lewis acidic ionic liquids. ChemPlusChem, 2013, 78(6): 570-577.

[95] Olah G A, Mathew T, Goeppert A, et al. Ionic liquid and solid HF equivalent amine-poly(hydrogen fluoride) complexes effecting efficient environmentally friendly isobutane-isobutylene alkylation. Journal of the American Chemical Society, 2005, 127(16): 5964-5969.

[96] Tang S, Scurto A M, Subramaniam B. Improved 1-butene/isobutane alkylation with acidic ionic liquids and tunable acid/ionic liquid mixtures. Journal of Catalysis, 2009, 268(2): 243-250.

[97] Xing X, Zhao G, Cui J, et al. Isobutane alkylation using acidic ionic liquid catalysts. Catalysis Communications, 2012, 26: 68-71.

[98] Huang Q, Zhao G, Zhang S, et al. Improved catalytic lifetime of H_2SO_4 for isobutane alkylation with trace amount of ionic liquids buffer. Industrial and Engineering Chemistry Research, 2015, 54(5): 1464-1469.

[99] Cui P, Zhao G, Ren H, et al. Ionic liquid enhanced alkylation of iso-butane and 1-butene. Catalysis Today, 2013, 200: 30-35.

[100] Wang A, Zhao G, Liu F, et al. Anionic clusters enhanced catalytic performance of protic acid ionic liquids for isobutane alkylation. Industrial and Engineering Chemistry Research, 2016, 55(30): 8271-8280.

[101] Bui T L T, Korth W, Aschauer S, et al. Alkylation of isobutane with 2-butene using ionic liquids as catalyst. Green Chemistry, 2009, 11(12): 1961-1967.

[102] Liu S, Chen C, Yu F, et al. Alkylation of isobutane/isobutene using Brønsted-Lewis acidic ionic liquids as catalysts. Fuel, 2015, 159: 803-809.

[103] Schmerling L. The mechanism of the alkylation of paraffins. II. alkylation of isobutane with propene, 1-butene and 2-butene. Journal of the American Chemical Society, 1946, 68(2): 275-281.

[104] Schmerling L, West J P. The mechanism of the alkylation of paraffins. III. the reaction of isobutane with 2-chloro-4,4-dimethylpentane, 3-chloro-5,5-dimethylhexane and 2- and 3-chloro-3,4,4-trimethylpentane. Journal of the American Chemical Society, 1953, 75(17): 4275-4277.

[105] Albright L F, Li K W. Alkylation of isobutane with light olefins using sulfuric acid. Reaction mechanism and comparison with HF alkylation. Industrial and Engineering Chemistry Process Design and Development, 1970, 9(3): 447-454.

[106] Liu Y, Wang L, Li R, et al. Reaction mechanism of ionic liquid catalyzed alkylation: alkylation of 2-butene with deuterated isobutene. Journal of Molecular Catalysis A: Chemical, 2016, 421: 29-36.

[107] Cai X, Cui S, Qu L, et al. Alkylation of benzene and dichloromethane to diphenylmethane with acidic ionic liquids. Catalysis Communications, 2008, 9(6): 1173-1177.

[108] Xin H, Wu Q, Han M, et al. Alkylation of benzene with 1-dodecene in ionic liquids [Rmim]+$Al_2Cl_6X^-$ (R=butyl, octyl and dodecyl; X=chlorine, bromine and iodine). Applied Catalysis A: General, 2005, 292: 354-361.

[109] Gunaratne H Q N, Lotz T J, Seddon K R. Chloroindate(iii) ionic liquids as catalysts for alkylation of phenols and catechol with alkenes. New Journal of Chemistry, 2010, 34(9): 1821-1824.

[110] Matuszek K, Chrobok A, Hogg J M, et al. Friedel-Crafts alkylation catalysed by $GaCl_3$-based liquid coordination complexes. Green Chemistry, 2015, 17(8): 4255-4262.

[111] de Castro C, Sauvage E, Valkenberg M H, et al. Immobilised ionic liquids as lewis acid catalysts for the alkylation of aromatic compounds with dodecene. Journal of Catalysis, 2000, 196(1): 86-94.

[112] Joni J, Haumann M, Wasserscheid P. Development of a supported ionic liquid phase (SILP) catalyst for slurry-phase friedel-crafts alkylations of cumene. Advanced Synthesis and Catalysis, 2009, 351(3): 423-431.

[113] He Y, Wan C, Zhang Q, et al. Durability enhanced ionic liquid catalyst for Friedel-Crafts reaction between benzene and 1-dodecene: insight into catalyst deactivation. RSC Advances, 2015, 5(76): 62241-62247.

[114] He Y, Zhang Q, Zhan X, et al. Synthesis of efficient SBA-15 immobilized ionic liquid catalyst and its performance for Friedel-Crafts reaction. Catalysis Today, 2016, 276: 112-120.

[115] Song C E, Roh E J, Shim W H, et al. Scandium(iii) triflate immobilised in ionic liquids: a novel and recyclable catalytic system for Friedel-Crafts alkylation of aromatic compounds with alkenes. Chemical Communications, 2000, (17): 1695-1696.

[116] Wasserscheid P, Sesing M, Korth W. Hydrogensulfate and tetrakis(hydrogensulfato)borate ionic liquids: synthesis and catalytic application in highly Brønsted-acidic systems for Friedel-Crafts alkylation. Green Chemistry, 2002, 4(2): 134-138.

[117] Qi G, Jiang F, Sun X, et al. Alkylation mechanism of benzene with 1-dodecene catalyzed by $Et_3NHCl-AlCl_3$. Science China Chemistry, 2010, 53(5): 1102-1107.

[118] Gao J, Wang J Q, Song Q W, et al. Iron(iii)-based ionic liquid-catalyzed regioselective benzylation of arenes and heteroarenes. Green Chemistry, 2011, 13(5): 1182.

[119] Wang A, Zheng X, Zhao Z, et al. Brønsted acid ionic liquids catalyzed Friedel-Crafts alkylations of electron-rich arenes with aldehydes. Applied Catalysis A: General, 2014, 482: 198-204.

[120] Wang A, Xing P, Zheng X, et al. Deep eutectic solvent catalyzed Friedel-Crafts alkylation of electron-rich arenes with aldehydes. RSC Advances, 2015, 5(73): 59202-59026.

[121] Taheri A, Liu C, Lai B, et al. Brønsted acid ionic liquid catalyzed facile synthesis of 3-vinylindoles through direct C_3 alkenylation of indoles with simple ketones. Green Chemistry, 2014, 16(8): 3715-3719.

[122] Taheri A, Lai B, Cheng C, et al. Brønsted acid ionic liquid-catalyzed reductive Friedel-Crafts alkylation of indoles and cyclic ketones without using an external reductant. Green Chemistry, 2015, 17(2): 812-816.

[123] Shi X L, Lin H, Li P, et al. Friedel-Crafts alkylation of indoles exclusively in water catalyzed by ionic liquid supported on a polyacrylonitrile fiber: a simple "release and catch" catalyst. ChemCatChem, 2014, 6(10): 2947-2953.

[124] Li D, Wang J, Chen F, et al. $Fe_3O_4@SiO_2$ supported aza-crown ether complex cation ionic liquids: preparation and applications in organic reactions. RSC Advances, 2017, 7(8): 4237-4242.

[125] Shen H Y, Judeh Z M A, Ching C B. Selective alkylation of phenol with tert-butyl alcohol catalyzed by [bmim]PF_6. Tetrahedron Letters, 2003, 44(5): 981-983.

[126] Shen H Y, Judeh Z M A, Ching C B, et al. Comparative studies on alkylation of phenol with tert-butyl alcohol in the presence of liquid or solid acid catalysts in ionic liquids. Journal of Molecular Catalysis A: Chemical, 2004, 212(1-2): 301-308.

[127] Modrogan E, Valkenberg M, Hoelderich W. Phenol alkylation with isobutene —influence of heterogeneous Lewis and/or Brønsted acid sites. Journal of Catalysis, 2009, 261(2): 177-187.

[128] Gui J, Ban H, Cong X, et al. Selective alkylation of phenol with tert-butyl alcohol catalyzed by Brønsted acidic imidazolium salts. Journal of Molecular Catalysis A: Chemical, 2005, 225(1): 27-31.

[129] Patra T, Ahamad S, Upadhyayula S. Highly efficient alkylation of phenol with tert-butyl alcohol using environmentally benign Brønsted acidic ionic liquids. Applied Catalysis A: General, 2015, 506: 228-236.

[130] Liu X, Zhou J, Guo X, et al. SO_3H-functionalized ionic liquids for selective alkylation of p-cresol with tert-butanol. Industrial and Engineering Chemistry Research, 2008, 47(15): 5298-5303.

[131] Kondamudi K, Elavarasan P, Dyson P J, et al. Alkylation of p-cresol with tert-butyl alcohol using benign Brønsted acidic ionic liquid catalyst. Journal of Molecular Catalysis A: Chemical, 2010, 321(1-2): 34-41.

[132] Liu X, Liu M, Guo X, et al. SO₃H-functionalized ionic liquids for selective alkylation of m-cresol with tert-butanol. Catalysis Communications, 2008, 9(1): 1-7.

[133] 于志勇. 乙炔氢氯化制备氯乙烯的催化剂体系及其制备和应用. CN 101879464. 2010.

[134] Qin G, Song Y H, Jin R, et al. Gas-liquid acetylene hydrochlorination under nonmercuric catalysis using ionic liquids as reaction media. Green Chemistry, 2011, 13(6): 1495-1498.

[135] Hu J Y, Yang Q W, Yang L F, et al. Confining noble metal (Pd, Au, Pt) nanoparticles in surfactant ionic liquids: active non-mercury catalysts for hydrochlorination of acetylene. ACS Catalysis, 2015, 5(11): 6724-6731.

[136] Zhao J, Gu S C, Xu X L, et al. Supported ionic-liquid-phase-stabilized Au(Ⅲ) catalyst for acetylene hydrochlorination. Catalysis Science and Technology, 2016, 6(9): 3263-3270.

[137] Zhao J, Yu Y, Xu X, et al. Stabilizing Au(Ⅲ) in supported-ionic-liquid-phase (SILP) catalyst using $CuCl_2$ via a redox mechanism. Applied Catalysis B: Environmental, 2017, 206: 175-183.

[138] Shang S S, Zhao W, Wang Y, et al. Highly efficient Ru@IL/AC to substitute mercuric catalyst for acetylene hydrochlorination. ACS Catalysis, 2017, 7(5): 3510-3520.

[139] Hajipour A R, Rafiee F. Acidic bronsted ionic liquids. Organic Preparations and Procedures International, 2010, 42(4): 285-362.

[140] Estager J, Holbrey J D, Swadźba-Kwaśny M. Halometallate ionic liquids-revisited. Chemical Society Reviews, 2014, 43(3): 847-886.

[141] Skoda-Földes R. The use of supported acidic ionic liquids in organic synthesis. Molecules, 2014, 19(7): 8840-8884.

[142] Amarasekara A S. Acidic ionic liquids. Chemical Reviews, 2016, 116(10): 6133-6183.

[143] Chiappe C, Rajamani S. Structural effects on the physico-chemical and catalytic properties of acidic ionic liquids: an overview. European Journal of Organic Chemistry, 2011, 2011(28): 5517-5539.

[144] Zhou Y, Deng G, Zheng Y, et al. The probes of acidic strength in ionic liquids. Chinese Science Bulletin (Chinese Version), 2015, 60(26): 2476.

[145] Thomazeau C, Olivier-Bourbigou H, Magna L, et al. Determination of an acidic scale in room temperature ionic liquids. Journal of the American Chemical Society, 2003, 125(18): 5264-5265.

[146] Gu Y, Zhang J, Duan Z, et al. Pechmann reaction in non-chloroaluminate acidic ionic liquids under solvent-free conditions. Advanced Synthesis and Catalysis, 2005, 347(4): 512-516.

[147] Gräsvik J, Hallett J P, To T Q, et al. A quick, simple, robust method to measure the acidity of ionic liquids. Chemical Communications, 2014, 50(55): 7258-7261.

[148] Yang Y L, Kou Y. Determination of the Lewis acidity of ionic liquids by means of an IR spectroscopic probe. Chemical Communications, 2004, (2): 226-227.

[149] Gu Y, Shi F, Deng Y. Esterification of aliphatic acids with olefin promoted by Brønsted acidic ionic liquids. Journal of Molecular Catalysis A: Chemical, 2004, 212(1-2): 71-75.

[150] Ganeshpure P A, George G, Das J. Brønsted acidic ionic liquids derived from alkylamines as catalysts and mediums for Fischer esterification: study of structure-activity relationship. Journal of Molecular Catalysis A: Chemical, 2008, 279(2): 182-186.

[151] Han X X, Du H, Hung C T, et al. Syntheses of novel halogen-free Brønsted-Lewis acidic ionic liquid catalysts and their applications for synthesis of methyl caprylate. Green Chemistry, 2015, 17(1): 499-508.

[152] Martins M A P, Frizzo C P, Moreira D N, et al. Ionic liquids in heterocyclic synthesis. Chemical Reviews, 2008, 108(6): 2015-2050.

[153] Singh V, Kaur S, Sapehiyia V, et al. Microwave accelerated preparation of [bmim][HSO] ionic liquid: an acid catalyst for improved synthesis of coumarins. Catalysis Communications, 2005, 6(1): 57-60.

[154] Xu D Q, Wu J, Luo S P, et al. Fischer indole synthesis catalyzed by novel SO_3H-functionalized ionic liquids in water. Green Chemistry, 2009, 11(8): 1239-1246.

[155] Mohammadi K, Shirini F, Yahyazadeh A. 1,3-Disulfonic acid imidazolium hydrogen sulfate: a reusable and efficient ionic liquid for the one-pot multi-component synthesis of pyrimido[4,5-b]quinoline derivatives. RSC Advances, 2015, 5(30): 23586-23590.

[156] Liu Y, Wang Y T, Liu T, et al. Facile synthesis of fructone from ethyl acetoacetate and ethylene glycol catalyzed by SO_3H-functionalized Brønsted acidic ionic liquids. RSC Advances, 2014, 4(43): 22520-22525.

[157] Wang B, Shen Y, Sun J, et al. Conversion of platform chemical glycerol to cyclic acetals promoted by acidic ionic liquids. RSC Advances, 2014, 4(36): 18917-18923.

[158] Zhang Q, Luo J, Wei Y. A silica gel supported dual acidic ionic liquid: an efficient and recyclable heterogeneous catalyst for the one-pot synthesis of amidoalkyl naphthols. Green Chemistry, 2010, 12(12): 2246-2254.

[159] Zhang C, Yu M J, Pan X Y, et al. Regioselective mononitration of chlorobenzene using caprolactam-based Brønsted acidic ionic liquids. Journal of Molecular Catalysis A: Chemical, 2014, 383-384: 101-105.

[160] Peng Q, Mahmood K, Wu Y, et al. A facile route to realize the copolymerization of l-lactic acid and ε-caprolactone: sulfonic acid-functionalized Brønsted acidic ionic liquids as both solvents and catalysts. Green Chemistry, 2014, 16(4): 2234-2241.

[161] Mahmood H, Moniruzzaman M, Yusup S, et al. Ionic liquids assisted processing of renewable resources for the fabrication of biodegradable composite materials. Green Chemistry, 2017, 19(9): 2051-2075.

[162] Zakrzewska M E, Bogel-Łukasik E, Bogel-Łukasik R. Ionic liquid-mediated formation of 5-hydroxymethylfurfural—A promising biomass-derived building block. Chemical Reviews, 2011, 111(2): 397-417.

[163] Sheldon R A. Biocatalysis and biomass conversion in alternative reaction media. Chemistry—A European Journal, 2016, 22(37): 12983-12998.

[164] Swatloski R P, Spear S K, Holbrey J D, et al. Dissolution of cellose with ionic liquids. Journal of the American Chemical Society, 2002, 124(18): 4974-4975.

[165] Ventura S P M, e Silva F A, Quental M V, et al. Ionic-liquid-mediated extraction and separation processes for bioactive compounds: past, present, and future trends. Chemical Reviews, 2017, 117(10): 6984-7052.

[166] Zhang Z, Song J, Han B. Catalytic transformation of lignocellulose into chemicals and fuel products in ionic liquids. Chemical Reviews, 2016, 117(10): 6834-6880.

[167] Zhang Q, Zhang S, Deng Y. Recent advances in ionic liquid catalysis. Green Chemistry, 2011, 13(10): 2619-2637.

[168] Li C, Zhao Z K. Efficient acid-catalyzed hydrolysis of cellulose in ionic liquid. Advanced Synthesis and Catalysis, 2007, 349(11-12): 1847-1850.

[169] Rinaldi R, Palkovits R, Schüth F. Depolymerization of cellulose using solid catalysts in ionic liquids. Angewandte Chemie, 2008, 47(42): 8047-8050.

[170] Liu F, Kamat R K, Noshadi I, et al. Depolymerization of crystalline cellulose catalyzed by acidic ionic liquids grafted onto sponge-like nanoporous polymers. Chemical Communications, 2013, 49(76): 8456-8458.

[171] Zhao H, Holladay J E, Brown H, et al. Metal chlorides in ionic liquid solvents convert sugars to 5-hydroxymethylfurfural. Science, 2007, 316(5831): 1597-1600.

[172] Yong G, Zhang Y, Ying J Y. Efficient catalytic system for the selective production of 5-hydroxymethylfurfural from glucose and fructose. Angewandte Chemie, 2008, 47(48): 9345-9348.

[173] Su Y, Brown H M, Huang X, et al. Single-step conversion of cellulose to 5-hydroxymethylfurfural (HMF), a versatile platform chemical. Applied Catalysis A: General, 2009, 361(1-2): 117-122.

[174] Zhou L, Liang R, Ma Z, et al. Conversion of cellulose to HMF in ionic liquid catalyzed by bifunctional ionic liquids. Bioresource Technology, 2013, 129: 450-455.

[175] Liu D J, Zhang Y T, Chen E Y X. Organocatalytic upgrading of the key biorefining building block by a catalytic ionic liquid and N-heterocyclic carbenes. Green Chemistry, 2012, 14(10): 2738-2746.

[176] Yan N, Zhao C, Luo C, et al. One-step conversion of cellobiose to C_6-alcohols using a ruthenium nanocluster catalyst. Journal of the American Chemical Society, 2006, 128(27): 8714-8715.

[177] Zhu Y, Kong Z N, Stubbs L P, et al. Conversion of cellulose to hexitols catalyzed by ionic liquid-stabilized ruthenium nanoparticles and a reversible binding agent. ChemSusChem, 2010, 3(1): 67-70.

[178] Ren H F, Zhou Y G, Liu L. Selective conversion of cellulose to levulinic acid via microwave-assisted synthesis in ionic liquids. Bioresource Technology, 2013, 129: 616-619.

[179] Shen Y, Sun J K, Yi Y X, et al. One-pot synthesis of levulinic acid from cellulose in ionic liquids. Bioresource Technology, 2015, 192: 812-816.

[180] Enslow K R, Bell A T. The kinetics of Brønsted acid-catalyzed hydrolysis of hemicellulose dissolved in 1-ethyl-3-methylimidazolium chloride. RSC Advances, 2012, 2(26): 10028-10036.

[181] Zhang L X, Yu H B, Wang P. Solid acids as catalysts for the conversion of D-xylose, xylan and lignocellulosics into furfural in ionic liquid. Bioresource Technology, 2013, 136: 515-521.

[182] Zhang L X, Yu H B, Wang P, et al. Conversion of xylan, D-xylose and lignocellulosic biomass into furfural using $AlCl_3$ as catalyst in ionic liquid. Bioresource Technology, 2013, 130: 110-116.

[183] Zhang Z, Du B, Quan Z J, et al. Dehydration of biomass to furfural catalyzed by reusable polymer bound sulfonic acid ($PEG-OSO_3H$) in ionic liquid. Catalysis Science and Technology, 2014, 4(3): 633-638.

[184] Binder J B, Gray M J, White J F, et al. Reactions of lignin model compounds in ionic liquids. Biomass and Bioenergy, 2009, 33(9): 1122-1130.

[185] Jia S, Cox B J, Guo X, et al. Cleaving the β-O-4 bonds of lignin model compounds in an acidic ionic liquid, 1-H-3-methylimidazolium chloride: an optional strategy for the degradation of lignin. ChemSusChem, 2010, 3(9): 1078-1084.

[186] Jia S, Cox B J, Guo X, et al. Hydrolytic cleavage of β-O-4 ether bonds of lignin model compounds in an ionic liquid with metal chlorides. Industrial and Engineering Chemistry Research, 2011, 50(2): 849-855.

[187] Stärk K, Taccardi N, Bösmann A, et al. Oxidative depolymerization of lignin in ionic liquids. ChemSusChem, 2010, 3(6): 719-723.

[188] Yang Y, Fan H, Song J, et al. Free radical reaction promoted by ionic liquid: a route for metal-free oxidation depolymerization of lignin model compound and lignin. Chemical Communications, 2015, 51(19): 4028-4031.

[189] Prado R, Brandt A, Erdocia X, et al. Lignin oxidation and depolymerisation in ionic liquids. Green Chemistry, 2016, 18(3): 834-841.

[190] Yan N, Yuan Y A, Dykeman R, et al. Hydrodeoxygenation of lignin-derived phenols into alkanes by using nanoparticle catalysts combined with Brønsted acidic ionic liquids. Angewandte Chemie, 2010, 49(32): 5549-5553.

[191] Liu F, Liu Q Y, Wang A Q, et al. Direct catalytic hydrogenolysis of Kraft lignin to phenols in choline-derived ionic liquids. ACS Sustainable Chemistry and Engineering, 2016, 4(7): 3850-3856.

[192] Cui G K, Wang J J, Zhang S J. Active chemisorption sites in functionalized ionic liquids for carbon capture. Chemical Society Reviews, 2016, 45(15): 4307-4339.

[193] Sarmad S, Mikkola J P, Ji X Y. Carbon dioxide capture with ionic liquids and deep eutectic solvents: a new generation of sorbents. ChemSusChem, 2017, 10(2): 324-352.

[194] He Q, O'Brien J W, Kitselman K A, et al. Synthesis of cyclic carbonates from CO_2 and epoxides using ionic liquids and related catalysts including choline chloride-metal halide mixtures. Catalysis Science and Technology, 2014, 4(6): 1513-1528.

[195] Xu B H, Wang J Q, Sun J, et al. Fixation of CO_2 into cyclic carbonates catalyzed by ionic liquids: a multi-scale approach. Green Chemistry, 2015, 17(1): 108-122.

[196] Chaugule A A, Tamboli A H, Kim H. Ionic liquid as a catalyst for utilization of carbon dioxide to production of linear and cyclic carbonate. Fuel, 2017, 200: 316-332.

[197] Yang Z Z, He L N, Gao J, et al. Carbon dioxide utilization with C—N bond formation: carbon dioxide capture and subsequent conversion. Energy and Environmental Science, 2012, 5(5): 6602-6639.

[198] Shi F, Deng Y Q, SiMa T L, et al. Alternatives to phosgene and carbon monoxide: synthesis of symmetric urea derivatives with carbon dioxide in ionic liquids. Angewandte Chemie, 2003, 42(28): 3257-3260.

[199] Li J, Guo X, Wang L, et al. Co(acac)$_3$/BMMImCl as a base-free catalyst system for clean syntheses of N,N'-disubstituted ureas from amines and CO_2. Science China Chemistry, 2010, 53(7): 1534-1540.

[200] Jiang T, Ma X M, Zhou Y X, et al. Solvent-free synthesis of substituted ureas from CO_2 and amines with a functional ionic liquid as the catalyst. Green Chemistry, 2008, 10(4): 465-469.

[201] Yoshida M, Hara N, Okuyama S. Catalytic production of urethanes from amines and alkyl halides in supercritical carbon dioxide. Chemical Communications, 2000, (2): 151-152.

[202] Srivastava R, Srinivas D, Ratnasamy P. Zeolite-based organic-inorganic hybrid catalysts for phosgene-free and solvent-free synthesis of cyclic carbonates and carbamates at mild conditions utilizing CO_2. Applied Catalysis A—General, 2005, 289(2): 128-134.

[203] Yang Z Z, He L N, Peng S Y, et al. Lewis basic ionic liquids-catalyzed synthesis of 5-aryl-2-oxazolidinones from aziridines and CO_2 under solvent-free conditions. Green Chemistry, 2010, 12(10): 1850-1854.

[204] Yang Z Z, Li Y N, Wei Y Y, et al. Protic onium salts-catalyzed synthesis of 5-aryl-2-oxazolidinones from aziridines and CO_2 under mild conditions. Green Chemistry, 2011, 13(9): 2351-2353.

[205] Gu Y, Zhang Q, Duan Z, et al. Ionic liquid as an efficient promoting medium for fixation of carbon dioxide: a clean method for the synthesis of 5-methylene-1, 3-oxazolidin-2-ones from propargylic alcohols, amines, and carbon dioxide catalyzed by Cu(Ⅰ) under mild conditions. The Journal of Organic Chemistry, 2005, 70(18): 7376-7380.

[206] Zhang Q H, Shi F, Gu Y L, et al. Efficient and eco-friendly process for the synthesis of N-substituted 4-methylene-2-oxazolidinones in ionic liquids. Tetrahedron Letters, 2005, 46(35): 5907-5911.

[207] Gu Y, Shi F, Deng Y. Ionic liquid as an efficient promoting medium for fixation of CO_2: clean synthesis of α-methylene cyclic carbonates from CO_2 and propargyl alcohols catalyzed by metal salts under mild conditions. The Journal of Organic Chemistry, 2004, 69(2): 391-394.

[208] Li F, Xiao L, Xia C, et al. Chemical fixation of CO_2 with highly efficient $ZnCl_2$/[BMIm]Br catalyst system. Tetrahedron Letters, 2004, 45(45): 8307-8310.

[209] Xiao L F, Li F W, Xia C G. An easily recoverable and efficient natural biopolymer-supported zinc chloride catalyst system for the chemical fixation of carbon dioxide to cyclic carbonate. Applied Catalysis A: General, 2005, 279(1-2): 125-129.

[210] Xiao L F, Li F W, Peng J J, et al. Immobilized ionic liquid/zinc chloride: heterogeneous catalyst for synthesis of cyclic carbonates from carbon dioxide and epoxides. Journal of Molecular Catalysis A: Chemical, 2006, 253(1-2): 265-269.

[211] Xie Y, Zhang Z, Jiang T, et al. CO_2 cycloaddition reactions catalyzed by an ionic liquid grafted onto a highly cross-linked polymer matrix. Angewandte Chemie, 2007, 46(38): 7255-7258.

[212] Chatelet B, Joucla L, Dutasta J P, et al. Azaphosphatranes as structurally tunable organocatalysts for carbonate synthesis from CO_2 and Epoxides. Journal of the American Chemical Society, 2013, 135(14): 5348-5351.

[213] Wilhelm M E, Anthofer M H, Reich R M, et al. Niobium(V) chloride and imidazolium bromides as efficient dual catalyst systems for the cycloaddition of carbon dioxide and propylene oxide. Catalysis Science and Technology, 2014, 4(6): 1638-1643.

[214] Cai Q H, Zhang L, Shan Y K, et al. Promotion of ionic liquid to dimethyl carbonate synthesis from methanol and carbon dioxide. Chinese Journal of Chemistry, 2004, 22(5): 422-424.

[215] Chaugule A A, Tamboli A H, Kim H. Efficient fixation and conversion of CO_2 into dimethyl carbonate catalyzed by an imidazolium containing tri-cationic ionic liquid/super base system. RSC Advances, 2016, 6(48): 42279-42287.

[216] Zhao T X, Hu X B, Wu D S, et al. Direct synthesis of dimethyl carbonate from carbon dioxide and methanol at room temperature using imidazolium hydrogen carbonate ionic liquid as a recyclable catalyst and dehydrant. ChemSusChem, 2017, 10(9): 2046-2052.

[217] Li J, Wang L, Shi F, et al. Quaternary ammonium ionic liquids as bi-functional catalysts for one-step synthesis of dimethyl carbonate from ethylene oxide, carbon dioxide and methanol. Catalysis Letters, 2010, 141(2): 339-346.

[218] Zhang Z F, Xie E, Li W J, et al. Hydrogenation of carbon dioxide is promoted by a task-specific ionic liquid. Angewandte Chemie, 2008, 47(6): 1127-1129.

[219] Melo C I, Szczepanska A, Bogel-Lukasik E, et al. Hydrogenation of carbon dioxide to methane by ruthenium nanoparticles in ionic liquid. ChemSusChem, 2016, 9(10): 1081-1084.

第 3 章
碳催化体系及反应

3.1 引言

宇宙万物是由各种基本粒子及近百种元素和其形成的化合物所组成，在这些元素中最为特殊，也最为神奇的就是碳元素。碳原子不但能与其他大多数元素互相化合，而且碳原子之间也能通过 sp^1、sp^2 或 sp^3 杂化的形式相互连接，形成各种各样的链状、环状、层状或笼状结构的同素异形体，如图 3.1 所示[1]。其中以 sp^1 杂化存在的卡宾碳最为少见，直到 20 世纪 60 年代才被发现。同时具备 sp^2 和 sp^3 杂化的碳是碳材料中碳的最常见存在方式。由于杂化方式不同，不同碳材料表现出的物化性质也不同。

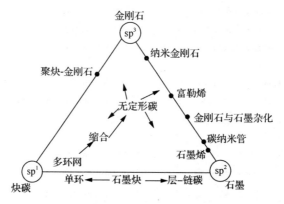

图 3.1 纳米碳的不同形式与碳原子中电子的杂化方式[1]

同时，基于碳材料尺寸大小又可分为传统碳材料和纳米碳材料。传统碳材料主要存在形式包括木炭、活性炭、炭黑、焦炭等，而碳纳米材料是指分散相尺度至少有一维小于 100nm 的碳材料。据尺度和维度划分，纳米碳材料可分为零维、一维、二维及多维形态体系。其中典型的纳米碳材料如富勒烯是零维碳材料，碳纳米管为一维碳材料，石墨烯（SG）为二维碳材料，而以 sp^3 杂化方式存在的纳米金刚石则是其中一个特殊的存在方式，如图 3.2 所示[2]。特别是近 20 年来，纳米碳材料迅速发展，涌现出多种多样的纳米碳材料、碳纳米角、洋葱状纳米碳、碳纳米粒子、碳纳米纤维等。并且多种碳材料如活性炭、碳纳米管、微孔碳及介孔碳已经被广泛应用[3-7]。

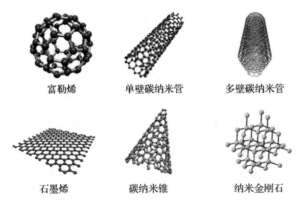

图 3.2　一些典型纳米碳材料示意图[2]

催化工艺与技术贯穿于目前很多重要的工业过程，如炼油、化工产品、制药、合成塑料和橡胶等，利用催化工艺与技术的产业每年的工业产值高达上百亿美元。但是，很多传统的催化过程耗能高、效率低，还有的甚至是较为严重的污染过程。例如，化石燃料(石油、煤和天然气等)仍是现代社会所依赖的主要能源，但是化石燃料的不可再生性及使用过程中产生大量有害物质所引起的环境污染，以及全球变暖等问题严重威胁着人类社会的可持续发展，这都是亟待解决的问题。因此，使用更安全的反应物，寻找高效且价格便宜的催化剂，研发无污染、低能耗催化过程具有重大意义。

碳材料来源广泛并且具有较好的化学惰性、多孔结构、较高的比表面积、优良的导电性及可控的表面化学性质。例如，对碳材料可以可控地改变表面亲疏水性、掺杂杂原子和附加各种官能团，从而便于对碳材料进行有针对性的改性，使其更好地适用于催化多种催化反应[8]。基于碳材料的各种优异性质，近年来基于碳材料的催化体系研究迅速增加。就目前来看，碳材料在催化中的应用主要分为三大类[2]：一是作为催化剂载体，这是目前研究最多的领域，几乎涉及目前所知的所有催化反应；二是作为导电剂(同时也具有载体作用)，如在光催化中提高催化剂的导电性能，减小电子与空穴的复合概率，或者在电催化过程增加电子的传输能力；三是纳米碳作为催化剂[9]。这是本章介绍的重点内容。

3.2　碳催化材料结构

3.2.1　碳催化材料的活性结构

从目前的研究来看，人们对碳材料自身起催化作用的活性位及催化行为有以下几点共识。

一是缺陷位、空缺或边缘原子。例如，一些纳米碳材料是经过气相沉积、弧光放电、强酸氧化和超声等剧烈过程制备，致使催化剂结构中含有大量的空穴、缺陷及边界等[10]，如图 3.3 所示。这些位置上的碳原子处于未饱和状态，具有很高的活性，可以在适当条件下催化烷烃裂解反应及活化 NO、CO 分子等。

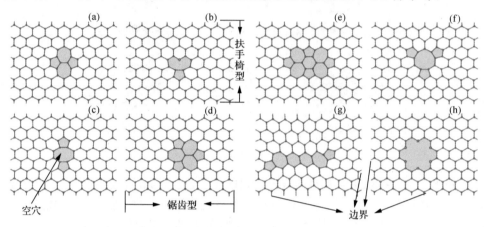

图 3.3　石墨碳层上的缺陷示意图[10]
(a) stone-wales 缺陷；(b) 单缺陷；(c) 双缺陷(5555-6-7777)；(d) 四缺陷；
(e) 双缺陷(5-8-5)；(f) 双缺陷(555-777)；(g) 八缺陷；(h) 六缺陷

二是纳米碳表面的官能团，主要是以含氧官能团为主。主要包括羧基、羟基、酯基及羰基官能团等。图 3.4 所示为石墨烯表面的含氧官能团示意图。采用氧化处理的方法可以增加碳材料表面含氧官能团的含量。常见的碳材料氧化处理方式有三类：液相氧化[11-14]、气相氧化[15-17]和等离子体氧化[18]，不同的氧化方式决定了形成含氧官能团的种类和数量。

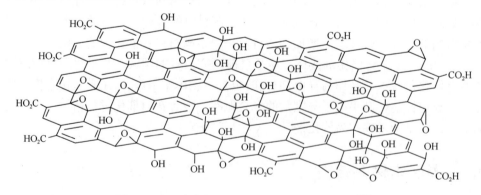

图 3.4　表面含有氧官能团氧化石墨烯结构模型[19]

这些官能团具有较强的化学活性，可以作为多类催化反应的活性中心。例如，羰基官能团被证明在芳烃及低链烷烃氧化脱氢反应过程中表现出优良的催化活性。此外，还可以通过不同的方式在碳材料表面产生大量其他官能团，如硝基、磺酸基及氨基等进行碳材料结构和功能的改性。这些官能团作为催化活性中心，可以有效提高催化剂的催化性能。例如，磺化的碳材料可以作为固体酸催化剂用于醇和酸的酯化反应。

三是掺杂原子(取代碳原子进入sp^2晶格的杂原子)。杂原子如氮、硼、磷等由于原子尺寸和碳原子相近，可以掺杂进入纳米碳材料表层碳骨架结构中，从而修饰纳米碳材料的表面物理化学性质[20]，包括电子特性、导电性、碱性、氧化性及催化性能等。其中最常见的杂原子掺杂为氮掺杂，其掺杂方式通常为 n 型掺杂。由于外层多一个电子，掺杂后能增加材料的电子密度；同时在取代碳原子后，造成了邻近碳原子的缺失，形成缺陷位[21, 22]。而且氮元素的引入使碳材料带有碱性，使其可以作为很好的固体碱催化剂催化反应的进行，如 Knoevenagel 缩合反应。根据氮引入量的不同，可以将含氮碳材料分为两类：富氮碳材料(CN_x, $x \geqslant 1$)和氮掺杂碳材料[23]。石墨化氮化碳($g\text{-}C_3N_4$)是富氮碳材料的典型代表，可作为非金属催化剂被用于燃料电池、有机反应、光催化反应等多个领域。目前认为，$g\text{-}C_3N_4$存在两种不同结构，如图3.5所示。由于该类材料具有较为独特的化学组成、π 共轭电子结构、较高的含氮量、比表面积及较强的导电性，其在多种催化反应中表现出良好的催化性能。$g\text{-}C_3N_4$可以通过离子注入、反应溅射、激光束溅射、机械球磨法等物理方法进行制备，也可以通过固相反应法、溶剂热法、电化学沉积和热聚合等化学方法进行制备[74]。氮掺杂碳材料与富氮碳材料相比，含氮量较低，其存在形式主要包括石墨氮、吡啶氮和吡咯氮[25]。氮元素一般是通过化学方式引入的，可以分为干法和湿法[23]。干法主要是将碳材料置于含氮的功能性气氛中(如氨气、氮气、尿素、三聚氰胺等)，利用高温或高压条件将氮元素掺杂到碳材料中。湿法是将预先制备的碳材料分散在含氮液相前驱体中，再经过处理得到含氮碳材料。

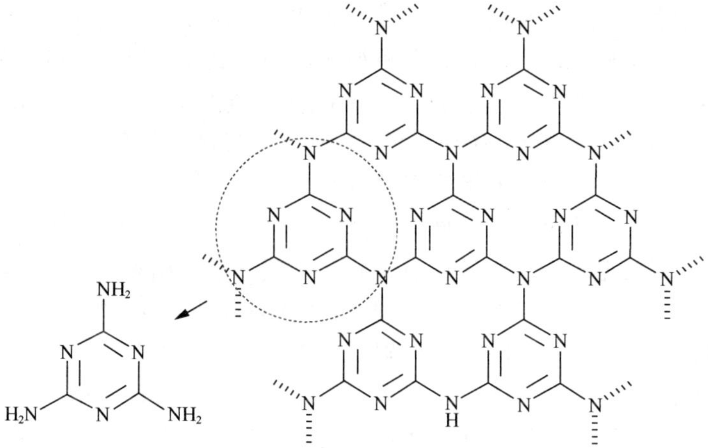

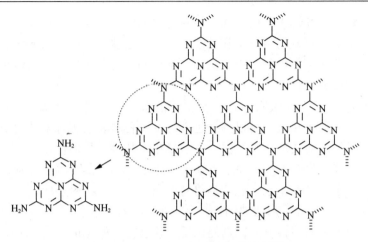

图 3.5 g-C₃N₄ 可能的两种化学结构[26]

相对于氮掺杂，有关掺硼碳材料的研究较少。由于硼的外层电子比碳少一个，硼取代碳后会产生空穴。硼大多也是通过气相沉积法引入的，采用硼酸三甲酯、硼酸三异丙酯、三氟化硼、乙硼烷或三乙基硼烷等硼源在 900~1000℃高温下进行合成[20]。磷、硫原子具有更大尺寸，它们的引入比氮和硼更加困难，目前的研究更少。磷原子[27-29]、硫原子[30-32]改性后碳材料的研究主要用于电化学反应。关于杂原子是否为活性位目前还存在不同意见。

3.2.2 碳催化材料表面结构研究

催化反应往往发生在催化剂的表面，因此对碳材料表面性质的系统研究对理解碳催化作用机理具有重要意义。拉曼光谱是区分各类纳米碳材料和碳材料表面缺陷性质的一种重要表征手段。例如，可以通过纳米碳材料拉曼光谱中的 D 峰与 G 峰的强度比（I_D/I_G）来衡量纳米碳材料结构的无序度，检测出碳材料缺陷位的相对含量，从而考察缺陷位对相应反应的影响[33-36]。XRD 是目前测定晶体结构的重要手段之一，应用极为广泛。通过分析衍射峰的半高宽可以揭示碳材料中缺陷含量的多少。XPS 是一种表面分析技术，一般的样品能得到表层 1~10nm 内的信息，而对于碳材料则只能得到 4~10nm 的信息。通过对谱图进行分峰拟合对比峰面积，可得到反应前后碳表面上各种物种的变化和相对含量[37]。还可以通过 XPS 原位/准原位表征技术直接研究真实条件下催化剂表面基团的变化[38]。FTIR 是根据分子内部原子间的相对振动和转动等信息来确定物质分子结构和鉴别化合物的分析方法。在连续波长红外光的照射下，不同的官能团对不同波长的光有吸收，从而记录官能团的种类，因此 FTIR 是分析碳材料表面官能团的有效工具[39]。程序升温脱附（TPD）是通过加热的方式，将固体表面分子脱附的过程。由于碳材料表面含氧官能团会在不同温度时以 CO_2 或 CO 的方式脱除，因此可以用程序升温脱附的方式得到含氧基团的信息[40-42]。Boehm 滴定是碳材料表面羧基、酯基、酚羟基及羰基官能团的一种定量方法，这些官能团具有一定的酸性且可以通过不同强度的碱溶液来区分[43,44]。其中碳酸氢钠只能与酸性最强的羧基反应；碱性稍强的碳酸钠可同羧基和酸性稍弱的内脂基团反应；再强一点的碱如氢氧化钠，可以与羧基、内脂及酸性更弱的酚羟基反应；碱性更强的乙醇钠能与羧基、内酯、羟基及酸性最弱的羰基反应，从而经过计算可以得到不同含氧官能团的含量。化学滴定法是一种分析含氧官能团的定量方法[45]，如图 3.6 所示。分别以苯肼、苯甲酸酐和 2-溴苯乙酮等选择性地与碳材料表面羰基、酚羟基和羧基进行定量反应，通过对得到碳材料的衍生物结构进行分析及反应过程中反应物量的变化进行检测，就可以计算出相应含氧官能团在碳材料表面的浓度。X 射线吸收谱(XAS)则可以反映原子的化学状态及原子的配位等结构信息，可以用于监测反应过程中催化剂表面的变化等。

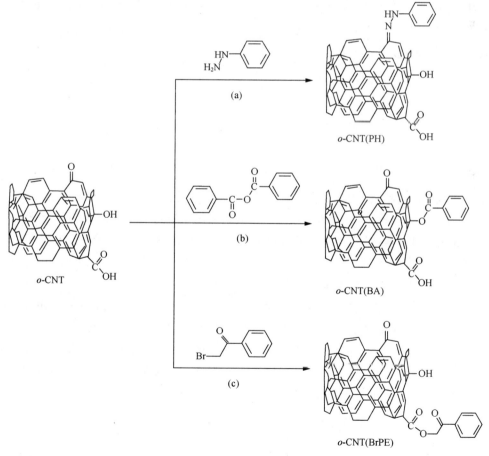

图 3.6　碳纳米管表面羰基(a)、酚羟基(b)及羧基(c)官能团的化学滴定过程示意图[45]

3.3 碳材料催化的脱氢反应

3.3.1 碳材料催化烷基芳烃脱氢

1. 碳材料催化烷基芳烃氧化脱氢

烯烃是重要的大宗有机化工原料,广泛用于塑料、树脂、橡胶、染料、医药、香料、农用化学品、水性油墨和感光树脂等化工领域。长链烯烃通常是由小分子烯烃聚合制得,因此小分子烯烃的合成在学术界和工业界备受关注。在脱氢、裂解、脱水等诸多合成方法中,烷烃脱氢是烯烃合成的主要方法。从有无氧气参与角度考虑脱氢反应主要包括直接脱氢和氧化脱氢两类。

苯乙烯是重要的有机原料,广泛用于生产塑料、涂料、橡胶等材料,且以苯乙烯为原料的各种新材料、新用途不断涌现,导致苯乙烯的市场需求连年增长。通过优化改造、节能降耗来降低生产成本成为苯乙烯生产的必然趋势。乙苯脱氢是制备苯乙烯最重要的方法,如图3.7所示。

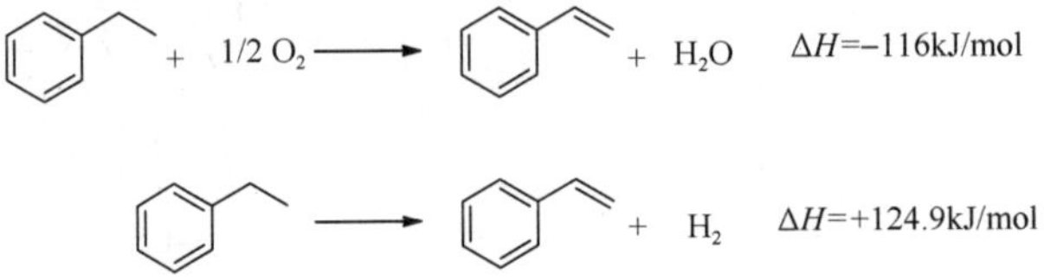

$$\text{PhCH}_2\text{CH}_3 + 1/2\,O_2 \longrightarrow \text{PhCH=CH}_2 + H_2O \quad \Delta H = -116\,\text{kJ/mol}$$

$$\text{PhCH}_2\text{CH}_3 \longrightarrow \text{PhCH=CH}_2 + H_2 \quad \Delta H = +124.9\,\text{kJ/mol}$$

图3.7 乙苯氧化脱氢和直接脱氢反应方程式和反应热

早在20世纪六七十年代,碳材料便被用于乙苯氧化脱氢制苯乙烯[46]。Iwasawa等以聚萘醌为催化剂,在270℃催化乙苯氧化脱氢反应得到了9.1%的苯乙烯收率。Iwasawa等推测羰基应当是该催化反应的活性位点,这在之后的研究中也得到了证实。经过多年发展,碳纳米管、金刚石、石墨烯、纳米碳纤维、活性炭等多种碳材料已经被广泛用于乙苯氧化脱氢制苯乙烯。

Su课题组[47]以菲醌为前驱体制备了菲醌三聚体(macrocyclic trimer,MCT),其结构如图3.8(a)所示。由于MCT具有与石墨结构类似的共轭体系,仅含有羰基基团,排除了其他含氧官能团的干扰,可以此为催化剂来验证碳材料表面的羰基是否为催化乙苯氧化脱氢的活性位。研究发现,与其他许多所研究的碳材料相比,MCT在单位面积上具有最高催化活性,如图3.8(b)所示。

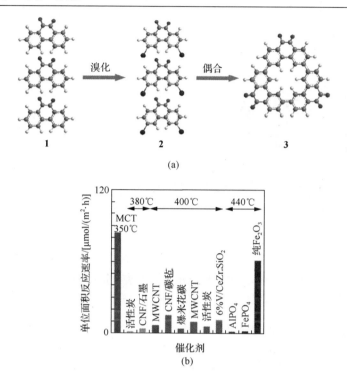

图 3.8 菲醌三聚体的制备过程(a)及其与典型纳米碳催化剂在乙苯氧化脱氢反应中的活性对比(b)[47]

结合有机化学和分析化学中对羰基、羟基和羧基化合物的定量研究方法,Su 课题组[45]发展了对碳材料表面含氧官能团新的定量方法。Su 等分别将碳材料表面不同的含氧官能团通过上述化合物进行钝化,测定了钝化后不同碳材料衍生物对反应活性的影响。发现当以苯肼为钝化试剂时,碳材料表面羰基被钝化,此时碳材料的催化性能大幅降低,而以苯甲酸酐和 2-溴苯乙酮为钝化试剂,碳材料表面酚羟基、羧基被钝化时,乙苯转化速率基本不变,如图 3.9(a)所示。这同样也证明了碳材料表面羰基为催化剂活性位点。Su 等进一步研究了乙苯转化速率与以硝酸氧化的含有不同含氧官能团的碳纳米管催化活性之间的关系,发现乙苯氧化脱氢速率与碳纳米管表面酮羰基浓度呈线性关系,如图 3.9(b)所示。

Boehm 滴定是通过酸碱滴定来定量碳材料表面含氧官能团的另一种方法。Su 等又通过 Boehm 滴定测定了多壁碳纳米管(NT)表面酮羰基的含量,同样发现苯乙烯的形成速率与多壁碳纳米管表面酮羰基的含量呈线性关系[48],如图 3.10 所示。

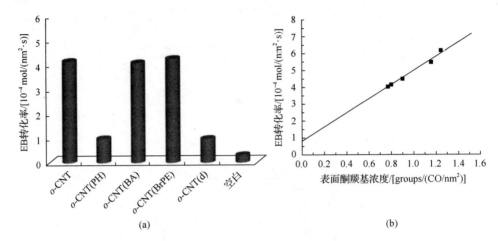

图 3.9 (a)碳纳米管及其滴定衍生物催化乙苯氧化脱氢反应活性对比示意图;
(b)碳纳米管氧化脱氢催化活性对表面酮羰基浓度的依赖性[45]

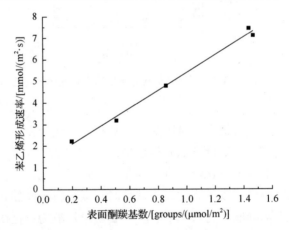

图 3.10 碳纳米管催化苯乙烯初始形成速率与其表面酮羰基数的关系[48]

进一步研究发现,碳材料表面酮羰基并不是影响催化剂活性的唯一因素。Grunewald 和 Drago[49]以不同碳材料,如多孔碳、活性炭及聚合煅烧后的碳为催化剂,发现其催化性能与催化剂比表面积存在很大关系,如表3.1所示。具有较高表面积的 AX21 展现出较高活性,在相应条件下乙苯达到了 80%的转化率及 90.1%的产物选择性,相同条件下比一些无机氧化物催化剂的催化活性要高很多。

表 3.1 以不同催化剂催化乙苯氧化脱氢结果[49]

样品	表面积/(m²/g)	苯乙烯/%	苯/%	甲苯/%	CO_2/%	转化率/%	选择性/%
Al_2O_3	360	1.0	0.1	0.05	0.8	0.8	50.0
PPAN1	8	10.5	0.3	0.01	0.7	11.6	90.5
PPAN2	50	20.5	0.7	0.01	1.1	22.4	91.5
PPAN3	10	11.1	1.6	0.2	1.3	14.6	76.0
AC	800	21.9	2.0	0.4	2.5	26.8	81.7
AX21	3000[2]	72.1	2.2	1.1	4.0	80.0	90.1
$PPAN_2(N_2)$[1]		2.0	0.4	0.1	0	2.5	80.0
$AX21(N_2)$[1]		2.1	2.0	0.8	0	5.2	40.4

1) 氮气为载气，反应 4h；2) 被测具有较大表面积。
注：反应条件：反应温度 350℃；空气流速 5mL/min；乙苯流速 0.2mL/min；反应时间 20h。

Pereira 等[50]在反应温度为 450℃，氮气流速 1.82mL/min，空气流速 0.235mmol/min，乙苯流速 0.049mmol/min（乙苯：氧气=1:1），0.200g 催化剂条件下，考察了活性炭（AC）、石墨烯（SG）、多壁碳纳米管（NT1）及硝酸（NT2）和氧气氧化的多壁碳纳米管（NT3）的催化性能。结果发现，活性炭具有最好的催化活性，氧化后的碳纳米管比未氧化的碳纳米管显示出更高的活性，但随着时间的延长，碳材料表面积炭量增加，致使氧化多壁碳纳米管活性降低，如图 3.11 所示，之后表面积成为影响多壁碳纳米管活性的主要因素。

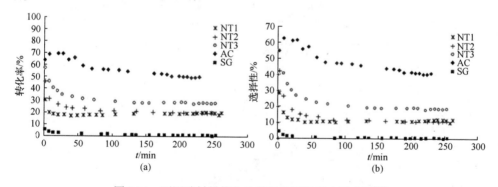

图 3.11 不同碳材料催化乙苯氧化脱氢反应示意图[50]
(a)乙苯转化率；(b)苯乙烯选择性

Su 课题组[51]对于碳纳米管催化乙苯氧化脱氢反应的动力学及反应机理进行了深入研究，揭示了不同结构的碳纳米管和纳米金刚石在乙苯氧化脱氢反应中的活性与体系中氧气和乙苯浓度的关系，如图 3.12(a)和(b)所示。随着氧气和乙苯浓度的增加，催化反应速率提高，而且在对数坐标系下，催化反应速率与氧气和乙苯浓度呈线性关系，直线的斜率表示催化反应对乙苯和氧气的反应级数（m 和 n），如式(3-2)所示，而且四种不同碳材料的乙苯和氧气的反应级数基本相同，分别为

0.56±0.10 和 0.32±0.05。表明乙苯氧化脱氢过程在四种催化剂上经历相似的反应路径。同时，乙苯的反应级数略大于氧气的反应级数，表明乙苯的浓度对反应的影响速率更大，证明基元反应中乙苯脱氢很可能是催化反应的决速步骤，这与动力学同位素效应实验结果一致。同时，研究发现四种碳催化剂的活性均随温度的升高而增加，四种催化剂的活性展现出对温度高度相似的依赖性，如图3.12(c)所示。根据阿伦尼乌斯方程[式(3-1)]计算可知，四种不同的纳米碳材料催化乙苯氧化脱氢的表观活化能为(73±5)kJ/mol。这一结果同样表明虽然四种纳米碳催化剂的化学结构和电子性质具有显著差异，但是它们催化乙苯氧化脱氢反应活性位和反应路径完全一致。

$$k = A \exp(-E_a/RT) \tag{3-1}$$

$$r = k [EB]^m [O_2]^n \tag{3-2}$$

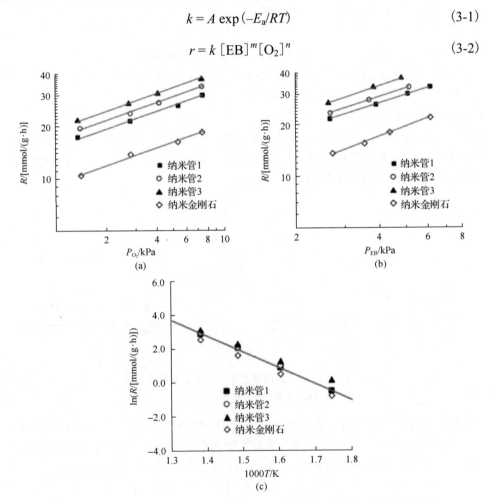

图 3.12 碳纳米管和碳纳米金刚石催化乙苯氧化脱氢反应速率对氧气浓度(a)、乙苯浓度(b)和反应温度(c)的依赖性[51]

经过对反应速率的测定及 Langmuir-Hinshelwood(LH) 机理速率模拟发现两者能够高度统一,如图 3.13(a) 所示,所以 Su 等认为反应应当是按 LH 机理[52]进行的,如图 3.13(b) 所示。

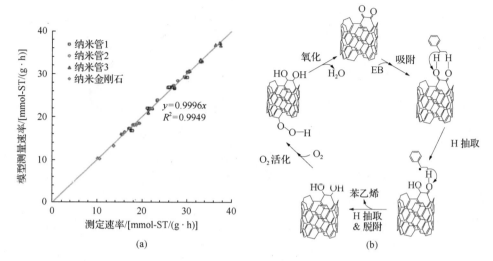

图 3.13 (a) 双活性位点 LH 模型测量速率与测定速率之间的相关性;(b) 纳米碳催化乙苯氧化脱氢 LH 反应机理图[52]

在活性炭催化乙苯氧化脱氢反应过程中,研究者通过调整乙苯和氧气的分压及反应温度等,获得了在不同条件下的一系列动力学参数。结果发现实验测定值与通过 Mars-van Krevelen(M-K) 机理推导出的动力学方程拟合值相吻合[52]。如图 3.14(a) 所示,乙苯分子首先可逆地吸附在酮羰基活性中心(O*)上,乙苯分子中乙基上的碳氢键断裂;随着吸附态的乙苯分子从催化剂表面脱附,从烷烃分子抽取出的氢原子转移到酮羰基活性中心上生成还原态活性中心,最后氧气将还原态活性中心氧化生成 H_2O,从而完成反应循环,反应过程示意图如图 3.14(b) 所示。

M-K 机理分子反应方程式

$[C_8H_{10}] + O* \rightleftharpoons [C_8H_{10}O*]$

$[C_8H_{10}O*] + O* \longrightarrow [C_8H_8OH*] + [OH*]$

$[C_8H_8OH*] \rightleftharpoons [C_8H_8] + [OH*]$

$1/2[O_2] + 2[OH*] \longrightarrow 2[O*] + [H_2O]$

(a)

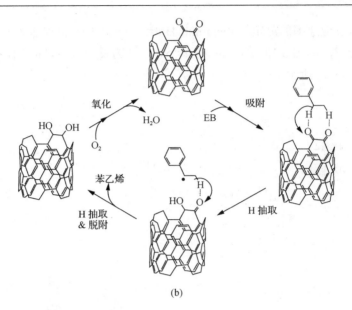

图 3.14 活性炭催化乙苯氧化脱氢 M-K 反应机理方程式(a)和反应过程示意图(b)[52]

2. 碳材料催化烷基芳烃直接脱氢

在进行乙苯氧化脱氢研究的基础上,碳材料同样也被用于乙苯直接脱氢制备苯乙烯。Su 课题组[53]考察了通过爆炸方式制备的商业化纳米金刚石碳材料对乙苯的直接脱氢性能,如图 3.15(a)所示。同步辐射 XPS 表征发现,经过 300℃处理的纳米金刚石表面氧原子含量高达 5.2%,主要存在形式为饱和醚和羰基官能团,羰基在 500℃处理之后还能够稳定存在。这种特殊结构的纳米金刚石在 550℃且无水蒸气存在的条件下催化乙苯直接脱氢的转化率在 30%以上,对苯乙烯的选择性高达 97%。在相同条件下,商业化氧化铁催化剂并不能达到上述两项指标,如图 3.15(b)所示。经过原位红外和原位 XPS 检测发现,纳米金刚石表面的羰基在催化乙苯直接脱氢反应中起着决定性作用。乙苯分子中饱和支链中的 C—H 键吸附到羰基氧上形成一定数量的类取代芳香醇过渡中间体结构,之后乙苯脱氢生成苯乙烯,而羰基逐渐被氢原子饱和,活性位数量降低致使催化剂催化活性降低,催化活性可以在较低温度下空气处理得到恢复。

Huu 课题组[54]以氧化石墨烯为模板剂,将石墨超声 5h,得到 17%产率的少层(<5)石墨材料。氧化石墨烯吸附于少层石墨形成 FLG-GO,之后以此为模板加入纳米金刚石制备出石墨烯、少层石墨及碳纳米金刚石组成的复合碳材料(FLG-GO@ND),其电镜图片如图 3.16 所示。在催化材料制备过程中,氧化石墨烯起双重作用:①调节石墨在水溶液中的剥落情况形成 FLG-GO 胶状系统;②包裹纳米金刚石形成复合材料。

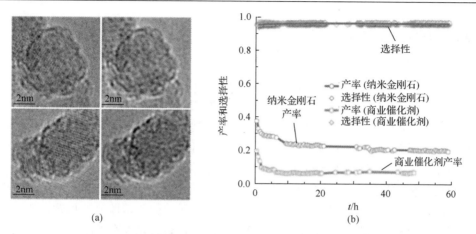

图 3.15 (a)商业化纳米金刚石高倍电子显微镜图片；(b)纳米金刚石和商业化氧化铁催化剂催化乙苯脱氢过程中乙苯转化率和产率随反应时间的变化[53]

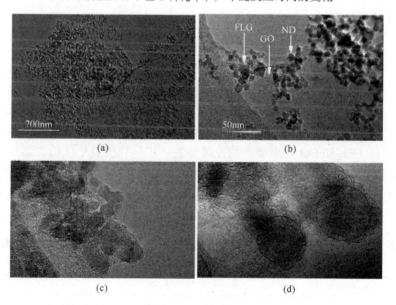

图 3.16 FLG-GO@ND 不同倍数放大的 TEM 图片[54]

该材料在乙苯催化脱氢反应中使用 50h 后催化活性降低。研究表明，应当是碳材料表面羧基数量减少的缘故。当将复合碳材料在 400℃ 处理 2h 后，催化活性恢复。这也证明了碳材料表面羧基为催化剂催化活性位点。

其他碳材料，如氮掺杂碳材料在催化乙苯直接脱氢反应中也表现出较好的催化性能[55-57]。氮元素的掺杂使碳材料表面碱性增加，调节了催化剂的性能，但催化剂的活性位点羧基不变。

3.3.2 碳材料催化低碳烷烃脱氢

低碳烯烃作为重要的化工基础原料，在工业上有着广泛的应用，如可以用作制备聚合物、涂料、化妆品及溶剂等物质的原料，且需求量逐年增长。目前，其仍以高能耗、高 CO_2 排放的热裂解生产过程为主，热裂解的强吸热特性使其进一步发展的空间变小。因此，低碳烷烃选择氧化制低碳烯烃，石油裂化产生的低附加值烷烃通过催化裂解、催化脱氢制取高附加值的烯烃等技术路线越来越受到重视。天然气和煤层气是蕴藏量极为丰富的含碳资源，其中富含以甲烷为主的 C_1~C_4 低碳烷烃。随着世界石油资源的日渐枯竭，以天然气和煤层气为原料制取基础燃料和高附加值化学品显得日益重要。受到碳材料催化乙苯脱氢的启发，碳材料同样被用于催化乙烷[40]、丙烷[58]、丁烷[59]等低碳链烷烃的氧化脱氢，以及直接脱氢制备相应烯烃。

1. 碳材料催化低碳烃氧化脱氢

由于乙苯分子具有稳定的共轭结构，因此乙苯氧化脱氢制备苯乙烯选择性通常在90%以上，而低碳链烷烃氧化体系中产物要复杂得多。这是因为在通常情况下，链式烯烃与相应的烷烃相比具有更低的碳碳键和碳氢键裂解能，这就致使烯烃的氧化脱氢和烷烃裂解反应比烷烃氧化脱氢更容易发生。以碳纳米管催化正丁烷氧化脱氢为例，在反应产物中不仅有目标烯烃分子，还包括烷烃和烯烃的裂解产物，H_2O、CO_2 和 CO 等燃烧产物及烯烃进一步氧化脱氢生成的二烯等副产物。因此，在低链烯烃的氧化脱氢反应过程中，提高对目标烯烃分子的选择性是关键问题。表 3.2 为纳米碳催化正丁烷氧化脱氢反应过程中正丁烷的转化率及各种产物的选择性（UDD 为高分散纳米金刚石）[59]。

表 3.2 碳纳米管催化正丁烷氧化脱氢反应过程中正丁烷的转化率及各种产物的选择性示意图[59]

催化剂	X/%	S/%					$Y(C_4^=)$/%
		1-C_4H_8	2-C_4H_8	C_4H_6	CO	CO_2	
SWCN	9	2	1	10	8	80	1
MWCNT	12	3	1	16	8	72	2
UDD	11	33	9	15	15	28	6

相关研究发现，sp^2 杂化的碳材料表面上的缺陷位或边缘位置的碳氢悬键具有极高的化学活性。通过氧、氮、硼、磷等原子的掺杂，对碳材料的催化活性及选择性有显著影响[60,61]。例如，浸渍结合热处理的方法能够将氧化硼和氧化磷等化合物引入碳材料表面[62]。研究表明，这些强吸电子掺杂物会优先与纳米碳表面的

亲电含氧官能团结合,从而起到了减少燃烧反应活性位点的数目,抑制过度氧化反应活性,从而提高脱氢氧化反应过程中目标烯烃产物的选择性的作用。例如,在正丁烷氧化脱氢反应过程中,反应主要产物为水、二氧化碳和丁二烯。Su课题组[38]发现未经任何修饰的碳纳米管催化丁烷氧化脱氢反应生成丁烯(包括1-丁烯和丁二烯)的产率仅有1.6%,约90%的丁烷被彻底氧化为水和二氧化碳。相同的碳纳米管经过硝酸氧化修饰之后,丁烯产率提高到6.7%,二氧化碳和一氧化碳等分解产物的选择性下降到80%左右。在相同反应条件下,利用磷的氧化物钝化修饰相同的碳纳米管之后,丁烯的产率可高达13.8%,这一结果甚至超过了目前工业上使用的钒-镁氧化物催化体系。

与乙苯氧化脱氢反应类似,研究者认为在低碳烷烃的氧化脱氢反应中,碳材料表面的羰基官能团对催化活性应当有直接贡献[57]。以丁烷氧化脱氢为例,丁烷分子首先吸附在碳材料表面羰基基团上,然后烷烃分子碳氢键断裂生成相应的烯烃分子。从烷烃分子中抽取出的氢原子与负电子的含氧官能团结合,生成还原态碳催化剂。同时氧气分子在碳材料表面活化为活泼的氧物种。最后,氢原子与活化氧结合生成水,同时将还原态的碳催化剂氧化,从而完成一个催化循环,如图3.17所示[52]。

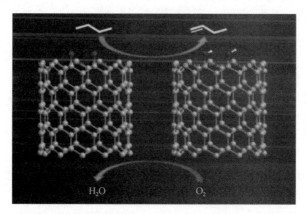

图3.17 碳材料催化烷烃(以丁烷为例)氧化脱氢过程示意图

研究者利用密度泛函理论(DFT)计算模拟并提出了丁烷氧化和过度氧化的反应过程及反应过程中的过渡态,得出了与上述反应过程类似的结论[38]。如图3.18所示,丁烷分子活化过程中第一个氢原子在催化剂醌式酮羰基基团表面的脱除具有最高的反应能垒(0.92eV,ΔE_1),被认为是反应的决速步。经过两步脱氢反应及丁烯的脱附之后,生成带有双羟基基团的还原态催化剂。催化剂表面两个邻近的羟基基团容易脱水,并且还原态催化剂可以被氧气迅速氧化。同时,反应体系生成1-丁烯和2-丁烯的能垒分别为-0.88eV和-1.03eV,从1-丁烯或2-丁烯分子中抽取第一个氢原子的能垒分别为0.25eV(ΔE_2)和0.40eV(ΔE_3),远远低于丁烷分子脱除第一个氢原子的反应能垒(0.92eV)。因此，1-丁烯或 2-丁烯分子会按照相似的反应途径进一步氧化脱氢生成丁二烯，这与实验上观察到的纳米碳催化丁烷氧化脱氢主产物为丁二烯，同时丁二烯的选择性随反应转化率的提高而增加是一致的。

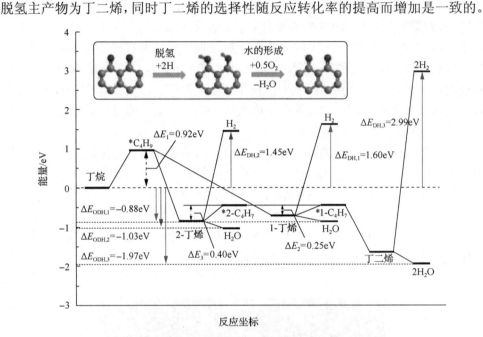

图 3.18　DFT 计算模拟的丁烷在磷掺杂氧化的碳纳米管表面上氧化脱氢反应路径和各步反应所需能量[38]

值得注意的是，由于原位表征方法的缺失，详细的纳米碳催化反应机理和动力学研究相对缓慢，同时由于碳材料表面官能团及缺陷的量化表征方法的缺陷，上述反应过程提出仅是结合现有表征技术和实验现象对碳材料催化氧化脱氢反应过程的推测和描述，对于理论计算反应步骤的猜测是基于对反应物、过渡态和产物能量的分析，而不是根据特定的基元反应步骤。

2. 碳材料催化低碳烃直接脱氢

Su 课题组[63]通过调节金刚石在惰性气体中的煅烧温度(550～1300℃)得到了含有不同量 sp^2 杂化碳的纳米金刚石，如图 3.19 所示。随着淬火温度的增加，sp^2 杂化碳含量提高，纳米金刚石再经过与石墨烯复合形成含有不同比例的 sp^2/sp^3 杂化碳，从而形成了以碳纳米金刚石为芯，石墨烯材料为壳的洋葱状碳纳米复合材料。该催化剂在低碳烃的直接催化脱氢反应中展现出了较好的性能。通过对比发现，在相同条件下 sp^2/sp^3 混合杂化的金刚石/石墨烯复合物比 sp^3 杂化的洋葱状纳米碳具有更高的活性，这是其表面缺陷和氧化官能团数目更多造成的，如表 3.3 和图 3.20(a)所示。

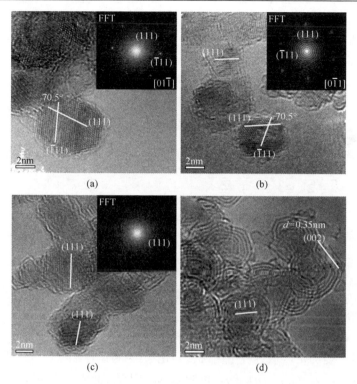

图 3.19 惰性气体中经不同温度煅烧的纳米金刚石 TEM 图片[63]

(a) 初始状态；(b) 800℃；(c) 1000℃；(d) 1300℃

表 3.3 不同碳纳米金刚石的 Raman 及 XPS 表征数据[63]

样品	反应前			脱氢反应后	
	$sp^2/\%$ [1)]	I_D/I_G [1)]	含氧量/% [2)]	$sp^2/\%$ [1)]	含氧量/% [2)]
ND	32	0	9.7	63	2.4
ND-550	33	0	5.5	66	2.8
ND-800	70	0.36	2.6	75	1.9
ND-1100	75	0.76	2.0	79	1.9
ND-1300	88	0.54	0.7	88	0.8

1) 碳材料中 sp^2 含量与 I_D/I_G 数据来自于拉曼光谱；2) 氧含量是通过 X 射线光电子能谱(XPS)测得。

值得注意的是，经检测不含有缺陷位高度有序的纳米金刚石为催化剂时，催化剂仍然具有一定的活性，表明羰基官能团对直接脱氢有部分重要贡献。经过 1300℃ 高温处理的洋葱状纳米碳氧含量接近于零，但是其仍然展现出可观的直接脱氢催化反应活性，表明纳米碳石墨结构的缺陷位对直接脱氢的重要贡献，并且缺陷位对催化剂活性起主导作用，如图 3.20(b) 所示。

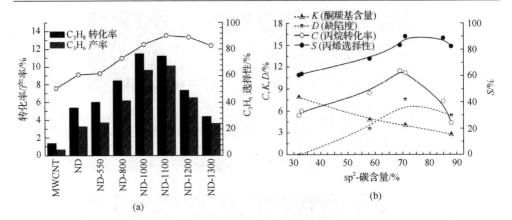

图 3.20 (a)相应样品催化丙烷直接脱氢反应活性对比；(b)含有不同数量的 sp^2 杂化碳、羰基含量及缺陷位碳材料催化性能[63]

K 为羰基含量，D 为缺陷化程度($I_D/I_G\times10$)，C 为转化率，S 为选择性

有序介孔碳材料在低碳烷烃的直接脱氢过程中也展现出较高的催化活性和稳定性。自组装法和硬模板法制备的介孔碳具有较高的比表面积($600\sim1300\text{m}^2/\text{g}$)，经过硝酸氧化处理以后表面带有丰富的含氧官能团，能够催化丙烷直接脱氢制备丙烯。值得一提的是，该过程中丙烷的转化率维持在45%以上，丙烯的选择性在85%左右[64]。研究发现，丙烷的直接脱氢反应中产生的积炭使催化剂比表面积减小 50%，微孔结构基本消失且活性明显降低。需要指出的是，尽管在反应 1h 后催化剂的活性降低到初始活性的 70%，但其仍然能够稳定运行 100h。

甲烷裂解制备单质碳和氢气是一类比较特殊的直接脱氢反应过程。与传统方法相比，甲烷裂解制备的氢气纯度较高，没有一氧化碳或二氧化碳等其他副产物生成，是一种较为绿色的氢气制备方法。影响甲烷裂解的因素有很多，如碳材料物种、碳材料的晶体结构、比表面积、孔径及碳材料表面的官能团等。Yoon 等[65]以活性炭为催化剂，研究了多种因素对催化剂活性的影响。结果发现催化剂比表面积对初始反应速率有很大影响，但随时间的增加，这种影响消失。而且随着裂解反应的进行，活性炭会很快失活。动力学研究表明，使用不同的活性炭为催化剂时，甲烷的反应级数均为 0.5，反应活化能均为 200kJ/mol，这说明不同活性炭催化甲烷裂解的反应路径是一致的。Su 课题组[66]以碳纳米金刚石为催化剂催化甲烷裂解反应，经过催化剂反应前后的表征发现，决定催化剂活性的主要因素是碳材料表面的缺陷位而非比表面积，而表面含氧官能团对催化剂活性起到间接促进作用。

根据第一性原理和 DFT 计算发现，甲烷能够解离吸附在化学活性较高的石墨结构缺陷和石墨层边缘位置，其反应方程式及 DFT 计算反应过程如图 3.21 所示[67]。在这一过程中，甲烷分子中的碳氢键断裂生成氢气，而甲烷中剩下的碳原子与石墨层的缺陷或边缘位置的碳原子生成新的碳碳键。

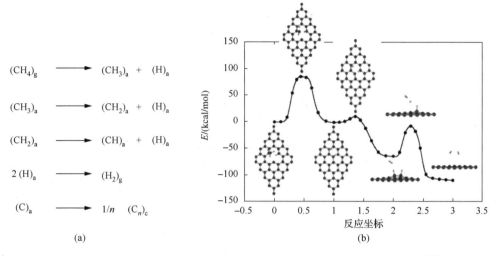

图3.21 DFT计算甲烷在石墨缺陷位置反应机理方程及裂解过程示意图[67]

3.3.3 碳材料催化其他分子的脱氢反应

多壁纳米管可以用作较为高效的9,10-二氢蒽的氧化脱氢反应催化剂,如图3.22所示[68]。Begin表征了热处理前后多壁碳纳米管的结构和性能,如图3.23所示,并对其缺陷位及氧官能团含量与其催化活性的关系进行了研究。

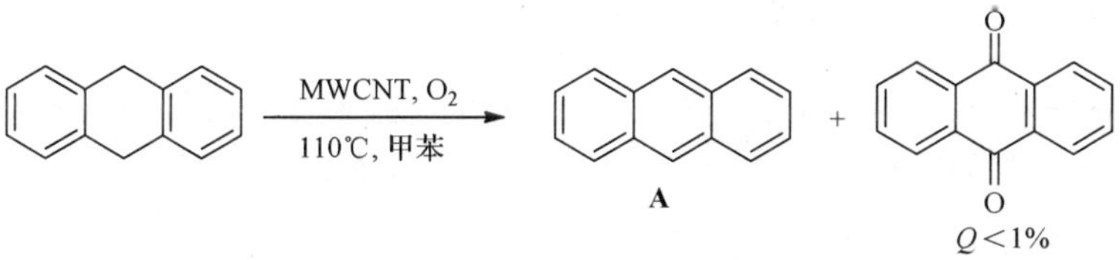

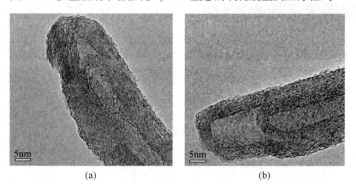

图3.22 多壁碳纳米管催化9,10-二氢蒽的氧化脱氢反应方程式[68]

图3.23 多壁碳纳米管电镜照片[68]
(a)热处理前;(b)2600℃处理后

接着，作者通过使用具有不同比表面积的碳材料为催化剂，如多壁碳纳米管、焦炭、剥离石墨等对其催化 9,10-二氢蒽的氧化脱氢反应活性进行了研究，如表 3.4 所示。通过比较，发现具有大比表面积的焦炭显示出对溶剂苯强烈的吸附作用，在 1h 内，焦炭可以吸附原始浓度 90%以上的苯溶剂。而对于相同浓度的苯溶剂，多壁碳纳米管对苯的吸附在 100h 之后则不到原始浓度的 80%，这很可能是多壁碳纳米管具有高活性的原因。

表 3.4 不同碳材料催化 9,10-二氢蒽氧化脱氢反应结果[68]

C 材料种类	t/h	A 的产率/mol%	比表面积/(m²/g)	Fe[1]/ppm
MWCNT$_{prist}$	4	3	160	0.4
	72	74		
	144	99		
MWCNT$_{therm}$	4	7	130	<0.1
	24	99		
MWCNT$_{therm}$[2]	64	<1	130	—
活性木炭[3]	4	4	800	30
	24	36		
Ce$_x$	168	5	30	<0.1

1) 通过 ICP-MS 测得；2) 反应在不存在氧气的条件下进行；3) 来自于美国匹兹堡 Calgon Carbon 公司。
注：收率由 ^{1}H NMR 测定，MWCNT$_{prist}$ 表示没有进行后期处理的多壁碳纳米管，MWCNT$_{therm}$ 表示 2600℃处理后的多壁碳纳米管，Ce$_x$ 表示剥离石墨。

四氢喹啉、四氢异喹啉、喹唑啉、吲哚啉及氮苯基苄胺等化合物在 C_3N_4[69]或氧化石墨烯[70]的催化下也实现了氧化脱氢反应，但是对于这一类反应真正的活性位点及氧化脱氢反应机理还有待进一步研究。

3.4 碳材料催化选择氧化

催化选择氧化在化学化工领域占有非常重要的地位，发展清洁、高效的催化氧化技术具有重要的价值[71]。碳材料作为多相催化剂被应用合成反应可以追溯到 20 世纪 30 年代。Kutzelnigg 和 Kolthoff 描述了在活性炭的催化作用下亚铁氰化物转化为铁氰化物，如图 3.24 所示[72]。后来，Leenaerts 充分证明并详细解释了热处理后的活性炭表面酸性基团增加从而吸附了更多的气态氧，促进了氧化反应的进行[73]。例如，当木炭被炭化处理到 900℃，得到的碳材料是疏水的[72-76]。当以较低的温度如 400℃进行活化时，碳材料就更加疏水并且可以与碱性溶液有较强的相互作用，从而证明了碳表面酸性基团的存在。

$$\text{Fe(CN)}_6^{4-} \xrightarrow[\text{木炭, O}_2]{-e^-} \text{Fe(CN)}_6^{3-}$$

图 3.24 活性炭的催化作用下亚铁氰化物转化为铁氰化物[72]

3.4.1 醇选择氧化

醛、酮分子在化学工业上应用广泛，发展绿色、高效的催化醇氧化成相应醛和酮的方法具有很重要的意义。活性炭是最早被用作催化乙醇[77]、2-丙醇[78]、2-丁醇[79]等选择氧化的碳材料。在无氧条件下，相应的醇可以通过直接脱氢或脱水生成相应的醛、醚、烯烃等。而且，大比表面积的碳展现出了更高的活性。例如，商用碳分子筛比表面积高达 3000m^2/g[80]，它是一类高效的 1-丙醇、2-丙醇和丙醛（流速 0.2mL/h）催化脱氢合成醛和酮的催化剂，如表 3.5 所示。研究表明，醇脱水制烯烃的活性位很可能是碳材料表面的酸性位并且其数量与酸强度均与其催化性能有着密切的关系[81]。

表 3.5 碳分子筛催化醇和醛氧化及脱水反应[80]

底物	产品	选择性/%	转化率/%
1-丙醇	丙烯	63	40
	丙醛	13	
2-丙醇	丙烯	70	46
	丙酮	20	
丙醛	乙醛	69	48
	乙醇	10	
	乙烯	8	

在最近几年，碳催化低碳链醇脱氢反应发展迅速，如 2014 年 Shiraishi 课题组在可见光（λ>420nm）的照射下，在乙醇/水/氧气体系中，介孔石墨化氮化碳（mpg-C$_3$N$_4$）可以生成 H$_2$O$_2$。有意思的是，H$_2$O$_2$ 中的氢来自乙醇，其选择性高达 90%，乙醇则氧化脱氢生成醛[82]。

碳催化芳香醇的脱氢反应在近年来发展成果显著，多种碳材料被用于该反应。氧化石墨烯作为一个可调变的含有极丰富含氧官能团的碳材料，在多种催化反应中都显示出较高活性。Dreyer 等首先以氧化石墨烯为催化剂，实现了苯甲醇的氧化反应，在 100℃、20wt%氧化石墨烯及反应 24h 的条件下，苯甲醛收率可达 92%；将反应温度调至 150℃时，还可以使苯甲醇进一步氧化生成苯甲酸。作者进一步将氧化石墨烯用于炔烃类和水的加成反应，反应生成了相应的酮类化合物，炔烃的转化率为 26%～98%[83]。此外，Pyun 等发现氧化石墨烯不仅可以用于催化芳香醇的氧化反应，也可以催化含不饱和键（双键）的烃类化合物氧化为相应的酮[84]。

Kakimoto 课题组[71]以纳米壳碳材料(NSC)为催化剂实现了苯甲醇及其衍生物在硝酸和氧气氛围中的催化氧化反应,在 2～5h 及 90℃条件下,相应的芳香醇收率可达 72%～98%。研究发现,HNO_3 作为初级氧化剂,氧化苯甲醇生成苯甲醛;氧气作为终极氧化剂将 NO_2 氧化为硝酸,从而实现了整个反应的循环,如图 3.25 所示。

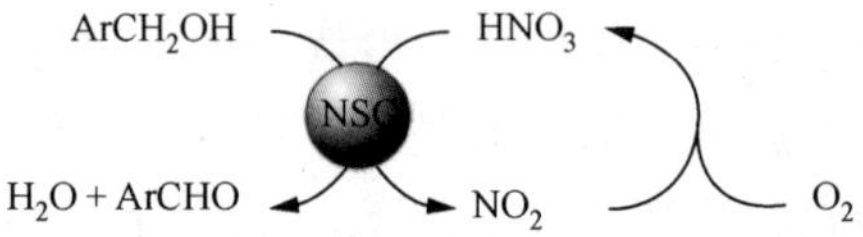

图 3.25　纳米碳催化苯甲醇氧化为苯甲醛机理示意图[71]

苯甲醇及 5-羟甲基糠醛、肉桂醇等特殊结构的醇也可以以氮掺杂活性炭为催化剂进行选择氧化合成相应的醛,其选择性可高达 90%以上[85]。但是,该类催化剂随着使用次数的增加活性降低较快。经过对反应过程的探究,Arai 等认为催化剂的活性位是石墨型氮,其催化过程如图 3.26 所示。氧气分子首先被吸附到氮原子相邻饱和碳原子上,之后氧原子与相邻氮原子相互作用生成激发态氧,苯甲醇与激发态氧气反应生成相应的醛和水,释放活性位从而实现活性位的再次循环。如果氮原子与氧原子相互作用后生成氮氧化物,此活性位将失去活性,从而揭示了催化剂失活的原因。

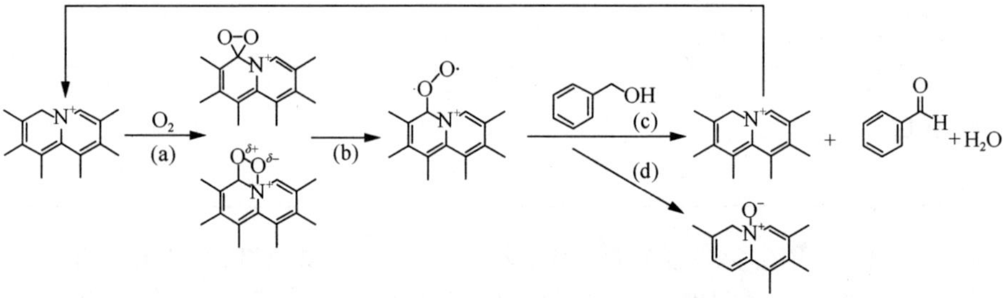

图 3.26　氮掺杂活性炭催化苯甲醇氧化为苯甲醛的可能路径[85]
(a)氧气分子吸附;(b)形成激发态氧;(c)醇被氧化为相应的醛并产生新的活性位;(d)活性位被氧化失去活性

氮掺杂的纳米孔石墨碳(NCC)在碱性的碳酸钾、80℃及常压氧气的存在下可实现 5-羟甲基糠醛的氧化反应,在反应 48h 后,原料被氧化为 2,5-呋喃二羧酸,其收率为 80%[86]。

比较有意思的是,Park 课题组[87]以介孔氮化碳为催化剂在氧气和二氧化碳混合气氛中实现了苯甲醇的氧化反应。二氧化碳在反应中的作用是氧化剂助剂,加入二氧化碳可以使反应速率明显提高。例如,在 373K,总压为 55.2×10^{-2}MPa,气体比例为 1∶1,反应 12h 的条件下,气体为氧气和氮气时苯甲醇转化率为 61%,当气体转化为氧气和二氧化碳时,苯甲醇的转化率可提高到 90%。高度有序的介孔碳氮纳米颗粒作为催化剂同样可以在 100℃的温度下高效催化多种 α 羟基酮为相应的二酮,收率范围在 49%～73%[88];氮杂石墨烯纳米片对苯甲醇及其衍生物具有较高活性,而且研究证明催化剂活性与纳米片中石墨氮有极大的相关关系[89];掺氮纳米金刚石可提高催化剂催化苯甲醇氧化反应效率[90]。总之,氮掺杂碳材料在催化醇选择氧化反应中表现出较高活性。

在光照条件下,碳材料作为催化剂同样可以实现苯甲醇的氧化。Wang 课题组以介孔氮化碳(mpg-C_3N_4)为催化剂,氧气为氧化剂在光照条件下实现了芳香醇的催化氧化反应,产物芳香醇的收率可达 29%～95%[91]。作者根据催化剂的费米能级计算及同位素追踪反应,提出了在光照条件下的苯甲醇氧化机理。在光照条件下,首先氧气在碳材料(mpg-C_3N_4)表面得到电子变为超氧根离子自由基,随后醇在碳材料表面得到光子变为激发态醇,并脱去一个氢离子成为激发态醛,见图 3.27。随后,Wang 以三氟甲苯为溶剂,以氘代苯甲醇为模型反应进行了动力学研究,结果发现反应脱氢步骤为次速步,如图 3.28 所示。

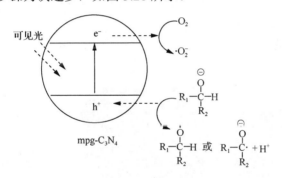

图 3.27 mpg-C_3N_4 表面的电子转移反应[91]

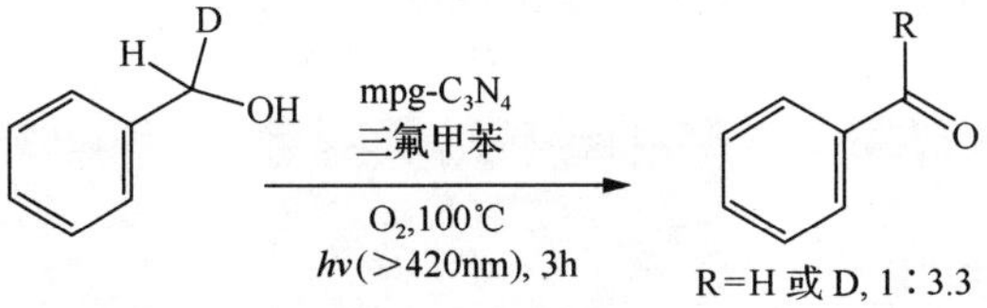

图 3.28 动力学同位素效应[91]

Kang 课题组[92]以近红外光源为光源,过氧化氢为氧化剂,碳量子点为催化剂,在 60℃实现了苯甲醇及其衍生物的高效催化氧化,相应芳香醇的收率可达 85%～92%。Kang 同样认为反应是以自由基机理进行的。Zhang 课题组[93]研究了碳纳米点掺杂石墨氮化碳催化苯甲醇氧化的过程,同样条件下比石墨氮化碳表现出更好的催化性能,而且反应效率与碳纳米点担载量及反应时间具有很大的相关关系。

3.4.2 胺选择氧化

Su 课题组[94]以 Hummer's 法制备了氧化石墨烯,在回流条件下再以氢氧化钠还原及盐酸中和,从而得到了调变氧化石墨烯(ba-GO)。他们以此为催化剂研究了苄胺及其衍生物的氧化偶合反应,发现以不同结构的苄胺衍生物为原料时,亚胺的收率可达 92%~98%,如图 3.29 所示。但是 ba-GO 对催化脂肪胺氧化偶合表现出较低活性,其中当以丁胺作为底物时,在相同条件下收率只有 9%。

$$X \underset{}{\overset{}{\bigcirc}} NH_2 \xrightarrow[\text{无溶剂, 90℃}]{\text{ba-GO, 空气}} X \underset{}{\overset{}{\bigcirc}} N \underset{}{\overset{}{\bigcirc}} X$$

图 3.29 氧化石墨烯催化苄胺氧化偶合反应示意图[94]

为了揭示反应的活性位,Su 以 1-芘甲酸为催化剂在相同条件下催化苄胺氧化偶联得到了 95%的目标产物,说明 ba-GO 表面的羧基很可能是催化活性位。不仅如此,Su 通过扫描电子显微镜(SEM)、电子自旋共振(ESR)(图 3.30)还发现碳材料表面含有很多的缺陷位,因此认为此缺陷位在催化过程中也起到一定的催化作用。

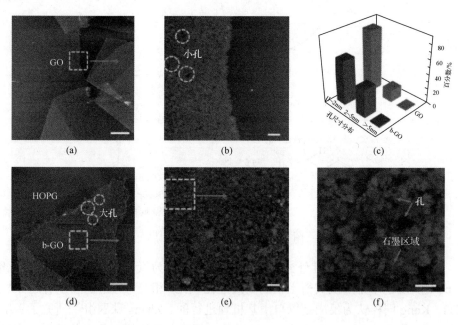

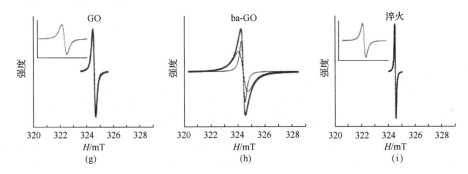

图 3.30 氧化石墨烯处理前(GO)后(b-GO)的 STM 和 ESR 图[94]

(a)GO 在 375K 加热 10min 后的 STM 图(1mm);(b)GO 的放大 STM 图(100nm);(c)孔径大小柱状图;(d)b-GO 在 375K 加热 10min 后的 STM 图;(e)b-GO 的放大 STM 图(100nm);(f)b-GO 再次放大的 STM 图;(g)(h)(i)分别为 GO、b-GO 及苯甲酸淬火的 b-GO 的 ESR 图

与此同时,Su 以 5,5-二甲基-1-吡咯啉-N-氧化物(DMPO)为探针捕捉了过氧根离子($\cdot O_2^-$),并用电子顺磁共振仪(EPR)检测到了相应的共振信号。通过紫外检测还发现在反应中有双氧水产生。于是提出了如下反应机理,如图 3.31 所示。胺首先与氧化石墨烯表面的羧基以氢键的方式相互作用,形成了含有孤对电子的复杂中间体 B。之后碳材料表面未成对电子将氧气分子还原为 $\cdot O_2^-$,$\cdot O_2^-$ 待在氧化石墨烯的空穴处以稳定空穴处电势。同时,被碳材料表面羧基固定的胺被空穴处正电位氧化,形成了含有正离子自由基的中间体,此中间体与 $\cdot O_2^-$ 反应生成了 H_2O_2。之后活性位将胺释放并参与下一个催化循环当中。最后中间体亚胺与胺反应脱去一分子的 NH_3 形成了偶合产物,见图 3.31 反应途径 a;或者是亚胺与水反应脱去一分子 NH_3 生成醛,醛与胺发生缩合反应生成目标产物,见图 3.31 反应途径 b。此外,Li 课题组[95]以硼、氮均匀掺杂的石墨烯为催化剂,在 85℃、1atm 氧气的氛围中同样实现了苄胺的氧化偶联反应,亚胺的收率在 90% 以上。

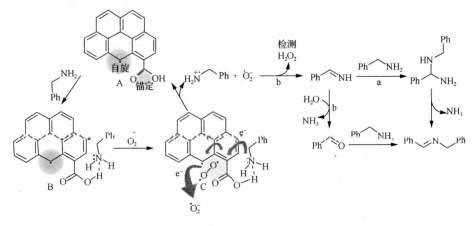

图 3.31 ba-GO 催化苄胺氧化偶联反应示意图[94]

3.4.3 烃类化合物选择氧化

1. 烷基芳烃的选择氧化

氧化，特别是脂肪族 C—H 键的氧化活化是把石油化学品转化为日用化学品的化学工业核心技术[38, 96-99]。然而，选择性催化氧化 sp^3 杂化碳为醇、醛或酮，依旧是当前具有挑战性的课题[100-103]。此反应的难点在于产物活性比反应物活性高出许多。在工业生产中，催化氧化反应往往由于过度氧化而使选择性降低。例如，工业上甲苯的选择氧化一般在高温（>200℃）下进行，为使苯甲醛的选择性达到 70%，不使其过度氧化为羧酸，甲苯的转化率一般要低于 4%[104, 105]。因此发展高效、环境友好且较稳定的氧化催化剂是极有必要的。

取代芳烃的氧化产物往往是具有高附加值的化学品，如乙苯氧化制苯乙酮，异丙苯氧化制异丙苯过氧化氢等。苯乙酮作为一种重要的化工原料，它是合成香料、药物、树脂、醇类和酯类等化学品的中间体。Wang 等[106]以 BH_3NH_3 为硼源，以双腈胺为前驱体，经 600℃煅烧 4h，制备了硼杂氮化碳材料。经过条件优化发现，当以乙腈为溶剂，双氧水（过氧化氢）为氧化剂，在 150℃反应 2h 的条件下，乙苯转化率达 10.9%，苯乙酮的选择性大于 99%，如图 3.32 所示。

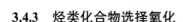

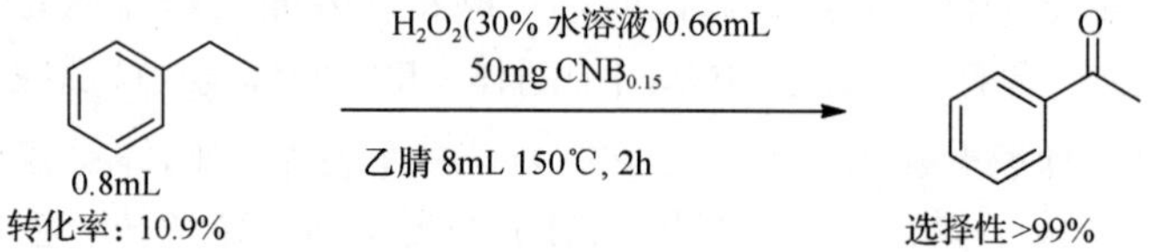

图 3.32 氟杂氮化碳催化乙苯氧化反应示意图[106]

硼杂氮化碳材料不仅适用于双氧水为氧化剂氧化乙苯。当以氧气为氧化剂时，其对多种芳烃衍生物的选择氧化反应同样显示出了较高的活性，如表 3.6 所示。

表 3.6 催化剂 $CNB_{0.15}$ 催化以分子氧为氧化剂苯的衍生物 1)[106]

条目	底物	主要产品	BDE 2)	T/℃	转化率/%	选择性/%
1	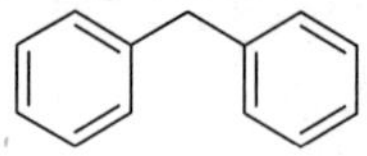 (二苯甲烷)	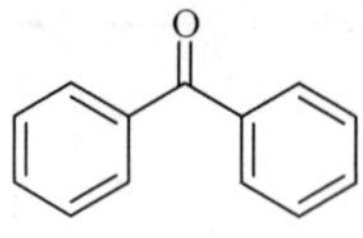 (二苯甲酮)	81	160	20.3	95.1
2	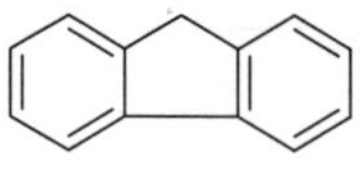 (芴)	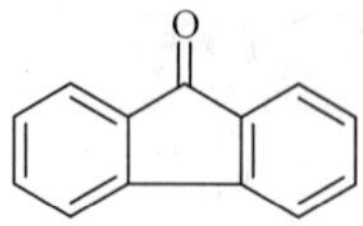 (芴酮)	80	130	45.7	>99.0

续表

条目	底物	主要产品	BDE[2]	T/℃	转化率/%	选择性/%
3[3]	(芴)	(芴酮)	80	130	28.8	>99.0
4	(四氢萘)	(α-四氢萘酮)	83	130	72.2	87.5
5	(茚满)	(茚酮)	82	115	36.7	>99.0

1)反应条件：底物 1mmol，氧气压力 1MPa，催化剂 50mg，乙腈 4mL，反应时间 24h；2)从文献获得 C—H 键活化能；3)用 g-C_3N_4 作为催化剂。

石峰课题组以多种离子液体如[BMIm]Cl、[BMIm][BF_4]、[OMIm][BF_4]、[BMIm][PF_6]和[BMIm][N(CN)$_2$]为模板剂制备出了不同的碳凝胶,用于催化四氢萘氧化反应,同样具有较高的活性。其中以[BMIm]Cl 离子液体为模板剂时,碳凝胶表现出最佳催化性能,此时四氢萘的转化率为 30%,目标产物选择性为 78%[107]。

Su 等[108]制备了 sp^2 杂化氮掺杂碳材料催化剂,并以叔丁基过氧化氢为氧化剂对乙苯的选择氧化反应进行了研究。结果表明,当使用 1mmol 底物,3 当量的叔丁基过氧化氢,10mg 催化剂,以 3mL 水为介质,80℃反应 24h 的条件下,乙苯转化率达 98.6%,苯乙酮的选择性达 91.3%。不仅如此,该反应条件同样适用于其他很多苯衍生物的选择氧化,甚至对于脂肪族烃类也显示出很高的活性。作者认为含氮基团的引入是催化剂具有高活性的原因。尽管含氮基团并不能参与到反应当中,但是氮却调变了邻近碳原子的电子结构,从而提高了碳材料的催化性能。

石墨化氮化碳(C_3N_4)应用于催化甲苯氧化为苯甲醛反应中具有较高的产物选择性[109]。以之为催化剂在 160℃、1MPa 氧气条件下反应 16 h 时甲苯转化率为 2.6%,苯甲醛选择性达 99%。并且该催化剂的高选择性同样适用于甲苯衍生物如二甲苯、对氯甲苯、对甲氧基甲苯等。Garcia 课题组[110]以硼、氮单独或者是硼、氮同时掺杂的石墨为催化剂用于催化甲苯氧化为苯甲醛,苯乙烯氧化为苯基环氧乙烷,环辛烷氧化为环辛酮等氧化反应均展现出了较好的反应活性,以及对相应产物的选择性高达 87%以上,其中硼、氮同时掺杂的碳材料具有最好活性。氮掺杂洋葱状碳材料在催化苯乙烯氧化为苯基环氧乙烷反应时也显示出较高的活性及选择性,而且研究发现催化剂活性与石墨型氮元素含量有很大关系,所以 Su 等认为石墨型氮应当是催化剂的催化活性位点[111]。

2. 芳烃的选择氧化

苯酚是一种重要的有机化工原料，主要用来制备酚醛树脂和双酚 A 及药物中间体，在石油化工、农业和塑料工业中都有广泛应用。目前工业上生产苯酚的工艺主要是异丙苯法。而以苯为原料直接催化氧化合成苯酚则是一条绿色、经济的生产苯酚路线。

Kang 等[112]首次使用多壁碳纳米管为催化剂，在较低温度下(50～70℃)以双氧水为氧化剂，在没有其他任何溶剂和助剂的条件下，实现了苯环的较高转化率(约为 5.5%)和高选择性(约为 98%)地转化为苯酚，并且催化剂能够多次循环使用。研究表明，其催化活性来源，是多壁碳纳米管的 sp^2 杂化的曲面结构，而不是其表面的含氧官能团，因此该反应的氧化机理与通常所认为的含氧自由基机理不同。以甲苯为例，虽然该反应的历程是自由基反应历程，但是 HO·或者 HOO·并不是反应的活性组分。过氧化氢分解之后产生活泼的氧物种，它能够轻易地进入反应底物包括苯的碳碳双键中去。该反应机理如图 3.33 所示，首先双氧水以化学吸附的方式吸附在多壁碳纳米管表面，其中氧原子通过 π 轨道与碳表面匹配被固定。同时，双氧水分解为氧原子和水。这种氧原子具有较高的活性和很好的亲电性能，易于攻击苯环产生羟基如苯酚。得到的反应产物能够快速地转移到苯溶液中去，从而很好地阻止了产物被过度氧化，这也是该反应中苯酚具有高选择性的原因。

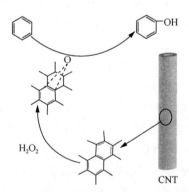

图 3.33　活性氧分子的形成机制及其氧化苯制苯酚[112]

Song 等[113]认为此反应的反应机理与多壁碳纳米管表面的缺陷位有极大关系。Song 通过将多壁碳纳米管在硝酸加热、超声制造了大量缺陷位，再将含有不同数量缺陷位的多壁碳纳米管与其催化性能相关联，发现两者有很好的关联性。因此，他们提出了缺陷位催化苯羟基化的反应机理，见图 3.34。反应过程为，双氧水首先被吸附到多壁碳纳米管缺陷位上，形成一个配位的六边形；之后双氧水分解为活性氧和水；活性氧并不能稳定存在，具有亲电性从而攻击苯环形成苯酚[114]。缺陷位对苯羟基化的活化作用同样在 Su 课题组[115]给出了证明，研究显示含氧官能团在该反应过程中不起主要作用，而缺陷位的含量与苯酚的收率有着较好的线性关系。

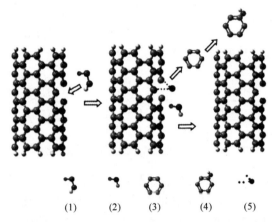

图 3.34　多壁碳纳米管缺陷位催化苯羟基化机理[113]
(1)~(5)分别指代 H_2O_2、H_2O、苯、苯酚和活性氧

二氧化碳的排放量逐年增加，致使全球气候变暖，同时造成碳资源排放浪费。人们越来越意识到合理捕捉二氧化碳并将其转化为精细化学品，是实现碳循环的最好方式。然而二氧化碳作为碳的最稳定存在形式，其催化活化非常困难。2006年，Antonietti 课题组[116]以介孔石墨型氮化碳(mpg-C_3N_4)为催化剂，在 150℃，$NaHCO_3$ 或 CO_2 为氧化剂，三乙胺存在下实现了苯转化为苯酚和 CO，CO 可在 Pauson-Khand 反应中被原位检测到，如图 3.35 所示。

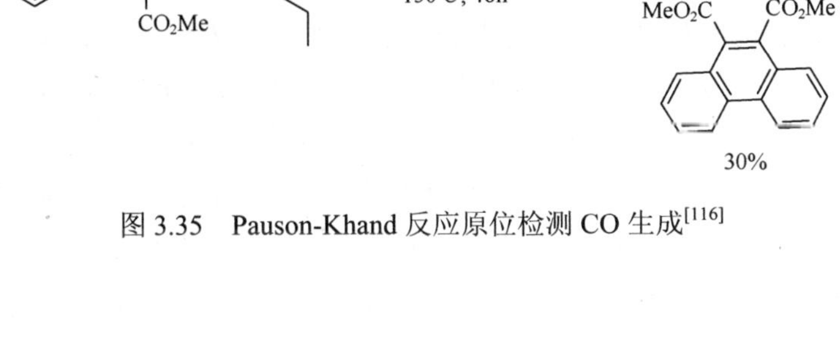

图 3.35　Pauson-Khand 反应原位检测 CO 生成[116]

3. 烯烃和烷烃的选择氧化

人们不仅以介孔氮化碳材料为催化剂实现了苯氧化为苯酚，还以之为催化剂实现了环氧丙烷与二氧化碳的加成反应生成碳酸丙烯酯[117, 118]，并且在 O_2/CO_2 同时存在条件下，实现了聚合物的氧化，见图 3.36[117]。其中二氧化碳为氧化剂，同时也以 Pauson-Khand 反应原位检测到了 CO 的生成。

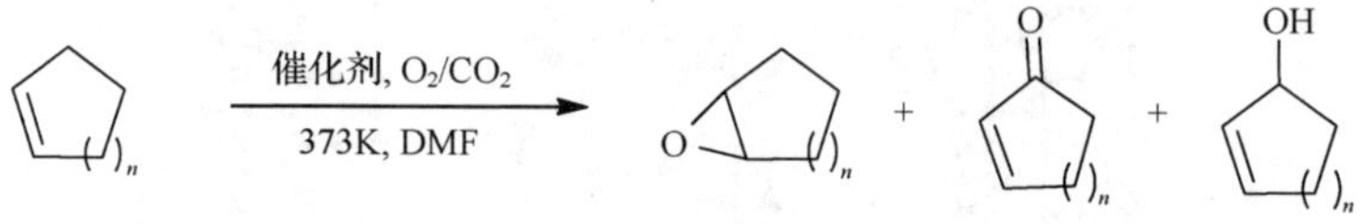

图 3.36 介孔氮化碳催化聚环戊烯氧化[117]

环己酮和环己醇是重要的有机化工原料，是合成己内酰胺、己二酸及医药、涂料、染料等精细化学品的重要中间体[119, 120]。环己烷氧化反应是制备环己醇和环己酮(两者混合物俗称 KA 油)的主要方法，相关高效催化体系研究意义重大。

Wang 等[103]以[BMIm][BF$_4$]离子液体和双腈胺为原料，制备了氟、硼掺杂的多孔碳氮聚合物。当使用 0.8mL 环己烷为原料，0.51mL H_2O_2（30%水溶液）为氧化剂，以上述多孔氮聚合物为催化剂，在 150℃条件下反应 4 h 可以获得 7.8%的环己烷转化率，目标产物的选择性为 91%，见图 3.37。此催化剂对于该反应显示出极好的选择性，反应产物中并没有己二酸、戊酸等副产物。

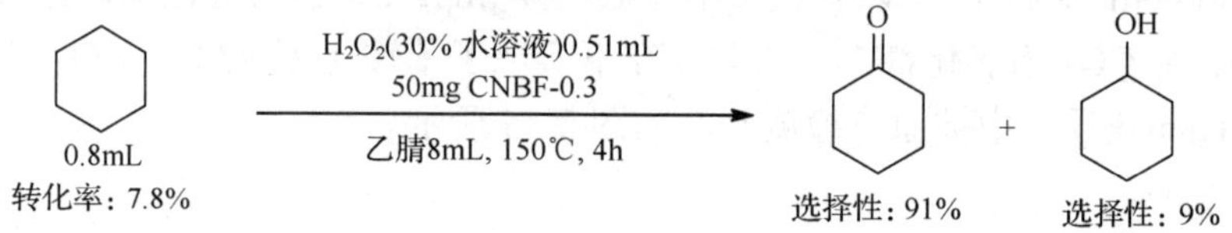

图 3.37 氟硼掺杂多孔碳氮聚合物催化环己烷氧化反应示意图[103]

Li 等[121]以石墨烯片与 C_3N_4 复合纳米材料(GSCN)为催化剂，乙腈为溶剂，在 1MPa 氧气，150℃条件下反应 4h，环己烷转化率可达 12%，环己酮的选择性达到 94%，并且催化剂能够多次循环使用。作者将 GSCN 用于其他烃类化合物的氧化反应中也显示出较高的活性与选择性。例如，以环辛烷、乙苯、二苯甲烷、四氢萘、金刚烷等为底物都得到了相应的酮或醇的产物。Li 等认为反应是通过超氧阴离子自由基($\cdot O_2^-$)机理进行的。所属 C_3N_4 的导带(LUMO)被激发的电子还原氧气分子形成 $\cdot O_2^-$，它在 C_3N_4 表面键合抵消空穴正电荷；同时底物被 C_3N_4 的正空穴(HOMO)氧化，然后与表面键合的 $\cdot O_2^-$ 反应，确保了催化剂的高选择性，见图 3.38。氮化碳的存在利于超氧自由基的形成，而石墨烯的添加使氮化碳和石墨烯在界面处发生能级杂化，提高复合材料的氧化能力。

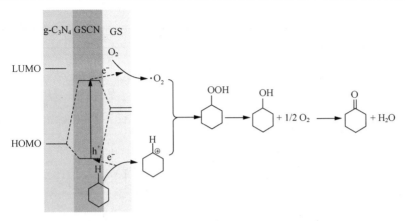

图 3.38 石墨烯片、聚氮化碳复合物催化剂环己烷氧化机理示意图[121]

以硝酸氧化的碳纳米管为催化剂催化环己烷氧化研究发现，碳纳米管表面的环氧官能团与催化性能并没有很大关系。同时，高温退火处理碳纳米管后，碳表面的含氧官能团和缺陷位减少而反应活性却增加，表明长程有序和电子离域化的碳材料可以更有效地促进反应的进行[121, 122]。

碳材料不仅能氧化环己烷为环己酮，而且能催化氧化环己酮为己二酸等化工产品。Besson 等[123]以酚醛树脂为前驱体的碳材料在环己酮氧化反应过程中显示出较高的活性。以 150mL 环己酮为原料，在 50bar 空气和 140℃的条件下反应，环己酮的转化率达到 100%，己二酸选择性在 33%，同时生成了 2-羟基环己酮、戊二酸、丁二酸等分子。

3.4.4 硫醇选择氧化

有机硫化合物(如硫醇、硫醚)的氧化反应是合成化学中一种很重要的反应类型，可以用于制备代谢类药物或生物结合类药物。石墨烯作为良好的氧化反应催化剂，同样可以实现催化硫化物的氧化反应及偶联反应[124]，如表 3.7 所示，在一定反应条件下，硫化物被氧化为相应的硫氧化合物。值得一提的是，使用石墨烯为催化剂可以避免使用过渡金属为催化剂时所存在的催化剂中毒、失活等问题。但是，该反应的机理还没有深入研究，催化剂活性位也尚不清楚。

表 3.7 石墨烯对硫醚氧化反应的普适性研究 1)[124]

条目	原料	产品	产率 2)
1	∕S∖	甲基亚砜(O=S=O)	89%
2	∕∕S∖∖	乙基砜(O=S=O)	92%

续表

条目	原料	产品	产率[2]
3	丁基硫醚	丁基亚砜	90%
4	异丙基硫醚	异丙基亚砜	51%
5	二苯硫醚	二苯亚砜	86%
6	乙基苯硫醚	乙基苯亚砜	85%
7	对甲苯甲硫醚	对甲苯甲亚砜	75%
8	对甲氧基苯甲硫醚	对甲氧基苯甲亚砜	96%
9	对氯苯甲硫醚	对氯苯甲亚砜	81%

1) 反应条件 100℃，7.5mL 反应容器，25mg 硫化物，75mg GO(300%)，0.3mL $CHCl_3$，24h；2) 柱层分析收率。

3.4.5 有机污染物的氧化消除

早在 20 世纪 20 年代，Rideal 和 Wright 就研究了炭黑催化草酸的有氧分解反应[125]。Beltran 等[126]以臭氧作为氧化剂，活性炭为催化剂，通过反应条件的控制及调变，探究了草酸氧化分解反应动力学，并推测了其反应机理。首先，臭氧和草酸(B)吸附在活性炭(S)表面，即：

$$O_3 + S \rightleftharpoons O_3-S$$

$$B + S \rightleftharpoons B-S$$

接着是臭氧的分解及羟基自由基的产生：

$$O_3-S \rightleftharpoons O_2 + O-S$$

$$O-S + H_2O \rightleftharpoons HO\cdot + OH^- + S$$

最后羟基自由基与未被吸附的草酸反应生成二氧化碳和水,且此反应步骤为决速步。

$$HO \cdot +B \longrightarrow 2CO_2 + H_2O + H^+$$

研究还发现随着 pH 的增加或加入双氧水,此反应更为迅速[127]。与此同时,活性炭还可以促进以臭氧为氧化剂的没食子酸[128]、苯胺[129]、苯磺酸[130]及染料分子的降解[131]。此外,氧气[132]和双氧水[133-135]作为氧化剂也在碳催化的有机污染物降解反应中展现出了很好的氧化性能。

3.4.6 气体污染物的氧化消除

1. 硫化氢的氧化消除

硫化氢是一种强烈的神经毒物,严重危害人体健康。而且在有氧或湿热条件下,可严重腐蚀金属管道、毁坏设备及计量仪表等。因此将硫化氢气体转化为固态硫是减少硫化氢气体排放的一个有效途径。

碳材料作为一种具有较大的比表面积、特殊的孔结构及易调变等性质的优良固体材料,既可作为吸附剂,也可作为催化剂催化硫化氢还原为硫单质[136]。目前国内外学者在活性炭脱硫研究领域,普遍接受了 Hedden 提出的溶解吸附反应机理,如图 3.39 所示。

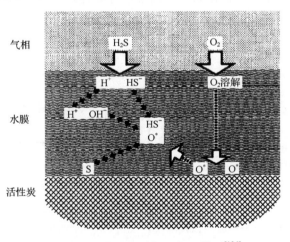

图 3.39　活性炭脱除 H_2S 机理模型[136]

其反应过程如图 3.40 所示。首先气相中的水被活性炭吸附后在其表面形成一层水膜;之后 H_2S 和 O_2 扩散进入活性炭孔内并溶解于水膜中,H_2S 随之解离为 HS^-,氧气被吸附活化为解离氧原子;解离的氧原子分别与 HS^- 和 H_2S 反应生成 S。

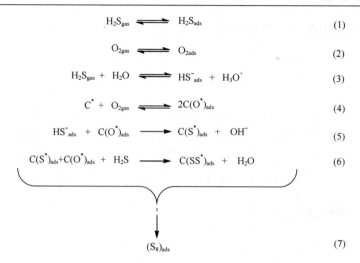

图 3.40 活性炭脱除 H_2S 机理示意图[136]

Bagreev 和 Bandosz[137]用未改性的活性炭进一步研究发现，活性炭表面的酸碱性对上述反应过程有极大的影响。在活性炭表面酸性较强时，水膜中硫大多以吸附 HS^- 的形式存在并被氧化为高度分散的硫单质，这些分散的硫单质不易聚集，而容易被进一步氧化为 SO_2 或 SO_3；相反，当活性炭表面碱性较强时，HS^- 浓度较高，氧化得到的硫单质也较多，易于形成链状或环状的 S_8，不易被进一步氧化。而在极强酸的条件下，只存在 H_2S 吸附却不再被氧化，如图 3.41 所示。

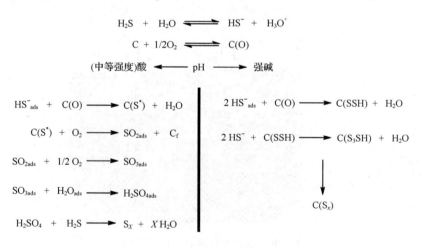

图 3.41 不同 pH 条件下活性炭催化 H_2S 氧化反应示意图[137]

以尿素为氮源浸渍活性炭经过焙烧得到的含氮活性炭也是一类有效的硫化氢吸附/氧化材料[138],其性能随着含氮量的增加而增加[139]。然而,当含氮量过高时,反应的选择性下降,生成了过渡氧化副产物 SO_2[140]。

2. 一氧化碳的氧化消除

一氧化碳(CO)是典型的可燃、有毒化合物。化石燃料燃烧、化学工业及机动车使用造成大量 CO 排放,已引起严重的环境问题。CO 催化氧化反应因在实际生活中应用广泛而受到人们的普遍关注。Chen 课题组[141]以 DFT 研究了五边形石墨烯(penta-graphene,PG)催化 CO 氧化反应的机理。Chen 以局域态密度(LDOS)的测定详细探究了以 Eleye-Rideal(ER)机理和 LH 机理氧化 CO 反应过程中的能量变化过程。ER 机理可分为两个途径,途径 I 包括第(1)(2)两步,途径 II 为第(3)步,如图 3.42 所示。

$$O_{2ads} + CO_{gas} \longrightarrow O_{ads} + CO_{2gas} \quad (1)$$

$$O_{ads} + CO_{gas} \longrightarrow CO_{2gas} \quad (2)$$

$$O_{2ads} + CO_{gas} \longrightarrow CO_{3ads} \longrightarrow O_{ads} + CO_{2gas} \quad (3)$$

图 3.42　CO 氧化反应的 ER 机理示意图[141]

在 ER 反应机理过程中,氧气首先被吸附在石墨烯表面,然后 CO 与吸附的氧气发生反应,生成吸附态氧原子与 CO_2,反应过程的 DFT 计算如图 3.43 所示。

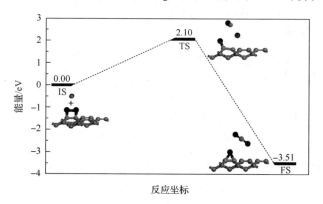

图 3.43　DFT 计算的 CO 在 PG 表面氧化步骤(1)中 ER 机理能级图初级状态(IS)、过渡态(TS1 和 TS2)、中间态(MS)、最后状态(FS)[141]
原子颜色:碳-灰色,氧-黑色

目前,对于碳材料催化 CO 氧化反应的文献报道较少,对于碳材料起催化作用的真正活性位点还不是很清楚。

3.5 碳材料催化加成反应

光气（$COCl_2$）是制造聚氨酯、聚碳酸酯、药物及农业化学品的重要中间体，而光气是以一氧化碳和氯气为原料、以活性炭为催化剂制备的。

Mitchell 课题组[143]研究了多种商业化碳如 Chemviron Solcarb 208C DM、Chemviron Solcarb 208C DR-P、Donau Supersorbon K40、DuPont IPC、Norit RB4C、Norit RX3 extra、Picatal G20 在光气合成中的催化性能，发现 Norit RX3 extra 的催化活性最高，而且光气的生成速率与反应温度有极大关系。Pidko 课题组[142]以 C_{60} 为催化剂，以 CO 和 Cl_2 为模型反应，结合实验和密度泛函理论计算研究发现 sp^2 杂化的非平面上的碳原子为活性位，其反应中生成的[$C_{60}\cdots Cl_2$]是光气合成过程中的主要中间体，如图 3.44 所示。

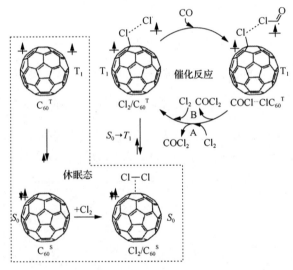

图 3.44　Cl_2/C_{60}^T 催化形成 $COCl_2$ 的可能 ER 机理[142]
虚线中展示了可能的非周期活性 C_{60} 物种，而 A 和 B 展示了催化剂 Cl_2/C_{60}^T 再生过程

聚氯乙烯被广泛应用于制造热塑性树脂[144]，乙炔氢氯化是其单体氯乙烯合成的主要方法[145]，而目前工业上主要以 $HgCl_2$ 为催化剂进行氯乙烯合成，对环境和人类健康都具有较大危害。Dai 和 Wei 课题组[146, 147]分别以石墨型氮化碳（g-C_3N_4）和氮杂多壁碳纳米管为催化剂催化乙炔与氯化氢的加成反应，研究表明含氮量越多催化剂活性越好，但是当含氮量≥7.5%时，催化剂活性不再改变，并发现催化剂的活性位可能是季铵。理论计算表明，以石墨型氮化碳为催化剂时，形成稳定的 $CHCl=CH-C_3N_4H$ 中间体，中间体到过渡态化合物之间的转换是决速步骤，

其活化能为 E_{act}=77.94kcal/mol（1kcal = 4.184kJ）。

吲哚啉衍生物是重要的生物活性分子。Rao 课题组[148]以氧化石墨烯为催化剂，在常温下实现了吲哚的傅–克加成反应，生成了 α,β-不饱和酮化合物，相应的产物收率为 40%～92%，如图 3.45 所示。

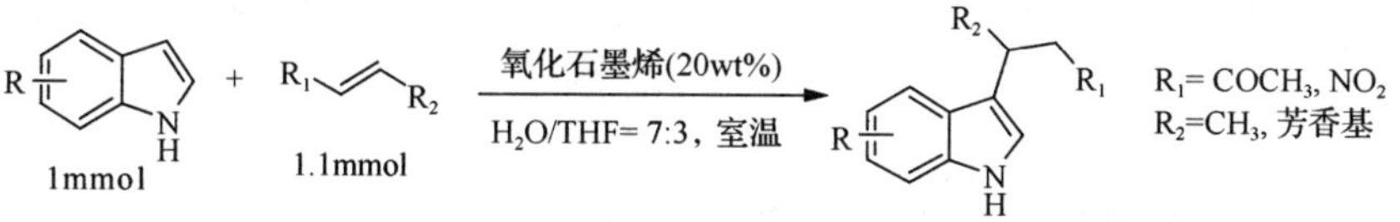

图 3.45 氧化石墨烯催化吲哚傅–克加成反应示意图[148]

Aza-Michael 加成是有机合成中的另一类重要的化学反应。Khatri 课题组[149]实现了氧化石墨烯高效催化 Aza-Michael 加成反应，获得了相应的 β-氨基化合物。反应只需要进行 5～45min 即可获得 65%～97%的收率，且表现出很好的普适性能，催化剂可以多次循环使用，如图 3.46 所示。

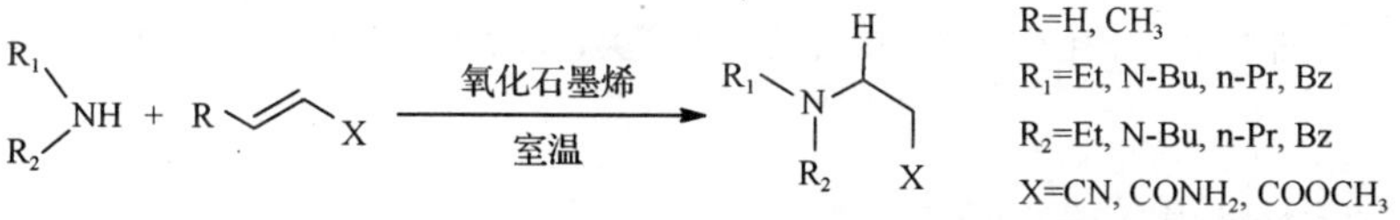

图 3.46 氧化石墨烯催化 Aza Michael 加成反应[149]

Hummers 法制备的氧化石墨烯可以催化苯基环氧乙烷、氧化环己烯、环氧氯丙烷等与甲醇发生加成开环反应[150]。该反应可以在室温条件下高效进行。以环氧苯乙烯的加成开环反应为例，其转化率为 99%，产物 2a 的选择性为 93%，3a 的选择性为 7%，如图 3.47 所示。此外，Garla 分别以浓硫酸，*p*-甲苯磺酸，以及冰醋酸为催化剂催化此反应发现，浓硫酸、*p*-甲苯磺酸表现出较高活性，而冰醋酸却不具有任何活性。因此判定催化剂的活性位应当是碳材料制备过程残留在材料中的硫酸根官能团，而不是碳材料表面的羧基官能团。

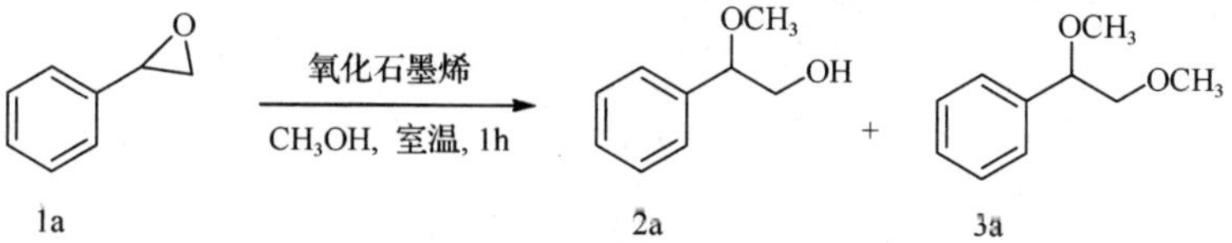

1a 2a 3a

转化率：99% 选择性：93% 选择性：7%

图 3.47 氧化石墨烯催化环氧乙烷开环加成反应示意图[150]

其他加成反应同样在碳材料的催化下得到了实现。例如，氮化碳在光照条件下，以双氧水为氧化剂催化醇醛加成反应生成酯，醇的转化率在 16%～41%[151]。

石墨催化酰氯与四氢吡喃开环加成反应,在25~50℃,反应时间1~24h,生成相应酯的产率可达36%~85%[152]。介孔氮化碳材料催化白藜芦醇及其衍生物在光照条件下自身的加成反应,底物转化率为79%~100%,其自身加成产物收率可达40%~88%[153]。介孔氮化碳作为高活性催化剂还可以催化腈类、炔类等小分子加成环化高选择性(10%~100%)形成相应的三聚物反应[154],如图3.48所示。

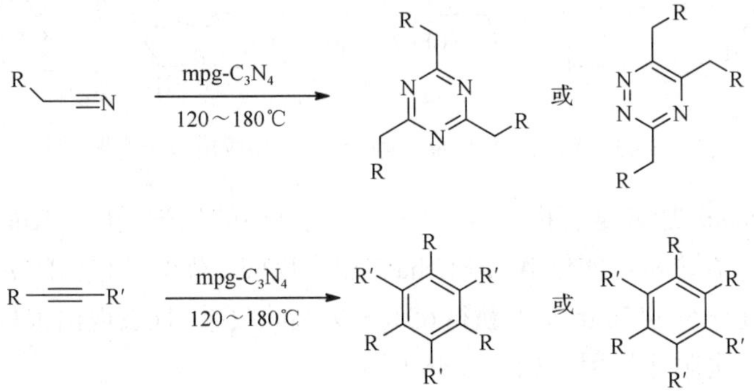

图3.48 介孔石墨烯型氮化碳催化腈类、炔类化合物环化示意图[153]

3.6 碳材料催化还原反应

胺类化合物是一类重要的化工原料,在医药、农药、食品添加剂、日用化学品及石油化工等众多领域具有广泛的用途[155-157]。1985年,Han等[158]以石墨为催化剂,水合肼为还原剂,催化芳香硝基化合物还原为相应的芳香胺并得到了85%~98%的高收率,如图3.49所示。

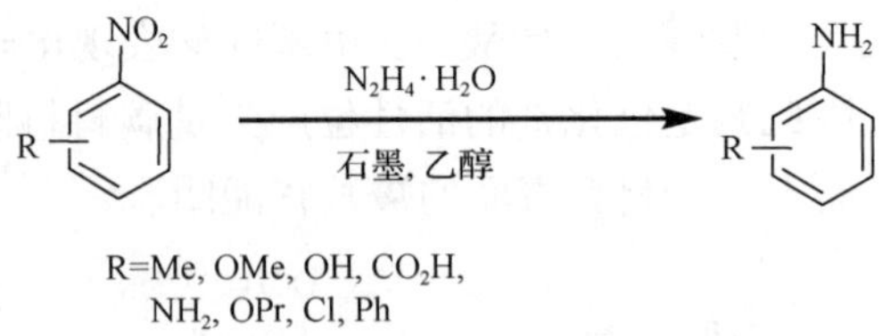

R=Me, OMe, OH, CO_2H,
NH_2, OPr, Cl, Ph

图3.49 石墨以水合肼为还原剂,催化芳香硝基化合物还原为相应的芳香胺[158]

肼是一个双电子还原剂,而硝基苯还原为苯胺是一个四电子转移过程,这就证明了反应的中间体可能是苯基羟胺[158, 159]。值得一提的是,脂肪族硝基化合物在相同的反应条件下也可以发生还原反应得到相应的脂肪胺,并且也具有较高的收率。例如,硝基乙烷在同样条件下转化为乙胺,收率达到89%[158]。碳纳米管作为催化剂催化此反应同样能够具有较高的效率[160]。

以氢气为还原剂还原硝基苯可在 C_{60} 和 C_{70} 的存在下进行，见图 3.50[161]。反应以清洁的还原剂氢气为原料，在可见光或紫外光照射的条件下，只需要一个大气压的氢气就可以将硝基苯还原为苯胺。而且作者发现富勒烯和富勒烯阴离子（镍铝合金与富勒烯中性粒子制得）协同作用可以提高催化剂的活性，从而提高苯胺的收率。

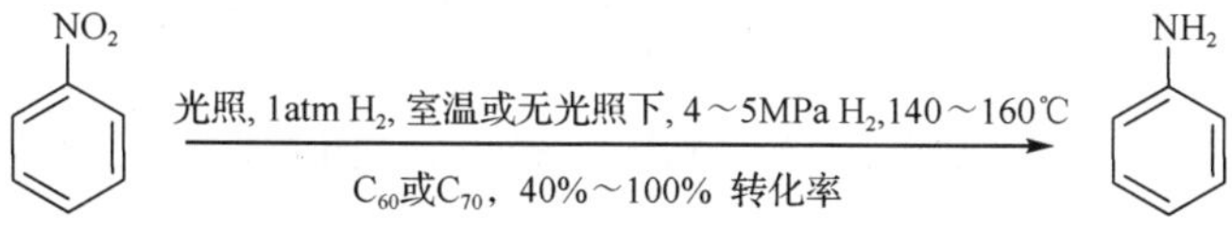

$$\underset{}{\overset{NO_2}{\bigcirc}} \xrightarrow[C_{60}或C_{70}, 40\%\sim100\% 转化率]{光照,1atm H_2,室温或无光照下, 4\sim5MPa\ H_2,140\sim160℃} \underset{}{\overset{NH_2}{\bigcirc}}$$

图 3.50　C_{60} 或 C_{70} 以氢气为还原剂催化硝基苯还原为苯胺[161]

为了证明金属离子在反应中的作用，Xu 运用电感耦合等离子体质谱对材料中的金属进行检测，发现样品中含有少量（0.1～67.4mg/g）钴、铬、铁、铜和银等金属组分，其中铁的含量最高。钯、铂、镍元素含量在检测范围以下，不能够检测到。因此，反应的真正活性位是源于富勒烯本身还是金属依旧存在疑问。例如，Bokhoven[162] 报道了 C_{60} 负离子（C_{60}^-，以同样的方法制备）每克碳材料中含有 400μg 的镍时展现出较好的活性，而以萘基钠制备的 C_{60} 负离子却没有活性，这说明其活性组分可能是镍，而不是上述所提到的富勒烯为活性位。

氧化石墨烯作为催化剂，硫化钠作为还原剂同样被用于硝基苯还原反应当中[163]。其中氧化石墨烯表面醌基起到传输电子的作用，而氧化石墨烯边缘之字形结构起到活化硝基苯的作用。苯环上醌基对此反应的关键作用之后被证明。

石峰课题组[164] 首先实现了以异丙醇作为还原剂及溶剂，多孔碳材料为催化剂的硝基苯还原合成苯胺；同时还实现了以异丙醇为还原剂的酮还原为醇，见图 3.51。同时还推测了碳材料表面的羰基很可能是活性位，对整个反应的进行起着至关重要的作用。

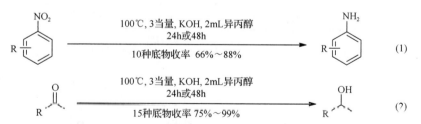

图 3.51　多孔碳催化芳香硝基化合物及酮分别为相应的芳香胺和醇[164]

脂肪酸（软脂酸、油酸）可以在活性炭和超临界水（温度范围 330～385℃，T_c=374℃）的条件下进行脱羧反应生成烷烃[165]。研究还发现，在此反应条件下，如果链内存在双键,则双键可以同时被加氢还原。如软脂酸脱去一个碳之后得到33%的十五烷,油酸(含有一个双键的不饱和酸)脱羧之后得到80%的十七烷,见图3.52。为了检测反应的活化参数,作者运用间歇反应器进行了量热分析,表明软脂酸在活性炭表面的准–初级反应动力学活化能为$(125\pm3)\,\text{kJ/mol}$[166]。

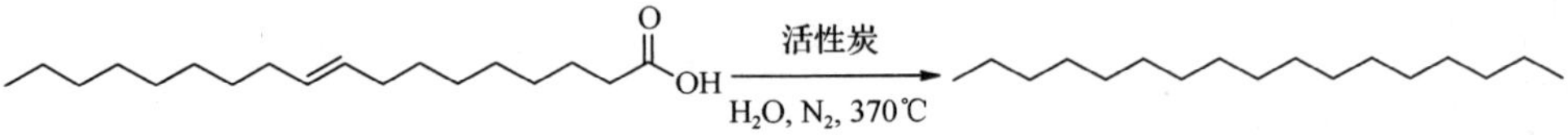

图3.52 油酸在活性炭及临界水条件下脱羧还原为十七烷[165]

3.7 碳材料催化的其他反应

3.7.1 烷基化反应

Kodomari 课题组[167]首先报道了石墨催化的傅–克酰基化反应。分别以苯甲醚、甲苯及五甲苯等底物与苯甲酰氯、苯甲酰溴反应,分别生成了相应的芳香酮化合物并具有较高收率(60%~97%)。遗憾的是,当用苯与苯甲酰溴作为底物反应时,反应24h后只得到了20%的二苯甲酮。

Thomas 课题组[168]以硅胶纳米颗粒为模板剂制备了具有大比表面积的介孔C_3N_4碳材料,催化苯和己酰氯反应,反应转化率达90%,转化数达$620\,\text{h}^{-1}$。不同于以往的固体Lewis酸催化,此非金属催化剂以含有Lewis碱性位而达到了催化的目的。但Thomas并没有对催化剂的普适性进行研究。

2004年,Sereda[169]以石墨为催化剂实现了以对二甲苯为原料,以苄基氯、环己基溴为烷基化试剂的傅–克烷基化反应,相应的烷基化芳香产物产率分别达95%、96%,见图3.53。

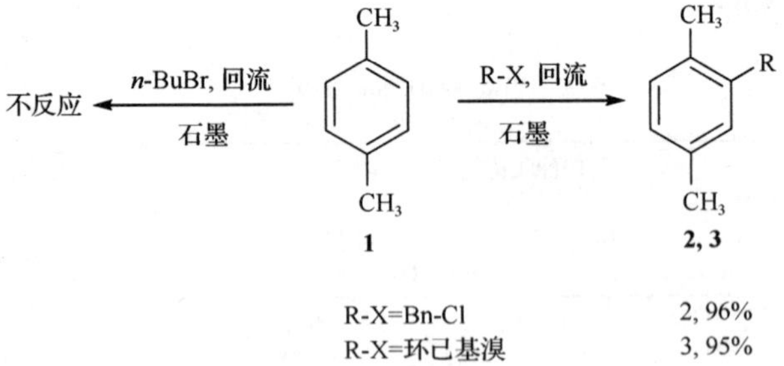

图3.53 石墨催化剂对二甲苯傅–克烷基化反应示意图[169]

当以甲苯为原料时,石墨催化该反应时转化率依旧较高,但是产物的种类增多。例如,当以异丁基氯为烷基化试剂时,主要生成间位和对位产物;当以苄基溴为烷基化试剂时,主要生成邻位和对位产物;而当以环己基溴为烷基化试剂时,可以生成邻位、间位、对位产物,如图3.54所示。

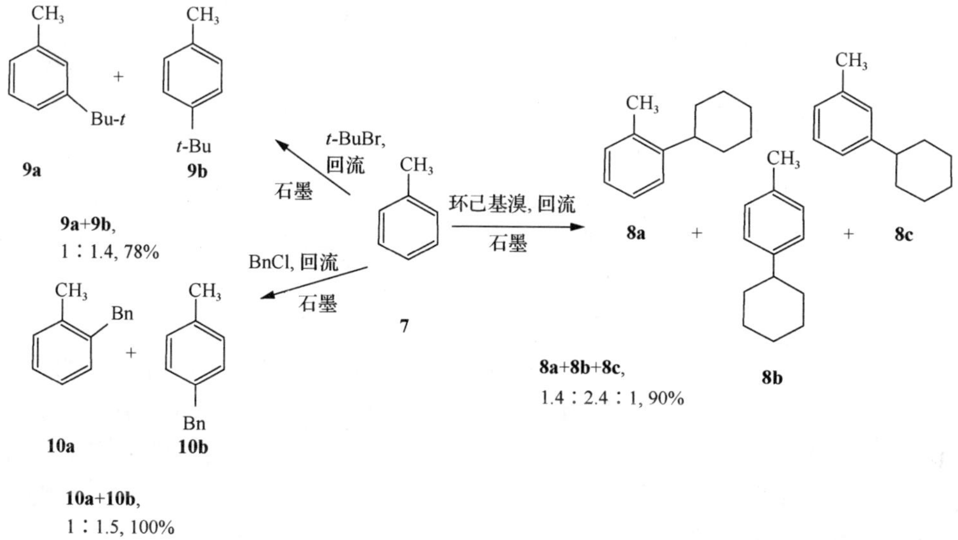

图3.54 石墨催化剂对甲苯傅–克烷基化反应示意图[169]

更加绿色的傅–克烷基化反应是芳香烃直接与醇类化合物反应,该反应中唯一的副产物是水。Thomas等[170]以C_3N_4为催化剂,在150℃的条件下实现了苯与甲醇、甲酸、四甲基溴化铵及尿素之间的傅–克烷基化反应。以甲酸及四甲基溴化铵为烷基化试剂时,反应转化率高达100%。在氧化石墨烯的催化作用下,苯酚与异丁基溴反应,生成了对溴苯酚、2,4-二溴苯酚及邻异丁基苯酚和对异丁基苯酚,见图3.55。其中对溴苯酚和2,4-二溴苯酚为主要产物[171]。

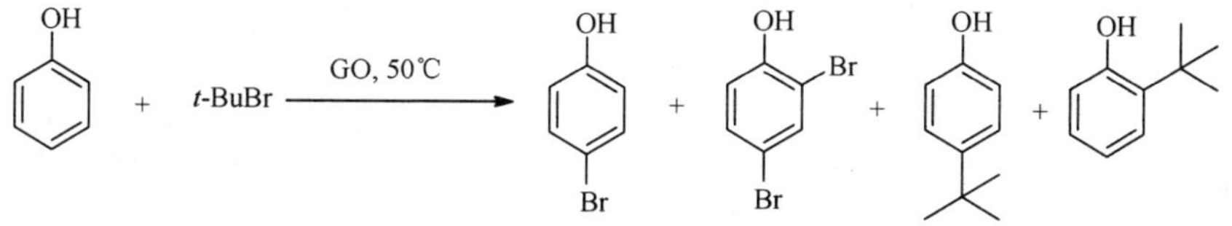

图3.55 氧化石墨催化苯酚和异丁基溴的取代反应方程式[170]

通过研究催化剂表面的反应常数与氧化石墨烯表面含氧官能团的关系发现,反应常数与氧化石墨烯表面的羧基基团有很好的线性关系,如图3.56所示,因此Nagai认为羧基基团应当是催化剂表面的活性位[171]。

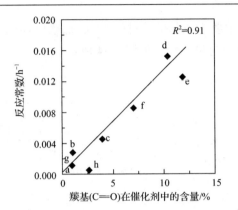

图 3.56　反应常数与氧化石墨表面羰基含量的关系图[171]

　　N-烷基化胺是重要的化工中间体，胺醇烷基化反应是制备 N-烷基化胺的主要方法之一，该反应的催化剂主要集中在过渡金属体系。石峰课题组制备了一类对由胺醇烷基化合成 N-烷基化胺过程具备优良催化性能的碳基纳米材料[164]。该催化材料可以在不加入过渡金属的条件下催化不同结构的胺和醇反应制备 N-烷基化胺，同时对经由氢转移机理的硝基苯、羰基化合物催化还原具有优良的性能。胺醇烷基化反应机理如图 3.57 所示。苯甲醇首先与碳材料表面酮羰基反应，生成苯甲醛及酚羟基，苯甲醛再与苯胺反应生成亚胺，亚胺与碳材料表面的酚羟基作用生成 N-烷基化胺，而酚羟基重新转化为酮羰基，实现了催化剂的循环。研究表明，此碳材料还可以多次循环使用。

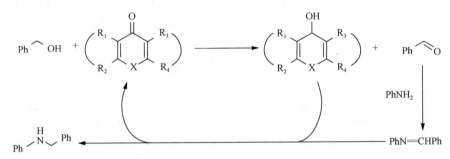

图 3.57　碳催化胺醇烷基化机理图[164]

3.7.2　加成缩合反应

　　加成缩合反应是有机化学反应中一类重要的有机合成反应。研究发现，介孔氮化碳[172]、含氮碳纳米管[173]是有效的 Knoevenagel 缩合催化剂，如图 3.58 所示，相应的产品收率为 20%～50%[173]。

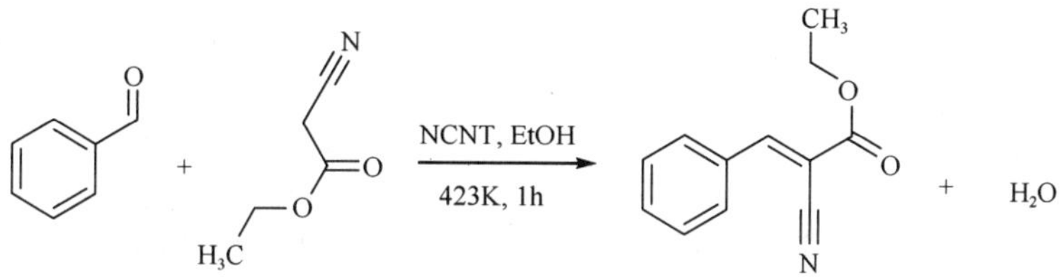

第3章 碳催化体系及反应

图 3.58 含氮碳纳米管催化 Knoevenagel 缩合示意图[173]

经过 XPS 检测及酸碱滴定分析发现，随着多壁碳纳米管中吡啶氮含量的增加，Knoevenagel 缩合反应的初始反应速率随之增加，如图 3.59 所示，而其他种类的氮元素含量与初始反应速率之间并没有明显的关系。

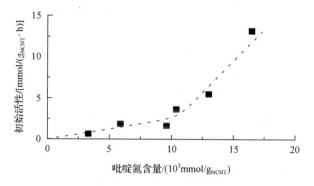

图 3.59 吡啶氮含量与初始速率的关系[173]

介孔氮化碳在微波照射下，70℃，CH_3CN 的介质中，对上述 Knoevenagel 缩合反应也表现出较好的活性，如苯甲醛与丙二腈发生缩合反应生成苯烯丙二腈，苯甲醛的转化率为 99%，产物选择性高达 97%，见图 3.60[174]，并且催化剂具有较好的循环使用性。

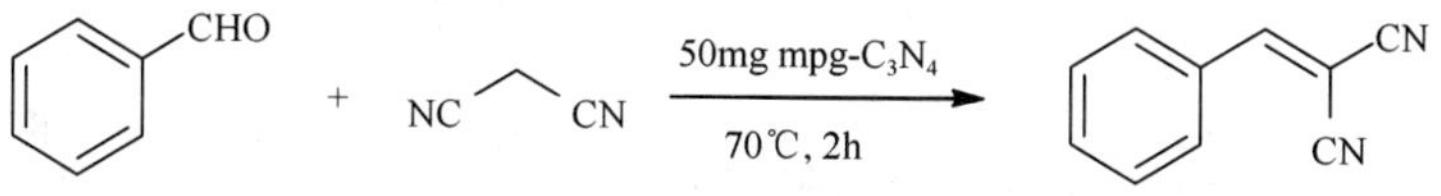

图 3.60 mpg-C_3N_4 催化苯甲醛、丙腈 Knoevenagel 缩合反应示意图[174]

Fan 课题组[175]以双功能化调变的氧化石墨烯为催化剂实现了硝基甲烷和苯甲醛加成缩合合成 β-硝基苯乙烯的转化，在加入过量硝基甲烷(20mL)的条件下，10mmol 苯甲醛在 100℃反应 10h 条件下，苯甲醛转化率达 99.5%，产物选择性达 100%，如图 3.61 所示。

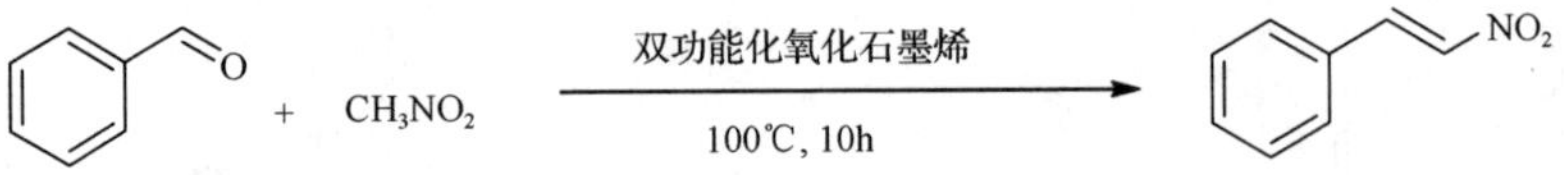

图 3.61 双功能化氧化石墨烯催化苯甲醛和硝基甲烷反应示意图[175]

查尔酮经常见于天然产物,并且是一些黄酮及异黄酮的前驱体,其通常是由甲基酮和醛通过 Claisen-Schmidt 偶合反应生成的。Bielawski 课题组[19]分别以炔类、醇类、醛类及酮类化合物为原料,以氧化石墨为催化剂,实现了查尔酮的合成,如图 3.62 所示。当以炔和醇为原料制备查尔酮时,反应过程中经历了水合、氧化、加成、缩合等多个反应步骤,在 80℃ 及反应 24h 后,产物收率为 61%。

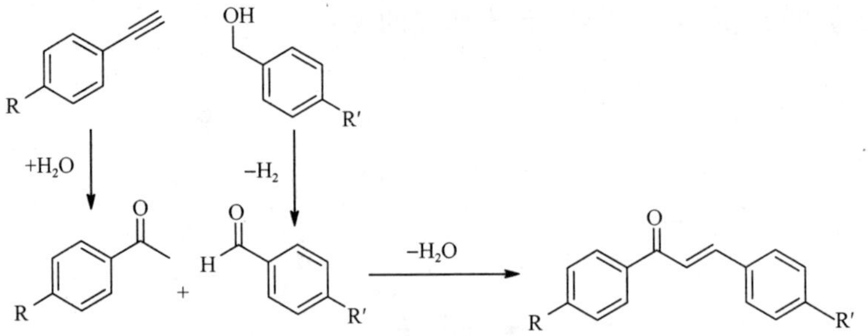

图 3.62 氧化石墨催化查尔酮合成反应示意图[19]

Chauhan 等[176]以吡咯和丙酮或环己酮为原料,以氧化石墨或石墨烯为催化剂,在室温下实现了反应物高效的脱水缩合反应,合成了二吡咯甲烷和 calix[4]pyrrole,当溶剂为丙酮时 4 具有最高收率(50%),5 最高收率为 17%,反应示意图如图 3.63 所示。

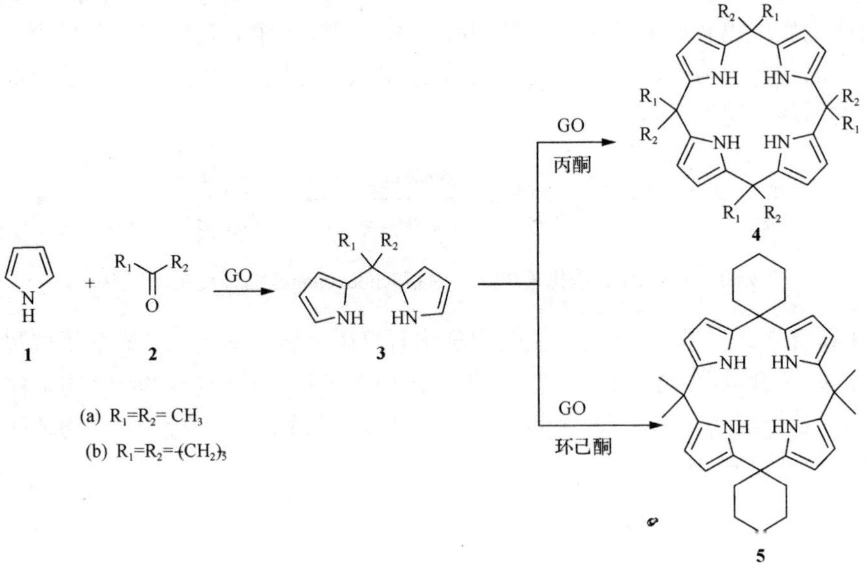

图 3.63 氧化石墨催化合成二吡咯甲烷和 calix[4]pyrrole 示意图[176]

3.7.3 聚合反应

Dreyer 课题组[177]以氧化石墨为催化剂，实现了不同环形内脂、环形酰胺的开环聚合反应，如 ε-己内脂、δ-戊内脂、ε-己内酰胺，开环聚合成为相应的聚酯或聚酰胺，如图 3.64 所示。研究发现，部分片状氧化石墨在反应过程中会转变为多壁碳纳米富勒烯。另外，如果在聚合物中加入碳材料可以使聚合物的机械强度提高，较纯聚合物高达 400%。

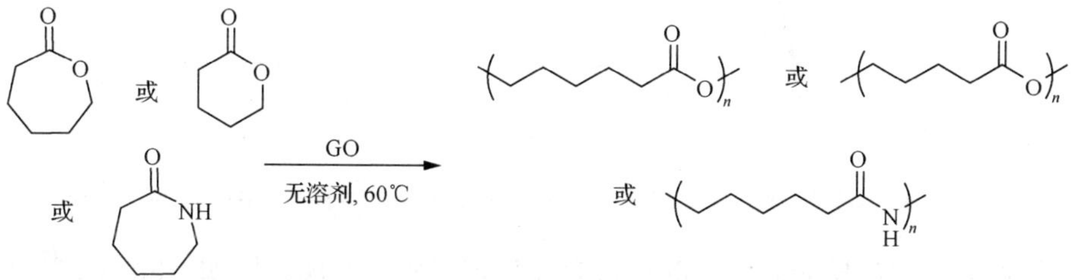

图 3.64　氧化石墨催化环内脂和环内酰胺开环聚合为相应的聚酯或聚酰胺[177]

3-氨基苯硼酸也可以在氧化石墨烯或还原氧化石墨烯的催化作用下聚合，其过程是以碳材料本身作为模板原位生成了聚合物[178]。

3.7.4 酸碱催化反应：酯化、酯交换和醚化

当前的工业酯化反应过程中常使用硫酸等作为催化剂，容易造成设备的腐蚀和污染环境。因此用固体酸催化剂代替硫酸具有很重要的现实意义。酸化后的碳材料作为功能化固体酸催化剂在酸催化反应过程中表现出较好的催化性能。

硫酸酸化的介孔碳材料作为固体酸催化剂可以有效地实现油酸与甲醇的酯化反应，生成的油酸甲酯产率约为 60%[179]。而磺化的碳纳米管则可以催化乙酸与甲醇的酯化反应得到乙酸甲酯[180]。在磺化的石墨烯催化作用下，则可以实现乙酸与环己醇、乙酸与丁醇的酯化反应、间苯酚与乙酰乙酸乙酯的酯交换反应及 2-甲基环氧丙烷与水加成反应，在不同反应温度下可以得到相应产物收率为 66.4%～89.3%[181]。$(NH_4)_2S_2O_8$ 氧化的活性炭为催化剂在甲醇脱水制备甲醚的反应中实现了很好的催化效果，并且研究发现碳材料零电荷点下 (point of zero charge) 的 pH 与反应活性有很大关系[182]。

此外，高度有序的介孔氮化碳材料可以作为固体碱催化剂催化 β-酮酯与丁醇、正辛醇、己醇、环己醇、苯甲醇及糠醇等发生酯交换反应，并且此碳材料在 100℃，β-酮酯与醇的比例为 1.2∶1 及甲苯作为溶剂的条件下显示出较高活性[183]，如图 3.65 所示。

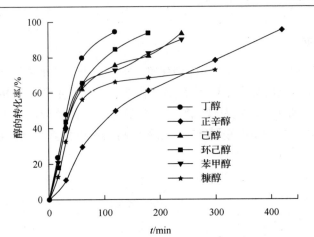

图 3.65 碱性催化剂高度有序介孔碳催化 β-酮酯与多种醇的酯化反应[183]

其他类似取代反应同样以碳材料为催化剂得到了实现。例如，Su 等[184]以功能化调变的含有单个碱性位点的碳纳米管为催化剂，实现了三丁酸甘油酯与甲醇的酯交换反应，在反应 8h 后有 77%的三丁酸甘油酯转化为目标产物。氧化石墨烯则可以催化芳香醇与脂肪族硫醇发生脱水反应生成硫醚，在 65℃反应 1~24h 后，目标产物硫醇收率达 67%~81%，并且氧化石墨烯可以多次循环使用[185]。

5-羟甲基糠醛(HMF)作为一种可生产多类化学品与高品质液体燃料的化合物，在工业上可由酸催化解聚纤维素得到葡萄糖，葡萄糖异构化为果糖，再由果糖脱水制得，如图 3.66 所示[186-188]。在 HMF 过程中，通常会消耗大量的无机酸[187]，

纤维素

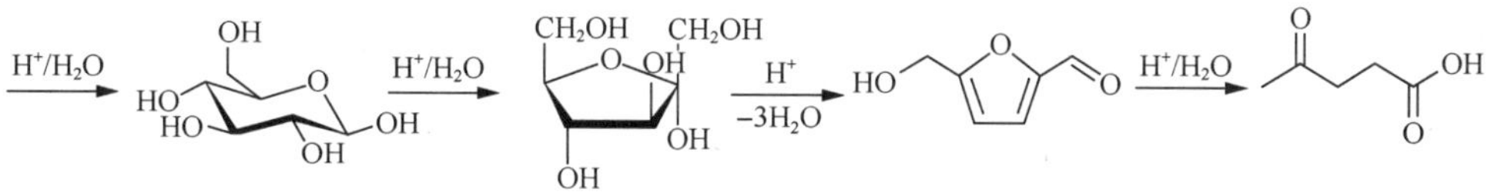

葡萄糖　　　　　　　果糖　　　　　　HMF　　　　　乙酰丙酸

图 3.66　酸催化纤维素脱水制备 5-羟甲基糠醛示意图[189]

因此寻找较为高效绿色的催化剂制备 HMF 具有重大意义。Prati 课题组[189]以果糖为原料，磷酸化的多孔碳为催化剂实现了果糖脱水制 HMF，而且在相同催化条件下，比磷酸、硫酸具有更好的催化效果。但是 Prati 并没有探究催化反应进行的真正活性位，而且反应机理也不明确。硫酸酸化的木质纤维素碳也被用于催化此反应，发现其表现出更好的催化活性，而且具有优良的循环使用性能。

在化工生产中，以木糖为原料制备糠醛也具有重大意义。同样，糠醛的商业化生产也是以硫酸或磷酸为催化剂制备的。酸功能化的活性炭[190]、氧化石墨烯[191]都在木糖脱水制糠醛的过程中表现出优异的催化性能，糠醛收率可达 62%。由此可见，酸功能化的碳材料是一类有潜力的固体酸催化剂。

3.8　结束语

总之，碳基催化材料具有结构、性能多样，易于调节，且绿色、环境友好的特点，已经在多种催化反应中展现出良好的催化性能。我们认为，在未来的发展中，碳催化领域有两个方面的研究需要进一步加强。第一，在很多碳基催化材料的制备过程中会加入金属成分作为催化剂，这就需要在后期进行洗涤以除去金属杂质。这样就导致操作复杂且难以保证金属组分的完全去除。因此，我们还需要研究碳基催化材料的绿色制备方法。第二，我们对于碳基催化材料的活性位及反应机理还研究得不够透彻，这就需要我们加强相关研究，揭示碳基催化材料结构、性能和机理的关联性，从而指导针对不同反应过程实现碳基催化材料的可控制备。

参　考　文　献

[1] Krueger A. Carbon Materials and Nanotechnology. New York: John Wiley and Sons, 2010.

[2] Su D S, Perathoner S, Centi G. Nanocarbons for the development of advanced catalysts. Chemical Reviews, 2013, 113(8): 5782-5816.

[3] D'Souza F, Ito O. Photosensitized electron transfer processes of nanocarbons applicable to solar cells. Chemical Society Reviews, 2012, 41(1): 86-96.

[4] Rahman A, Ali I, Al-Zahrani S M, et al. A review of the applications of nanocarbon polymer composites. Nano, 2011, 6(3): 185-203.

[5] Roth S, Park H J. Nanocarbonic transparent conductive films. Chemical Society Reviews, 2010, 39(7): 2477-2483.

[6] Su D S, Schlögl R. Nanostructured carbon and carbon nanocomposites for electrochemical energy storage applications. ChemSusChem, 2010, 3(2): 136-168.

[7] Vilatela J J, Eder D. Nanocarbon composites and hybrids in sustainability: a review. ChemSusChem, 2012, 5(3): 456-478.

[8] Serp P, Figueiredo J L. Carbon materials for catalysis. New York: John Wiley and Sons, 2009.

[9] Su D S, Zhang J, Frank B, et al. Metal-free heterogeneous catalysis for sustainable chemistry. ChemSusChem, 2010, 3(2): 169-180.

[10] Savin A V, Kivshar Y S. Localized defect modes in graphene. Physical Review B, 2013, 88(12): 125417.

[11] Gojny F H, Nastalczyk J, Roslaniec Z, et al. Surface modified multi-walled carbon nanotubes in CNT/epoxy-composites. Chemical Physics Letters, 2003, 370(5): 820-824.

[12] Hu H, Zhao B, Itkis M E, et al. Nitric acid purification of single-walled carbon nanotubes. The Journal of Physical Chemistry B, 2003, 107(50): 13838-13842.

[13] Miyata Y, Maniwa Y, Kataura H. Selective oxidation of semiconducting single-wall carbon nanotubes by hydrogen peroxide. The Journal of Physical Chemistry B, 2006, 110(1): 25-29.

[14] Zhang J, Zou H, Qing Q, et al. Effect of chemical oxidation on the structure of single-walled carbon nanotubes. The Journal of Physical Chemistry B, 2003, 107(16): 3712-3718.

[15] Barinov A, Gregoratti L, Dudin P, et al. Imaging and spectroscopy of multiwalled carbon nanotubes during oxidation: defects and oxygen bonding. Advanced Materials, 2009, 21(19): 1916-1920.

[16] Simmons J M, Nichols B M, Baker S E, et al. Effect of ozone oxidation on single-walled carbon nanotubes. Journal of Physical Chemistry B, 2006, 110(14): 7113-7118.

[17] Solhy A, Machado B, Beausoleil J, et al. MWCNT activation and its influence on the catalytic performance of Pt/MWCNT catalysts for selective hydrogenation. Carbon, 2008, 46(9): 1194-1207.

[18] Felten A, Bittencourt C, Pireaux J J, et al. Radio-frequency plasma functionalization of carbon nanotubes surface O_2, NH_3, and CF_4 treatments. Journal of Applied Physics, 2005, 98(7): 074308.

[19] Jia H P, Dreyer D R, Bielawski C W. Graphite oxide as an auto-tandem oxidation-hydration-aldol coupling catalyst. Advanced Synthesis and Catalysis, 2011, 353(4): 528-532.

[20] 谈俊. N、B、P 掺杂碳纳米管的制备及其催化环己烷氧化性能研究. 广州：华南理工大学硕士学位论文, 2011.

[21] Wei D, Liu Y, Wang Y, et al. Synthesis of N-doped graphene by chemical vapor deposition and its electrical properties. Nano Letters, 2009, 9(5): 1752-1758.

[22] Yu S S, Zheng W T. Effect of N/B doping on the electronic and field emission properties for carbon nanotubes, carbon nanocones, and graphene nanoribbons. Nanoscale, 2010, 2(7): 1069-1082.

[23] 袁晓玲. 氮掺杂多孔炭材料的制备、表征及性能研究. 长春：吉林大学博士学位论文, 2012.

[24] 张金水, 王博, 王心晨. 石墨相氮化碳的化学合成及应用. 物理化学学报, 2013, 29(9): 1865-1876.

[25] Gao H, Song L, Guo W, et al. A simple method to synthesize continuous large area nitrogen-doped graphene. Carbon, 2012, 50(12): 4476-4482.

[26] Wang Y, Wang X, Antonietti M. Polymeric graphitic carbon nitride as a heterogeneous organocatalyst: from photochemistry to multipurpose catalysis to sustainable chemistry. Angewandte Chemie, 2012, 51(1): 68-89.

[27] Choi C H, Park S H, Woo S I. Binary and ternary doping of nitrogen, boron, and phosphorus into carbon for enhancing electrochemical oxygen reduction activity. ACS nano, 2012, 6(8): 7084-7091.

[28] Li R, Wei Z, Gou X, et al. Phosphorus-doped graphene nanosheets as efficient metal-free oxygen reduction electrocatalysts. RSC Advances, 2013, 3(25): 9978-9984.

[29] Liu Z W, Peng F, Wang H J, et al. Phosphorus-doped graphite layers with high electrocatalytic activity for the O_2 reduction in an alkaline medium. Angewandte Chemie, 2011, 123(14): 3315-3319.

[30] Liang J, Jiao Y, Jaroniec M, et al. Sulfur and nitrogen dual-doped mesoporous graphene electrocatalyst for oxygen reduction with synergistically enhanced performance. Angewandte Chemie, 2012, 51(46): 11496-11500.

[31] Xu J, Dong G, Jin C, et al. Sulfur and nitrogen co-doped, few-layered graphene oxide as a highly efficient electrocatalyst for the oxygen-reduction reaction. ChemSusChem, 2013, 6(3): 493-499.

[32] Yang Z, Yao Z, Li G, et al. Sulfur-doped graphene as an efficient metal-free cathode catalyst for oxygen reduction. ACS Nano, 2011, 6(1): 205-211.

[33] Dresselhaus M, Dresselhaus G, Jorio A, et al. Single nanotube Raman spectroscopy. Accounts of Chemical Research, 2002, 35(12): 1070-1078.

[34] Dresselhaus M S, Jorio A, Hofmann M, et al. Perspectives on carbon nanotubes and graphene Raman spectroscopy. Nano Letters, 2010, 10(3): 751-758.

[35] Ferrari A C, Robertson J. Raman spectroscopy of amorphous, nanostructured, diamond-like carbon, and nanodiamond. Philosophical Transactions of the Royal Society of London A: Mathematical, Physical and Engineering Sciences, 2004, 362(1824): 2477-2512.

[36] Graupner R. Raman spectroscopy of covalently functionalized single-wall carbon nanotubes. Journal of Raman Spectroscopy, 2007, 38(6): 673-683.

[37] 苏党生. 纳米碳催化. 北京: 科学出版社, 2014.

[38] Zhang J, Liu X, Blume R, et al. Surface-modified carbon nanotubes catalyze oxidative dehydrogenation of n-butane. Science, 2008, 322(5898): 73-77.

[39] Ertl G, Knözinger H, Weitkamp J. Handbook of Heterogeneous Catalysis. Weinheim: Wiley-VCH, 1997, 71(3): 290-291.

[40] Frank B, Morassutto M, Schomäcker R, et al. Oxidative dehydrogenation of ethane over multiwalled carbon nanotubes. ChemCatChem, 2010, 2(6): 644-648.

[41] Romanos G E, Likodimos V, Marques R R, et al. Controlling and quantifying oxygen functionalities on hydrothermally and thermally treated single-wall carbon nanotubes. The Journal of Physical Chemistry C, 2011, 115(17): 8534-8546.

[42] Schuster M E, Hävecker M, Arrigo R, et al. Surface sensitive study to determine the reactivity of soot with the focus on the European emission standards IV and VI. The Journal of Physical Chemistry A, 2011, 115(12): 2568-2580.

[43] Boehm H P. Surface oxides on carbon and their analysis: a critical assessment. Carbon, 2002, 40(2): 145-149.

[44] Boehm H P, Diehl E, Heck W, et al. Surface oxides of carbon. Angewandte Chemie, 1964, 3(10): 669-677.

[45] Qi W, Liu W, Zhang B, et al. Oxidative dehydrogenation on nanocarbon: identification and quantification of active sites by chemical titration. Angewandte Chemie, 2013, 52(52): 14224-14228.

[46] Iwasawa Y, Nobe H, Ogasawara S. Reaction mechanism for styrene synthesis over polynaphthoquinone. Journal of Catalysis, 1973, 31(3): 444-449.

[47] Zhang J, Wang X, Su Q, et al. Metal-free phenanthrenequinone cyclotrimer as an effective heterogeneous catalyst. Journal of the American Chemical Society, 2009, 131(32): 11296-11297.

[48] Wen G, Diao J, Wu S, et al. Acid properties of nanocarbons and their application in oxidative dehydrogenation. ACS Catalysis, 2015, 5(6): 3600-3608.

[49] Grunewald G, Drago R. Oxidative dehydrogenation of ethylbenzene to styrene over carbon-based catalysts. Journal of Molecular Catalysis, 1990, 58(2): 227-233.

[50] Pereira M F R, Figueiredo J L, Órfão J J, et al. Catalytic activity of carbon nanotubes in the oxidative dehydrogenation of ethylbenzene. Carbon, 2004, 42(14): 2807-2813.

[51] Zhang J, Su D, Zhang A, et al. Nanocarbon as robust catalyst: mechanistic insight into carbon-mediated catalysis. Angewandte Chemie, 2007, 119(38): 7460-7464.

[52] Qi W, Su D. Metal-free carbon catalysts for oxidative dehydrogenation reactions. ACS Catalysis, 2014, 4(9): 3212-3218.

[53] Zhang J, Su D S, Blume R, et al. Surface chemistry and catalytic reactivity of a nanodiamond in the steam-free dehydrogenation of ethylbenzene. Angewandte Chemie, 2010, 49(46): 8640-8644.

[54] Thanh T T, Ba H, Truong-Phuoc L, et al. A few-layer graphene-graphene oxide composite containing nanodiamonds as metal-free catalysts. Journal of Materials Chemistry A, 2014, 2(29): 11349-11357.

[55] Ba H, Luo J, Liu Y, et al. Macroscopically shaped monolith of nanodiamonds@ nitrogen-enriched mesoporous carbon decorated SiC as a superior metal-free catalyst for the styrene production. Applied Catalysis B: Environmental, 2017, 200: 343-350.

[56] Zhao Z, Dai Y, Ge G, et al. Facile simultaneous defect production and O, N-doping of carbon nanotubes with unexpected catalytic performance for clean and energy-saving production of styrene. Green Chemistry, 2015, 17(7): 3723-3727.

[57] Zhao Z, Dai Y, Ge G, et al. Increased active sites and their accessibility of a N-doped carbon nanotube carbocatalyst with remarkably enhanced catalytic performance in direct dehydrogenation of ethylbenzene. RSC Advances, 2015, 5(65): 53095-53099.

[58] Sui Z J, Zhou J H, Dai Y C, et al. Oxidative dehydrogenation of propane over catalysts based on carbon nanofibers. Catalysis Today, 2005, 106(1): 90-94.

[59] Liu X, Frank B, Zhang W, et al. Carbon-catalyzed oxidative dehydrogenation of n-butane: selective site formation during sp^3-to-sp^2 lattice rearrangement. Angewandte Chemie, 2011, 50(14): 3318-3322.

[60] Campos-Delgado J, Maciel I O, Cullen D A, et al. Chemical vapor deposition synthesis of N-, P-, and Si-doped single-walled carbon nanotubes. ACS Nano, 2010, 4(3): 1696-1702.

[61] Cruz-Silva E, López-Urías F, Munoz-Sandoval E, et al. Electronic transport and mechanical properties of phosphorus-and phosphorus-nitrogen-doped carbon nanotubes. ACS Nano, 2009, 3(7): 1913-1921.

[62] Frank B, Zhang J, Blume R, et al. Heteroatoms increase the selectivity in oxidative dehydrogenation reactions on nanocarbons. Angewandte Chemie, 2009, 48(37): 6913-6917.

[63] Wang R, Sun X, Zhang B, et al. Hybrid nanocarbon as a catalyst for direct dehydrogenation of propane: formation of an active and selective core-shell sp^2/sp^3 nanocomposite structure. Chemistry—A European Journal, 2014, 20(21): 6324-6331.

[64] Liu L, Deng Q F, Agula B, et al. Ordered mesoporous carbon catalyst for dehydrogenation of propane to propylene. Chemical Communications, 2011, 47(29): 8334-8336.

[65] Kim M H, Lee E K, Jun J H, et al. Hydrogen production by catalytic decomposition of methane over activated carbons: kinetic study. International Journal of Hydrogen Energy, 2004, 29(2): 187-193.

[66] Zhong B, Zhang J, Li B, et al. Insight into the mechanism of nanodiamond catalysed decomposition of methane molecules. Physical Chemistry Chemical Physics, 2014, 16(10): 4488-4491.

[67] Huang L, Santiso E E, Nardelli M B, et al. Catalytic role of carbons in methane decomposition for CO-and CO_2-free hydrogen generation. The Journal of Chemical Physics, 2008, 128(21): 214702.

[68] Bégin D, Ulrich G, Amadou J, et al. Oxidative dehydrogenation of 9, 10-dihydroanthracene using multi-walled carbon nanotubes. Journal of Molecular Catalysis A: Chemical, 2009, 302(1): 119-123.

[69] Su F, Mathew S C, Möhlmann L, et al. Aerobic oxidative coupling of amines by carbon nitride photocatalysis with visible light. Angewandte Chemie, 2011, 50(3): 657-660.

[70] Zhang J, Chen S, Chen F, et al. Dehydrogenation of nitrogen heterocycles using graphene oxide as a versatile metal-free catalyst under air. Advanced Synthesis and Catalysis, 2017, 359(14): 2358-2363.

[71] Kuang Y, Islam N M, Nabae Y, et al. Selective aerobic oxidation of benzylic alcohols catalyzed by carbon-based catalysts: a nonmetallic oxidation system. Angewandte Chemie, 2010, 49(2): 436-440.

[72] Kolthoff I. Properties of active charcoal reactivated in oxygen at 400. Journal of the American Chemical Society, 1932, 54(12): 4473-4480.

[73] Leenaerts O, Partoens B, Peeters F. Water on graphene: hydrophobicity and dipole moment using density functional theory. Physical Review B, 2009, 79(23): 235440.

[74] Ahnert F, Arafat H A, Pinto N G. A study of the influence of hydrophobicity of activated carbon on the adsorption equilibrium of aromatics in non-aqueous media. Adsorption, 2003, 9(4): 311-319.

[75] Bazylak A, Heinrich J, Djilali N, et al. Liquid water transport between graphite paper and a solid surface. Journal of Power Sources, 2008, 185(2): 1147-1153.

[76] Yang D S, Zewail A H. Ordered water structure at hydrophobic graphite interfaces observed by 4D, ultrafast electron crystallography. Proceedings of the National Academy of Sciences, 2009, 106(11): 4122-4126.

[77] Szymański G S, Rychlicki G, Terzyk A P. Catalytic conversion of ethanol on carbon catalysts. Carbon, 1994, 32(2): 265-271.

[78] Szymański G S, Rychlicki G. Catalytic conversion of propan-2-ol on carbon catalysts. Carbon, 1993, 31(2): 247-257.

[79] Szymański G S, Rychlicki G. Importance of oxygen surface groups in catalytic dehydration and dehydrogenation of butan-2-ol promoted by carbon catalysts. Carbon, 1991, 29(4-5): 489-498.

[80] Grunewald G C, Drago R S. Carbon molecular sieves as catalysts and catalyst supports. Journal of the American Chemical Society, 1991, 113(5): 1636-1639.

[81] Carrasco-Marin F, Mueden A, Moreno-Castilla C. Surface-treated activated carbons as catalysts for the dehydration and dehydrogenation reactions of ethanol. The Journal of Physical Chemistry B, 1998, 102(46): 9239-9244.

[82] Shiraishi Y, Kanazawa S, Sugano Y, et al. Highly selective production of hydrogen peroxide on graphitic carbon nitride ($g-C_3N_4$) photocatalyst activated by visible light. ACS Catalysis, 2014, 4(3): 774-780.

[83] Dreyer D R, Jia H P, Bielawski C W. Graphene oxide: a convenient carbocatalyst for facilitating oxidation and hydration reactions. Angewandte Chemie, 2010, 122(38): 6965-6968.

[84] Pyun J. Graphene oxide as catalyst: application of carbon materials beyond nanotechnology. Angewandte Chemie, 2011, 50(1): 46-48.

[85] Watanabe H, Asano S, Fujita S I, et al. Nitrogen-doped, metal-free activated carbon catalysts for aerobic oxidation of alcohols. ACS Catalysis, 2015, 5(5): 2886-2894.

[86] van Nguyen C, Liao Y T, Kang T C, et al. A metal-free, high nitrogen-doped nanoporous graphitic carbon catalyst for an effective aerobic HMF-to-FDCA conversion. Green Chemistry, 2016, 18(22): 5957-5961.

[87] Ansari M B, Jin H, Park S E. Carbon dioxide augmented oxidation of aromatic alcohols over mesoporous carbon nitride as a metal free catalyst. Catalysis Science and Technology, 2013, 3(5): 1261-1266.

[88] Zheng Z, Zhou X. Metal-free oxidation of α-hydroxy ketones to 1,2-diketones catalyzed by mesoporous carbon nitride with visible light. Chinese Journal of Chemistry, 2012, 30(8): 1683-1686.

[89] Long J, Xie X, Xu J, et al. Nitrogen-doped graphene nanosheets as metal-free catalysts for aerobic selective oxidation of benzylic alcohols. ACS Catalysis, 2012, 2(4): 622-631.

[90] Lin Y, Su D. Fabrication of nitrogen-modified annealed nanodiamond with improved catalytic activity. ACS Nano, 2014, 8(8): 7823-7833.

[91] Su F, Mathew S C, Lipner G, et al. mpg-C_3N_4-catalyzed selective oxidation of alcohols using O_2 and visible light. Journal of the American Chemical Society, 2010, 132(46): 16299-16301.

[92] Li H, Liu R, Lian S, et al. Near-infrared light controlled photocatalytic activity of carbon quantum dots for highly selective oxidation reaction. Nanoscale, 2013, 5(8): 3289-3297.

[93] Zhang W, Bariotaki A, Smonou I, et al. Visible-light-driven photooxidation of alcohols using surface-doped graphitic carbon nitride. Green Chemistry, 2017, 19(9): 2096-2100.

[94] Su C, Acik M, Takai K, et al. Probing the catalytic activity of porous graphene oxide and the origin of this behaviour. Nature Communications, 2012, 3: 1298.

[95] Li X H, Antonietti M. Polycondensation of boron-and nitrogen-codoped holey graphene monoliths from molecules: carbocatalysts for selective oxidation. Angewandte Chemie, 2013, 52(17): 4572-4576.

[96] Christmann M. Selective oxidation of aliphatic C—H bonds in the synthesis of complex molecules. Angewandte Chemie, 2008, 47(15): 2740-2742.

[97] Dyker G. Transition metal catalyzed coupling reactions under C—H activation. Angewandte Chemie, 1999, 38(12): 1698-1712.

[98] Jia C, Kitamura T, Fujiwara Y. Catalytic functionalization of arenes and alkanes via C—H bond activation. Accounts of Chemical Research, 2001, 34(8): 633-639.

[99] Shilov A E, Shul'pin G B. Activation of C—H bonds by metal complexes. Chemical Reviews, 1997, 97(8): 2879-2932.

[100] Chen M S, White M C. Combined effects on selectivity in Fe-catalyzed methylene oxidation. Science, 2010, 327(5965): 566-571.

[101] Kamata K, Yonehara K, Nakagawa Y, et al. Efficient stereo-and regioselective hydroxylation of alkanes catalysed by a bulky polyoxometalate. Nature Chemistry, 2010, 2(6): 478-483.

[102] Labinger J A, Bercaw J E. Understanding and exploiting C—H bond activation. Nature, 2002, 417(6888): 507-514.

[103] Wang Y, Zhang J, Wang X, et al. Boron-and fluorine-containing mesoporous carbon nitride polymers: metal-free catalysts for cyclohexane oxidation. Angewandte Chemie, 2010, 49(19): 3356-3359.

[104] Konietzni F, Kolb U, Dingerdissen U, et al. AMM-Mn_xSi-catalyzed selective oxidation of toluene. Journal of Catalysis, 1998, 176(2): 527-535.

[105] Wang F, Xu J, Li X, et al. Liquid phase oxidation of toluene to benzaldehyde with molecular oxygen over copper-based heterogeneous catalysts. Advanced Synthesis and Catalysis, 2005, 347(15): 1987-1992.

[106] Wang Y, Li H, Yao J, et al. Synthesis of boron doped polymeric carbon nitride solids and their use as metal-free catalysts for aliphatic C—H bond oxidation. Chemical Science, 2011, 2(3): 446-450.

[107] Yang H, Cui X, Deng Y, et al. Ionic liquid templated preparation of carbon aerogels based on resorcinol-formaldehyde: properties and catalytic performance. Journal of Materials Chemistry, 2012, 22(41): 21852-21856.

[108] Gao Y, Hu G, Zhong J, et al. Nitrogen-doped sp^2-hybridized carbon as a superior catalyst for selective oxidation. Angewandte Chemie, 2013, 52(7): 2109-2113.

[109] Li X H, Wang X, Antonietti M. Solvent-free and metal-free oxidation of toluene using O_2 and g-C_3N_4 with nanopores: nanostructure boosts the catalytic selectivity. ACS Catalysis, 2012, 2(10): 2082-2086.

[110] Dhakshinamoorthy A, Primo A, Concepcion P, et al. Doped graphene as a metal-free carbocatalyst for the selective aerobic oxidation of benzylic hydrocarbons, cyclooctane and styrene. Chemistry—A European Journal, 2013, 19(23): 7547-7554.

[111] Lin Y, Pan X, Qi W, et al. Nitrogen-doped onion-like carbon: a novel and efficient metal-free catalyst for epoxidation reaction. Journal of Materials Chemistry A, 2014, 2(31): 12475-12483.

[112] Kang Z, Wang E, Mao B, et al. Heterogeneous hydroxylation catalyzed by multi-walled carbon nanotubes at low temperature. Applied Catalysis A: General, 2006, 299: 212-217.

[113] Song S, Yang H, Rao R, et al. Defects of multi-walled carbon nanotubes as active sites for benzene hydroxylation to phenol in the presence of H_2O_2. Catalysis Communications, 2010, 11(8): 783-787.

[114] Niwa S I, Eswaramoorthy M, Nair J, et al. A one-step conversion of benzene to phenol with a palladium membrane. Science, 2002, 295(5552): 105-107.

[115] Wen G, Wu S, Li B, et al. Active sites and mechanisms for direct oxidation of benzene to phenol over carbon catalysts. Angewandte Chemie, 2015, 54(13): 4105-4109.

[116] Goettmann F, Thomas A, Antonietti M. Metal-free activation of CO_2 by mesoporous graphitic carbon nitride. Angewandte Chemie, 2007, 46(15): 2717-2720.

[117] Ansari M B, Min B H, Mo Y H, et al. CO_2 activation and promotional effect in the oxidation of cyclic olefins over mesoporous carbon nitrides. Green Chemistry, 2011, 13(6): 1416-1421.

[118] Min B H, Ansari M B, Mo Y H, et al. Mesoporous carbon nitride synthesized by nanocasting with urea/formaldehyde and metal-free catalytic oxidation of cyclic olefins. Catalysis Today, 2013, 204: 156-163.

[119] Franz G, Sheldon R. Oxidation Ullmann's Encyclopia of Industrial Chemistry. 6th ed. Weinheim: Wiley-VCH, 2000.

[120] Musser M T. Cyclohexanol and cyclohexanone. Ullmann's Encyclopedia of Industrial Chemistry, 2011, 203(6): 1889-1896.

[121] Li X H, Chen J S, Wang X, et al. Metal-free activation of dioxygen by graphene/g-C_3N_4 nanocomposites: functional dyads for selective oxidation of saturated hydrocarbons. Journal of the American Chemical Society, 2011, 133(21): 8074-8077.

[122] Yu H, Peng F, Tan J, et al. Selective catalysis of the aerobic oxidation of cyclohexane in the liquid phase by carbon nanotubes. Angewandte Chemie, 2011, 123(17): 4064-4068.

[123] Besson M, Blackburn A, Gallezot P, et al. Oxidation with air of cyclohexanone to carboxylic diacids on carbon catalysts. Topics in Catalysis, 2000, 13(3): 253-257.

[124] Dreyer D R, Jia H P, Todd A D, et al. Graphite oxide: a selective and highly efficient oxidant of thiols and sulfides. Organic and Biomolecular Chemistry, 2011, 9(21): 7292-7295.

[125] Rideal E K, Wright W M. CLXXXIV.—Low temperature oxidation at charcoal surfaces. Part I. The behaviour of charcoal in the absence of promoters. Journal of the Chemical Society, Transactions, 1925, 127: 1347-1357.

[126] Beltrán F J, Rivas F J, Fernández L A, et al. Kinetics of catalytic ozonation of oxalic acid in water with activated carbon. Industrial and Engineering Chemistry Research, 2002, 41(25): 6510-6517.

[127] Staehelin J, Hoigne J. Decomposition of ozone in water: rate of initiation by hydroxide ions and hydrogen peroxide. Environmental Science and Technology, 1982, 16(10): 676-681.

[128] Beltrán F J, García-Araya J F, Giráldez I. Gallic acid water ozonation using activated carbon. Applied Catalysis B: Environmental, 2006, 63(3): 249-259.

[129] Faria P, Órfão J, Pereira M. Ozonation of aniline promoted by activated carbon. Chemosphere, 2007, 67(4): 809-815.

[130] Rivera-Utrilla J, Sánchez-Polo M. Ozonation of naphthalenesulphonic acid in the aqueous phase in the presence of basic activated carbons. Langmuir, 2004, 20(21): 9217-9222.

[131] Faria P, Órfão J, Pereira M. Activated carbon and ceria catalysts applied to the catalytic ozonation of dyes and textile effluents. Applied Catalysis B: Environmental, 2009, 88(3): 341-350.

[132] Santos A, Yustos P, Rodríguez S, et al. Decolorization of textile dyes by wet oxidation using activated carbon as catalyst. Industrial and Engineering Chemistry Research, 2007, 46(8): 2423-2427.

[133] Georgi A, Kopinke F D. Interaction of adsorption and catalytic reactions in water decontamination processes: Part I. Oxidation of organic contaminants with hydrogen peroxide catalyzed by activated carbon. Applied Catalysis B: Environmental, 2005, 58(1): 9-18.

[134] Santos A, Yustos P, Rodriguez S, et al. Wet oxidation of phenol, cresols and nitrophenols catalyzed by activated carbon in acid and basic media. Applied Catalysis B: Environmental, 2006, 65(3): 269-281.

[135] Santos V P, Pereira M F, Faria P, et al. Decolourisation of dye solutions by oxidation with H_e in the presence of modified activated carbons. Journal of Hazardous Materials, 2009, 162(2): 736-742.

[136] Klein J, Henning K D. Catalytic oxidation of hydrogen sulphide on activated carbons. Fuel, 1984, 63(8): 1064-1067.

[137] Bagreev A, Bandosz T J. Study of hydrogen sulfide adsorption on activated carbons using inverse gas chromatography at infinite dilution. The Journal of Physical Chemistry B, 2000, 104(37): 8841-8847.

[138] Adib F, Bagreev A, Bandosz T J. Adsorption/oxidation of hydrogen sulfide on nitrogen-containing activated carbons. Langmuir, 2000, 16(4): 1980-1986.

[139] Bagreev A, Menendez J A, Dukhno I, et al. Bituminous coal-based activated carbons modified with nitrogen as adsorbents of hydrogen sulfide. Carbon, 2004, 42(3): 469-476.

[140] Krishnan R, Su W S, Chen H T. A new carbon allotrope: Penta-graphene as a metal-free catalyst for Co oxidation. Carbon, 2017, 114: 465-472.

[141] Sinthika S, Kumar E M, Surya V, et al. Activation of CO and CO_2 on homonuclear boron bonds of fullerene-like BN cages: first principles study. Scientific Reports, 2015, 5: 17460.

[142] Gupta N K, Pashigreva A, Pidko E A, et al. Bent carbon surface moieties as active sites on carbon catalysts for phosgene synthesis. Angewandte Chemie, 2016, 128(5): 1760-1764.

[143] Mitchell C J, van der Borden W, van der Velde K, et al. Selection of carbon catalysts for the industrial manufacture of phosgene. Catalysis Science and Technology, 2012, 2(10): 2109-2115.

[144] Zhang J, Liu N, Li W, et al. Progress on cleaner production of vinyl chloride monomers over non-mercury catalysts. Frontiers of Chemical Science and Engineering, 2011, 5(4): 514-520.

[145] Conte M, Davies C J, Morgan D J, et al. Modifications of the metal and support during the deactivation and regeneration of Au/C catalysts for the hydrochlorination of acetylene. Catalysis Science and Technology, 2013, 3(1): 128-134.

[146] Li X, Wang Y, Kang L, et al. A novel, non-metallic graphitic carbon nitride catalyst for acetylene hydrochlorination. Journal of Catalysis, 2014, 311: 288-294.

[147] Zhou K, Li B, Zhang Q, et al. The catalytic pathways of hydrohalogenation over metal-free nitrogen-doped carbon nanotubes. ChemSusChem, 2014, 7(3): 723-728.

[148] Kumar A V, Rao K R. Recyclable graphite oxide catalyzed Friedel-Crafts addition of indoles to α, β-unsaturated ketones. Tetrahedron Letters, 2011, 52(40): 5188-5191.

[149] Verma S, Mungse H P, Kumar N, et al. Graphene oxide: an efficient and reusable carbocatalyst for Aza-Michael addition of amines to activated alkenes. Chemical Communications, 2011, 47(47): 12673-12675.

[150] Dhakshinamoorthy A, Alvaro M, Concepción P, et al. Graphene oxide as an acid catalyst for the room temperature ring opening of epoxides. Chemical Communications, 2012, 48(44): 5443-5445.

[151] Song L, Zhang S, Wu X, et al. Graphitic C_3N_4 photocatalyst for esterification of benzaldehyde and alcohol under visible light radiation. Industrial and Engineering Chemistry Research, 2012, 51(28): 9510-9514.

[152] Suzuki Y, Matsushima M, Kodomari M. Graphite-catalyzed acylative cleavage of ethers with acyl halides. Chemistry Letters, 1998, 27(4): 319-320.

[153] Song T, Zhou B, Peng G W, et al. Aerobic oxidative coupling of resveratrol and its analogues by visible light using mesoporous graphitic carbon nitride (mpg-C_3N_4) as a bioinspired catalyst. Chemistry—A European Journal, 2014, 20(3): 678-682.

[154] Goettmann F, Fischer A, Antonietti M, et al. Mesoporous graphitic carbon nitride as a versatile, metal-free catalyst for the cyclisation of functional nitriles and alkynes. New Journal of Chemistry, 2007, 31(8): 1455-1460.

[155] Roesky P W, Müller T E. Enantioselective catalytic hydroamination of alkenes. Angewandte Chemie, 2003, 42(24): 2708-2710.

[156] Seayad J, Tillack A, Hartung C G, et al. Base catalyzed hydroamination of olefins: an environmentally friendly route to amines. Advanced Synthesis and Catalysis, 2002, 344(8): 795-813.

[157] Togni A, Grutzmacher H, Grutzmacher H J. Catalytic Heterofunctionalization. New York: Wiley-VCH, 2001.

[158] Han B H, Shin D H, Cho S Y. Graphite catalyzed reduction of aromatic and aliphatic nitro compounds with hydrazine hydrate. Tetrahedron Letters, 1985, 26(50): 6233-6234.

[159] Larsen J W, Freund M, Kim K Y, et al. Mechanism of the carbon catalyzed reduction of nitrobenzene by hydrazine. Carbon, 2000, 38(5): 655-661.

[160] Lin Y, Wu S, Shi W, et al. Efficient and highly selective boron-doped carbon materials-catalyzed reduction of nitroarenes. Chemical Communications, 2015, 51(66): 13086-13089.

[161] Li B, Xu Z. A nonmetal catalyst for molecular hydrogen activation with comparable catalytic hydrogenation capability to noble metal catalyst. Journal of the American Chemical Society, 2009, 131(45): 16380-16382.

[162] Pacosová L, Kartusch C, Kukula P, et al. Is fullerene a nonmetal catalyst in the hydrogenation of nitrobenzene? ChemCatChem, 2011, 3(1): 154-156.

[163] Fu H, Zhu D. Graphene oxide-facilitated reduction of nitrobenzene in sulfide-containing aqueous solutions. Environmental Science and Technology, 2013, 47(9): 4204-4210.

[164] Yang H, Cui X, Dai X, et al. Carbon-catalysed reductive hydrogen atom transfer reactions. Nature Communications, 2015, 6: 6478.

[165] Fu J, Shi F, Thompson Jr L, et al. Activated carbons for hydrothermal decarboxylation of fatty acids. ACS Catalysis, 2011, 1(3): 227-231.

[166] Lailson-Brito J, Dorneles P, Azevedo-Silva C, et al. High organochlorine accumulation in blubber of Guiana dolphin, Sotalia guianensis, from Brazilian coast and its use to establish geographical differences among populations. Environmental Pollution, 2010, 158(5): 1800-1808.

[167] Kodomari M, Suzuki Y, Yoshida K. Graphite as an effective catalyst for Friedel-Crafts acylation. Chemical Communications, 1997, (16): 1567-1568.

[168] Goettmann F, Fischer A, Antonietti M, et al. Chemical synthesis of mesoporous carbon nitrides using hard templates and their use as a metal-free catalyst for Friedel-Crafts reaction of benzene. Angewandte Chemie, 2006, 45(27): 4467-4471.

[169] Sereda G A. Alkylation on graphite in the absence of Lewis acids. Tetrahedron Letters, 2004, 45(39): 7265-7267.

[170] Goettmann F, Fischer A, Antonietti M, et al. Metal-free catalysis of sustainable Friedel-Crafts reactions: direct activation of benzene by carbon nitrides to avoid the use of metal chlorides and halogenated compounds. Chemical Communications, 2006, (43): 4530-4532.

[171] Nagai M, Isoe R, Ishiguro K, et al. Graphite and graphene oxides catalyze bromination or alkylation in reaction of phenol with t-butylbromide. Chemical Engineering Journal, 2012, 207: 938-942.

[172] Ansari M B, Jin H, Parvin M N, et al. Mesoporous carbon nitride as a metal-free base catalyst in the microwave assisted Knoevenagel condensation of ethylcyanoacetate with aromatic aldehydes. Catalysis Today, 2012, 185(1): 211-216.

[173] van Dommele S, de Jong K P, Bitter J H. Nitrogen-containing carbon nanotubes as solid base catalysts. Chemical Communications, 2006, (46): 4859-4861.

[174] Su F, Antonietti M, Wang X. mpg-C_3N_4 as a solid base catalyst for Knoevenagel condensations and transesterification reactions. Catalysis Science and Technology, 2012, 2(5): 1005-1009.

[175] Zhang W, Wang S, Ji J, et al. Primary and tertiary amines bifunctional graphene oxide for cooperative catalysis. Nanoscale, 2013, 5(13): 6030-6033.

[176] Singh Chauhan S M, Mishra S. Use of graphite oxide and graphene oxide as catalysts in the synthesis of dipyrromethane and calix[4]pyrrole. Molecules, 2011, 16(9): 7256-7266.

[177] Dreyer D R, Jarvis K A, Ferreira P J, et al. Graphite oxide as a carbocatalyst for the preparation of fullerene-reinforced polyester and polyamide nanocomposites. Polymer Chemistry, 2012, 3(3): 757-766.

[178] Tan L, Wang B, Feng H. Comparative studies of graphene oxide and reduced graphene oxide as carbocatalysts for polymerization of 3-aminophenylboronic acid. RSC Advances, 2013, 3(8): 2561-2565.

[179] Peng L, Philippaerts A, Ke X, et al. Preparation of sulfonated ordered mesoporous carbon and its use for the esterification of fatty acids. Catalysis Today, 2010, 150(1): 140-146.

[180] Peng F, Zhang L, Wang H, et al. Sulfonated carbon nanotubes as a strong protonic acid catalyst. Carbon, 2005, 43(11): 2405-2408.

[181] Liu F, Sun J, Zhu L, et al. Sulfated graphene as an efficient solid catalyst for acid-catalyzed liquid reactions. Journal of Materials Chemistry, 2012, 22(12): 5495-5502.

[182] Moreno-Castilla C, Carrasco-Marin F, Parejo-Pérez C, et al. Dehydration of methanol to dimethyl ether catalyzed by oxidized activated carbons with varying surface acidic character. Carbon, 2001, 39(6): 869-875.

[183] Jin X, Balasubramanian V V, Selvan S T, et al. Highly ordered mesoporous carbon nitride nanoparticles with high nitrogen content: a metal-free basic catalyst. Angewandte Chemie, 2009, 121(42): 8024-8027.

[184] Tessonnier J P, Villa A, Majoulet O, et al. Defect-mediated functionalization of carbon nanotubes as a route to design single-site basic heterogeneous catalysts for biomass conversion. Angewandte Chemie, 2009, 48(35): 6543-6546.

[185] Basu B, Kundu S, Sengupta D. Graphene oxide as a carbocatalyst: the first example of a one-pot sequential dehydration-hydrothiolation of secondary aryl alcohols. RSC Advances, 2013, 3(44): 22130-22134.

[186] Corma A, Iborra S, Velty A. Chemical routes for the transformation of biomass into chemicals. Chemical Reviews, 2007, 107(6): 2411-2502.

[187] Gallezot P. Conversion of biomass to selected chemical products. Chemical Society Reviews, 2012, 41(4): 1538-1558.

[188] Román-Leshkov Y, Barrett C J, Liu Z Y, et al. Production of dimethylfuran for liquid fuels from biomass-derived carbohydrates. Nature, 2007, 447(7147): 982-985.

[189] Villa A, Schiavoni M, Fulvio P F, et al. Phosphorylated mesoporous carbon as effective catalyst for the selective fructose dehydration to HMF. Journal of Energy Chemistry, 2013, 22(2): 305-311.

[190] Sairanen E, Vilonen K, Karinen R, et al. Functionalized activated carbon catalysts in xylose dehydration. Topics in Catalysis, 2013, 56(9-10): 512-521.

[191] Lam E, Chong J H, Majid E, et al. Carbocatalytic dehydration of xylose to furfural in water. Carbon, 2012, 50(3): 1033-1043.

第 4 章
胺醇绿色催化烷基化

4.1 引言

胺是一类很重要的含氮大宗化学品,在生产染料、药物、农药、表面活性剂等领域得到广泛应用[1]。基于其重要性,从 20 世纪开始,就陆续出现了各种胺的合成方法,如 Hofmann 烷基化[2]、Buchwald-Hartwig 反应[3, 4]、Ullmann 反应[5]、氢胺化[6]、氢胺甲基化[7]、腈类[8]和硝基类[9]化合物还原及还原胺化[10]等。目前,较普遍使用的胺的合成方法是醇的胺化。因为该合成方法不仅原料廉价易得,而且反应中唯一的副产物是水,符合原子经济和环境保护的要求。

早在 1901 年,Nef 小组首次提出了胺和醇的偶联,其通过不同醇的钠盐和苯胺反应,成功地实现了苯胺的烷基化[11]。在这之后,胺醇烷基化的研究主要集中在有碱条件下胺和醇盐的反应[12]。但是,此类反应通常需要苛刻的反应条件,如高温(>200℃)、高压、较长的反应时间及过量碱的加入。直到 1981 年,Grigg 和 Watanabe 小组报道了过渡金属均相催化醇胺基化反应[13, 14],自此醇的胺基化才广泛受到世界各地科学研究者的关注。随后,各种各样的过渡金属(如 Ru、Ir、Rh、Pt、Pd、Au、Ag、Co、Mn、Ni、Cu 和 Fe),通过均相催化和多相催化的方法,被用到醇的胺基化反应中,并取得很大的突破。近年来,碳材料和有机金属催化的胺醇烷基化反应也得以实现,并且催化性能几乎可以和过渡金属催化剂相媲美。

尽管胺醇烷基化反应有很多不同的路径,但是催化体系的本质并没有什么区别。催化机理主要有两种,分别是亲核取代机理(S_N2 和 S_N1)和借氢机理(BH)。一般来说,如果要发生亲核取代机理,则胺醇烷基化反应中需要苄醇、丙炔醇和烯丙醇[15-26]等活化醇。但是,最近报道的一例非活化醇——正辛醇,也能和苯胺通过亲核取代机理反应生成 N-烷基化苯胺,反应在 200℃ 的温度下进行,也能取得 85%的收率(图 4.1)[27]。

图 4.1 通过亲核取代机理实现以非活化醇为底物的醇胺烷基化
Cp*H 为五甲基环戊二烯;1, 2, 4-TMB 为 1, 2, 4-三甲基苯

与亲核取代机理相对应的是借氢机理(图 4.2)[28-35]。若发生借氢机理，则非活化醇也能发生胺化反应，这和亲核取代机理正好形成互补。借氢机理主要分为三步：首先，醇脱氢生成醛或酮；接着，原位生成的醛或酮和胺发生缩合反应生成亚胺；最后，亚胺加氢生成需要的产物胺。

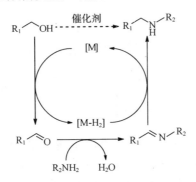

图 4.2　由借氢机理实现的胺醇烷基化反应

4.2　胺醇烷基化均相催化体系

最早的均相胺醇烷基化反应是 1901 年报道的，但是使用碱作为催化剂[36]。直到 1981 年，才报道了以过渡金属作催化剂的均相胺醇烷基化反应[13, 14]。在这之后，胺醇烷基化反应的均相催化剂才开始多样化，包括贵金属 Ru、Ir、Rh、Pd 和非贵金属 Cu、Ni、Fe 等。

4.2.1　贵金属催化剂

1. 钌基催化剂

均相 Ru 催化醇的胺化反应由 Watanabe 课题组于 1981 年报道。其在温度为 180℃、$RuCl_2(PPh_3)_3$ 作催化剂的条件下，由苯胺分别与饱和伯醇和 2,3-不饱和伯醇反应，生成 N-烷基化苯胺和 2,3-烷基化喹啉，都取得了很好的收率(图 4.3)[14]。在反应过程中，饱和醇和苯胺反应能生成单取代和双取代产物，但是甲醇的反应活性较低。以 2,3-不饱和醇如丙烯醇和巴豆醇等为底物时则能以很好的收率生成 2,3-烷基化喹啉。

自上述催化体系报道以后，$RuCl_2(PPh_3)_3$ 作为催化剂被广泛地应用到胺醇烷基化反应中，其中包括脂肪胺和甲醇的 N-甲基化反应[37]、对称的仲胺和长链醇的反应[38, 39]、二醇与胺的反应[40, 41]、芳香族胺和二醇的环化[42]、氨基醇的环化[43]、酰胺和伯醇的 N-烷基化反应[44]等。

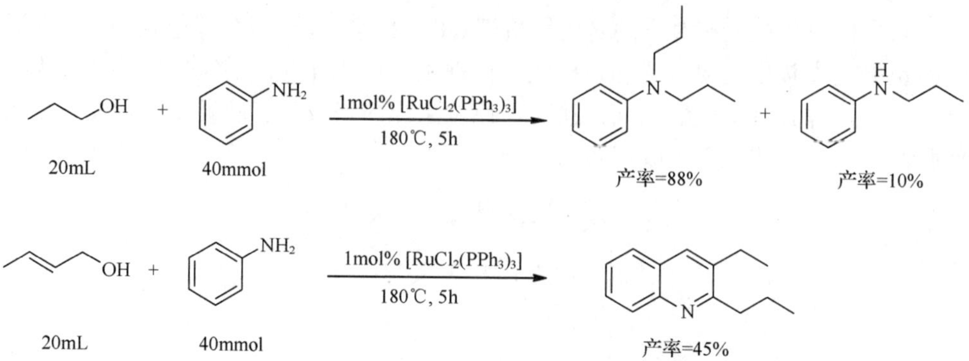

图 4.3 钌基催化剂催化胺与伯醇的烷基化

除 $RuCl_2(PPh_3)_3$ 外,其他钌的配合物也应用在胺醇烷基化反应中。例如,$RuH_2(PPh_3)_4$ 已被证实可以在较温和的条件下,催化脂肪族伯胺和伯醇反应生成仲胺,并取得 46%~92% 的收率(图 4.4)[45]。此外,$(\eta^4$-1,5-环辛二烯)$(\eta^6$-1,3,5-环辛三烯)钌(简写[Ru(COD)(COT)]),在氨基吡啶选择性烷基化中有很高的反应活性(图 4.5)[46]。但是,Ru(COD)(COT) 不能催化苯胺的烷基化反应。

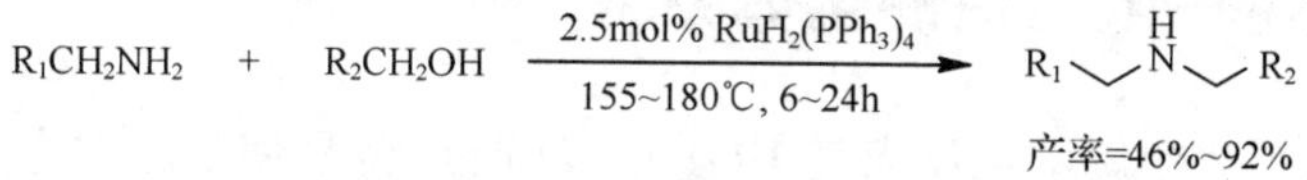

图 4.4 $RuH_2(PPh_3)_4$ 催化伯胺与伯醇的烷基化

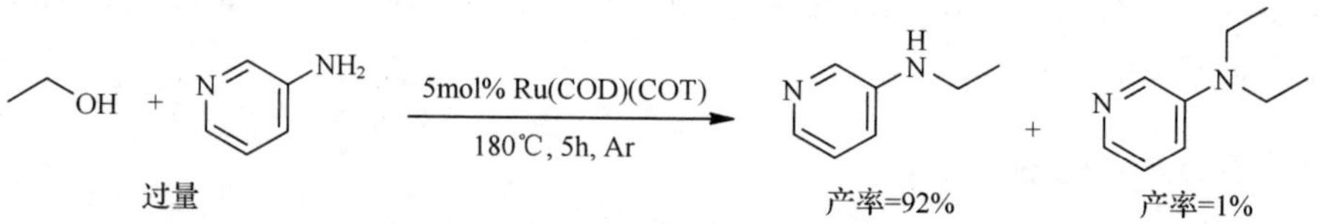

图 4.5 Ru(COD)(COT) 催化杂环芳胺与伯醇的烷基化

除上述两例钌配合物催化剂以外,[$RuCl_2(PPh_3)_2(MeCN)$]BPh_4 在碱助剂存在时可以在无溶剂的条件下催化苯胺和过量的甲醇反应生成 N-甲基化苯胺(图 4.6)[47]。其催化循环机理如图 4.7 所示。与 [$RuCl_2(PPh_3)_2(MeCN)$]BPh_4 催化性能互补的是 $RuCl(\eta^5$-$C_5H_5)(PPh_3)_2$,它是一类半夹心型的钌配合物,能催化脂肪族伯胺和仲胺与甲醇反应,并取得了很好的收率[48]。

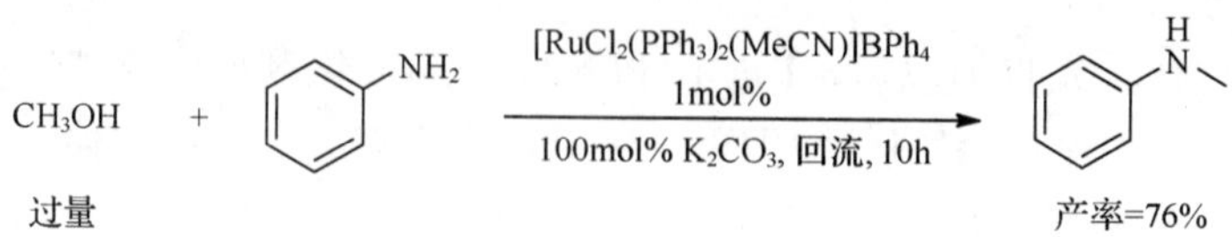

图 4.6 [$RuCl_2(PPh_3)_2(MeCN)$]BPh_4 催化苯胺的衍生物与伯醇的单烷基化

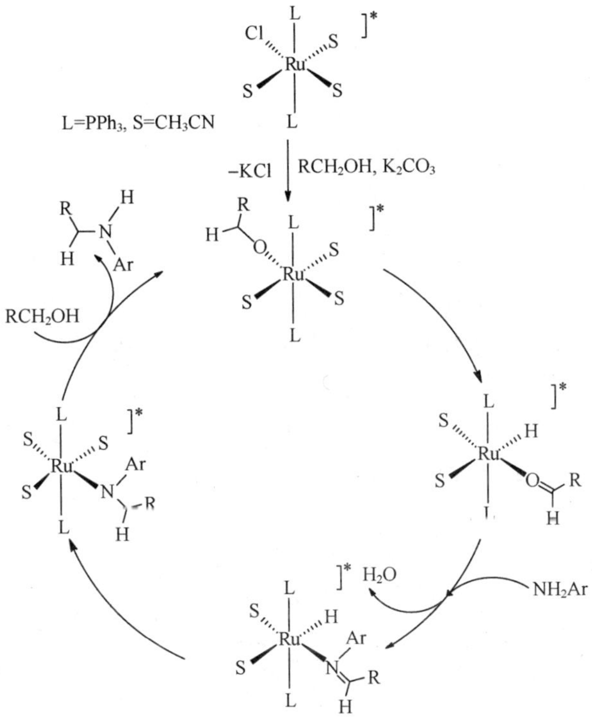

图 4.7 $[RuCl_2(PPh_3)_2(MeCN)]BPh_4$ 催化苯胺和甲醇的反应机理

上述催化体系中的醇都是伯醇,以钌配合物为催化剂来催化仲醇进行胺醇烷基化反应在 2000 年以前仍是挑战。直到 2000 年,Nishibayashi 等[49]小组报道了以含硫桥的二钌配合物[Cp*RuCl(μ_2-SMe)$_2$RuCp*Cl]为催化剂来催化炔丙仲醇和胺的烷基化反应。当硝基苯胺和乙炔苯甲醇反应时,加入 10mol% NH_4BF_4 作助催化剂,反应温度为 60℃ 时可以获得 72% 的目标产物收率;当底物为 N-甲基苯甲酰胺时,则只能获得 62% 的收率;当底物为乙酰胺时,其收率有 73%[50]。通过进一步优化反应条件,可观察到反应底物有很好的普适性,其中胺包括芳香胺、酰胺、磺酰胺和内酰胺,以及含不同官能团的丙炔醇都能很好地发生反应[51]。此外,该反应也研究了以 Se、Te 为桥的二钌配合物的催化性能。实验表明,含 S 桥和 Se 桥的催化剂在丙炔二醇的胺化反应中都有很好的催化活性,而含 Te 桥的配合物则没有催化活性[52]。此外,无论是 S、Se 还是 Te 桥钌催化体系都只能催化活化仲醇的胺醇烷基化。

2006 年,Beller 小组报道了以钌配合物为催化剂的非活化醇的胺化反应。其用 Ru_3CO_{12} 和三邻甲苯基膦或正丁基二(1-金刚烷基)膦为催化剂,进行胺与典型非活化仲醇(α-苯乙醇)的烷基化反应(图 4.8)[53]。此催化体系对芳胺的反应活性不高,而 $Ru_3(CO)_{12}$/N-苯基-2-(环己基膦)吡咯催化体系则展现出了更好的催化性能[54]。

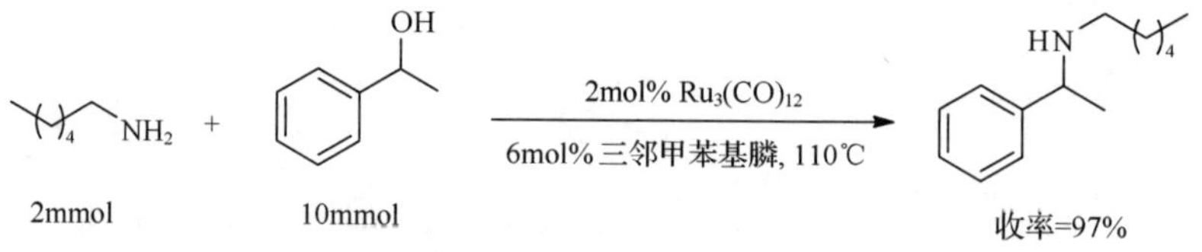

图 4.8 钌基催化剂催化仲醇的胺基化

三级胺是大部分药物分子中不可缺少的组成结构[55]，尤其是哌嗪类衍生物[56]。然而，只有很少的几例仲胺发生 N-烷基化反应生成三级胺的报道[13, 39, 57]。2007年，Williams 课题组报道了由商品化的[Ru(cymene)Cl$_2$]$_2$ 和 1,1′-双(二苯基膦)二茂铁(dppf)组成的催化体系。此催化体系可以有效地催化苯胺和伯醇(苯甲醇和乙醇)反应生成仲胺(图 4.9)[58]。同时，此催化体系也是三级胺的生成方法[59]。美中不足的是，磺胺和伯醇的反应需要 150℃的高温，同时需要加入 K_2CO_3 作为助催化剂[60]。

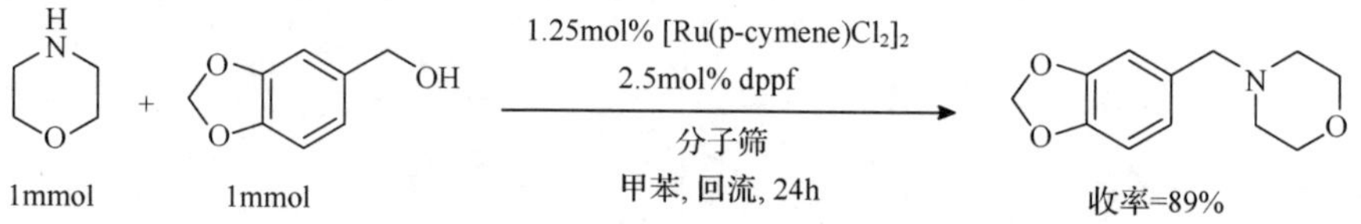

图 4.9 [Ru(p-cymene)Cl$_2$]$_2$ 催化吗啡啉与胡椒醇的烷基化
p-cymene 为对伞花烃

2008 年，Beller 小组将[Ru$_3$(CO)$_{12}$]和 N-苯基-2-(二环己基膦基)吡咯组合在一起，成功实现了环胺和不同的仲醇反应生成三级胺，并取得 97%的收率(图 4.10)[61]。此反应的不足之处在于，每一个底物都需要重新优化反应条件。

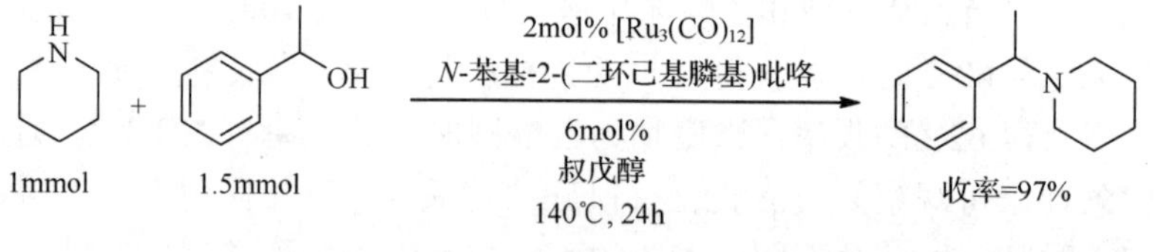

图 4.10 Ru$_3$(CO)$_{12}$ 催化哌啶与 1-苯基乙醇的烷基化

尽管醇与伯胺和仲胺的烷基化反应已经取得了很好的研究进展，但是叔胺的烷基化却很少有报道。在 2011 年，Deng 小组报道了由 RuCl$_3$·3H$_2$O 催化伯醇和脂肪族叔胺反应生成不对称取代的三级胺[62]。在这个反应中，三级胺产物的选择性和溶剂有很大关系。例如，以氯苯为溶剂时三丁胺和 4-氟苯甲醇反应生成单取代产物，而在无溶剂时则生成双取代产物(图 4.11)。

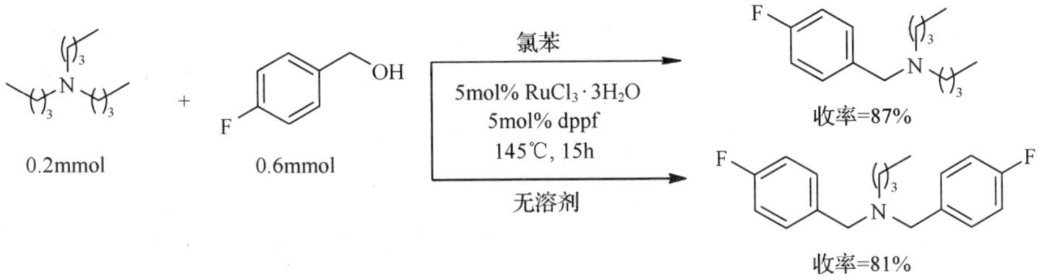

图 4.11 钌基催化剂催化叔胺与醇的烷基化

吲哚衍生物以其独特的生物活性成为药物分子中重要的组成部分[63]，而 N-烷基化吲哚衍生物的性能尤其独特[64]。但是，因为吲哚的弱亲和性，使得通过均相催化体系来催化吲哚和醇发生 N-烷基化反应一直未能实现。直到 2010 年，Beller 和 Williams 小组共同报道了 Shvo 催化剂催化的吲哚和醇的 N-烷基化反应(图 4.12)[65]。其反应机理为：先使吲哚和醇在原位发生氢转移，其次生成的二氢吲哚和醛发生缩合反应，最后通过分子内的异构化生成 N-烷基化吲哚。其中，伯醇可以高转化率高选择性地得到 N-烷基化吲哚的产物。

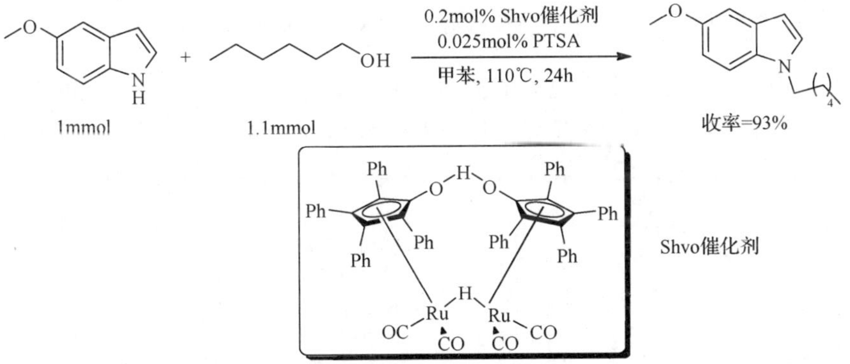

图 4.12 钌基催化剂催化吲哚与醇的烷基化

2012 年，Martín-Matute 小组报道了以 Ru(Ⅱ)CNN(C：碳；N：氮)这一螯合配合物为催化剂的芳香胺和一系列伯醇(包括由吡啶、呋喃和噻吩取代的醇)烷基化反应，高选择性地生成单烷基化产物[66]。此催化体系的催化效率较高，且只需加入等当量的胺和醇。不足之处在于，此反应也需要加入当量的强碱(如 KOtBu)。

Williams 课题组报道了一个由 1,4-炔二醇和胺反应生成 1,2,5-三取代吡咯的钌基高效催化体系。其催化体系由 Ru(PPh$_3$)$_3$(CO)H$_2$(2.5mol%) 和 4,5-双二苯基膦-9,9-二甲基氧杂蒽(xantphos, 2.5%)[67]组成。反应先由 1,4-炔二醇异构化生成 1,4-二酮，再经过一系列的 Paal-Knorr 烯烃环化生成相对应的吡咯。此反应实现的重要操作为先将 Ru(PPh$_3$)$_3$(CO)H$_2$ 和 xantphos 混合加热 30min 后再将胺加进去，最好的溶剂是甲苯。

Madsen 小组在 2011 年报道了一个由胺和 1,3-二醇反应生成 2 或 3 取代的喹啉类化合物的钌基催化体系(图 4.13)[68]。其催化体系由催化量的 $RuCl_3 \cdot xH_2O$、PBu_3 和 $MgBr_2 \cdot OEt_2$ 组成，反应溶剂为 1,3,5-三甲苯。

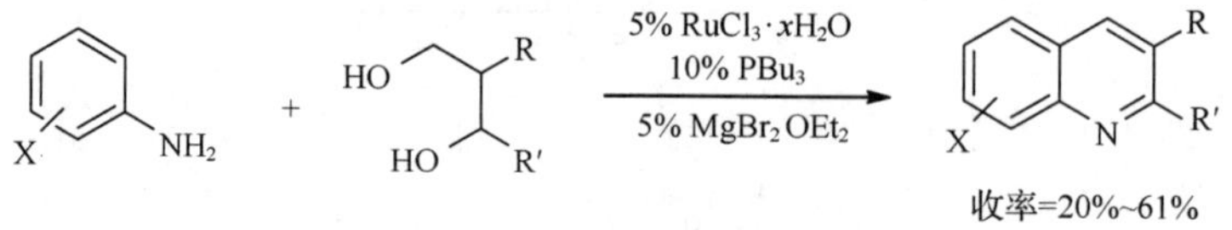

图 4.13　苯胺和 1,3-二醇合成取代喹啉

2014 年，Enyong 课题组首次报道了脂肪族仲胺和脂肪族伯醇在钌基催化剂催化下室温发生 N-烷基化反应，其催化体系由[Ru(p-cymeneCl$_2$)]$_2$ (6mol%)、KOtBu(24mol%)和氨基酰胺配体(12mol%)组成，醇既是溶剂，又是反应物(图 4.14)[69]。

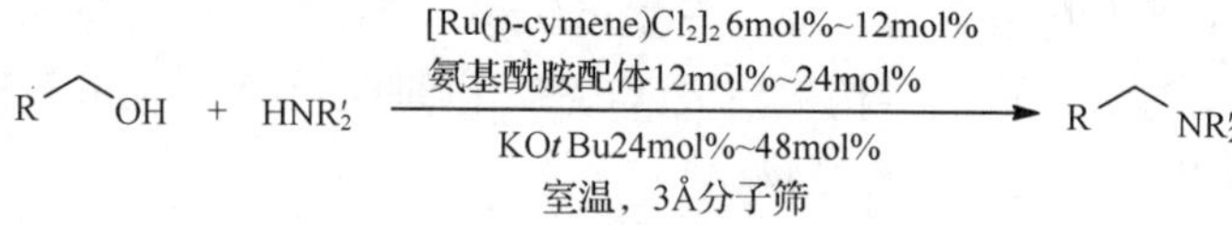

图 4.14　钌基催化剂催化胺与脂肪伯醇在室温下发生烷基化反应

2015 年，Taddei 小组实现了苯胺与等摩尔量的苄醇在室温下发生的 N-烷基化反应，其催化体系包括[Ru(cod)Cl$_2$]$_n$(2.5mol%)、PTA(1,3,5-三氮杂-7-磷杂金刚烷)(5mol%)和 KOtBu(2 当量)。其中，N-苯基苯胺的收率可达 70%(图 4.15)。

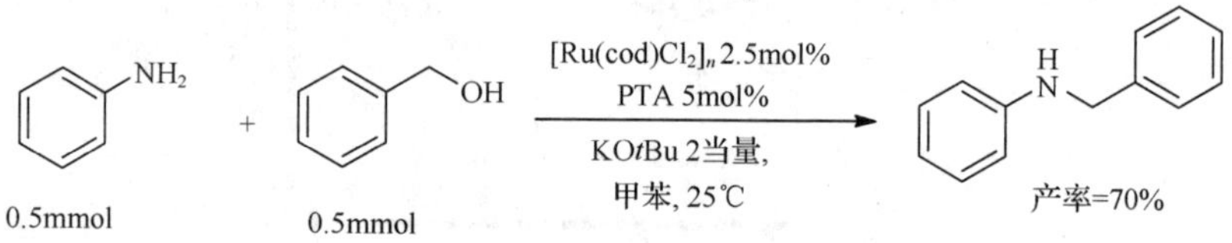

图 4.15　苯胺与苄醇室温下的烷基化反应

同年，Seayad 小组提出了由[RuCp*Cl$_2$]$_2$ 和双(2-二苯基膦基)醚配体原位生成钌配合物催化剂，用 LiOtBu(5mol%)作助催化剂，高效催化胺和甲醇生成 N-甲基化产物(图 4.16)[70]。这一简单的催化体系提供了一种选择性合成 N-甲基化单取代和双取代苯胺及磺胺类化合物的方法。此催化剂的中间体是 Cp*Ru(dpePhos)H，分离出来的中间体在没有碱存在的条件下对甲基化反应有活性。

2016 年，Takacs 课题组报道了一个新的钌配合物催化剂催化的伯醇和仲醇的胺基化反应，其单取代的区域选择性和二醇的二胺基化都是通过借氢机理实现的(图 4.17)[71]。此外，一胺和二醇通过交叉偶联可以得到一个八元的杂环产物。

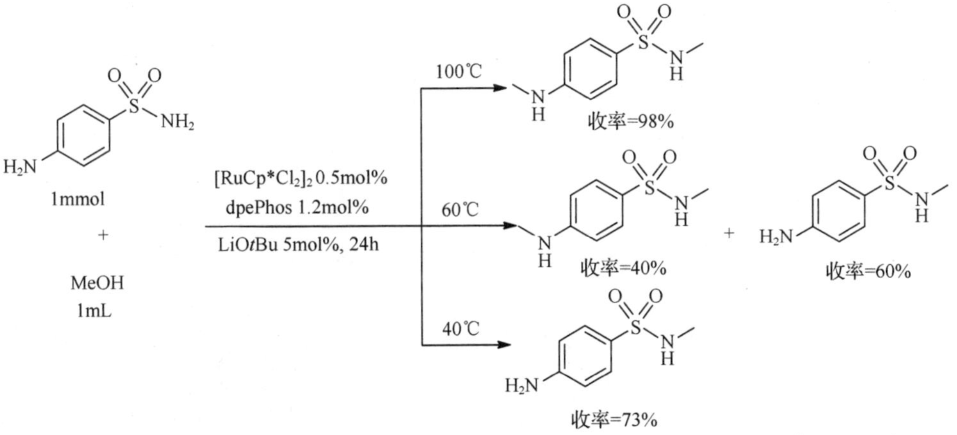

图 4.16　胺与甲醇选择性合成单甲基化和双甲基化产物

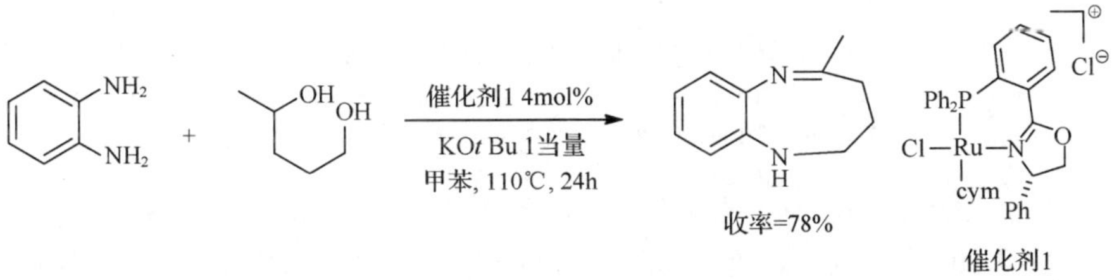

图 4.17　二胺和二醇的选择性烷基化反应

在工业上，合成胺中的氮元素主要来源于氨气，并且几乎所有商品化胺中的氮元素都直接或间接地来源于氨气[1, 72]。在这些商品化胺的合成方法中，使用最广泛且最有效的是醇和氨气的反应。但是，醇和氨气的反应属于多相反应，反应过程需要高温高压，并且生成混合型胺的同时会产生烯烃和烷烃等副产物[72]。因此，在相对温和的条件下，直接由醇和氨气通过消除一分子水来选择性催化合成伯胺是很值得关注的。

在 2008 年，Gunanathan 和 Milstein 课题组报道了在 RuPNP 螯合物的催化下，由醇和氨气选择性地合成伯胺(图 4.18)[73]，RuPNP 的合成过程及条件如图 4.19 所示。其中，一级苄胺由相对应的伯醇反应得到，并取得很好的收率。然而，非苄型醇(如 2-苯乙醇)的胺化反应得到的是伯胺和仲胺的混合物。值得注意的是，此反应只需要 0.1% 的催化剂用量，说明该催化剂对此反应有很高的活性。但是，此反应中醇的范围只局限于伯醇和非水溶性醇。2010 年，Beller[74]和 Vogt[75]课题组分别报道了仲醇和氨气在均相催化体系中生成了伯胺，其使用的催化体系是 $[Ru_3(CO)_{12}]$ 和商品化的 CataCXiumPCy。

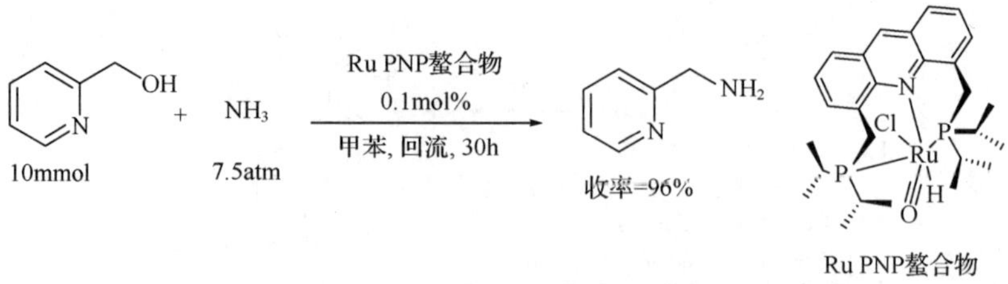

图 4.18 醇和氨气生成伯胺

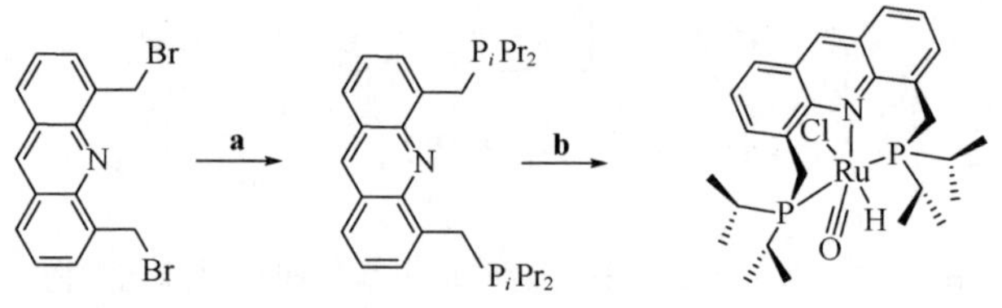

图 4.19 配体 2 和配合物 1 的合成

反应过程：(a) 1.二异丙基膦/甲醇，50℃，48h；2.三乙胺，室温，1h，83%；(b) [RuHCl(PPh₃)₃(CO)]/甲苯，65℃，2h，或[RuHCl(PPh₃)₃(CO)]/四氢呋喃，室温，9h，82%

2016 年，研究发现钌和双膦或三膦配体可以高效催化脂肪族醇和氨气的烷基化反应（图 4.20）[76]。其中，通过改变配体的类型可以得到伯胺和仲胺。不足之处在于，要将反应控制到三级胺这一步仍有一定难度，因为反应产物是混合的，且三级胺只是副产物。

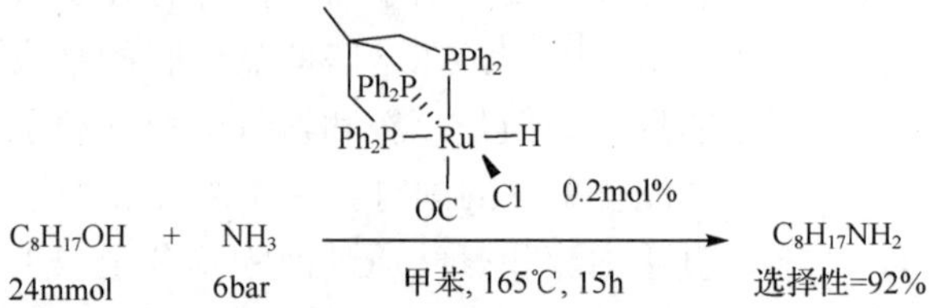

图 4.20 脂肪醇与氨气生成伯胺

近年来，生物质醇为原料的催化氨化反应得到了广泛关注。2011 年，Beller 课题组报道钌催化的一级、二级伯醇和仲醇与氨气反应高收率地得到二胺[77]。其催化体系是商品化的 Ru(CO)ClH(PPh₃)₃/xantphos（图 4.21）[78]。其中，异山梨醇可以选择性转化为相应的二胺，该二胺可以作为聚酰胺的单体。此外，其他的一级、二级醇和二醇及羟基取代的酯都可以有效地转化为相对应的伯胺或二胺。最近，Vogt 课题组[79]报道了一个类似的工作，其使用一系列的生物基醇和二醇与氨气在 Ru₃(CO)₁₂ 和含吖啶基的二膦配体的催化下选择性合成伯胺。值得注意的是，此催化体系有很高的热稳定性，并能至少重复使用 6 次。

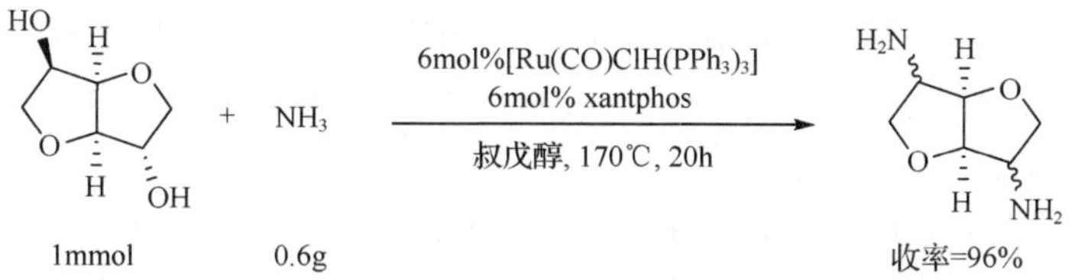

图 4.21 生物质伯醇或仲醇与氨气的二氨基化

2011 年，Beller 课题组提出了由 α-羟基酰胺和一系列胺(包括苯胺、一级和二级脂肪胺及氨水)在商品化催化剂——[Ru$_3$(CO)$_{12}$]和配体 DCPE 的催化下，反应生成 α-氨基酰胺(图 4.22)[80]。

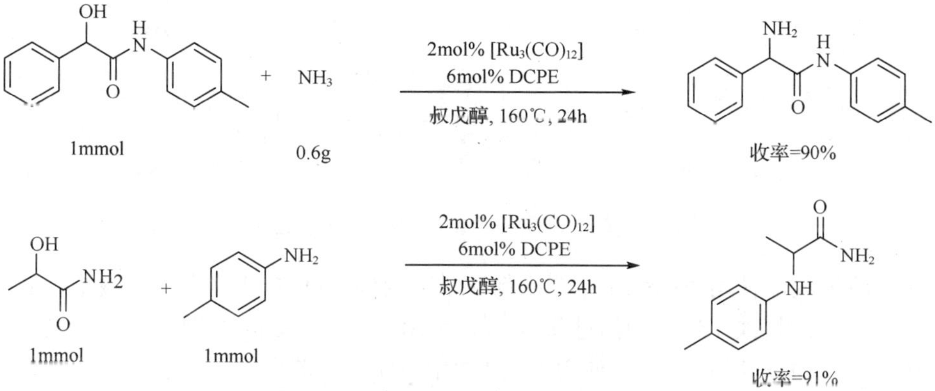

图 4.22 α-羟基酰胺与胺或氨气的烷基化
DCPE 为 1,2-双(二环己基膦基)乙烷

2. 铱基催化剂

2002 年，Fujita 课题组报道了氨基醇在铱配合物催化下的 N-杂环反应[81]。其中，吲哚衍生物和 1,2,3,4-四氢喹啉都可以[Cp*IrCl$_2$]$_2$/K$_2$CO$_3$ 为催化剂进行高效的合成(图 4.23)。

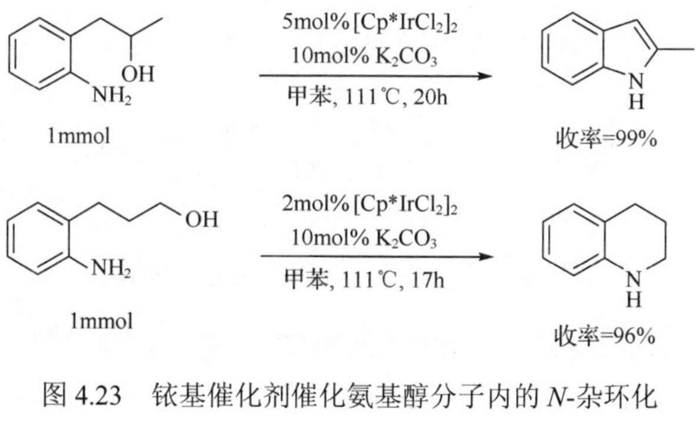

图 4.23 铱基催化剂催化氨基醇分子内的 N-杂环化

从此以后，[IrCp*Cl$_2$]$_2$催化体系被广泛应用在胺醇烷基化反应中[82]，包括二醇与胺的环化[83]和仲醇的烷基化[84]。2008年，Fujita小组提出将反应中的碱由K$_2$CO$_3$换成NaHCO$_3$（图4.24）[85]，胺和醇等摩尔量反应，可以得到很高的收率。例如，在反应温度为110℃，催化体系为[Cp*IrCl$_2$]$_2$（1.0mol% Ir）和NaHCO$_3$（1.0mol%）时，等摩尔量的苯胺和苄醇在甲苯中反应生成N-苯基苯胺的收率可达94%。该催化体系有很广的底物范围，其中伯胺、仲胺与伯醇、仲醇都能在110℃的温度下以很好的收率得到相对应的仲胺和叔胺。

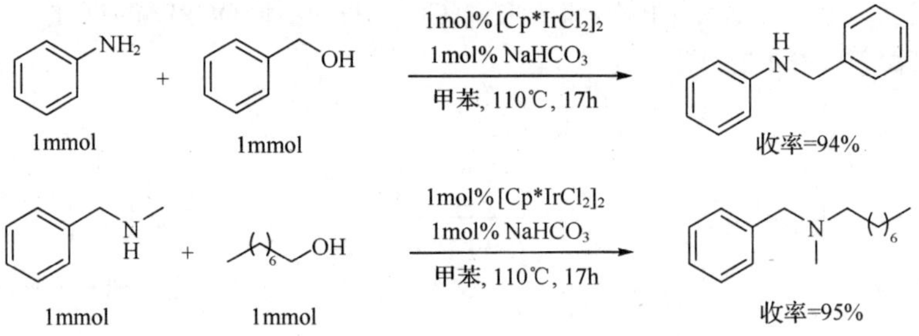

图4.24　[Cp*IrCl$_2$]$_2$/NaHCO$_3$体系催化醇胺基化

一般来说，使用[IrCp*Cl$_2$]$_2$催化剂通常需要碱，DFT计算表明与碱结合后的铱配合物才是其催化体系的活性组分[86]。2010年，Williams课题组已证实在不加碱和其他添加剂的情况下，只使用1mol% [IrCp*I$_2$]$_2$作催化剂也能催化伯胺和伯醇的烷基化反应，且反应生成仲胺的收率也很高（图4.25）[87]。此反应最吸引人的地方除不加碱外就是水作反应溶剂。随后，Williams小组对此催化体系的研究进行了拓展[88]。在有碱存在时，可以由伯胺和二醇反应生成N-杂环产物，同时也可得到磺酰胺类底物的N-烷基化产物。值得注意的是，当使用离子液体为溶剂时，可以得到三级胺的产物，这是首次在借氢机理中以离子液体作溶剂实现胺醇烷基化。

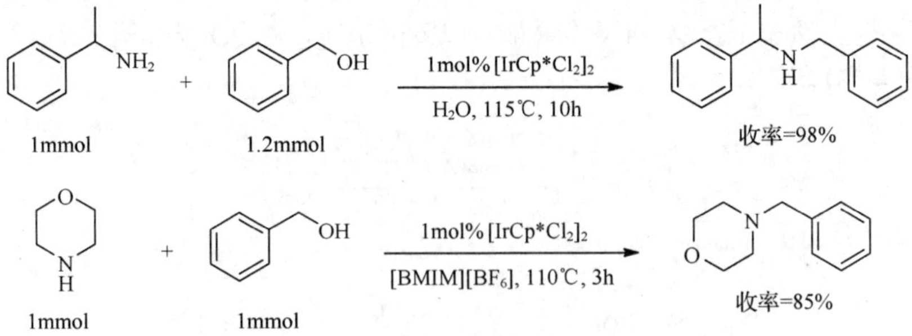

图4.25　[IrCp*Cl$_2$]$_2$无碱催化醇胺基化

此后，Fujita课题组也报道了无碱添加的胺醇烷基化反应[89,90]。当量的胺和醇在[Cp*Ir(NH$_3$)$_3$][I]$_2$催化下反应生成一系列的仲胺和叔胺[90]。其中，[Cp*Ir(NH$_3$)$_3$][I]$_2$

是一种可溶于水且在空气中稳定的铱配合物。此方法也适用于氨水和醇的 N-烷基化反应，可由氨水和当量的伯醇或仲醇经过多步胺化，得到相对应的仲胺和叔胺（图 4.26）[89]。

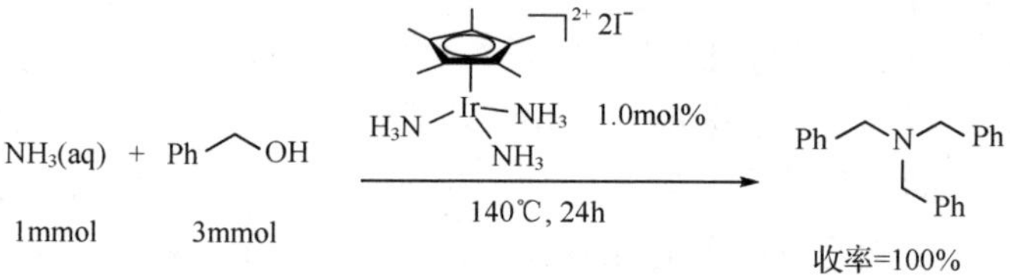

图 4.26　氨水与醇的烷基化

2008 年，Peris 课题组报道了另一种无碱的催化体系[91]。在[IrCl$_2$Cp*(I^{nBu})]（I^{nBu}=1,3-di-nbutylimidazolylidene）的催化下，由伯胺和过量伯醇或仲醇反应可得到仲胺。但是，在此反应中只有苯胺和苄胺相对应的产物收率较高。

2012 年，Martín-Matute 课题组制备了含螯合[NHC-醇]配体的金属铱配合物，此配合物在无碱存在时能有效地催化苯胺和醇的烷基化反应（图 4.27）[92]。当催化剂为[Cp*(NHC-OH)Ir(MeCN)]2[BF$_4$]，反应温度为 110℃，芳香胺和伯醇或仲醇的摩尔比为 1∶1 时，反应只需 2~16h 就可以有大于 99%的收率。当反应温度降为 50℃时，反应收率仍能达到 99%以上，但是需要反应 48~60h。

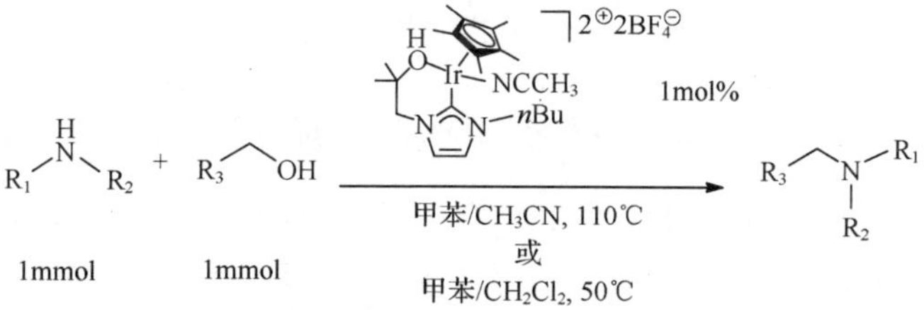

图 4.27　[Cp*(NHC-OH)Ir(MeCN)]$^{2+}$ 2[BF$_4$]催化胺与醇的烷基化

2009 年，Ishii 课题组报道了在 IrCl$_3$·3H$_2$O 和 1,1′-联萘-2,2′-双二苯膦（BINAP）的催化下，萘胺和 1,2（或 1,3）-丙二醇反应，以很好的收率生成苯并喹啉和苯并吲哚的衍生物（图 4.28）[93]。该反应过程中首先以萘胺和二醇通过借氢机理发生 N-烷基化反应，随后是芳环上的 C—H 键活化。

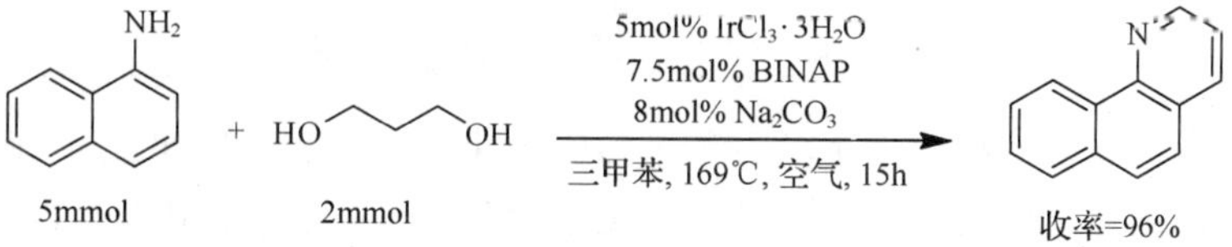

图 4.28　萘胺与二醇的 N-杂环化

Crabtree 课题组报道了一个在空气中能稳定存在的铱配合物,其中一个配体是吡啶的 N-杂环卡宾[94]。此催化剂能催化胺和伯醇发生烷基化反应,但是需要 50mol% $NaHCO_3$ 作添加剂。然而,此反应整体的收率并不高,只有胺和苄醇反应时,收率相对较好。

最近,Kempe 课题组报道了一个含 P、N 配体且结构稳定的铱配合物催化剂来选择性地催化杂环芳胺和伯醇的单烷基化[95]。此催化剂可以高效地合成一系列对称的和不对称的二胺[96,97]。随后,他们也证实了此催化剂的活化温度为 70℃,且催化剂中铱的用量可以低至 0.1mol%(图 4.29)[98]。此反应的不足之处有两点,首先反应需要强碱 KOtBu 作添加剂;其次在温和条件下,苯胺类化合物不能发生反应。为了使苯胺类化合物能发生烷基化反应就需要提高铱的用量至 0.6mol%[99]。但是,此催化体系仍存在很明显的缺陷,如反应需要当量碱的使用。

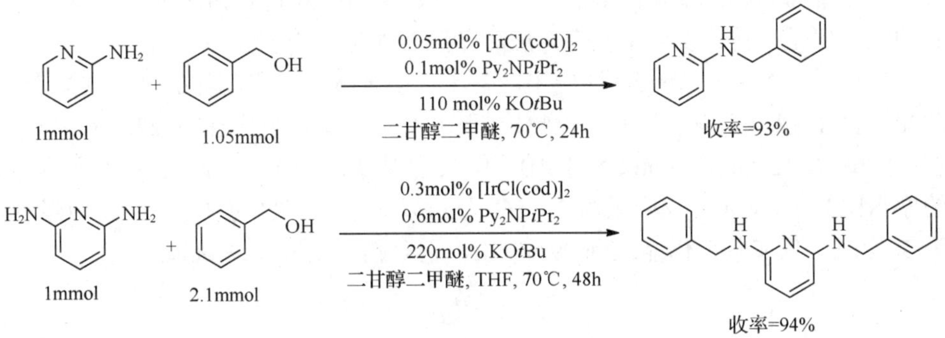

图 4.29 芳香杂环胺或二胺与醇的烷基化

2010 年,Börner 和 Andrushko 小组报道了脂肪伯胺和二醇在 $IrH_2Cl(iPr_2PC_2H_4)_2NH$ 的催化下发生烷基化反应(图 4.30)[100]。二醇和仲胺的选择性单胺化是整个反应的亮点,其中乙二醇和二乙胺的反应收率可达 99%。此外,二甲胺和哌啶的单胺化反应也有很好的收率。但当反应物为吡咯时,反应不仅需要 NaOtBu 的加入,还需要将反应温度升高到 140℃才能得到较好的收率。

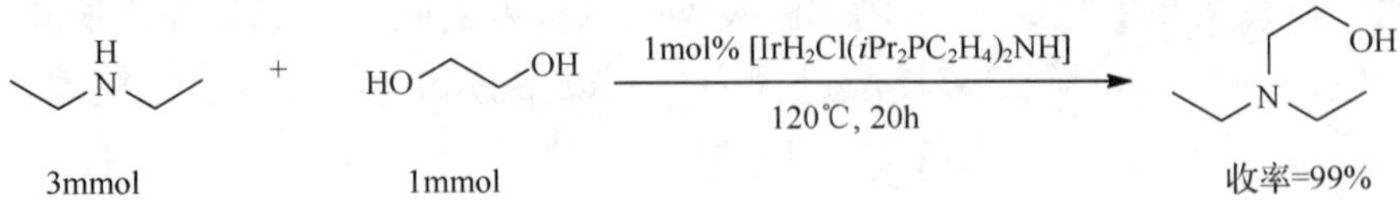

图 4.30 仲胺与二醇的选择性单胺化

2012 年,Li 课题组[101]在以甲醇作为甲基化试剂和胺反应生成 N-单甲基化胺的反应中取得了重要进展(图 4.31)。在催化体系为 $[Cp^*IrCl_2]_2$(其中 Ir 含量为 0.1mol%~0.4mol%),加入当量的 NaOH,反应温度为 150℃时,芳基磺酸胺类、氨基唑类都可以和甲醇发生 N-单甲基化反应。

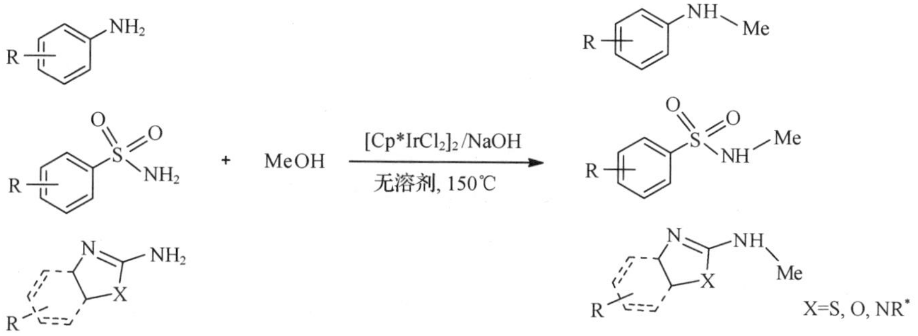

图 4.31 氨基唑类和芳香磺酰胺与甲醇的单甲基化

同年，Bruneau 课题组报道了由二醇、伯胺和醛三组分制备不同结构的 N-芳基哌啶衍生物。其使用的催化剂为膦和磺酸盐螯合的铱配合物，还需要 2 当量的甲酸作为还原剂（图 4.32）[102]。此反应包括三步。第一，在 150℃，加入 3mol%铱配合物，苯胺和二醇反应 16h；第二，等冷却到室温后，加入 1.1 当量的醛，再在 150℃的条件下反应 19h；第三，加入甲酸，在 150℃的温度下、惰性气体中反应 2h。甲酸作为还原剂，它的加入可以确保不饱和的中间体完全反应。经过以上三步，就可以在相对温和的条件下以较好的收率生成 N-芳基哌啶。

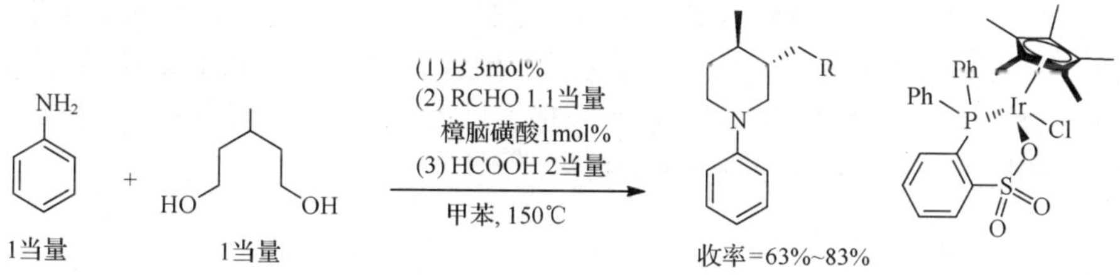

图 4.32 三组分制备 N-芳基哌啶衍生物

2013 年，Andersson 课题组[103]报道了双齿的 Ir(NHC-P)配合物胺醇烷基化催化剂。其在反应温度为 50℃，催化剂中铱的用量为 0.5mol%～1.0mol%时，可以有效地催化芳香胺和大多数伯醇发生 N-单烷基化，且能取得很好的分离收率。即使在室温条件下，无需加入溶剂，反应时间为 48h 时，反应依然能很好地发生。具体的配合物结构如图 4.33 所示。

2013 年，在以前报道的合成吡咯的基础上，Kempe 课题组[104]报道了一个新的[2+4]合成吡啶的催化体系。其中在铱基催化剂的存在下，伯醇和仲醇作为 C2 的来源与 1,3-氨醇反应生成具有区域选择性的取代吡啶，也能生成不对称取代吡啶。此外，2014 年，Kempe 课题组[105]又报道了在新的含 P、N 配体的铱配合物的催化下，伯醇或仲醇与氨基醇反应合成喹啉。

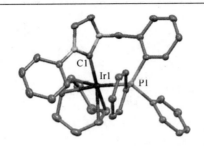

图 4.33 铱配合物-Ir(NHC-P)的晶体结构

Ir(Ⅲ)Cp(环戊二烯)是一种半三明治结构的金属配合物,其与氨基酸配体相结合可以高活性高选择性地催化胺和醇的烷基化[106]。此反应方法不需要额外的助剂和苛刻的反应条件,且反应无论是在有机溶剂还是水中都可发生。例如,1-辛胺和1-己醇在甲苯中可得到93%的二级胺收率,而在水中,二级胺的收率可达96%。

2015年,Crabtree小组报道了一系列Ir(bis-NHC)的配合物,这些配合物可通过借氢机理高效且高选择性地催化苯胺和甲醇发生烷基化反应[107]。不足之处在于,此反应温度为120℃,同时需要1~5当量的KOH。

2009年,Stephens和Marr课题组报道了使用微生物和化学催化反应将废甘油转化为有价值的仲胺。首先,丙三醇经丁酸梭菌发酵形成1,3-丙二醇;发酵之后,将含1,3-丙二醇的水溶液转移到事先加好苯胺、铱催化剂、甲苯和K_2CO_3的密封管里,让其发生反应。这样生物柴油生产中产生的粗甘油经此丁酸梭菌发酵形成1,3-丙二醇,随后1,3-丙二醇发生胺化反应。目前,该反应的转化率为15%,其中单胺化产物的选择性可达82%(图4.34)[108]。

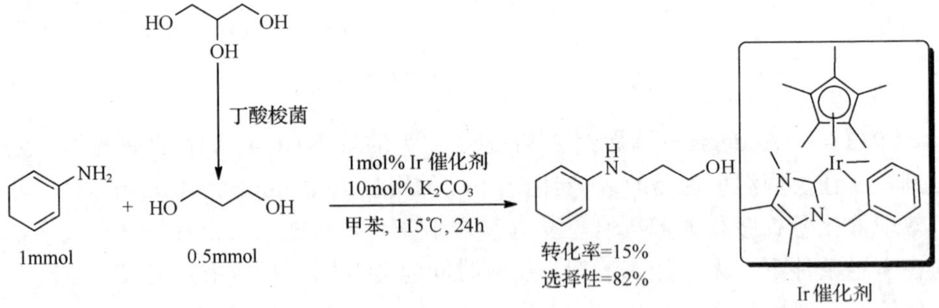

图 4.34 生物催化与化学催化相结合的醇胺基化

Cumpstey和Martín-Matute课题组在2011年报道了糖类化合物的胺化(图4.35)[109]。在$[Ir^*CpCl_2]_2$的催化下,无论是一级碳还是二级碳上的碳水化合物胺都能和醇发生烷基化反应。当加入Cs_2CO_3时,一级碳水化合物醇和一级碳水化合物胺反应会生成假二糖类化合物,但是仲醇不会受到影响。

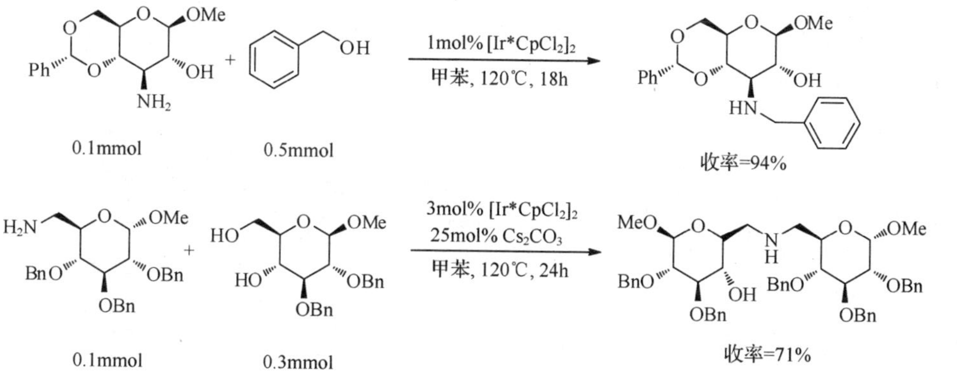

第4章 胺醇绿色催化烷基化

图 4.35 糖类的催化胺化

2007 年，Hartwig 课题组报道了末端烯丙醇的具有对映选择性胺基化反应。其使用的活性催化剂是由 [Ir(COD)Cl]$_2$ 和手性配体亚磷酰胺原位生成环金属化的铱催化剂[110]。使用此催化体系可得到一系列高区域选择性和高对映选择性的支链烯丙基胺。但是，反应需要添加当量的铌醇盐或催化量的三苯基硼烷来活化醇羟基。

Roggen 和 Carreira 课题组在使用铱基催化剂催化醇胺烷基化反应中取得进展[111, 112]。其使用氨基磺酸作为当量氨气和未活化的二级(2°)-烯丙醇在铱基催化剂催化下，以很好的收率反应生成立体专一的烯丙基伯胺（图 4.36）。1°-烯丙基胺可直接在温和条件下分离，且收率很高。进一步研究显示，外消旋的二级烯丙基醇的对映选择性胺化也可通过将催化剂换为 [Ir(coe)$_2$Cl]$_2$[113, 114] 来实现。且和上述反应条件相比，此反应条件更温和[115]。

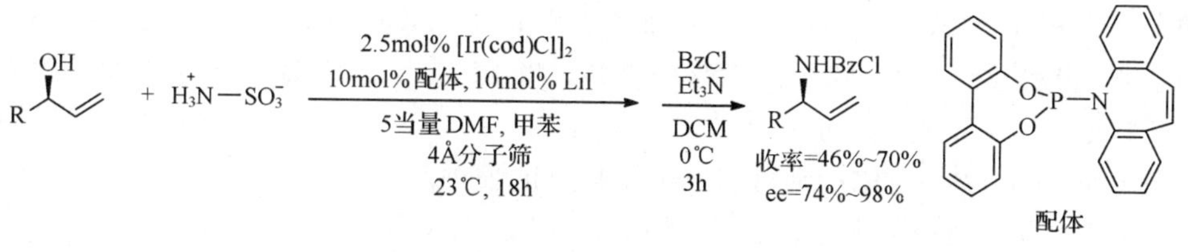

图 4.36 烯丙醇的对映选择性胺化

2013 年，Zhao 课题组通过加入手性磷酸配体形成铱的手性配合物来催化醇的对映选择性胺化，反应可得到一系列具有对映选择性的手性胺（图 4.37）。其中，含吸电子基和供电子基取代的苯胺也能发生反应。值得关注的是，杂环胺，如 5-氨基吲哚，也能和醇偶联生成手性胺。此外，醇分子内的胺化反应也能以较好的收率得到手性胺。但是，如苄胺、甲苯磺酰胺和仲胺并不能通过此方法得到手性胺[116]。最近，Zhao 课题组利用此催化体系对含 α-分支的醇进行动力学控制的不对称胺化。在最佳的反应条件下，醇底物中的四个同分异构体可以高转化率高选择性地转化为非循环的对映手性胺和非对映手性胺。但是,此反应进行较慢,需要 96h 的反应时间[117]。

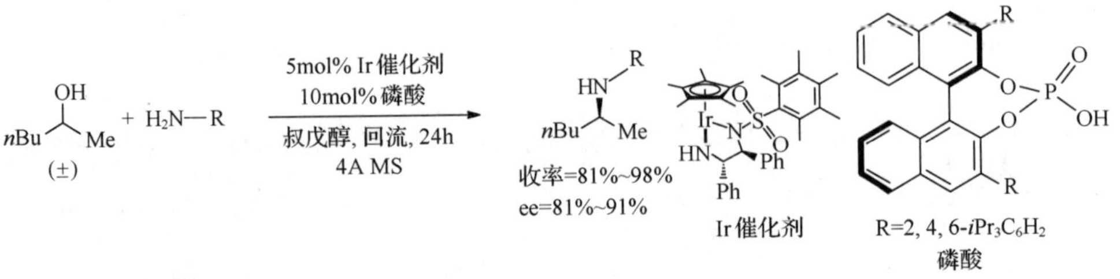

图 4.37 醇的对映选择性胺化

3. 钯基催化剂

早在 1970 年,Atkins 课题组[118]就报道了在含量为 0.5mol%的乙酰丙酮钯和 0.5mol%三苯基膦的催化下,烯丙醇和伯胺或仲胺在 50℃的温度下发生烷基化反应,其三级胺的收率可达 95%以上。但是,当以正丁胺为原料时,反应会生成单取代和二取代的混合胺。2006 年,Yang 课题组进一步报道了乙酰丙酮钯和三苯基膦的结合可以有效地催化水介质中芳香胺的烯丙基化,且加入金刚烷甲酸(1-AdCO$_2$H)可以很大程度地加快反应速率,同时提高反应收率[119]。

Hirai 课题组通过加入 30mol% PdCl$_2$(MeCN)$_2$ 实现了分子内烯丙醇的胺基化[120, 121]。以光学活性的尿烷为底物可以合成手性的 2-哌啶。值得注意的是,此催化系统是在室温条件下发生,且不加入其他添加剂和任何有机配体。

1995 年,Masuyama 课题组[122]报道了 Pd(0) 催化剂能催化烯丙基醇的胺基化。在以 Pd(PPh$_3$)$_4$(2mol%) 为催化剂,加入化学计量 SnCl$_2$ 和 Et$_3$N 的条件下,伯胺和仲胺都能发生反应,收率在 15%~75%。将 Et$_3$N 改用 Et$_3$B 时,反应能得到更好的收率[123]。有趣的是,如果反应是在 CO$_2$ 气氛下进行[124]或使用 Pd[P(OC$_6$H$_5$)$_3$]$_4$[125]催化剂则可以避免添加剂的使用。

1999 年,Yang 课题组[126]报道了苯胺和烯丙基醇的烷基化反应。在 Pd(OAc)$_2$(1mol%)、PPh$_3$(4mol%)和 Ti(OiPr)$_4$(25mol%)的存在下,苯作溶剂,在 50℃进行反应可以得到 48%~78%的单烯丙基苯胺类化合物的收率。在回流条件下,或者增加 Pd 催化剂至 2.5mol%时,反应能得到更好的结果[127]。当底物为 10mmol 时,反应也能得到 48%~88%的单烯丙基苯胺类产物[128]。通过对反应温度和膦配体进行深入研究发现,整个反应是温控过程,且减小膦配体的大小或降低吸电子能力都有利于生成低取代的烯烃[129]。进一步研究发现,此催化体系也能催化烯丙基醇和氨基萘反应高选择性地生成单烯丙基产物[130]。当使用 5mol%的 Pd(OAc)$_2$ 和 10mol%的二苯基膦苯-3-磺酸盐(TPPMS)为催化剂时,催化体系有很好的官能团耐受性。邻氨基苯甲酸和烯丙基醇在室温下就能很好地发生反应,且单取代 N-烯丙基产物有很好的收率(图 4.38)[131]。未保护的氨基酸也能和 1,1-二甲基烯丙醇以很好的收率生成 N-烯丙基产物。但是,反应需要在 120℃的条件下进行且需要 2 当量的 AcONa 为添加剂[132]。2012 年,Bhanage 课题组[133]报道了由 Pd(OAc)$_2$/TPPTS(三苯基膦三磺酸钠盐)形成的可重复使用的均相催化体系。此反应中胺的底物范围很广泛,包括各种有位阻的和含官能团的芳香族及脂肪族胺的烷基化都可以有效地实现。反应后的催化剂只需要经过简单的萃取就能实现分离和重复使用。

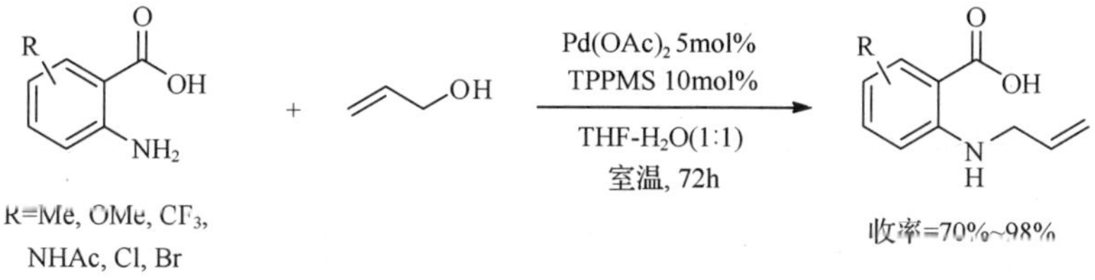

图 4.38 钯催化邻氨基苯甲酸的烯丙基化

2012 年,Beller 课题组报道了在 Pd(OAc)$_2$(2.5mol%)和 1,2-二(二苯基膦甲基)苯(5mol%)的催化下,烯丙基醇和缺电子杂环发生胺基化反应。在最优的反应条件下(温度为 100℃,甲苯为溶剂,反应时间为 24h),反应可取得很好的收率(图 4.39)[134]。同年,Beller 课题组又报道了无膦配体的催化体系来催化脂肪族胺和烯丙基醇的反应。反应中催化剂的最好组合是 Pd(OAc)$_2$(2.5mol%)和 1,10-邻二氮杂菲(5mol%)[135]。

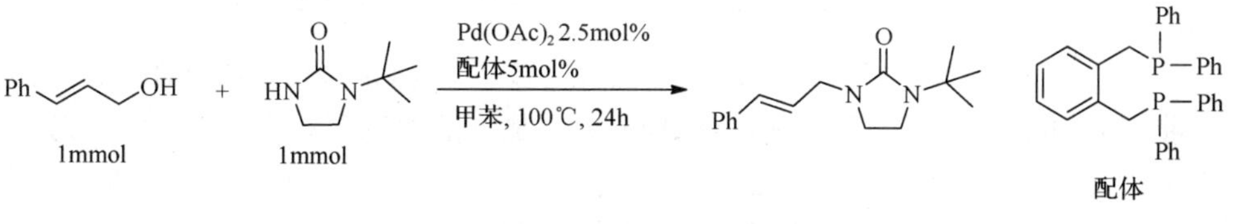

图 4.39 钯催化缺电子杂环的烯丙基化

Ozawa 课题组报道了苯胺类化合物和烯丙基醇在无活化剂存在时,直接胺醇烷基化反应[136-138]。其使用的催化体系是(π-烯丙基)钯和 sp^2 杂化的膦配体(二亚磷基环丁烯;DPCB-Y)。不同的烯丙基醇可以和苯胺类化合物在室温下反应,且反应生成的单烯丙基产物具有很好的区域选择性和立体选择性(图 4.40)。值得注意的是,光学活化的醇反应生成相应的光学活性的单烯丙基苯胺,反应中光学活性不会有损失。进一步研究显示,反应机理为 DPCB-Y 配体上 sp^2 杂化的膦原子可以灵活地和 Pd 通过形成 σ 键和反馈 π 键而相互影响,这就是 Pd(DPCB-Y)配合物有高活性的原因[139]。

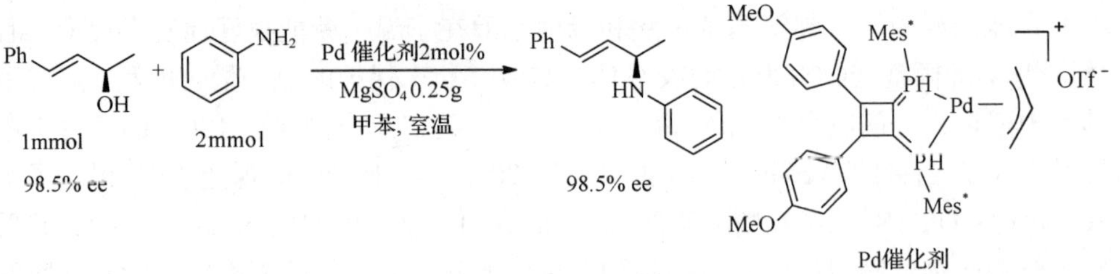

图 4.40　在无活化剂存在下，钯催化胺的烯丙基化

Mes* 为 2,4,6-三叔丁基苯基

此后，一些其他的(烯丙基)钯配合物，如[PdCl(η³-allyl)]₂[140-144]，[Pd(P(OPh)₃)₂(η³-allyl)][OTf][145]，DPP-xantphosPd(η³-allyl)][OTf][146]和[Pd(cod)(η³-allyl)]BF₄[147]，都被用作烯丙基醇胺基化的催化剂或催化剂前驱体，其催化机理如图 4.41 所示。

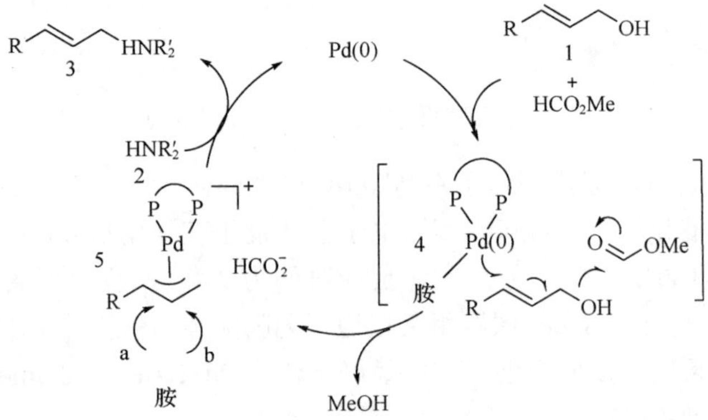

图 4.41　钯基催化剂催化烯丙基胺醇烷基化的反应机理

2010 年，Qu 课题组报道了以立方烷型的硫化物簇[(Cp*Mo)₃S₄Pd(dba)][PF₆]为催化剂(dba 为二亚苄基丙酮)，H_3BO_3 为添加剂的烯丙醇胺化反应[148]。研究表明，在 α 位或者 γ 位有取代基的烯丙醇为底物时只能得到链状的烯丙基氨基化产物。具体的催化剂空间结构如图 4.42 所示。

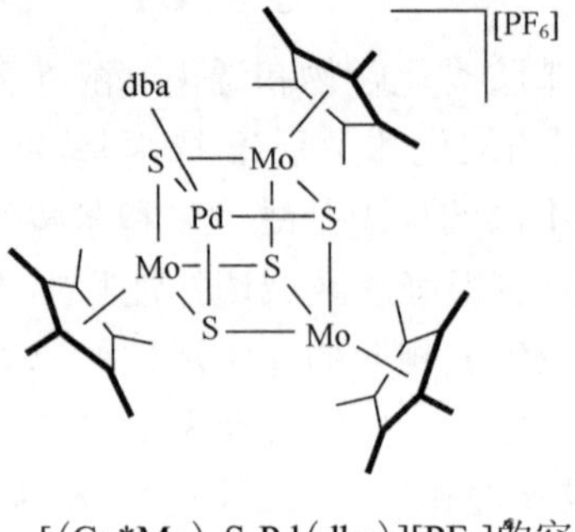

图 4.42　[(Cp*Mo)₃S₄Pd(dba)][PF₆]的空间结构

Pd(xantphos)Cl$_2$ 也可作为烯丙醇胺基化的催化剂,在无其他添加剂时,胺和烯丙醇可在室温下直接发生胺基化反应[149],链状的烯丙醇也能发生反应,高收率高立体选择性地得到一系列链状烯丙基胺。

2014 年,Beller 课题组以[Pd(dba)$_2$]、手性的磷酸和亚磷酰胺为配体来催化外消旋的烯丙醇和官能团化的胺反应生成具有对映选择性的产物(图 4.43)[150]。

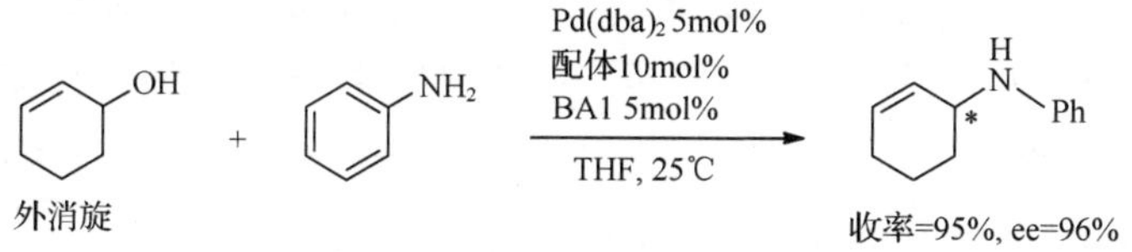

图 4.43 钯催化胺的烯丙基化
BA 为手性磷酸

4. 铑/锇/铼/铂基催化剂

RhH(PPh$_3$)$_4$ 是一类高效的胺醇烷基化催化剂,可以催化伯胺和过量的伯醇(如甲醇、乙醇和苄醇)反应得到 N-烷基化胺(图 4.44)。当仲胺吡咯烷和苯胺为原料时,反应收率分别为 74%和 39%。

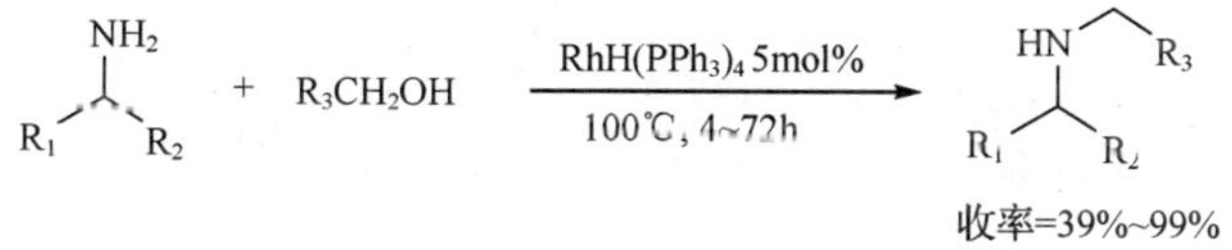

图 4.44 铑催化胺与醇的烷基化

如果使用 RhH(PPh$_3$)$_4$ 作催化剂,则可以在有氧条件下催化磺酰胺和苄醇生成单烷基化的磺酰胺,其收率可达 64.99%[151]。

2011 年,Gusev 课题组报道了锇催化的伯胺和伯醇的烷基化反应(图 4.45)[152]。反应仅使用 0.1mmol%催化剂,就能得到很好的仲胺收率。但是反应的温度高达200℃,则只能生成痕量的叔胺。

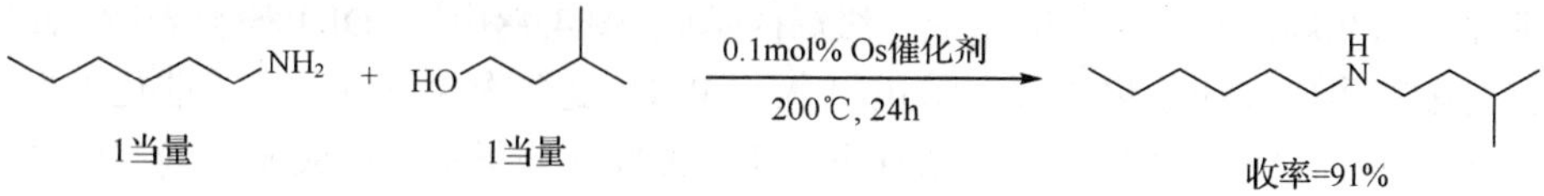

图 4.45 锇催化胺与醇的烷基化

三氧甲基铼(MTO)可以催化醇脱水生成醚,也可在室温下催化芳香伯醇的胺基化[153]。当醇过量 3 当量时,苯胺和己胺与醇的反应可得到很好的收率。但是,当醇的量和胺的量相同时,生成胺的收率会相应地下降。

当反应中加入 NH$_4$PF$_6$ 时,含氧的铼配合物 Re(dppm)OCl$_3$ [dppm 为双(二苯

基膦)甲烷]可用催化炔丙醇和胺的偶联反应生成炔丙基胺[154]。对硝基苯胺、对甲苯磺酰胺和氨基甲酸酯都能和炔丙醇反应以很好的收率得到相应的炔丙醇胺,但是烯丙胺则不能发生反应。

[ReH$_7$(PCy$_3$)$_2$](PCy$_3$ 为三环己基膦)也展现出了高效的胺醇烷基化性能(图 4.46)[155]。有意思的是,反应在一氧化碳气氛中可以更为高效的进行。各类取代基的苯胺底物都可以和苄醇发生反应高收率地生成相应的仲胺。探索反应机理发现,一氧化碳的加入可以稳定反应中产生的活性铼中间体。具体的催化反应机理如图 4.47 所示。

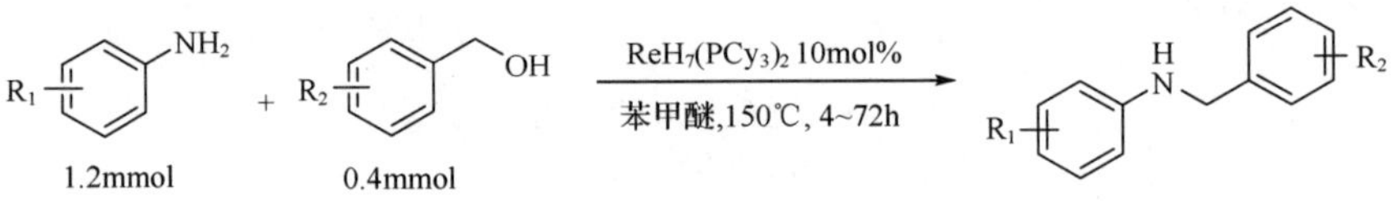

图 4.46 铼催化胺与醇的烷基化

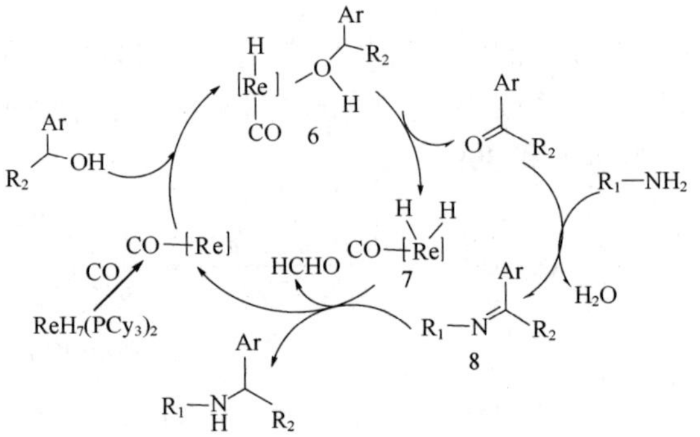

图 4.47 [ReH$_7$(PCy$_3$)$_2$]催化胺醇烷基化的反应机理

2007 年,Ohshima 和 Mashima 课题组报道了在不加入引发剂的条件下,Pt(cod)Cl$_2$ 和双[(2-二苯膦基)苯基]醚(DPEphos)催化的苯胺、脂肪族胺与烯丙醇的烷基化反应。其中,DPEphos 的加入在提高催化剂活性的同时也在反应中形成位阻,从而可以高选择性地生成单烯丙基产物[156]。进一步研究证实了此催化体系还可有效地催化氨水和烯丙醇直接反应生成一级烯丙基胺(图 4.48)[157]。DFT 研究表明,此二膦螯合配体可以在质子化过程中阻止阳离子 Pt-H 复合物的形成,防止催化剂失活[158]。机理研究表明,即使在室温条件下,通过去掉一分子水而形成 π-烯丙基铂的复合物也是反应中不可逆的控速步骤,而催化循环中其他步骤都是可逆的[159]。

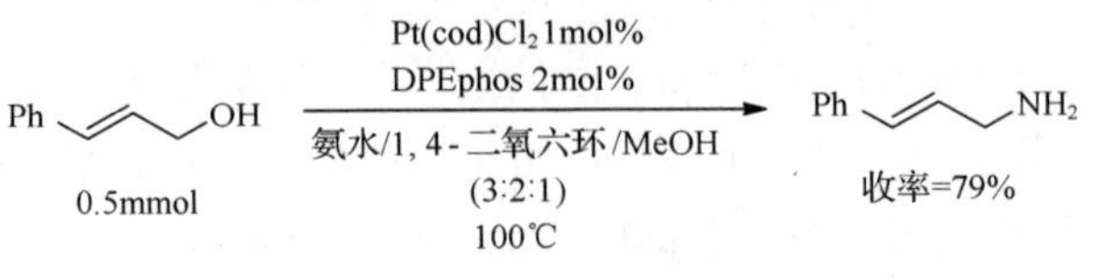

图 4.48 铂催化胺与烯丙醇的烷基化

4.2.2 非贵金属催化剂

1. 钼基催化剂

2007 年，Reddy 课题组[160]报道了均相钼盐催化的磺酰胺或氨基甲酸酯和醇的烷基化反应。此反应的最佳反应条件是：催化剂为 5mol% $MoCl_5$，反应温度为室温，反应溶剂为二氯甲烷。在最优的反应条件下，二苯甲醇和炔丙醇可得到很好的收率。

接着，Zhe 课题组又使用 $MoO_2(acac)_2$（acac 为乙酰丙酮）为催化剂实现了醇胺化反应。当以 10mol% $MoO_2(acac)_2$ 和 10mol% NH_4PF_6 为催化剂时，甲酰胺、磺酰胺和硝基取代的苯胺均可以高效地与烯丙醇反应得到烯丙基化的胺[161]。进一步研究表明，此催化体系也可催化炔丙醇和磺酰胺、含吸电子官能团的芳香胺的烷基化[162]。

2. 钴基催化剂

2015 年，Kempe 课题组报道了 PN_5P 配位钴催化的醇和芳香胺的烷基化反应（图 4.49）[163]。该反应可以在 80℃的条件下进行，但是需要加入 1.2 当量的强碱 KOtBu。2016 年，Kirchner 课题组报道了一个类似的工作[164]，其使用的催化体系是由 PCP[(N,N'-二异丙基膦)-N,N'-二甲基-1,3-二氨基苯]为配体的 Co(Ⅱ)催化剂。

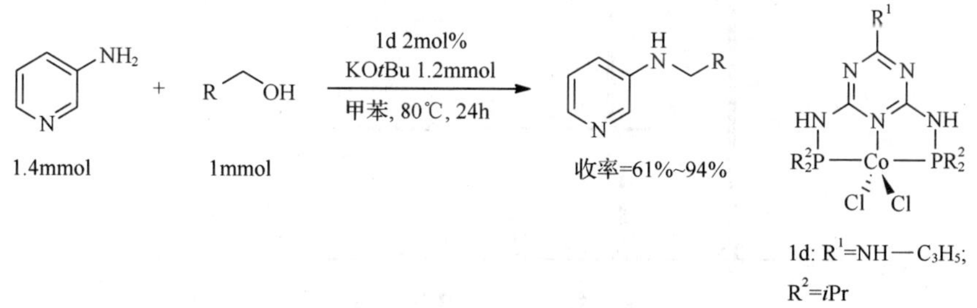

图 4.49 钴催化胺与醇的烷基化

2015 年，Zhang 和 Zheng 课题组报道了和上述类似的 Co(Ⅱ)催化体系[165]。在无碱条件下，以 Co(Ⅱ)和螯合 PNP 为催化体系来催化胺和醇的烷基化反应。无论是芳香族还是脂肪族胺都能取得很好的收率。即使是环己醇，也可在最优的反应条件下和苯胺生成仲胺，反应收率可达 48%。

2016 年，Kirchner 课题组报道了以间苯二胺为骨架的 Co(Ⅱ)PNP 配合物作为催化体系来催化胺和醇的烷基化[164]。一系列的伯醇和芳香胺高效地转化为相应的单取代烷基化胺，反应是在 80℃的温度下发生的，同时需要加入 1.3 当量的 KOtBu 作添加剂。

3. 铜基催化剂

2009年,Shi 等报道了均相铜催化的磺酰胺和醇的烷基化[166]。当使用 Cu(OAc)$_2$/K$_2$CO$_3$/空气为反应体系时,对甲苯磺酸和苄醇的反应可以高转化率(93%)、高选择性(>99%)地得到烷基化产物(图 4.50)。高分辨质谱(HR-MS)分析(图 4.51)发现,在反应中形成了二磺酰基脒,此化合物可以促进反应的进行。进一步对反应底物进行拓展,发现含不同取代基的苄醇和噻吩-2-醇也可发生反应[167]。

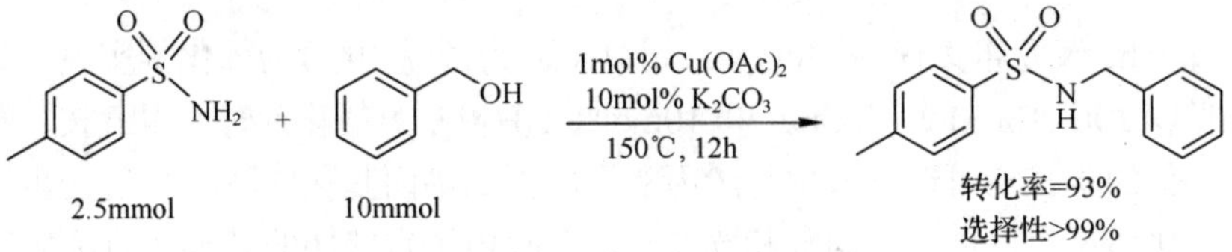

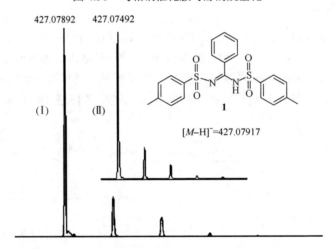

图 4.50 均相铜催化胺与醇的烷基化

图 4.51 高分辨质谱分析
(Ⅰ)反应中生成的物质谱图;(Ⅱ)合成的具体二磺酰基脒的结构谱图

2010 年,Ramón 和 Yus 课题组使用 Cu(OAc)$_2$/KOtBu 为催化体系,催化弱亲核性的胺类衍生物(如芳环和杂芳环胺、磺酰胺)与伯醇的烷基化反应[168]。与上述催化体系相比,反应中的碱由 K$_2$CO$_3$ 变为 KOtBu。使用氘标记的同位素追踪显示在铜原子的配位范围内没有发现加氢和脱氢步骤,缩合步骤发生在脱氢的催化剂上[169]。

2011 年,Li 课题组报道了以 CuCl/NaOH 为催化体系,催化 2-氨基苯并噻唑和醇反应生成具有区域选择性的 N-外取代-2-(N-烷基氨基)苯并噻唑(图 4.52)[170]。此反应有 96%的收率。

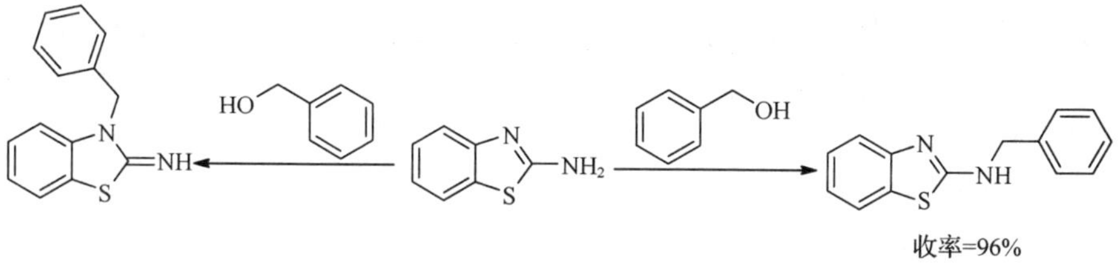

图 4.52　2-氨基苯并噻唑与醇的烷基化

1mmol 胺；1.2mmol 乙醇；0.01mmol CuCl；0.2mmol NaOH；130℃；12h

4. 铁基催化剂

2010 年，石峰课题组报道了均相的铁催化磺酰胺和苄醇通过借氢机理发生烷基化反应(图 4.53)[171]。反应的催化体系是 $FeCl_2/K_2CO_3$。在最优反应条件下，此催化体系可以催化 21 种不同的胺醇烷基化反应，大部分反应的收率大于 90%。XPS 结果表明，可能的催化循环发生在 Fe(Ⅱ)和 Fe(0)之间。

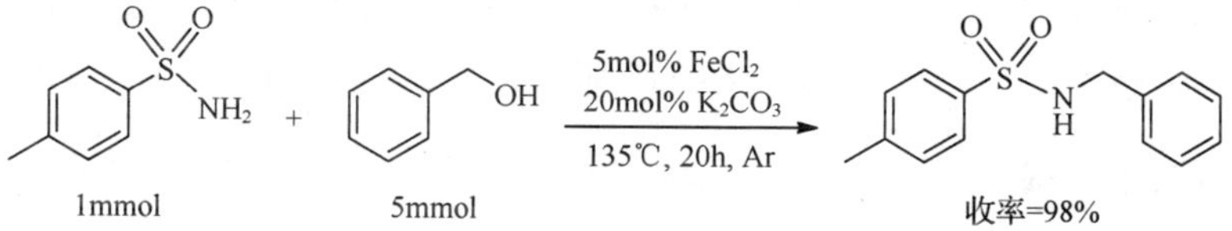

图 4.53　铁催化磺酰胺与醇通过借氢机理实现烷基化反应

2011 年，Saito 课题组报道了一个新型的 Fe/氨基酸催化体系催化醇的直接胺基化反应(图 4.54)[27]。$FeBr_3$ 和 DL-焦谷氨酸的组合可很大程度上扩大底物的范围，同时反应体系有很好的官能团耐受性。此外，仅通过调节苯胺和甲醇的比例可以选择性地得到单取代或双取代产物。

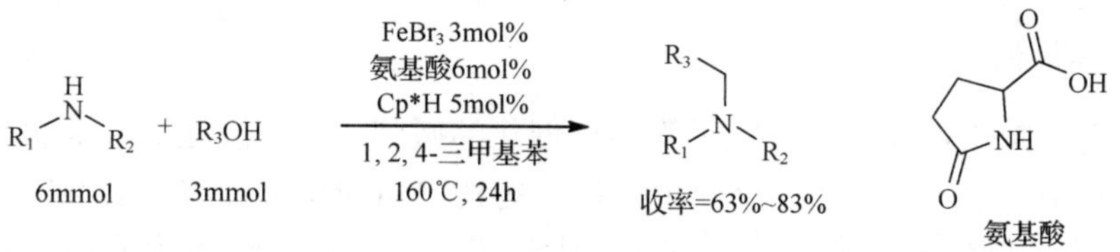

图 4.54　铁催化苯胺与甲醇选择性实现单甲基和双甲基化

2013 年，Singh 等发现酞菁铁是一种很有效的胺醇烷基化反应的催化剂，其可有效地催化氨基苯并噻唑、氨基吡啶和氨基嘧啶与醇发生 N-烷基化反应，也可催化邻位取代的苯胺(如—NH_2、—SH 和—OH)生成 2-取代苯并咪唑、苯并噻唑和苯并噁唑。但是，反应体系需要 2 当量的 NaOtBu 作添加剂[172]。

2014 年，Barta 课题组报道了一个具有明确结构的均相铁基催化剂。此催化剂可以高效地催化苯胺类和苄胺类与不同醇的单烷基化，同时也可催化胺与二醇生成五元氮杂环、六元氮杂环和七元氮杂环[173]。随之，一系列相似的均相铁基催化剂被用来催化醇与胺的烷基化反应，其中也包括仲醇的胺化[174,175]、脂肪胺[176]与苄醇和烯丙醇的烷基化(图 4.55)[177]。

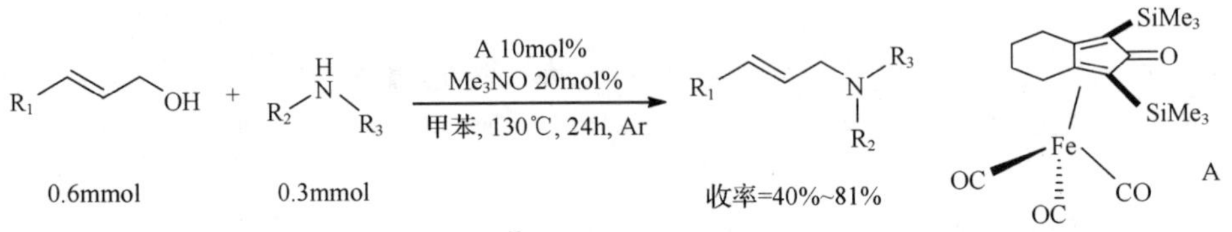

图 4.55 铁催化烯丙醇的胺基化

2015 年，Kirchner 课题组报道了以 2,6-二氨基吡啶为框架的 Fe(II)H(PNP)配合物作为催化剂催化芳香伯胺、苄胺和脂肪伯胺与伯醇的烷基化反应，可得到单烷基化胺。此反应可在 140℃甲苯溶剂中进行，无需碱作添加剂，但需要加入分子筛作为脱水剂[178]。如果在反应中加入 1.3 当量的 KOtBu 且将催化剂换为[Fe(PNP)(CO)Br$_2$]，反应温度可降低到 80℃[179]。

5. 镍基催化剂

1973 年，Furukawa 课题组[180]报道了以 (n-Bu$_3$P)$_2$NiBr$_2$ 为催化剂来催化烯丙醇与胺的烷基化反应，反应可以高收率生成烯丙基取代的胺。

由 Ni(COD)$_2$ (COD = 环辛-1,5-二烯)和双膦配体原位生成 Ni(dppb)$_2$ 配合物被证明在二乙胺和烯丙醇的反应中具有很高的催化活性[181]。这种类型的催化剂在最初的反应中可发现其催化活性要高于相似的贵金属钯催化剂，但是 Ni(dppb)$_2$ 在反应过程中的稳定性很差。

6. 锰催化剂

最近，Beller 课题组报道了均相锰催化的胺和一系列醇通过借氢机理的 N-烷基化反应(图 4.56)[182]。反应由结构确定的 Mn(PNP)配合物和 0.75 当量的 KOtBu 为催化体系，实现了一系列取代苯胺和不同的芳香醇(杂环醇)或脂肪醇反应生成单取代苯胺。当反应温度达到 100℃，KOtBu 的量增加到当量，可使一级苯胺类化合物和过量的甲醇(1mL)反应生成具有化学选择性的单甲基化产物。接着，Beller 课题组[183]将上述提到的锰催化剂改为二甲基吡啶基的 Mn(PNP)螯合配合物，可改善芳香胺和甲醇的选择性 N-甲基化反应。与早先提出的锰催化剂相比较，新的催化剂只需加入 0.5 当量的 KOtBu 就能够获得较好的甲基化产物收率。

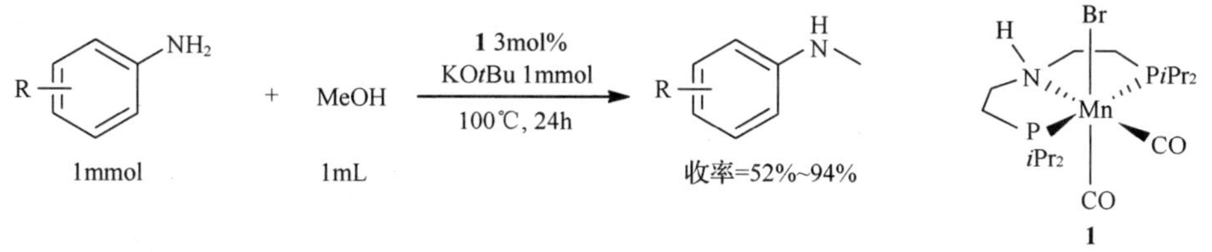

图 4.56 锰催化胺与醇的烷基化

4.2.3 非过渡金属催化剂

早在 1993 年，Castedo 课题组就发现苄醇可以和 N-甲苯磺酰氨基乙醛二甲基缩醛[184]反应生成相对应的 N-烷基化产物[185]。2008 年，Chan 课题组报道了碘催化的烯丙胺和醇的烷基化反应[186]。在以 I_2(5mol%) 和 $CaSO_4$(50mg) 为催化剂时，不同结构的磺酰胺和氨基甲酸酯为底物都能有很好的收率。

2011 年，Wang 课题组报道了氯化胆碱-锌基离子液体([ChCl][ZnCl$_2$]$_2$)为反应介质，可以促进二级苄醇和烯丙醇与一些胺通过碳正离子机理生成胺烷基化产物[187]。其中，通过紫外-可见光谱可检测到碳正离子的存在。Baeza 和 Nájera 课题组报道了一个相似反应体系[188]。他们发现以氟代醇(如 1,1,1,3,3,3-六氟异丙醇、2,2,2-三氟乙醇)为反应媒介，可以在 50~70℃的反应温度下促进磺酰胺、氨基甲酸酯、酰胺和胺与烯丙醇的烷基化反应。

2011 年，Cossy 课题组报道了由 2,2,6,6-三甲基-1-哌啶氧基和[二乙酸基-碘]苯(TEMPO-BAIB)-NaBH(OAc)$_3$ 形成的催化体系催化伯胺、仲胺的烷基化反应[189]。此催化体系可使胺与非活化伯醇或仲醇在室温下生成具有化学选择性的烷基化产物，也可防止具有光学活性底物(胺和醇)的差向异构化。如在 β 位具有一个立体中心的光学活性物质(s)-丙酮缩甘油和叔丁胺反应，仲胺的收率有 80%。

在发生借氢机理的烷基化反应中，醇活化的产物通常是醛。但是，Xu 课题组[190]发现醛自身也可以作为磺酰胺和胺与醇反应发生胺基化反应的催化剂(图 4.57)。尽

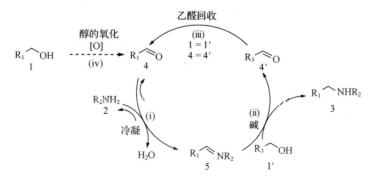

图 4.57 醛催化胺与醇的烷基化可能机理

管由 NMR 分析得出，反应中醛可作为催化剂进行再生和循环，但是反应中加入的醛需要根据醇的改变而改变以避免产物被污染。

最近，石峰课题组报道了分子结构确定的共轭酮能通过氢转移机理催化胺醇烷基化反应[191]。通过对酮各种衍生物的筛选，在最优的反应条件下，共轭的氧杂蒽酮的催化性能最好，相应胺醇烷基化反应产物产率最高可达 98%。此外，对反应机理和动力学研究表明，羰基和羟基是催化活性位点，通过羟基和羰基的循环实现了氢转移反应。

Kroutil 课题组设计了一个中性的氧化还原催化剂网格来催化仲醇的不对称胺基化，生成具有 α-手性的伯胺[192]。此催化剂网格涉及三到五个酶，L-谷氨酸是胺供体。首先，醇脱氢生成酮；接着，生成的酮通过 ω-转氨酶胺化。在最优的反应条件下，(s)-辛-2-醇在乳酸脱氢酶的作用下，以 64%的转化率和 96%的选择性转化为相应的(s)-胺。

Gotor-Fernández 和 Lavandera 课题组报道了由一锅两步法通过双酶催化剂催化仲醇的不对称胺化[193]。其中，醇可以在虫漆酶/TEMPO 体系存在下转化为酮。随后，通过转氨酶转化为具有光学纯度的胺。一系列外消旋的(杂环)芳环仲醇可基于此催化剂高转化率(67%～99%)、高选择性(90%～99% ee)地转化为手性胺(图 4.58)。

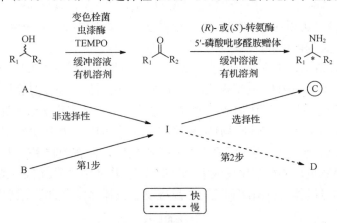

图 4.58　一锅两步法通过双酶催化剂催化仲醇的不对称胺化
TEMPO 为四甲基哌啶氧自由基

4.3　胺醇烷基化多相催化体系

4.3.1　贵金属催化剂

1. 钌基催化剂

2009 年，Beller 课题组报道了使用多相钌催化剂催化磺酰胺与醇的烷基化反应[194]。以纳米 Ru/Fe₃O₄ 为催化剂，以 K₂CO₃ 为助催化剂可以实现不同结构的磺酰胺和苄醇衍生物（包括杂环类）的烷基化反应，其分离收率通常大于 80%（图 4.59）。同时，由于 Fe₃O₄ 具有磁性，因此可以使用外加磁场的方式加以分离且多次重复使用活性没有明显降低。

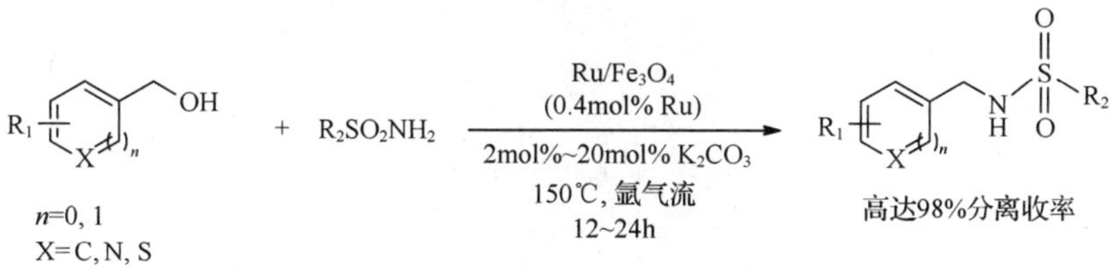

$$R_1 \underset{X\stackrel{}{\frown}_n}{\bigcirc}(CH_2OH) + R_2SO_2NH_2 \xrightarrow[\substack{2mol\%\sim20mol\% K_2CO_3 \\ 150℃, 氩气流 \\ 12\sim24h}]{Ru/Fe_3O_4 \ (0.4mol\% Ru)} R_1\underset{X\stackrel{}{\frown}_n}{\bigcirc}CH_2NHSO_2R_2$$

n=0, 1
X=C, N, S
高达98%分离收率

图 4.59　多相钌催化剂催化磺酰胺与醇的烷基化

同年，Mizuno 课题组研究了多相钌催化剂催化伯胺、仲胺与伯醇的烷基化反应，其使用的催化剂是负载型的 Ru(OH)$_x$/Al₂O₃。在无碱或其他配体存在下，芳香胺和杂环芳胺都转化为相应的仲胺，其收率为 70%～90%[195]。另外一个类似的多相钌催化剂是 Ru(OH)$_x$/TiO₂，其在无氧条件下，能催化氨气[或尿素、NH₄HCO₃ 和 (NH₄)₂CO₃ 等能放出氨气的化合物]和胺与醇（伯醇、仲醇）的烷基化反应（图 4.60）[75]。此外，使用此催化剂，能合成各种类型的对称或不对称的叔胺。值得注意的是，通过催化氨气与仲醇的烷基化，能选择性地合成相应对称取代的仲胺。

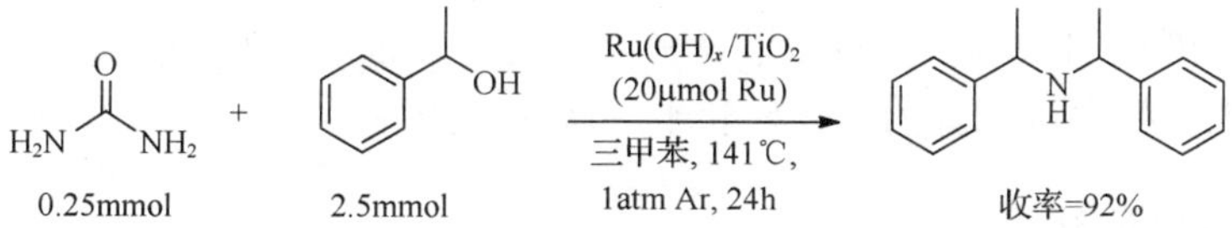

$$H_2N\underset{O}{\overset{\|}{C}}NH_2 + \underset{}{\bigcirc}\!\!-\!\!CH(OH)CH_3 \xrightarrow[\substack{三甲苯, 141℃, \\ 1atm Ar, 24h}]{Ru(OH)_x/TiO_2 \ (20\mu mol\ Ru)} \underset{}{\bigcirc}\!\!-\!\!CH(CH_3)NHCH(CH_3)\!\!-\!\!\underset{}{\bigcirc}$$

0.25mmol　　2.5mmol　　　　　　　　　　　收率=92%

图 4.60　Ru(OH)$_x$/TiO₂ 催化仲胺与氨的烷基化

Ramón 课题组报道了通过浸渍法制备的 Ru/Fe₃O₄ 催化剂来催化芳香胺、杂环芳胺和磺酰胺与各种醇的烷基化反应[196]，其催化剂 TEM 图片如图 4.61 所示。当使用手性的磺酰胺和仲醇反应时，生成手性的和非手性烷基化产物的比例是 92∶8。钌催化剂对反应条件相当敏感，微小的反应条件改变都会影响到最终的产物。当反应中的碱使用氢氧化钾时，反应的产物是单烷基化胺；而当碱换为氢氧化钠时，反应产物就变为相应的亚胺。但是，此催化体系的不足之处在于反应中需要加入 130mol%的氢氧化钾。与上面的研究工作类似，这一催化剂也可利用外加磁场进行分离和重复使用。

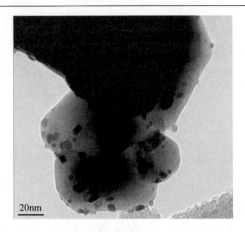

图 4.61　由浸渍法制备的 Ru/Fe₃O₄ 的 TEM 图

2017 年，以负载的钌催化丙三醇和氨水生成烷基化胺的催化体系被报道[197]。在水为溶剂时，Ru/C 催化剂在催化丙三醇和山梨醇生成 $C_1 \sim C_3$ 的烷基化胺中有很好的催化性能。其中，$C_1 \sim C_3$ 的烷基胺包括甲胺(MA)、乙胺(EA)和丙胺。在一锅法的反应中，丙三醇的转化率有 96.2%，选择性有 48.6%。同年，Rose 课题组报道了一个类似的工作[198]，其负载钌基催化剂催化异甘露糖醇和氨气在水中进行烷基化反应，可得到单烷基化胺和双烷基化胺的混合物。此外，Murzin 课题组对 Ru/C 催化剂的应用范围进行进一步拓展，可直接催化十二醇和氨气生成十二胺[199]。当反应温度为 150℃，使用 4bar NH_3 和 2bar H_2，反应时间为 24h 时，十二胺的收率可达 83.8%。实验结果表明，氨气压力的大小对反应没有影响，但是氢气的加入会提高十二醇的转化率和十二胺的选择性。

2. 钯基催化剂

早在 1974 年，Murahashi 课题组就报道了钯黑能够催化苄醇或烯丙醇与伯胺或仲胺的烷基化反应[200]。在最优的反应条件下(钯黑 0.2g, 120℃)，1,4-二羟基-2-丁烯和伯胺反应可生成 *N*-取代的吡咯，其收率可达 90%以上。

如果使用 Pd/AlO(OH) 作为催化剂也可以在无其他添加剂时高效地催化脂肪胺和苄醇发生烷基化反应(图 4.62)[201]。例如，当以正己胺和苄醇为底物时，相应仲胺的收率可达 88%。

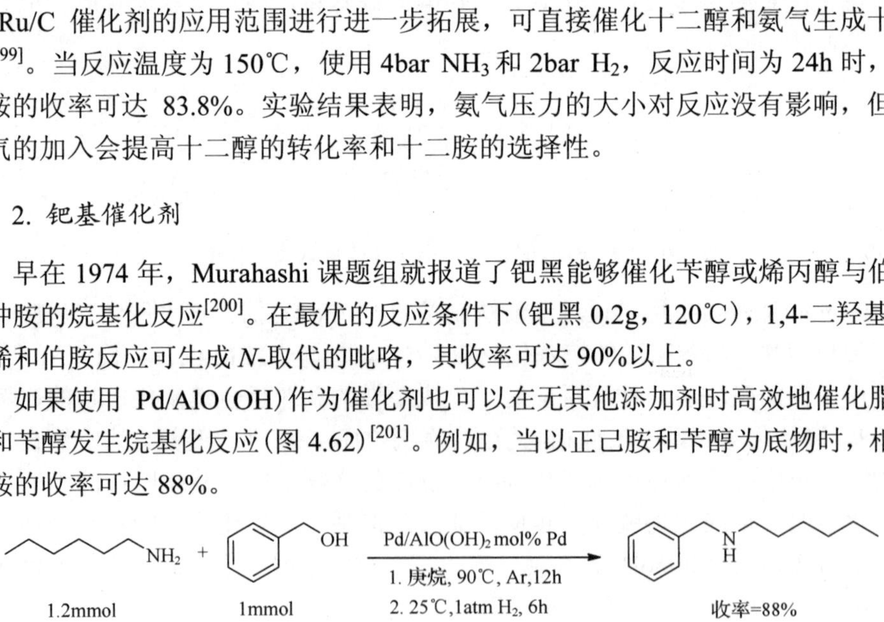

图 4.62　Pd/AlO(OH) 催化苄醇与脂肪胺的烷基化

此外，Pd/C 和 Pd(OH)$_2$/C 也被报道能有效地催化氨基酸与 C$_1$~C$_4$ 的脂肪醇在室温下发生烷基化反应，无论是一级氨基酸还是二级氨基酸都能和甲醇很好地发生反应，且能得到大于 80% 的收率（图 4.63）。但是，此反应需要 1bar 的氢气氛围才能有效进行[202]。

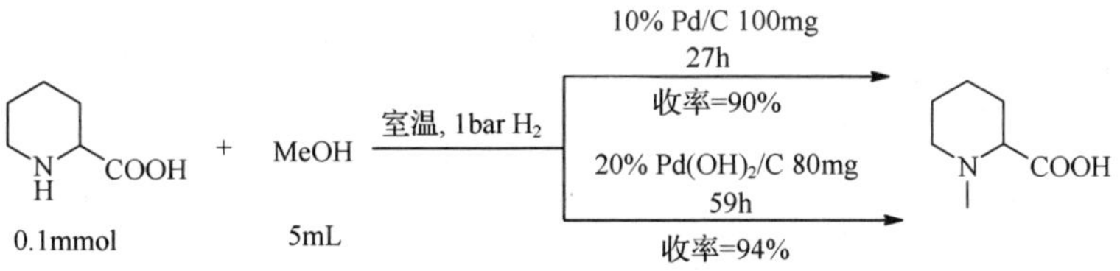

图 4.63　由 Pd/C 和 Pd(OH)$_2$/C 催化氨基酸与甲醇的 N-烷基化

Pd/MgO 也被用作醇和胺选择性单烷基化的催化剂（图 4.64）[203]。此反应体系对钯颗粒的大小很敏感，当钯的颗粒直径小于 2.5nm 时其催化性能最好。此催化体系可用于一锅法合成哌嗪。

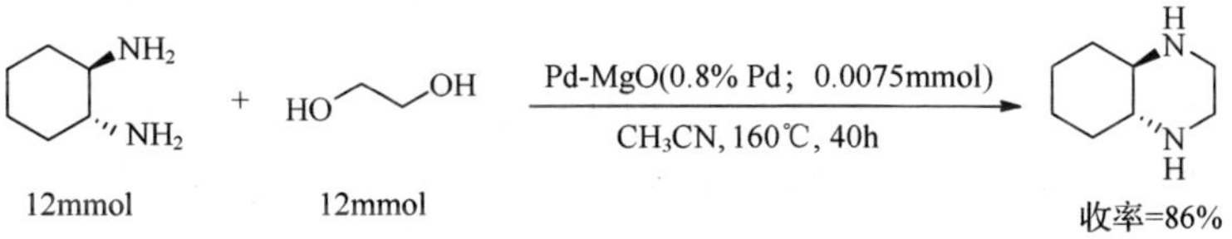

图 4.64　由 Pd/MgO 催化 1,2-二胺和乙二醇一锅法制备哌嗪

2011 年，石峰课题组报道了 Pd/Fe$_2$O$_3$ 催化的芳香胺、脂肪伯胺与苄醇脂肪醇（辛醇）的烷基化反应[204]，如图 4.65 所示。

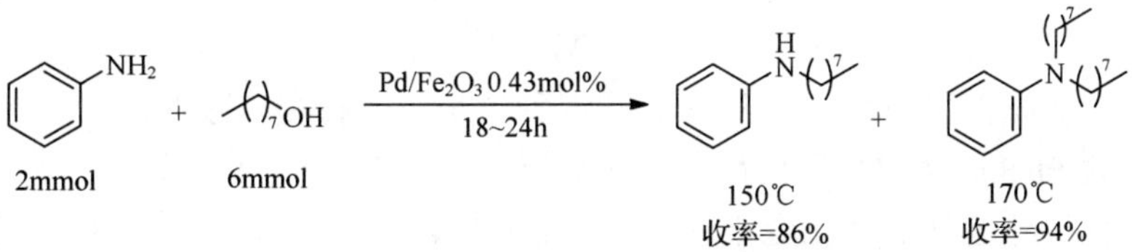

图 4.65　由 Pd/Fe$_2$O$_3$ 催化辛醇与苯胺的烷基化

值得注意的是，当反应温度适当提高时可以实现产物由仲胺向叔胺的转变（图 4.66）。若将载体换为 TiO$_2$，在紫外光照射条件下可以实现室温下的脂肪胺和芳香伯胺与甲醇反应生成 N,N-二甲基胺[205]，且产物收率高达 98%。此外，通过调节钯的负载量可以合成 4-氯-N,N-二甲苯胺，且产物收率大于 90%，很好地抑制了脱卤反应。

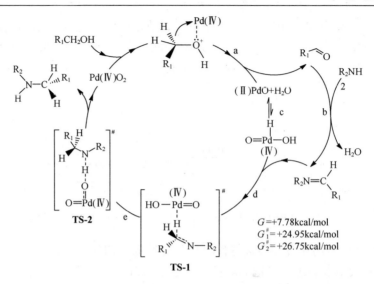

图 4.66　Pd/Fe$_2$O$_3$ 催化醇胺烷基化的可能机理

最近，Hermange 和 Astruc 课题组发现商品化的 Pd/C 也能有效地催化胺和醇反应生成仲胺[206]，且此催化剂能重复使用五次也没有明显的活性降低。含供电子取代基的苯胺和苄醇反应，产物的收率可达 80%以上。但是，此反应需要加入 3 当量的甲酸作为还原剂以促进中间体向目标分子的转化。

3. 铂基催化剂

1983 年，Kagiya 课题组报道了用 Pt/TiO$_2$ 为光催化剂在水中催化伯胺和醇反应生成对称的仲胺[207]。通过改变醇的种类，可在室温下得到不对称的仲胺和叔胺[208]。

此外，铂基催化剂(如 Pt/C[209]、Pt/Al$_2$O$_3$[210]和 Pt/SiO$_2$[211])还可以催化环己醇和氨气的气相氨基化反应。该反应通常得到的是环己胺和苯胺的混合物。

双金属 Pt-Sn/γ-Al$_2$O$_3$ 催化剂(0.5wt% Pt, Pt/Sn 摩尔比=1∶3)可以高效地催化伯胺、仲胺与醇进行烷基化合成仲胺与叔胺(图 4.67)[212]。此外，该双金属催化剂还可以催化胺与二醇反应有效地生成二胺[213]。

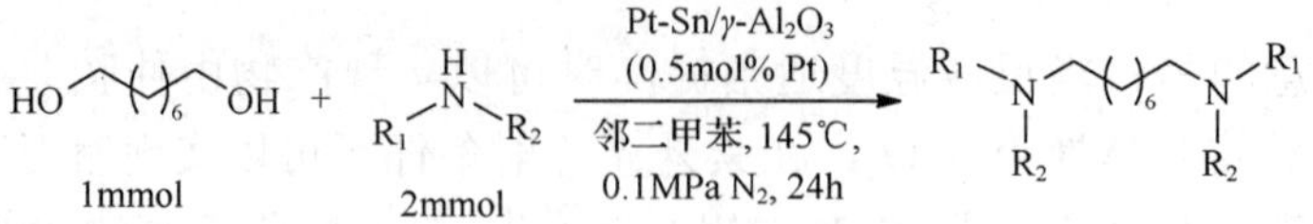

$$HO{-}(CH_2)_6{-}OH + \underset{2mmol}{\overset{H}{\underset{R_2}{N}}{-}R_1} \xrightarrow[\text{邻二甲苯,145℃,0.1MPa N}_2\text{,24h}]{\text{Pt-Sn/}\gamma\text{-Al}_2\text{O}_3\ (0.5\text{mol\% Pt})} R_2R_1N{-}(CH_2)_6{-}NR_1R_2$$

图 4.67　由 Pt-Sn/γ-Al$_2$O$_3$ 催化胺与二醇的烷基化

8-乙二酸-3-氮杂双环[3.2.1]辛烷是合成生物活性分子的重要组成部分。石峰实验室发现该分子可以在 Pt/NiCuAlO$_x$ 为催化剂，2,5-四氢呋喃二甲醇(THFDM)为底物与氨气反应,经氨基环化得到[214]。在最优的反应条件下(200℃, 11h, 0.5MPa

氢气，0.4MPa 氨气)，2,5-四氢呋喃二甲醇的转化率为 100%，目标分子的选择性为 58%(图 4.68)。催化剂的 TEM 表征如图 4.69 所示。

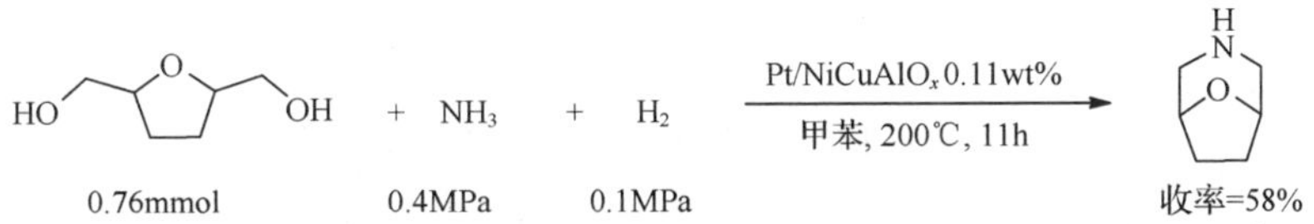

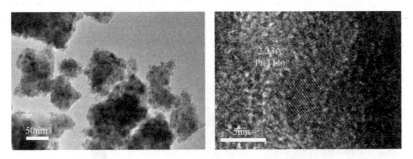

图 4.68　由 Pt/NiCuAlO$_x$ 催化 THFDM 与氨气的烷基化

图 4.69　Pt/NiCuAlO$_x$ 的 TEM(左)和 HR-TEM(右)

4. 金基催化剂

2009 年，多孔配位聚合物负载纳米金被成功用于催化苯胺和苄醇的烷基化合成相应仲胺[215]。其中，具有代表性的催化剂为 Au/Al-MIL53(1.6nm)(图 4.70)。但是，反应中需加入 50mol% Cs$_2$CO$_3$ 为助催化剂，且在 130℃的条件下反应。此时 N-苄基苯胺的收率可达 48%(图 4.71)。但是，由于在反应中金簇会聚合成大的纳米颗粒(>10nm)，因此催化剂并不稳定，重复使用的效果并不好。

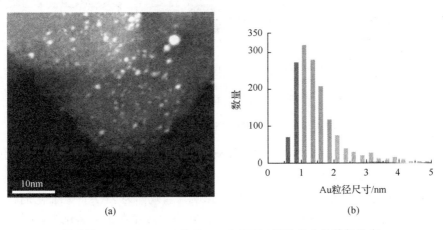

图 4.70　Au/Al-MIL53 的 HAADF-STEM 图片及金的粒径分布

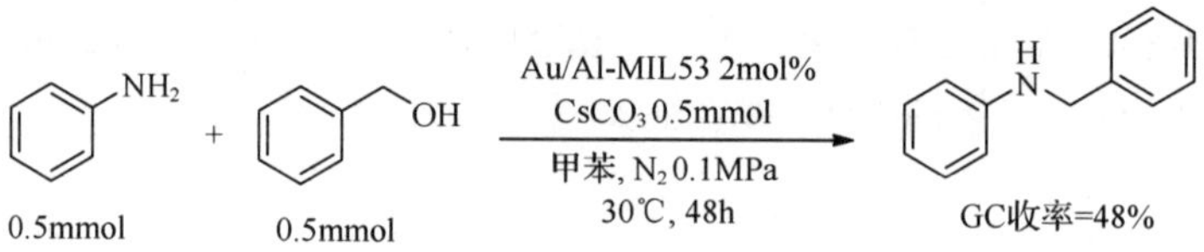

图 4.71 金催化苯胺与苄醇的烷基化

此外,Au/TiO$_2$-VS 催化剂(VS= very small particles, 1.8nm)(图 4.72)也被用于催化胺和醇的烷基化(图 4.73)[216]。其中,苯胺与脂肪醇反应可以很高收率得到相应的仲胺。但是,当脂肪胺与醇发生反应时,由于脂肪胺的自偶联,使得产物的收率只有 50%左右。

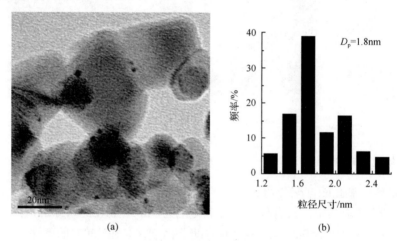

图 4.72 0.5wt%的 Au/TiO$_2$-VS 的 TEM 和金粒径分布

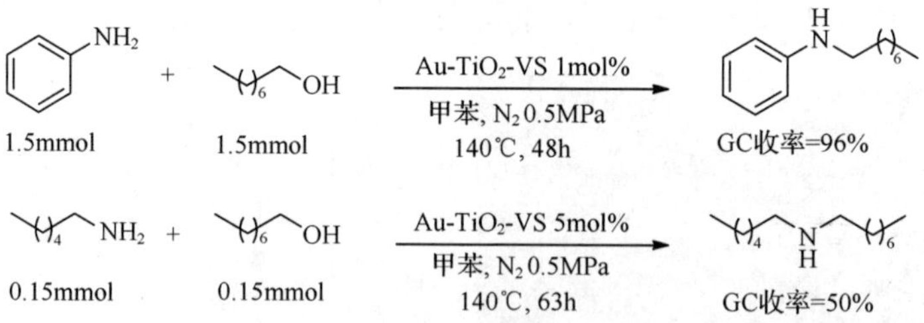

图 4.73 由 Au/TiO$_2$-VS 催化胺与醇的烷基化

2012 年,Haruta 课题组研究了负载纳米金催化剂的载体对苯胺和苄醇烷基化反应的影响。此反应未加入其他添加剂,且胺和醇是等摩尔量的[217]。实验结果表明,载体对仲胺的选择性有着较为明显的影响。当载体为 ZrO$_2$ 时,催化剂有很好的催化性能,且仲胺的选择性能达到 94%,其原因可能在于二氧化锆载体表面的羟基官能团可以作为苯胺的吸附位点,也可作为氢转移步骤中的氢源。2013 年,

Simakova 课题组对上述提到的 Au/ZrO$_2$ 用途进行延伸,用其来催化桃金娘烯醇的烷基化[218]。接着,该课题组研究了反应的动力学过程[219]及氢气[220]其他氢源[221]对反应的影响。此外,又研究了催化剂前期氧化还原处理对其催化活性的影响[222]。

5. 银基催化剂

2009 年,Satsuma 课题组报道了三氧化二铝负载的纳米银(Ag/Al$_2$O$_3$)催化剂高效地催化苯胺和苄醇发生烷基化反应,其中路易斯酸(多价的金属盐,如 FeCl$_3$·6H$_2$O)助催化剂的加入对其反应性能有着较大的影响(图 4.74)[223]。该工作系统地研究了金属种类(如 Pt、Pd、Au 和 Ag)、银粒径大小、氧化物载体(CeO$_2$、ZrO$_2$、Al$_2$O$_3$ 和 SiO$_2$)和路易斯酸种类这四个主要因素对此催化体系中烷基化胺的选择性影响。结果表明,获得高效催化体系的重要影响因素包括:①金属和氢原子之间的键能要弱(如银);②银簇的粒径要小;③载体要既有酸性位又有碱性位(如 Al$_2$O$_3$);④添加剂的路易斯酸性要强(如 Fe^{III} 盐)。

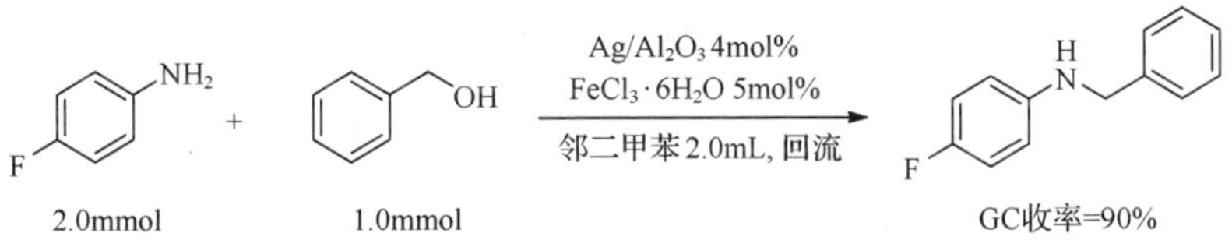

图 4.74 银催化苯胺与醇的烷基化

另外,Al$_2$O$_3$ 包埋的纳米银也能高效地催化苯胺和苄醇的烷基化反应[224]。当 Ag/Al$_2$O$_3$ 中 Ag 的含量为 2.4wt%时,催化剂的活性是最高的,此时 N-苄基苯胺的转化率和选择性都能高于 90%。当胺为仲胺(如哌啶或吡咯)时,反应得到的产物是酰胺和胺的混合物。但是反应中要加入碱如 Cs$_2$CO$_3$ 或 K$_3$PO$_4$ 作为助催化剂。

此外,2011 年,石峰课题组报道了银钼复合氧化物如 Ag$_6$Mo$_{10}$O$_{33}$ 也可用来催化胺、酰胺、磺酰胺和苄醇的烷基化反应。在相对温和的反应条件下,无有机配体加入时,产物的分离收率高达 99%(图 4.75)[225]。迄今,这仍然是胺醇烷基化反应中覆盖范围最广的催化剂体系之一。

通过浸渍法制备的其他负载纳米银或者第二金属修饰的纳米银催化剂如 Cu$_x$Ag$_{1-x}$/Al$_2$O$_3$、Cu$_{0.95}$Ag$_{0.05}$/MO$_x$ 等也在胺醇烷基化反应中得到了广泛的研究,其中 Cu$_{0.95}$Ag$_{0.05}$/Al$_2$O$_3$ 展现出了最好的效果。以之为催化剂可以实现苯胺、脂肪胺等与不同结构苄醇和脂肪醇烷基化反应(图 4.76)[226]。催化剂结构研究表明,在银-铜的边界上,可能通过形成 Ag—O—Cu 键使得银纳米簇负载在铜纳米颗粒上。此催化剂高活性来源于双金属在醇脱氢和亚胺的氢转移步骤中的协同作用。

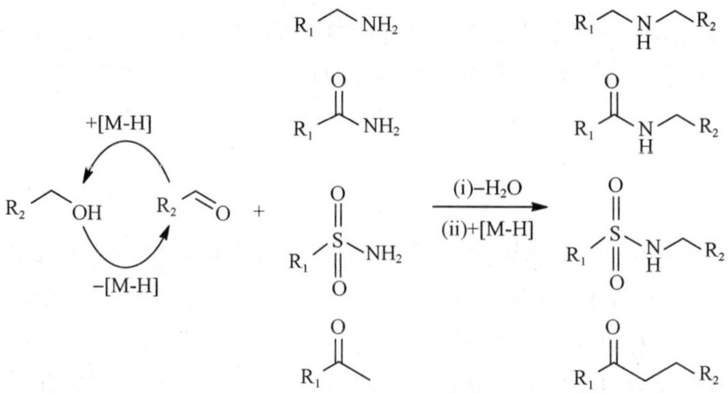

图 4.75　$Ag_6Mo_{10}O_{33}$ 催化胺醇烷基化反应

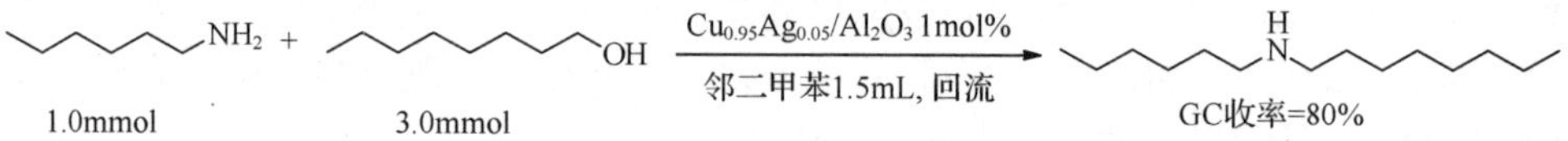

图 4.76　由 $Cu_{0.95}Ag_{0.05}/Al_2O_3$ 催化己胺和正辛醇的烷基化

4.3.2　非贵金属催化剂

1. 铜基催化剂

早在 1934 年，就有以简单的铜和氧化铜为催化剂来将 2-乙醇胺通过氢转移过程在连续流动反应器上制备吡嗪[227]。但是，通过此方法得到目标分子的收率相当低(6%)，且反应温度高达 300℃。同时，仅仅反应几个小时后，铜催化剂就失活了。

为了稳定铜催化剂，就引入了其他金属作共催化剂。其中 1939 年，Adkins 课题组报道了以铜亚铬酸盐 $CuCr_2O_4$-$BaCr_2O_4$ 为催化剂时，在氢气气氛下，一些脂肪胺和等摩尔量的脂肪伯醇和仲醇反应能得到相应的仲胺和叔胺(图 4.77)[228]。此外，铜亚铬酸盐催化剂不仅稳定了铜催化剂，也拓宽了胺醇烷基化的范围，包括叔胺和伯醇的烷基转移[229]、环己醇和氨气的烷基化[230]，十二胺和甲醇的双甲基化等[231]。同时，铜和铬负载型的催化剂也被发现可以催化二甲胺和十二烷醇的烷基化反应，并能取得定量的收率[232]。

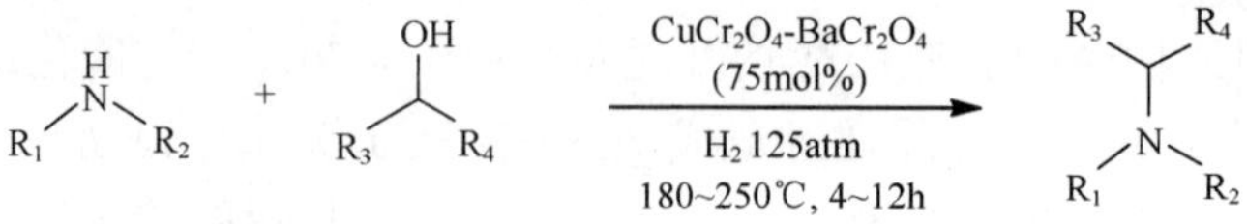

图 4.77　由 $CuCr_2O_4$-$BaCr_2O_4$ 催化脂肪胺与脂肪醇的烷基化

1985 年，Kijenski 课题组报道了 γ-Al_2O_3 担载的 CuO(60wt%)也曾被用作制备 *N,N*-二甲基苯胺的催化剂，并取得很好的收率[233]。与其相似的催化剂有 γ-Al_2O_3 担载 CuO(63wt%)，也被用来催化二甲胺和脂肪二醇制备 2-甲氨基烷醇(图 4.78)[234]。

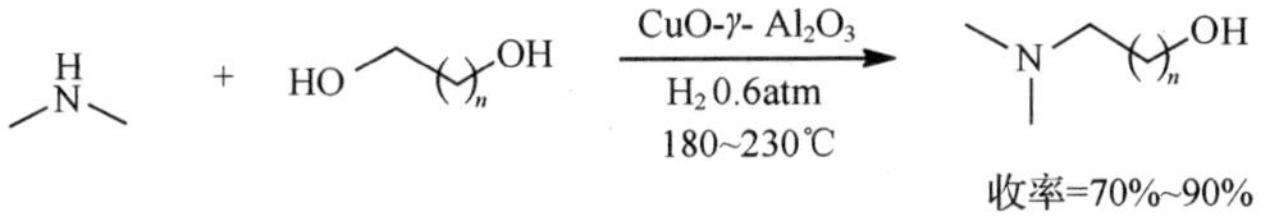

图 4.78 由 CuO-γ-Al_2O_3 催化二甲胺与脂肪二醇的烷基化

除此之外，γ-Al_2O_3 或 MgO 负载的氧化铜催化剂也可在固定床反应器中以氨基醇为原料合成相应的环胺[235, 236]。反应在氢气或氮气气氛下能得到类似的初始活性，但是在氮气条件下催化剂失活速度较快。

1998 年，Margitfalvi 课题组使用商品化的 CuO-ZrO-γ-Al_2O_3 为催化剂来实现正丁胺甲基化反应。其反应条件是，氢气气氛下，185℃，相应的 *N*-甲基-1-丁胺的收率可达 54%[237]。

2004 年，Ogawa 课题组通过先共沉淀后焙烧制备的 CuO-ZnO-Al_2O_3 催化剂可用来催化乙二胺和不同醇的烷基化反应(图 4.79)。在相同的反应条件下，仅使用 ZnO-Al_2O_3 不能实现胺的烷基化。这一实验证实了催化剂的活性来源于铜。然而，由于 CuO-ZnO-Al_2O_3 催化剂的活性要远高于 CuO-Al_2O_3，也证明了铜和锌之间是有协同作用的[238]。

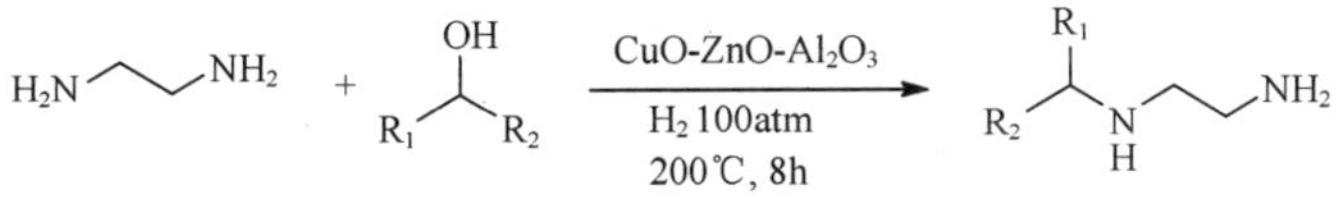

图 4.79 由 CuO-ZnO-Al_2O_3 催化乙二胺与醇的烷基化

1989 年，Okabe 课题组制备了由铜、镍和钡组成的胶体状催化剂来催化二甲胺和十二醇发生烷基化反应生成相应的胺。当催化剂中 Cu/Ni/Ba 的比例为 5∶1∶1 时，胺的收率可达 96%[239]。对还原后的催化剂进行 X 射线衍射分析发现金属 Cu、CuO 和金属 Ni 是胶体，分散在催化体系中。进一步在催化剂混合物中加入硬脂酸钙，可使目标产品的收率达到 99%[240]。尽管催化剂是胶状，但是因为其粒径太小(1.5nm)，在反应结束后仍不能通过简单的过滤将其分离，但可通过蒸馏将其回收[241]。

上述三组分胶体催化剂也可用来催化二甲胺和不同二醇的烷基化反应。例如，二甲胺和 1,6-己二醇可以 85%的收率得到相应的 *N*,*N*,*N*′,*N*′-四甲基己二胺。其他不同结构的醇，如商品化长链醇的混合物也可作为烷基化试剂，能以 78%~89%的收率生成相应的 N,N-二甲基胺[242]。

2009 年，Prathima 课题组制备了碳酸钾负载的铜铝水滑石，即 CuAl-HT/K$_2$CO$_3$，来催化苄胺或苯胺与苄醇的烷基化反应，且以很好的收率生成相应的目标胺分子[243]。例如，4-硝基苯胺和苄醇为底物时可以 98%的收率生成相应的仲胺(图 4.80)。催化剂可直接从反应混合液中分离，其重复使用 5 次没有失去活性。

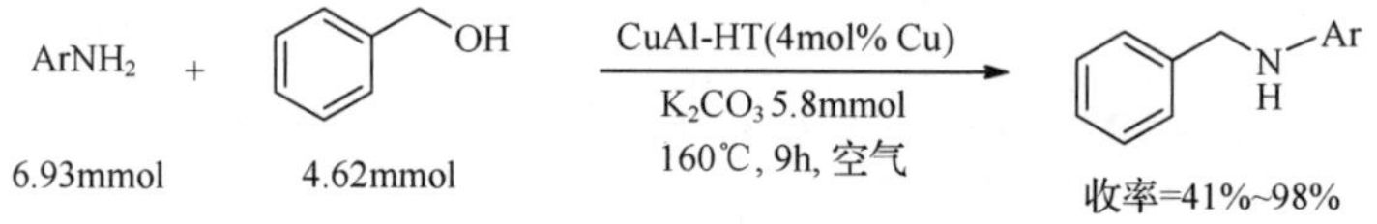

$$ArNH_2 + PhCH_2OH \xrightarrow[K_2CO_3\ 5.8\text{mmol}]{\text{CuAl-HT(4mol\% Cu)}} PhCH_2NHAr$$

6.93mmol　　4.62mmol　　160℃, 9h, 空气　　收率=41%~98%

图 4.80　由 CuAl-HT 催化芳香胺与苄醇的烷基化

2011 年，He 课题组通过浸渍法制备的 CuO-NiO/γ-Al$_2$O$_3$ 催化剂可被用来催化吗啡啉和醇在固定床反应器的烷基化反应[244]。在最优的反应条件下，吗啡啉和甲醇的烷基化反应转化率可达 95.3%，生成 N-甲基吗啡啉的选择性可达 93.8%。此催化体系也可用于碳数少的伯醇。然而，仲醇生成产物的选择性相对较低，因为反应中产生的酮相对醛而言是较弱的亲电试剂。

2011 年，Nagaraju 课题组以简单的纳米氧化铜为催化剂来催化苯胺和 1,4-次苯基二甲醇的直接烷基化反应。在最优的反应条件下，生成 N,N'-[1,4-次苯基二(亚甲基)]二苯胺的收率可达 87%(图 4.81)[245]。催化剂的回收很容易，且重复使用 4 次后没有明显的活性降低。

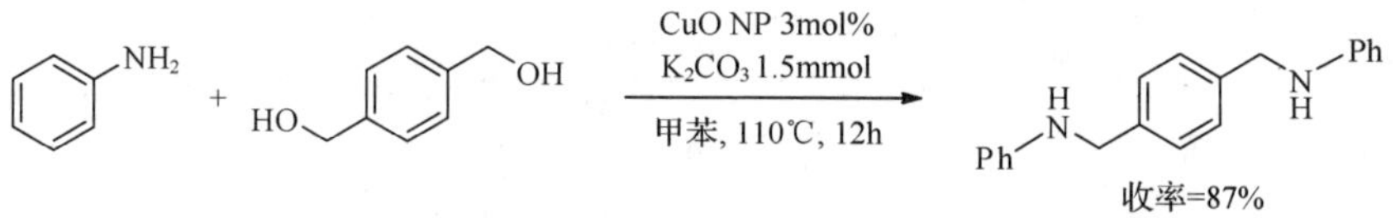

$$PhNH_2 + HOCH_2\text{-}C_6H_4\text{-}CH_2OH \xrightarrow[\text{甲苯, 110℃, 12h}]{\substack{\text{CuO NP 3mol\%} \\ K_2CO_3\ 1.5\text{mmol}}} PhNHCH_2\text{-}C_6H_4\text{-}CH_2NHPh$$

收率=87%

图 4.81　由 CuO NP 催化苯胺与 1,4-苯基二甲醇发生烷基化反应

2014 年，Zaccheria 课题组制备了负载型的 Cu/Al$_2$O$_3$ 催化剂，此催化剂能在无其他添加剂的条件下催化苯胺与仲醇及苄醇的烷基化反应，生成相应的仲胺[246]。例如，当苯胺和环己醇反应，转换率可达 100%，且有 95%的选择性，然而，当醇为环辛醇和环十二醇时，反应中生成产物胺的选择性较低。

2015 年，石峰课题组报道了用水热法制备简单的 CuAlO$_x$ 为催化剂来合成不对称的叔胺(图 4.82)[247]。这一催化剂大幅度地拓展了伯胺和醇反应的种类。例如，苯胺可以与苄醇、丁醇一锅反应生成 N-苄基-N-丁基-苯胺，其收率高达 92%(图 4.83)。

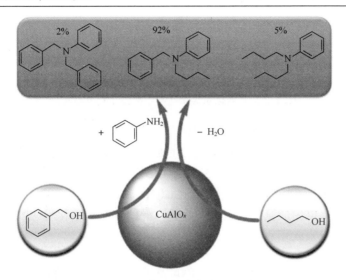

图 4.82　CuAlO$_x$ 催化合成不对称三级胺

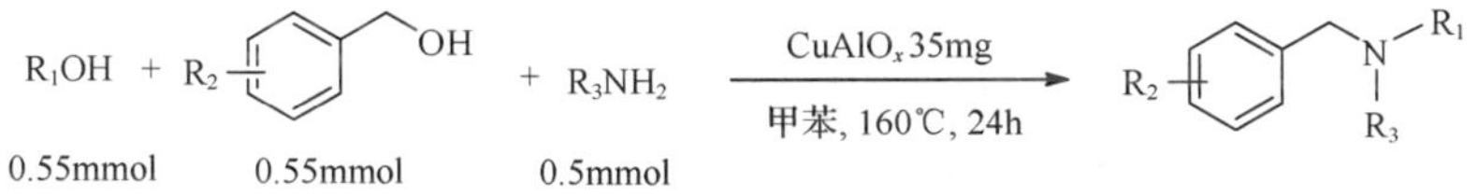

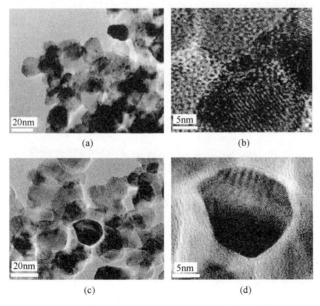

图 4.83　由 CuAlO$_x$ 催化合成不对称三级胺

此外，石峰团队又报道了以 Cu-Mo/TiO$_2$ 为催化剂，在室温下，紫外光辅助的胺醇烷基化反应[248]，催化剂的形貌如图 4.84 所示。在温和条件下，无任何其他

图 4.84　Cu$_1$-Mo$_1$/TiO$_2$[(a)、(b)]和 Cu$_1$-Mo$_3$/TiO$_2$[(c)、(d)]的 TEM 和 HR-TEM

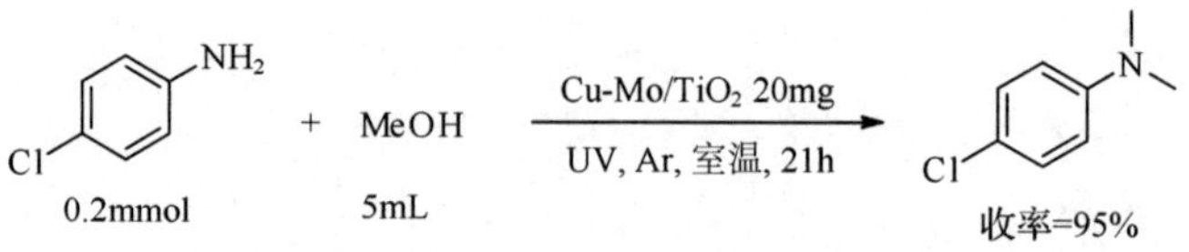

图 4.85　光催化对氯苯胺与甲醇发生烷基化反应

碱或有机配体的加入，此催化剂能催化一系列芳香胺和脂肪胺以很好的收率选择性转化为相应的仲胺和叔胺。值得注意的是，此催化体系能催化卤素取代的苯胺和醇的反应，且收率最好能达到 95%（图 4.85）。

2010 年，Mizuno 课题组报道了以 $Cu(OH)_x/Al_2O_3$ 和 $Cu(OH)_x/TiO_2$ 为催化剂实现了由尿素原位生成氨或以氨水为底物与醇的直接烷基化反应[249]。例如，尿素可以和苄醇反应生成相应二苄胺的收率可达 85%（图 4.86）。

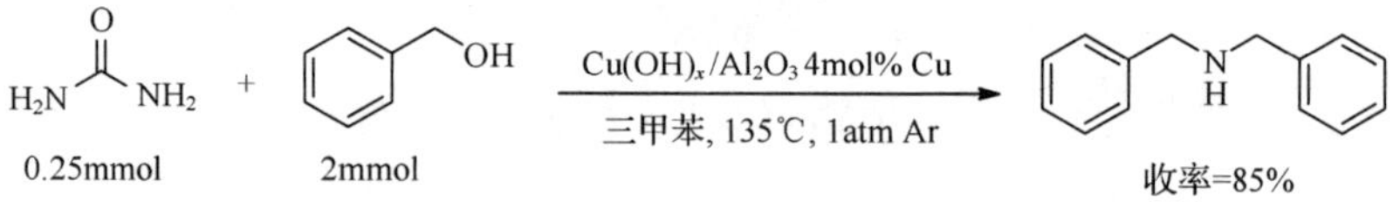

图 4.86　由负载型的氢氧化铜催化氨与苄醇发生烷基化反应

2. 镍基催化剂

在以醇为亲电试剂的胺醇烷基化反应中，也用到了许多镍催化剂。早在 1930 年，Fournier 课题组就报道了在 300℃下还原 NiO 得到的镍颗粒可以有效地催化芳香胺（苯胺、对甲苯胺）和脂肪醇（甲醇、乙醇和环己醇）的烷基化反应。例如，在高压反应器内，加入 10%（质量分数）的镍催化剂、苯胺和乙醇（乙醇和苯胺的摩尔比为 2∶1），180℃下反应 12h，可得到 30%的 N-乙基苯胺[250]。

与以上实验结果相比，1954 年，Frazza 课题组又使用了 100 目的镍颗粒作催化剂，二甲苯为反应溶剂，在 150℃下反应，苯胺和苄醇（200mol%）能取得较好的实验结果[251]。在最优的反应条件下，简单的脂肪醇（己醇和正癸醇）也能与苯胺发生烷基化反应。

其他负载型镍催化剂如 Ni/SiO_2 或 SiO_2 和 Al_2O_3 的混合载体负载镍都能催化 2-乙醇胺和氨气生成乙二胺[252]。然而，在催化剂性能上，混合载体要优于单一载体。

简单的雷尼镍也是胺醇烷基化的有效催化剂。1955 年，Kohn 课题组将雷尼镍[镍含 60%（质量分数）]加入苯胺和过量醇的混合物中回流 16h，就可以得到 N-烷基取代的苯胺。当使用直链的伯醇时，产物的收率能达到 78%~83%，当使用支链伯醇时，产物的收率为 41%~49%[253]。如果加入过量的叔丁醇铝，在甲苯溶剂中使吲哚和过量的仲醇（4000mol%）回流三天，也能得到吲哚烷基化的产物（图 4.87）[254]。

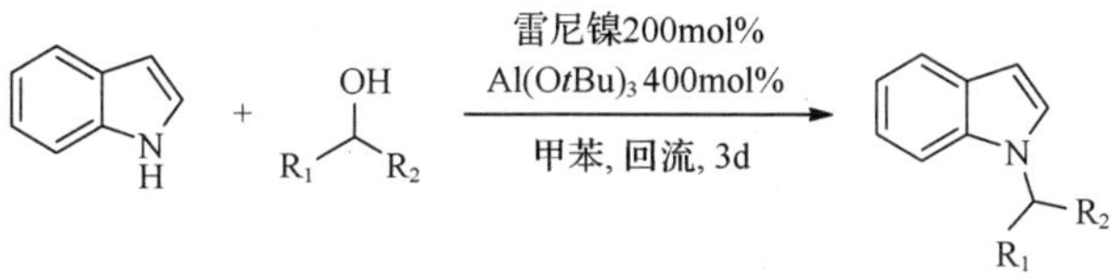

图 4.87 由雷尼镍催化吲哚和仲醇发生烷基化反应

雷尼镍不仅能催化胺的单烷基化反应,同时也能催化生成双烷基化胺[255]。例如,1,6-己二胺和等摩尔量的1,4-丁二醇反应可以得到收率15%的吖庚因衍生物。在100个大气压的氢气压力下,温度为200℃,以镍(12mol%)为催化剂,可以实现不同的脂肪或环状胺与乙醇、丁醇和环己醇(200mol%)反应,相应的仲胺和叔胺的收率可达34.80%[256]。

同时,雷尼镍还可以在氢气氛围下催化氨基醇自身偶联反应制备含氮的杂环化合物。例如,1-氨基丙烷-2-醇经过两个氢转移过程形成顺/反-哌嗪的混合物和相应的吡嗪(图4.88)[257]。在最优的反应条件下,脂肪杂环类是主产物。

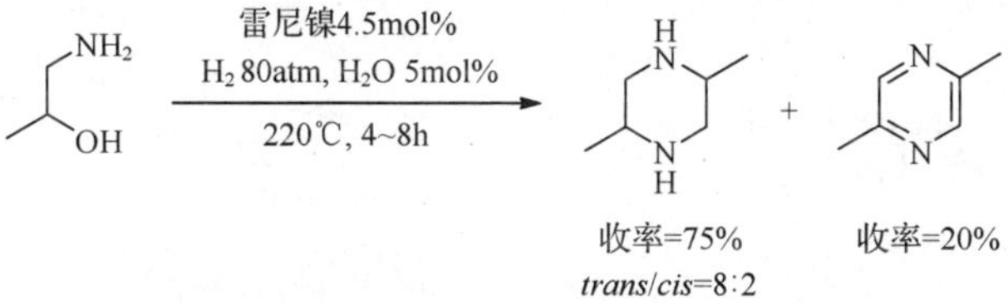

图 4.88 由雷尼镍催化 1-氨基丙烷-2-醇的二烷基化

2009年,Mastranzo课题组报道了雷尼镍(1.2g)催化胺和醇(1.5mL)的室温反应生成烷基化伯胺和N-亚磺酰基衍生物(图4.89)[258]。芳香族伯胺和N-亚磺酰胺在15~40min就能生成单烷基化产物,其收率为77%~89%。当胺与有位阻的醇发生反应时,如正丁醇和异丙醇反应需要较长的时间。通过对反应机理探索发现,此反应是以自由基机理进行的。

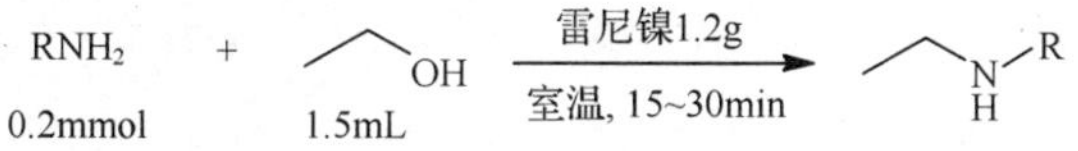

图 4.89 由雷尼镍室温催化胺与醇的烷基化

2012年,Li课题组报道了通过化学沉积法制备的负载型Ni&Cu/γ-Al$_2$O$_3$双金属纳米催化剂(45wt% Ni, Ni/Cu(质量比)=4.5/1.0)可以高效地催化胺和醇的烷基化反应[259]。在邻二甲苯为溶剂,氩气气氛下,加入碱(NaOH)和路易斯酸(CaCl$_2$)作助催化剂,就可以获得较高转化率和选择性。此外,在反应两次后,催化剂的活性没有明显的降低。

石峰课题组在2013年报道了由镍、铜、铁组成的非贵金属催化剂NiCuFeO$_x$催化的胺或氨气和醇的烷基化反应[260]。与以前报道的其他催化剂（包括贵金属催化剂）相比，此催化剂具有很好的底物拓展性。例如，伯胺可有效地转化为仲胺和 N-杂环化合物，仲胺能转化为叔胺。值得注意的是，伯胺可以由醇和氨气通过一锅法反应制得（图 4.90）。此外，此催化剂具有磁性，使得催化剂易于从反应液中分离，并且重复使用 5 次后，催化剂也没有明显失活，催化剂使用前后的形貌如图 4.91 所示。

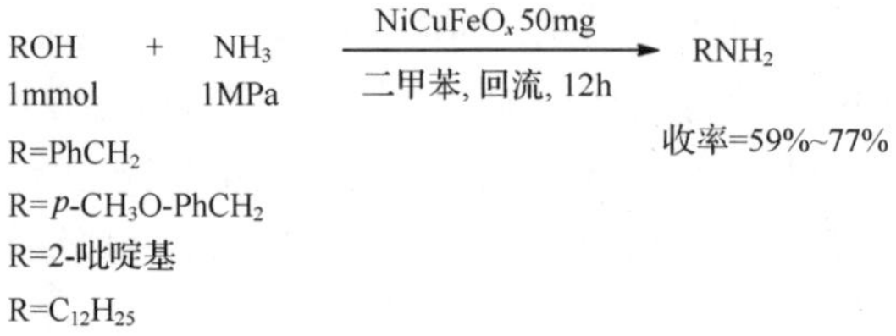

$$\begin{array}{c} \text{ROH} + \text{NH}_3 \\ 1\text{mmol} \quad 1\text{MPa} \end{array} \xrightarrow[\text{二甲苯, 回流, 12h}]{\text{NiCuFeO}_x\ 50\text{mg}} \text{RNH}_2$$

R=PhCH$_2$
R=p-CH$_3$O-PhCH$_2$
R=2-吡啶基
R=C$_{12}$H$_{25}$

收率=59%~77%

图 4.90　由醇与氨气制备伯胺

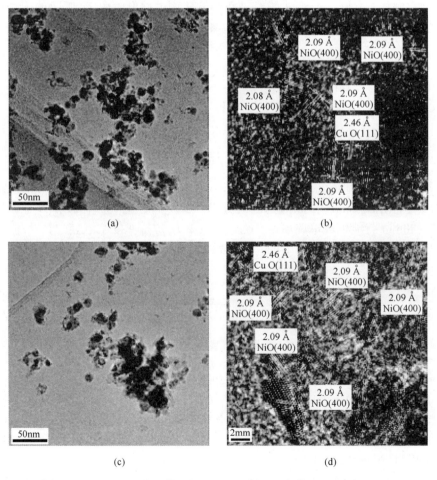

图 4.91　NiCuFeO$_x$ 使用前[(a)、(b)]后[(c)、(d)]的 TEM 和 HR-TEM

2013 年，Satsuma 课题组报道了由 NiO/θ-Al$_2$O$_3$ 原位氢气还原制得的 Ni/θ-Al$_2$O$_3$ 在无其他添加剂的反应条件下，能高效地催化芳香胺和脂肪胺与醇（苄醇和脂肪醇）发生烷基化反应[261]。对于苯胺和脂肪醇的反应，催化剂和贵金属催化剂（Ru 基均相催化剂）相比，展现出较高的催化剂转换数（TON）。另外，此催化剂也能有效地催化醇与氨气反应生成伯胺（图 4.92）[262]。此催化体系对各种脂肪醇都具有兼容性，且催化剂可回收，重复使用两次也没有明显的失活。

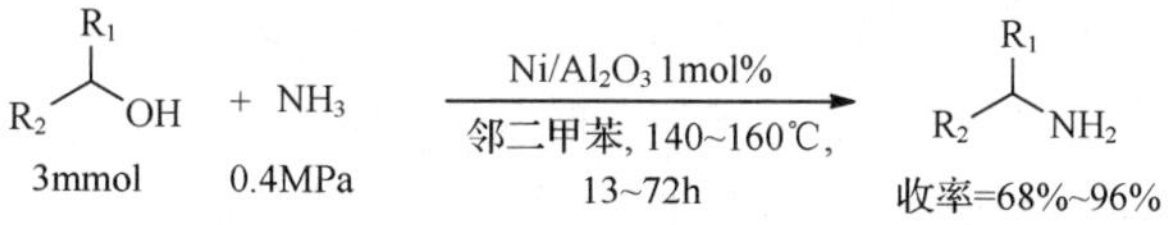

图 4.92 由 Ni/Al$_2$O$_3$ 催化醇与氨气制备伯胺

2016 年，石峰课题组报道了丙三醇和胺的烷基化反应[263]，高价值的前手性氨基酮可由简单的多相催化剂 CuNiAlO$_x$ 催化胺和丙二醇的选择性活化和转化得到。其中以脂肪族仲胺为底物时相应的丙酮胺有 80%～90% 的收率。但是对于脂肪族伯胺和芳香胺，其反应的收率较低。此催化剂易于回收，且重复使用 3 次催化剂活性都没有明显的降低（图 4.93）。随后，石峰等又以此催化剂首次实现了单胺化，并通过动力学调控就能生成单胺化、双胺化和环胺化产物（图 4.94）[264]。

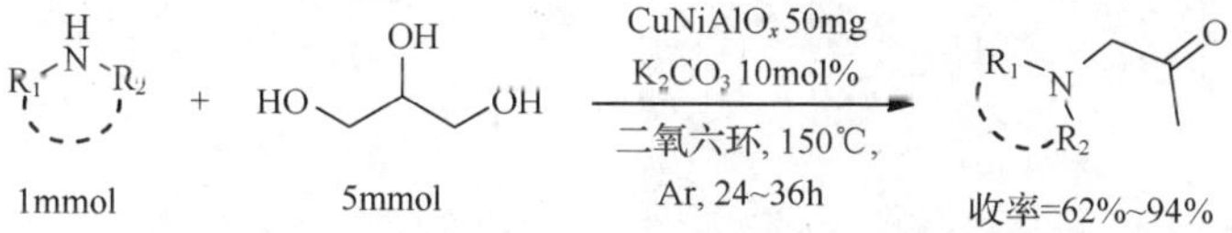

图 4.93 由 CuNiAlO$_x$ 催化胺与丙三醇的烷基化

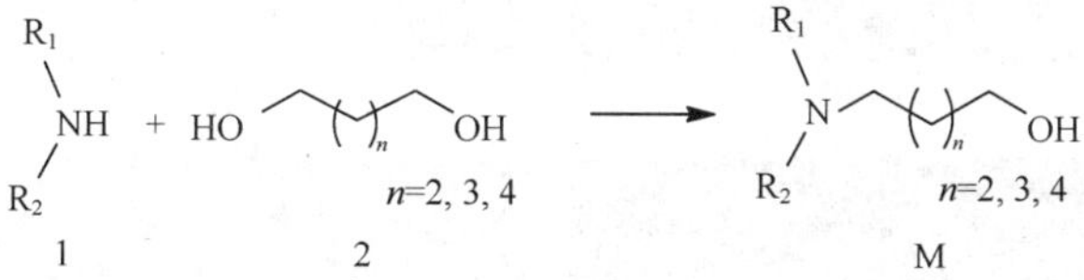

图 4.94 由 CuNiAlO$_x$ 催化二醇的单甲基化

3. 铁/锰/钴基催化剂

2009 年，Yus 课题组报道了未改性的商业磁铁矿在催化芳香胺和苄醇的选择性单烷基化反应中具有很高的活性、稳定性和选择性（图 4.95）[265]。但是需要很长的反应时间（7d）和 2 当量的叔丁醇钾（KOtBu）作为产物收率可达 99%。这是首次以未改性磁铁矿为催化剂催化胺醇烷基化的反应。

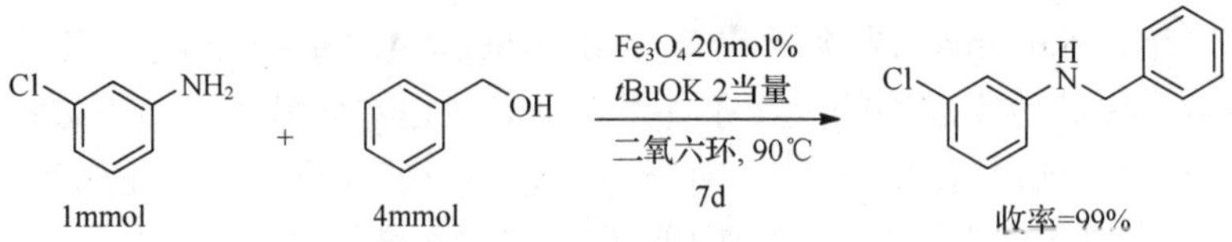

图 4.95　铁催化间氯苯胺与苄醇发生烷基化反应

2010 年，Gai 课题组报道了通过微波沉积法制备的一系列负载型氧化铁，这些氧化铁在催化胺和苄醇的烷基化反应中具有一定的催化活性（图 4.96）[266]。其中 Fe-HMS（六方介孔全硅分子筛）是胺和苄醇反应中活性最高的催化剂（具体的形貌如图 4.97 所示），其催化叔丁胺和苄醇反应得到相应仲胺的收率也可达 86%，但是，此反应需要 2 当量的三亚乙基二胺（DABCO）作为助剂。

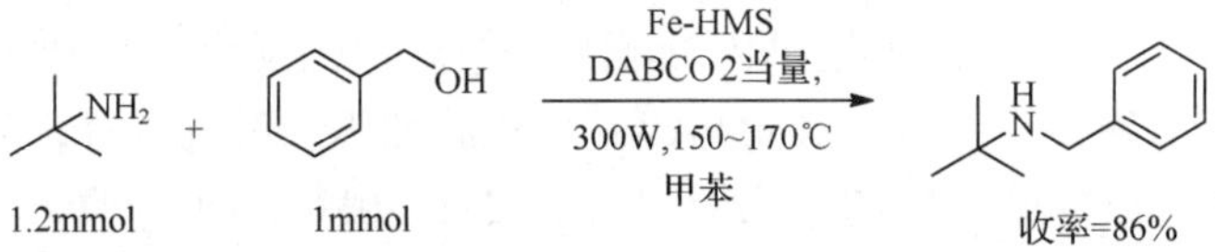

图 4.96　由 Fe-HMS 催化叔丁胺与苄醇的烷基化

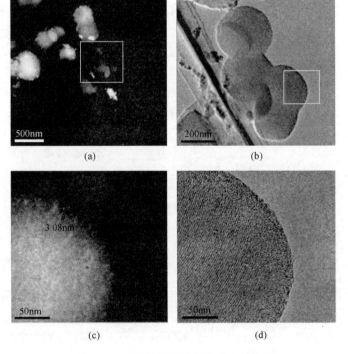

图 4.97　由微波沉积法制备的 Fe-HMS
(a) AC-HAADF-STEM；(b)～(d) AC-TEM

2014 年，Zhu 课题组报道了由二氧化硅负载的 $Fe_2(SO_4)_3 \cdot xH_2O$ 为催化剂，在无溶剂的条件下，催化二级苄醇或烯丙醇与酰胺或含吸电子官能团的芳香胺的烷基化反应[267]。值得注意的是，若反应为苄醇和含供电子基的胺，反应可在室温下进行。

二氧化锰作为原位氧化剂可以在反应中将胺氧化为亚胺。基于此，2002 年，Taylor 课题组报道了以二氧化锰为氧化剂，加入 $NaBH_4$ 作还原剂，甲醇为溶剂，催化异丁胺和苄醇发生一锅法反应可得到 89%的 N-苯基异丁胺[268]。将 $NaBH_4$ 和甲醇用聚合物负载的氰基硼氢化物(PSCBH)和乙酸代替[269]，则可以合成三级胺。但是，此催化体系的不足之处有很多。例如，需要 10 当量的二氧化锰作氧化剂，2~5 当量的 $NaBH_4$ 或 PSCBH 作还原剂。

2011 年，Xu 课题组报道了在催化量的二氧化锰和碱的反应条件下，可以在空气中得到磺酰胺或胺与苄醇的烷基化产物（图 4.98）[270]。其中仲胺的收率高达 99%。此外，实验结果表明，在有氧条件下，醇容易活化。

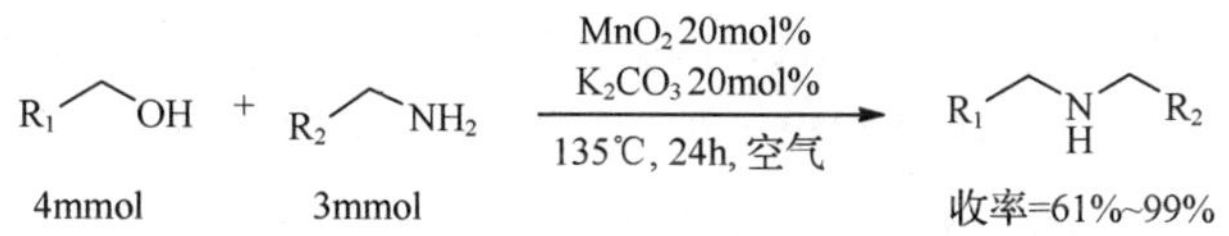

图 4.98 锰催化胺与苄醇的烷基化

1999 年，Baiker 课题组报道了双金属钴-铁合金催化剂被用于催化生物质基 1,3-丙二醇和氨气的烷基化反应[271]。该反应使用超临界氨气，催化剂组成为 95wt% Co 和 5wt% Fe，氢气 3mol%，反应温度为 195℃，在压力为 150bar 的固定床反应器中，1,3-二氨基丙烷的收率可达 32%（图 4.99）。

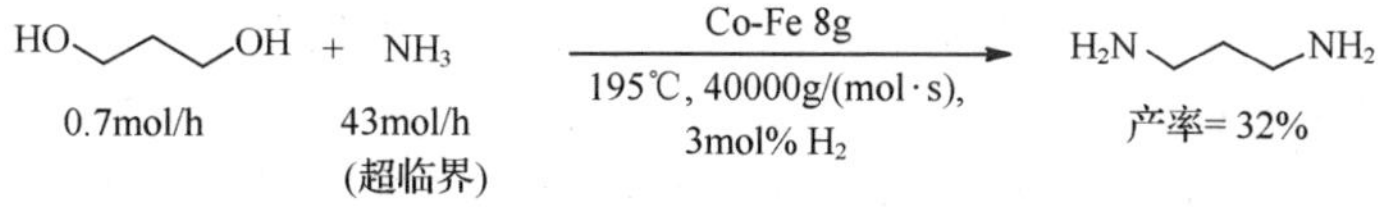

图 4.99 由 Co-Fe 合金催化 1,3-丙二醇和氨气的烷基化

4.3.3 非过渡金属催化剂

2015 年，石峰课题组报道了不含过渡金属的碳催化剂催化的胺和醇烷基化反应（图 4.100）[272]。详细的催化剂表征说明了碳催化剂上的 C=O 官能团很有可能是催化活性位点。此外，催化剂的大比表面积也是高催化活性的一个重要因素。碳催化剂在重复使用 5 次后，催化剂活性依然保持不变。这是首次使用碳基催化剂通过借氢机理实现醇胺烷基化反应。

2017 年，Alonso 课题组报道了单层氧化石墨烯(GO)和羧酸功能化的氧化石墨烯催化的 4-甲基苯磺酰胺和反式-1,3-二苯基-2-丙烯-1-醇的烷基化反应[273]。在碳催化剂的用量为 5wt%时，反应能得到 80%以上的收率。

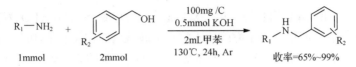

图 4.100　通过借氢机理由碳催化胺与醇的烷基化

4.4　路易斯酸催化体系

路易斯酸催化的胺醇烷基化反应已经研究多年。由于以路易斯酸为催化剂时往往经历的是碳正离子机理，这就容易导致焦油类副产物的生成。同时，路易斯酸本身也往往导致设备腐蚀和环境污染。因此在这里就这一领域的工作只进行简单介绍。

1924 年，Reid 课题组以硅胶为催化剂通过胺醇烷基化实现了 N-烷基化，这是最早的无过渡金属参与的烷基化反应之一[274]。苯胺与不同的脂肪伯醇(100mol%～200mol%)在较高的温度下反应可以生成混合的取代苯胺。除硅胶之外，1991 年，Arata 课题组报道了三氧化二铝也可被用来催化苯胺和甲醇的烷基化反应[275]。由异丙醇铝制备的三氧化二铝作为多相催化剂在反应温度为 400℃的固定床反应器中催化苯胺和甲醇(15000mol%)发生反应可以得到双烷基化的苯胺。但是，当催化剂为商品化的 γ-Al_2O_3 时，在同样的反应条件下，得到的主产物是单烷基化苯胺。进一步研究发现，通过制备方法的调节，γ-Al_2O_3 也可以催化苯胺和甲醇的烷基化反应[276]。实验结果表明，当反应温度为 300～425℃时，反应主要生产 N-甲基化产物。当增加反应温度或甲醇/苯胺的摩尔比时，会增加 N,N-二甲苯胺的选择性。其可能的反应机理如图 4.101 所示。

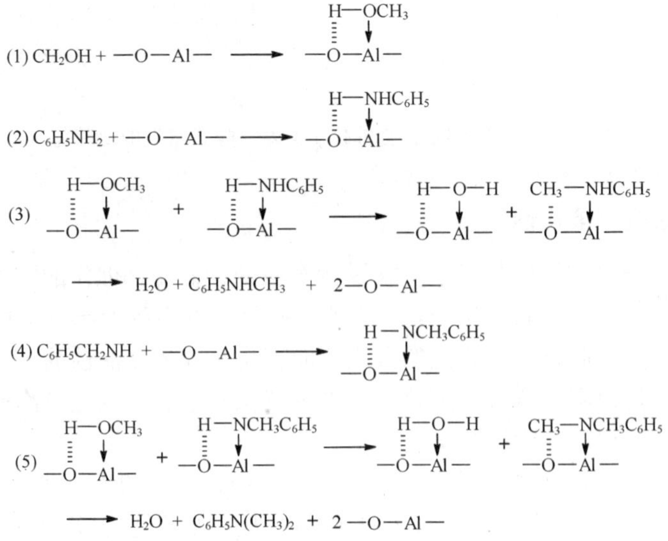

(1) CH_3OH + —O—Al— ⟶ H—OCH$_3$ ↓ —O—Al—

(2) $C_6H_5NH_2$ + —O—Al— ⟶ H—NHC$_6$H$_5$ ↓ —O—Al—

(3) H—OCH$_3$ ↓ —O—Al— + H—NHC$_6$H$_5$ ↓ —O—Al— ⟶ H—O—H ↓ —O—Al— + CH$_3$—NHC$_6$H$_5$ ↓ —O—Al—

⟶ H_2O + $C_6H_5NHCH_3$ + 2—O—Al—

(4) $C_6H_5CH_2NH$ + —O—Al— ⟶ H—NCH$_3$C$_6$H$_5$ ↓ —O—Al—

(5) H—OCH$_3$ ↓ —O—Al— + H—NCH$_3$C$_6$H$_5$ ↓ —O—Al— ⟶ H—O—H ↓ —O—Al— + CH$_3$—NCH$_3$C$_6$H$_5$ ↓ —O—Al—

⟶ H_2O + $C_6H_5N(CH_3)_2$ + 2—O—Al—

图 4.101　γ-Al_2O_3 在催化苯胺的 N-甲基化反应中可能的反应机理

其他的胺如辛胺、苄胺和手性的 R-甲基苄胺也能与甲醇、1-丙醇和苄醇发生烷基化反应[277]。同时,氨气可以与苄醇在 170℃反应生成 48%的苄胺及 23%的二烷基化和三烷基化胺[278]。

苯胺和甲醇的选择性烷基化可通过使用金属杂化的分子筛催化剂实现。这种分子筛通常在 NaOH 或者 NH_4F 介质中进行合成[279]。苯胺和氨气的 TPD 研究发现,金属原子杂化的分子筛催化材料中酸性位的量对 N,N-二甲苯胺选择性有着重要影响。

2013 年,Narender 课题组报道了在有氧条件下,反应温度为 135℃,使用纳米 β 沸石为催化剂的苯胺与醇(包括苄醇、杂环芳香醇、烯丙醇和脂肪醇)的烷基化反应[280]。有意思的是,1,2,3,4-四氢喹啉与苄醇的烷基化产物只有 17%,但是 1,2,3,4-四氢异喹啉的烷基化产物却能达到 72%。值得注意的是,苯胺与糠醇反应转化为相应仲胺的收率可达 52%(图 4.102),且催化剂能回收,重复使用 3 次催化剂活性没有明显下降。

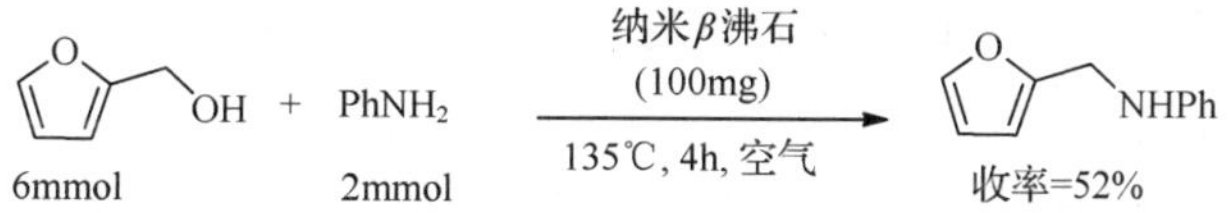

图 4.102 纳米 β 沸石催化苯胺与糠醇的烷基化

2008 年,Zhou 课题组研究了 $Yb(OTf)_3$ (5mol%) 催化的芳胺、酰胺与烯丙醇和炔丙醇胺的室温烷基化反应,产物的收率通常大于 80%[281]。2013 年,Ishii 课题组报道了类似的三氟甲烷磺酸盐[$La(OTf)_3$、$Yb(OTf)_3$、$Hf(OTf)_4$]催化的酰胺和苄醇的烷基化反应[282]。以硝基甲烷为溶剂,加入 1mol%的三氟甲烷磺酸盐,烷基化产物的收率在 70%~90%。其他的三氟甲烷磺酸盐,如 $In(OTf)_3$[283]、$Ag(OTf)_3$[284,285]、$Bi(OTf)_3$[286]、$Al(OTf)_3$[287,288]等也在这一反应中展现出了较好的催化性能。

Campagne、Prim、Ohshima 和 Mashima 等课题组报道了 $NaAuCl_4$ (5mol%) 催化的苯胺和磺酰胺衍生物与苄醇的烷基化反应。值得注意的是,此反应可在室温下进行且取得了较好的收率[289,290]。其中苄醇和烯丙醇为烷基化试剂时相应 N-烷基化胺的收率为 70%~80%。类似的是,$AuCl_3$ 也可以催化芳胺、磺酰胺与烯丙醇的烷基化反应[291]。尽管金催化胺与活泼醇的烷基化反应中已经取得了较好进展,但是含敏感官能团的胺烷基化还研究较少。

2013 年,Hikawa 和 Yokoyama 课题组报道了以水溶性的 Au(Ⅲ)/TPPMS(单磺化三苯基膦钠盐)为催化剂,以未保护的邻氨基苯甲酸为原料,与二苯甲醇反应生成相应的 N-烷基化胺(图 4.103)[292]。该反应的收率可达 80%以上,且对敏感的羧基官能团有很好的耐受性。当以 $Co(hfac)_2 \cdot xH_2O$ (hfac:六氟乙酰丙酮)和 TPPMS 为催化剂时,也能得到类似的结果[293]。

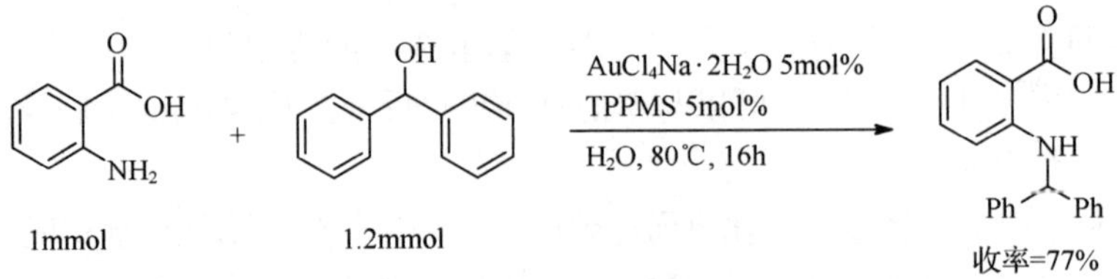

图 4.103　金催化二苯甲醇与邻氨基苯甲酸的烷基化

2008 年，Liu 课题组报道了 Au/Ag 复合催化体系[294]，具体的催化剂由 5mol% (p-MeOC$_6$H$_4$)$_3$P-AuCl、10mol% AgBF$_4$(Au/Ag) 和路易斯酸 BF$_3$·Et$_2$O 组成。以之为催化剂可以实现胺或磺酰胺与顺式-烯炔醇的烷基化反应生成多取代的吡咯，产物的收率为 70%~90%。2010 年，Widenhoefer 课题组也报道将 [P(t-Bu)$_2$-o-biphenyl]AuCl(5mol%) 和 AgSbF$_6$(5mol%) 结合起来可有效地催化环脲、磺酰胺和烯丙醇的烷基化反应且产物的收率大于 80%[295]。值得注意的是，当以 γ 未取代的烯丙醇和 γ-甲基取代的烯丙醇为原料时，可分别得到区域选择性和立体选择性产物。此外，适当地提高反应温度则会生成取代的吡咯和哌啶衍生物[296]。

2006 年，Zhan 课题组报道了由 BiCl$_3$ 催化的胺与二级炔丙醇的烷基化反应[297]。在最优的反应条件下，以对甲苯磺酰胺和苯甲酰胺为底物，可得到 70%~90%的收率。但当以乙酰胺、苯胺和哌啶为底物时，并没有观察到产物的生成。紧接着，Zhan 课题组将催化剂改变为简单的三氯化铁[FeCl$_3$(5mol%)]，对催化体系进一步改良[298]。

在上述的工作之后，以 FeCl$_3$ 和 FeCl$_3$·6H$_2$O 为催化剂的烷基化反应得到一系列的报道，包括各种酰胺与苄醇和烯丙醇的烷基化反应[299]、磺酰胺与贝利斯-希尔曼醇 (Baylis-Hillman alcohol) 的烷基化[300] 及 N-保护的氨基烯丙醇分子内的烷基化[301]等。

2012 年，Nájera 课题组对胺和烯丙醇烷基化反应中 FeCl$_3$·6H$_2$O 和 TfOH (三氟甲磺酸) 的催化性能进行对比研究[302]。实验结果表明，在大部分情况下，FeCl$_3$·6H$_2$O 具有较好的收率。但是，TfOH 可以在更温和的条件下进行反应且催化剂的用量较低。同时，如果反应在水中进行时，FeCl$_3$·6H$_2$O 也能够展现出较好的催化性能[303]。

2009 年，Reddy 课题组报道了酸催化的对甲苯磺酰脲和苄醇的烷基化反应[304]。三(五氟苯基)硼烷在催化甲苯磺酰脲与苄醇的反应中催化性能最好，产物的收率可以达到 80%。

2007 年，Cozzi 课题组报道了溴化铟 (InBr$_3$) 催化的具有光学活性的氨基甲酸酯与二茂铁基醇的烷基化反应 (图 4.104)[305]。产物的收率高于 80%，且很好地保留了光学构象。

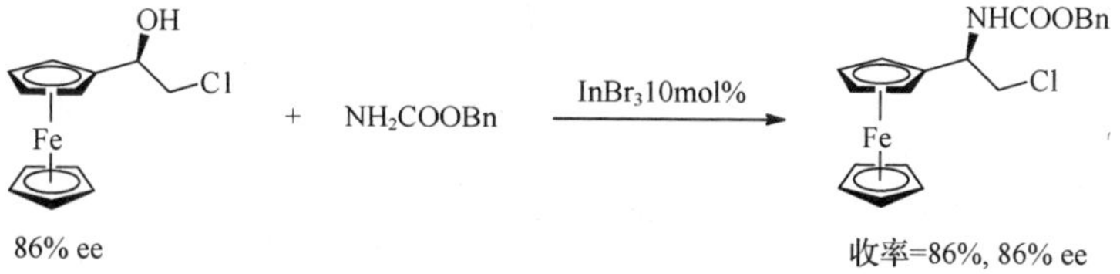

图 4.104　由 InBr$_3$ 催化具有光学活性的二茂铁基醇与氨基甲酸酯发生烷基化

对于磺酸类催化剂，如一水合对甲苯磺酸(PTS)、十二烷基苯磺酸(DBSA)、聚合态的对甲苯磺酸和 HBF$_4$ 也能被用来催化胺和烯丙醇的烷基化[306-310]。其中芳胺和酰胺为底物时目标产物的收率通常在 70%~90%。

尽管也有一部分均相酸催化体系来催化胺或酰胺与醇的烷基化反应，并取得很好的收率，但是这些均相催化剂的回收比较困难，在工业方面不易大规模使用。2006 年，Kaneda 课题组报道了蒙脱石为催化剂的芳胺、酰胺与烯丙醇、苄醇等烷基化反应[311]。催化剂易于回收，且重复使用 5 次后，催化剂的活性没有明显降低。进一步研究发现，当反应温度升高到 100℃时，能实现吲哚和苄醇的烷基化反应[312]。

另外一个可重复使用的酸催化剂是 Shimizu 课题组在 2008 年报道的[313]。其使用的催化剂是水溶性的间二苯酚杯[4]芳烃磺酸(10mol%)，用于催化磺酰胺和烯丙醇、苄醇的烷基化反应，产物的收率可以达到 90%以上。值得注意的是，含催化剂的水相能重复使用 5 次，催化活性没有明显降低。

除了有机酸以外，一些无机酸如磷钨酸[314]、负载在二氧化硅上的磷钼酸[315,316]、负载在介孔二氧化硅上的 $Cs_{2.5}H_{0.5}PMo_{12}O_{40}$ (图 4.105)[317]等，都能催化胺与醇反应生成 N-烷基化胺。

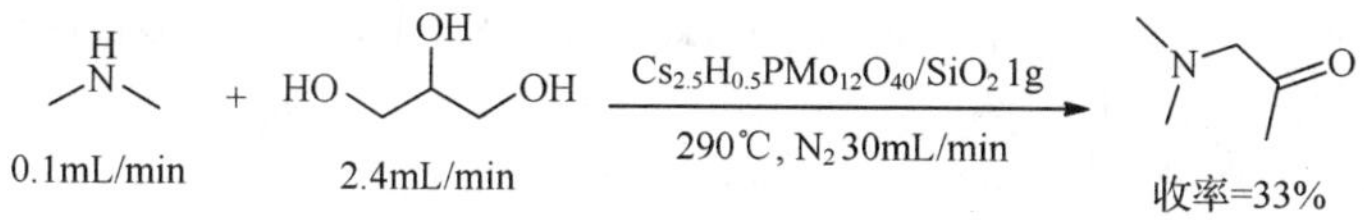

图 4.105　由 $Cs_{2.5}H_{0.5}PMo_{12}O_{40}/SiO_2$ 催化丙三醇与二甲胺的烷基化

4.5　结束语

本章主要总结了胺、醇经催化烷基化合成烷基化胺领域的研究进展。从催化体系来讲，本领域已经涵盖了从均相到多相，从贵金属到非贵金属的各类催化剂。从反应原料来讲则涵盖了各种不同结构的胺、醇。围绕这一研究领域，我们认为有以下三个方向需要加强。一是以氨气为原料经胺醇烷基化合成伯胺的高效催化体系构建，这一类反应意义重大但是相关的高效催化体系还报道较少。第二是作为一类基础的大宗化工产品，尿素及其衍生物的烷基化研究值得关注，但是迄今该类反应仍然没有得到很好的实现。第三则是目前已有的高效胺醇烷基化催化剂往往涉及贵金属、助剂/添加剂等昂贵或复杂催化体系的使用，如何创建高效、经济的胺醇烷基化催化剂仍将是本领域需要长期关注的问题。

参 考 文 献

[1] Lawrence S A. Amines: synthesis, properties and applications. New York: Cambridge University Press, 2004.

[2] von Hofmann A. Beiträge zur Kenntniss der flüchtigen organischen Basen. European Journal of Organic Chemistry, 1851, 78(3): 253-286.

[3] Magano J, Dunetz J R. Large-scale applications of transition metal-catalyzed couplings for the synthesis of pharmaceuticals. Chemical Reviews, 2011, 111(3): 2177-2250.

[4] Aubin Y, Fischmeister C, Thomas C M, et al. Direct amination of aryl halides with ammonia. Chemical Society Reviews, 2010, 39(11): 4130-4145.

[5] Jiang D, Fu H, Jiang Y, et al. CuBr/rac-BINOL-catalyzed n-arylations of aliphatic amines at room temperature. The Journal of Organic Chemistry, 2007, 72(2): 672-674.

[6] Alex K, Tillack A, Schwarz N, et al. General zinc-catalyzed intermolecular hydroamination of terminal alkynes. ChemSusChem, 2008, 1(4): 333-338.

[7] Crozet D, Urrutigoïty M, Kalck P. Recent advances in amine synthesis by catalytic hydroaminomethylation of alkenes. ChemCatChem, 2011, 3(7): 1102-1118.

[8] Das S, Zhou S, Addis D, et al. Selective catalytic reductions of amides and nitriles to amines. Topics in Catalysis, 2010, 53(15-18): 979-984.

[9] Junge K, Wendt B, Shaikh N, et al. Iron-catalyzed selective reduction of nitroarenes to anilines using organosilanes. Chemical Communications, 2010, 46(10): 1769-1771.

[10] Steinhuebel D, Sun Y, Matsumura K, et al. Direct asymmetric reductive amination. Journal of the American Chemical Society, 2009, 131(32): 11316-11317.

[11] Nef J. Dissociationsvorgänge bei den einatomigen alkoholen, aethern und salzen. European Journal of Organic Chemistry, 1901, 318(2-3): 137-230.

[12] Guillena G, Ramon D J, Yus M. Hydrogen autotransfer in the N-alkylation of amines and related compounds using alcohols and amines as electrophiles. Chemical Reviews, 2010, 110(3): 1611-1641.

[13] Grigg R, Mitchell T R B, Sutthivaiyakit S, et al. Transition metal-catalysed N-alkylation of amines by alcohols. Journal of the Chemical Society, Chemical Communications, 1981, (12): 611-612.

[14] Watanabe Y, Tsuji Y, Ohsugi Y. The ruthenium catalyzed N-alkylation and n-heterocyclization of aniline using alcohols and aldehydes. Tetrahedron Letters, 1981, 22(28): 2667-2670.

[15] Trost B M, van Vranken D L. Asymmetric transition metal-catalyzed allylic alkylations. Chemical Reviews, 1996, 96(1): 395-422.

[16] Muzart J. Palladium-catalysed reactions of alcohols. Part B: Formation of C—C and C—N bonds from unsaturated alcohols. Tetrahedron, 2005, 61(17): 4179-4212.

[17] Muzart J. Procedures for and possible mechanisms of Pd-catalyzed allylations of primary and secondary amines with allylic alcohols. European Journal of Organic Chemistry, 2007, (19): 3077-3089.

[18] Muzart J. Gold-catalysed reactions of alcohols: isomerisation, inter- and intramolecular reactions leading to C—C and C—heteroatom bonds. Tetrahedron, 2008, 64(25): 5815-5849.

[19] Detz R J, Hiemstra H, van Maarseveen J H. Catalyzed propargylic substitution. European Journal of Organic Chemistry, 2009, 2009(36): 6263-6276.

[20] Miyake Y, Uemura S, Nishibayashi Y. Catalytic propargylic substitution reactions. ChemCatChem, 2009, 1(3): 342-356.

[21] Biannic B, Aponick A. Gold-catalyzed dehydrative transformations of unsaturated alcohols. European Journal of Organic Chemistry, 2011, 2011(33): 6605-6617.

[22] Emer E, Sinisi R, Capdevila M G, et al. Direct nucleophilic SN1-type reactions of alcohols. European Journal of Organic Chemistry, 2011, 2011(4): 647-666.

[23] Bauer E B. Transition-metal-catalyzed functionalization of propargylic alcohols and their derivatives. Synthesis, 2012, 44(8): 1131-1151.

[24] Poli G, Prestat G, Liron F, et al. Selectivity in palladium-catalyzed allylic substitution. //Kazmaier U. Transition metal catalyzed enantioselective allylic substitution in organic synthesis. Berlin: Springer Berlin Heidelberg, 2012: 1-63.

[25] Sundararaju B, Achard M, Bruneau C. Transition metal catalyzed nucleophilic allylic substitution: activation of allylic alcohols via π-allylic species. Chemical Society Reviews, 2012, 41(12): 4467-4483.

[26] Butt N A, Zhang W. Transition metal-catalyzed allylic substitution reactions with unactivated allylic substrates. Chemical Society Reviews, 2015, 44(22): 7929-7967.

[27] Zhao Y, Foo S W, Saito S. Iron/amino acid catalyzed direct n-alkylation of amines with alcohols. Angewandte Chemie, 2011, 50(13): 3006-3009.

[28] Hamid M H S A, Slatford P A, Williams J M J. Borrowing hydrogen in the activation of alcohols. Advanced Synthesis and Catalysis, 2007, 349(10): 1555-1575.

[29] Lamb G W, Williams J M. Borrowing hydrogen: C—N bond formation from alcohols. Chimica Oggi-Chemistry Today, 2008, 26(3): 17-19.

[30] Bähn S, Imm S, Neubert L, et al. The catalytic amination of alcohols. ChemCatChem, 2011, 3(12): 1853-1864.

[31] Nixon T D, Whittlesey M K, Williams J M J. Transition metal catalysed reactions of alcohols using borrowing hydrogen methodology. Dalton Transactions, 2009, (5): 753-762.

[32] Gunanathan C, Milstein D. Applications of acceptorless dehydrogenation and related transformations in chemical synthesis. Science, 2013, 341(6143): 1229712.

[33] Shimizu K I. Heterogeneous catalysis for the direct synthesis of chemicals by borrowing hydrogen methodology. Catalysis Science and Technology, 2015, 5(3): 1412-1427.

[34] Ma X, Xu Q, Ma X, et al. N-alkylation by hydrogen autotransfer reactions. Topics in Current Chemistry, 2016, 374(3): 27.

[35] 徐清, 李强. 过渡金属催化醇与胺有氧脱水反应及相关研究进展. 有机化学, 2012, 33(1): 18-35.

[36] Nef J U. Dissociation processes in monatomic alcohols, ethers and salts. Justus Liebigs Annalen der Chemie, 1901, 318: 137-230.

[37] Arcelli A, Porzi G. Selective conversion of primary amines into N,N-dimethylalkyl-or N,N-dialkylmethyl-amines with methanol and $RuCl_2(Ph_3P)_3$. Journal of Organometallic Chemistry, 1982, 235(1): 93-96.

[38] Ganguly S, Joslin F L, Roundhill D M. Conversion of long-chain terminal alcohols and secondary amines into tertiary amines using dichlorotris(triphenylphosphine)ruthenium(II) as catalyst. Inorganic Chemistry, 1989, 28(26): 4562-4564.

[39] Ganguly S, Roundhill D M. Conversion of long-chain terminal alcohols and secondary amines into tertiary amines using ruthenium(II)tertiary phosphine complexes as homogeneous catalysts. Polyhedron, 1990, 9(20): 2517-2526.

[40] Marsella J A. Homogeneously catalyzed synthesis of beta-amino alcohols and vicinal diamines from ethylene glycol and 1, 2-propanediol. The Journal of Organic Chemistry, 1987, 52(3): 467-468.

[41] Marsella J A. Ruthenium catalyzed reactions of ethylene glycol with primary amines: steric factors and selectivity control. Journal of Organometallic Chemistry, 1991, 407(1): 97-105.

[42] Tsuji Y, Huh K T, Ohsugi Y, et al. Ruthenium complex catalyzed N-heterocyclization. Syntheses of N-substituted piperidines, morpholines, and piperazines from amines and 1,5-diols. The Journal of Organic Chemistry, 1985, 50(9): 1365-1370.

[43] Felföldi K, Klyavlin M, Bartók M. Transformation of organic compounds in the presence of metal complexes V. Cyclization of aminoalcohols on a ruthenium complex. Journal of Organometallic Chemistry, 1989, 362(1-2): 193-195.

[44] Watanabe Y, Ohta T, Tsuji Y. The ruthenium catalyzed N-alkylation of amides with alcohols. Bulletin of the Chemical Society of Japan, 1983, 56(9): 2647-2651.

[45] Murahashi S I, Kondo K, Hakata T. Ruthenium catalyzed synthesis of secondary or tertiary amines from amines and alcohols. Tetrahedron Letters, 1982, 23(2): 229-232.

[46] Watanabe Y, Morisaki Y, Kondo T, et al. Ruthenium complex-controlled catalytic N-mono-or N, N-dialkylation of heteroaromatic amines with alcohols. The Journal of Organic Chemistry, 1996, 61(13): 4214-4218.

[47] Naskar S, Bhattacharjee M. Selective N-monoalkylation of anilines catalyzed by a cationic ruthenium (II) compound. Tetrahedron Letters, 2007, 48(19): 3367-3370.

[48] Del Zotto A, Baratta W, Sandri M, et al. Cyclopentadienyl Ru II complexes as highly efficient catalysts for the N-methylation of alkylamines by methanol. European Journal of Inorganic Chemistry, 2004, 2004(3): 524-529.

[49] Nishibayashi Y, Wakiji I, Hidai M. Novel propargylic substitution reactions catalyzed by thiolate-bridged diruthenium complexes via allenylidene intermediates. Journal of the American Chemical Society, 2000, 122(44): 11019-11020.

[50] Milton M D, Inada Y, Nishibayashi Y, et al. Ruthenium-and gold-catalysed sequential reactions: a straightforward synthesis of substituted oxazoles from propargylic alcohols and amides. Chemical Communications, 2004, (23): 2712-2713.

[51] Nishibayashi Y, Milton M D, Inada Y, et al. Ruthenium-catalyzed propargylic substitution reactions of propargylic alcohols with oxygen-, nitrogen-, and phosphorus-centered nucleophiles. Chemistry—A European Journal, 2005, 11(5): 1433-1451.

[52] Nishibayashi Y, Imajima H, Onodera G, et al. Preparation of a series of chalcogenolate-bridged diruthenium complexes and their catalytic activities toward propargylic substitution reactions. Organometallics, 2004, 23(1): 26-30.

[53] Tillack A, Hollmann D, Michalik D, et al. A novel ruthenium-catalyzed amination of primary and secondary alcohols. Tetrahedron Letters, 2006, 47(50): 8881-8885.

[54] Hollmann D, Tillack A, Michalik D, et al. An improved ruthenium catalyst for the environmentally benign amination of primary and secondary alcohols. Chemistry—An Asian Journal, 2007, 2(3): 403-410.

[55] Ruffolo Jr R R, Bondinell W, Hieble J P. Alpha-and beta-Adrenoceptors: from the gene to the clinic. 2. structure-activity relationships and therapeutic applications. Journal of Medicinal Chemistry, 1995, 38(19): 3681-3716.

[56] Duncton M A, Roffey J R, Hamlyn R J, et al. Parallel synthesis of N-arylpiperazines using polymer-assisted reactions. Tetrahedron Letters, 2006, 47(15): 2549-2552.

[57] Tanaka N, Hatanaka M, Watanabe Y. Transition metal-catalyzed N-alkylation of NH groups of azoles with alcohols. Chemistry Letters, 1992, 21(4): 575-578.

[58] Hamid M H S A, Williams J M J. Ruthenium catalysed N-alkylation of amines with alcohols. Chemical Communications, 2007, (7): 725-727.

[59] Hamid M H S A, Williams J M J. Ruthenium-catalysed synthesis of tertiary amines from alcohols. Tetrahedron Letters, 2007, 48(47): 8263-8265.

[60] Hamid M H S A, Allen C L, Lamb G W, et al. Ruthenium-catalyzed n-alkylation of amines and sulfonamides using borrowing hydrogen methodology. Journal of the American Chemical Society, 2009, 131(5): 1766-1774.

[61] Tillack A, Hollmann D, Mevius K, et al. Salt-free synthesis of tertiary amines by ruthenium-catalyzed amination of alcohols. European Journal of Organic Chemistry, 2008, 2008(28): 4745-4750.

[62] Luo J, Wu M, Xiao F, et al. Ruthenium-catalyzed direct amination of alcohols with tertiary amines. Tetrahedron Letters, 2011, 52(21): 2706-2709.

[63] Sundberg R J. The Chemistry of Indoles. New York: Academic Press, 1996.

[64] Negwer M, Scharnow H G. Organic-chemical drugs and their synonyms: (an international survey). New Jersey: Wiley-VCH, 2001.

[65] Bähn S, Imm S, Mevius K, et al. Selective ruthenium-catalyzed n-alkylation of indoles by using alcohols. Chemistry—A European Journal, 2010, 16(12): 3590-3593.

[66] Agrawal S, Lenormand M, Martin-Matute B. Selective alkylation of (hetero) aromatic amines with alcohols catalyzed by a ruthenium pincer complex. Organic Letters, 2012, 14(6): 1456-1459.

[67] Pridmore S J, Slatford P A, Daniel A, et al. Ruthenium-catalysed conversion of 1,4-alkynediols into pyrroles Tetrahedron Letters, 2007, 48(29): 5115-5120.

[68] Monrad R N, Madsen R. Ruthenium-catalysed synthesis of 2-and 3-substituted quinolines from anilines and 1, 3-diols. Organic and Biomolecular Chemistry, 2011, 9(2): 610-615.

[69] Enyong A B, Moasser B. Ruthenium-catalyzed N-alkylation of amines with alcohols under mild conditions using the borrowing hydrogen methodology. The Journal of Organic Chemistry, 2014, 79(16): 7553-7563.

[70] Dang T T, Ramalingam B, Seayad A M. Efficient ruthenium-catalyzed N-methylation of amines using methanol. ACS Catalysis, 2015, 5(7): 4082-4088.

[71] Marichev K O, Takacs J M. Ruthenium-catalyzed amination of secondary alcohols using borrowing hydrogen methodology. ACS Catalysis, 2016, 6(4): 2205-2210.

[72] Hayes K. Industrial processes for manufacturing amines. Applied Catalysis A: General, 2001, 221(1): 187-195.

[73] Gunanathan C, Milstein D. Selective synthesis of primary amines directly from alcohols and ammonia. Angewandte Chemie, 2008, 120(45): 8789-8792.

[74] Imm S, Bähn S, Neubert L, et al. An efficient and general synthesis of primary amines by ruthenium-catalyzed amination of secondary alcohols with ammonia. Angewandte Chemie, 2010, 49(44): 8126-8129.

[75] Pingen D, Müller C, Vogt D. Direct amination of secondary alcohols using ammonia. Angewandte Chemie, 2010, 49(44): 8130-8133.

[76] Nakagawa N, Derrah E J, Schelwies M, et al. Triphos derivatives and diphosphines as ligands in the ruthenium-catalysed alcohol amination with NH_3. Dalton Transactions, 2016, 45(16): 6856-6865.

[77] Pera-Titus M, Shi F. Catalytic amination of biomass-based alcohols. ChemSusChem, 2014, 7(3): 720-722.

[78] Imm S, Bahn S, Zhang M, et al. Improved ruthenium-catalyzed amination of alcohols with ammonia: synthesis of diamines and amino esters. Angewandte Chemie, 2011, 50(33): 7599-7603.

[79] Pingen D, Diebolt O, Vogt D. Direct amination of bio-alcohols using ammonia. ChemCatChem, 2013, 5(10): 2905-2912.

[80] Zhang M, Imm S, Bähn S, et al. Synthesis of α-amino acid amides: ruthenium-catalyzed amination of α-hydroxy amides. Angewandte Chemie, 2011, 50(47): 11197-11201.

[81] Fujita K I, Yamamoto K, Yamaguchi R. Oxidative cyclization of amino alcohols catalyzed by a Cp*Ir complex. synthesis of indoles, 1,2,3,4-tetrahydroquinolines, and 2,3,4,5-tetrahydro-1-benzazepine. Organic Letters, 2002, 4(16): 2691-2694.

[82] Fujita K I, Yamaguchi R. Cp*Ir complex-catalyzed hydrogen transfer reactions directed toward environmentally benign organic synthesis. Synlett, 2005, 2005(4): 560-571.

[83] Fujita K I, Fujii T, Yamaguchi R. Cp*Ir complex-catalyzed n-heterocyclization of primary amines with diols: a new catalytic system for environmentally benign synthesis of cyclic amines. Organic Letters, 2004, 6(20): 3525-3528.

[84] Fujita K I, Li Z, Ozeki N, et al. N-alkylation of amines with alcohols catalyzed by a Cp*Ir complex. Tetrahedron Letters, 2003, 44(13): 2687-2690.

[85] Fujita K I, Enoki Y, Yamaguchi R. Cp*Ir-catalyzed N-alkylation of amines with alcohols. A versatile and atom economical method for the synthesis of amines. Tetrahedron, 2008, 64(8): 1943-1954.

[86] Balcells D, Nova A, Clot E, et al. Mechanism of homogeneous iridium-catalyzed alkylation of amines with alcohols from a DFT study. Organometallics, 2008, 27(11): 2529-2535.

[87] Saidi O, Blacker A J, Farah M M, et al. Iridium-catalysed amine alkylation with alcohols in water. Chemical Communications, 2010, 46(9): 1541-1543.

[88] Saidi O, Blacker A J, Lamb G W, et al. Borrowing hydrogen in water and ionic liquids: iridium-catalyzed alkylation of amines with alcohols. Organic Process Research and Development, 2010, 14(4): 1046-1049.

[89] Kawahara R, Fujita K I, Yamaguchi R. Multialkylation of aqueous ammonia with alcohols catalyzed by water-soluble Cp*Ir-ammine complexes. Journal of the American Chemical Society, 2010, 132(43): 15108-15111.

[90] Kawahara R, Fujita K I, Yamaguchi R. N-alkylation of amines with alcohols catalyzed by a water-soluble Cp*Iridium complex: an efficient method for the synthesis of amines in aqueous media. Advanced Synthesis and Catalysis, 2011, 353(7): 1161-1168.

[91] Prades A, Corberan R, Poyatos M, et al. [IrCl₂Cp*(NHC)] complexes as highly versatile efficient catalysts for the cross-coupling of alcohols and amines. Chemistry—A European Journal, 2008, 14(36): 11474-11479.

[92] Bartoszewicz A, Marcos R, Sahoo S, et al. A highly active bifunctional iridium complex with an alcohol/alkoxide-tethered n-heterocyclic carbene for alkylation of amines with alcohols. Chemistry—A European Journal, 2012, 18(45): 14510-14519.

[93] Aramoto H, Obora Y, Ishii Y. N-heterocyclization of naphthylamines with 1,2- and 1,3-diols catalyzed by an iridium chloride/BINAP system. The Journal of Organic Chemistry, 2009, 74(2): 628-633.

[94] Gnanamgari D, Sauer E L O, Schley N D, et al. Iridium and ruthenium complexes with chelating n-heterocyclic carbenes: efficient catalysts for transfer hydrogenation, β-alkylation of alcohols, and n-alkylation of amines. Organometallics, 2009, 28(1): 321-325.

[95] Blank B, Madalska M, Kempe R. An efficient method for the selective iridium-catalyzed monoalkylation of (hetero)aromatic amines with primary alcohols. Advanced Synthesis and Catalysis, 2008, 350(5): 749-758.

[96] Blank B, Michlik S, Kempe R. Synthesis of selectively mono-n-arylated aliphatic diamines via iridium-catalyzed amine alkylation. Advanced Synthesis and Catalysis, 2009, 351 (17): 2903-2911.

[97] Michlik S, Hille T, Kempe R. The Iridium-catalyzed synthesis of symmetrically and unsymmetrically alkylated diamines under mild reaction conditions. Advanced Synthesis and Catalysis, 2012, 354 (5): 847-862.

[98] Blank B, Michlik S, Kempe R. Selective iridium-catalyzed alkylation of (hetero) aromatic amines and diamines with alcohols under mild reaction conditions. Chemistry—A European Journal, 2009, 15 (15): 3790-3799.

[99] Michlik S, Kempe R. New iridium catalysts for the efficient alkylation of anilines by alcohols under mild conditions. Chemistry—A European Journal, 2010, 16 (44): 13193-13198.

[100] Andrushko N, Andrushko V, Roose P, et al. Amination of aliphatic alcohols and diols with an iridium pincer catalyst. ChemCatChem, 2010, 2 (6): 640-643.

[101] Li F, Xie J, Shan H, et al. General and efficient method for direct N-monomethylation of aromatic primary amines with methanol. RSC Advances, 2012, 2 (23): 8645-8652.

[102] Yuan K, Jiang F, Sahli Z, et al. Iridium-catalyzed oxidant-free dehydrogenative C—H bond functionalization: selective preparation of n-arylpiperidines through tandem hydrogen transfers. Angewandte Chemie, 2012, 124 (35): 9006-9010.

[103] Li J Q, Andersson P G. Room temperature and solvent-free iridium-catalyzed selective alkylation of anilines with alcohols. Chemical Communications, 2013, 49 (55): 6131-6133.

[104] Michlik S, Kempe R. Regioselectively functionalized pyridines from sustainable resources. Angewandte Chemie, 2013, 52 (24): 6326-6329.

[105] Ruch S, Irrgang T, Kempe R. New iridium catalysts for the selective alkylation of amines by alcohols under mild conditions and for the synthesis of quinolines by acceptor-less dehydrogenative condensation. Chemistry—A European Journal, 2014, 20 (41): 13279-13285.

[106] Wetzel A, Wöckel S, Schelwies M, et al. Selective alkylation of amines with alcohols by Cp*-iridium (III) half-sandwich complexes. Organic Letters, 2013, 15 (2): 266-269.

[107] Campos J, Sharninghausen L S, Manas M G, et al. Methanol dehydrogenation by iridium n-heterocyclic carbene complexes. Inorganic Chemistry, 2015, 54 (11): 5079-5084.

[108] Liu S, Rebros M, Stephens G, et al. Adding value to renewables: a one pot process combining microbial cells and hydrogen transfer catalysis to utilise waste glycerol from biodiesel production. Chemical Communications, 2009, (17): 2308-2310.

[109] Cumpstey I, Agrawal S, Borbas K E, et al. Iridium-catalysed condensation of alcohols and amines as a method for aminosugar synthesis. Chemical Communications, 2011, 47 (27): 7827-7829.

[110] Yamashita Y, Gopalarathnam A, Hartwig J F. Iridium-catalyzed, asymmetric amination of allylic alcohols activated by Lewis acids. Journal of the American Chemical Society, 2007, 129 (24): 7508-7509.

[111] Roggen M, Carreira E M. Stereospecific substitution of allylic alcohols to give optically active primary allylic amines: unique reactivity of a (p,alkene) ir complex modulated by iodide. Journal of the American Chemical Society, 2010, 132 (34): 11917-11919.

[112] Bandini M. Allylic alcohols: sustainable sources for catalytic enantioselective alkylation reactions. Angewandte Chemie, 2011, 50 (5): 994-995.

[113] Lafrance M, Roggen M, Carreira E M. Direct, enantioselective iridium-catalyzed allylic amination of racemic allylic alcohols. Angewandte Chemie, 2012, 51 (14): 3470-3473.

[114] Bandini M, Cera G, Chiarucci M. Catalytic enantioselective alkylations with allylic alcohols. Synthesis, 2012, 44(4): 504-512.

[115] Defieber C, Ariger M A, Moriel P, et al. Iridium-catalyzed synthesis of primary allylic amines from allylic alcohols: sulfamic acid as ammonia equivalent. Angewandte Chemie, 2007, 46(17): 3139-3143.

[116] Zhang Y, Lim C S, Sim D S B, et al. Catalytic enantioselective amination of alcohols by the use of borrowing hydrogen methodology: cooperative catalysis by iridium and a chiral phosphoric acid. Angewandte Chemie, 2014, 126(5): 1423-1427.

[117] Rong Z Q, Zhang Y, Chua R H B, et al. Dynamic kinetic asymmetric amination of alcohols: from a mixture of four isomers to diastereo- and enantiopure α-branched amines. Journal of the American Chemical Society, 2015, 137(15): 4944-4947.

[118] Atkins K, Walker W, Manyik R. Palladium catalyzed transfer of allylic groups. Tetrahedron Letters, 1970, 11(43): 3821-3824.

[119] Yang S C, Hsu Y C, Gan K H. Direct palladium/carboxylic acid-catalyzed allylation of anilines with allylic alcohols in water. Tetrahedron, 2006, 62(17): 3949-3958.

[120] Hirai Y, Nagatsu M. Construction of chiral 2-functionalized piperidine via enzymatic resolution and palladium-catalyzed N-alkylation. Chemistry Letters, 1994, 23(1): 21-22.

[121] Hirai Y, Shibuya K, Fukuda Y, et al. 1,4.asymmetric induction in palladium (II)-catalyzed intramolecular N-alkylation reaction. Construction of 2-functionalized 5-hydroxypiperidine. Chemistry Letters, 1997, 26(3): 221-222.

[122] Masuyama Y, Kagawa M, Kurusu Y. Palladium-catalyzed allylic amination of allylic alcohols with tin (II) chloride and triethylamine. Chemistry Letters, 1995, 24(12): 1121-1122.

[123] Kimura M, Futamata M, Shibata K, et al. Pd · Et$_3$ B-catalyzed alkylation of amines with allylic alcohols. Chemical Communications, 2003, (2): 234-235.

[124] Sakamoto M, Shimizu I, Yamamoto A. Activation of C—O and C—N bonds in allylic alcohols and amines by palladium complexes promoted by CO_2. Synthetic applications to allylation of nucleophiles, carbonylation, and allylamine disproportionation. Bulletin of the Chemical Society of Japan, 1996, 69(4): 1065-1078.

[125] Kayaki Y, Koda T, Ikariya T. Halide-free dehydrative allylation using allylic alcohols promoted by a palladium-triphenyl phosphite catalyst. The Journal of Organic Chemistry, 2004, 69(7): 2595-2597.

[126] Yang S C, Chung W H. Palladium-catalyzed N-allylation of anilines by direct use of allyl alcohols in the presence of titanium(IV) isopropoxide. Tetrahedron Letters, 1999, 40(5): 953-956.

[127] Yang S C, Hung C W. Palladium-catalyzed amination of allylic alcohols using anilines. The Journal of Organic Chemistry, 1999, 64(14): 5000-5001.

[128] Yang S C, Hung C W. An efficient palladium-catalyzed route to N-allylanilines by the direct use of allyl alcohols. Synthesis, 1999, 1999(10): 1747-1752.

[129] Yang S C, Tsai Y C. Regio-and stereoselectivity in palladium(0)-catalyzed allylation of anilines using allylic alcohols directly. Organometallics, 2001, 20(4): 763-770.

[130] Shue Y J, Yang S C, Lai H C. Direct palladium(0)-catalyzed amination of allylic alcohols with aminonaphthalenes. Tetrahedron Letters, 2003, 44(7): 1481-1485.

[131] Hikawa H, Yokoyama Y. Palladium-catalyzed mono-N-allylation of unprotected anthranilic acids with allylic alcohols in aqueous media. The Journal of Organic Chemistry, 2011, 76(20): 8433-8439.

[132] Hikawa H, Yokoyama Y. Palladium-catalyzed mono-*N*-allylation of unprotected amino acids with 1,1-dimethylallyl alcohol in water. Organic and Biomolecular Chemistry, 2011, 9 (11): 4044-4050.

[133] Wagh Y S, Sawant D N, Dhake K P, et al. Direct allylic amination of allylic alcohols with aromatic/aliphatic amines using Pd/TPPTS as an aqueous phase recyclable catalyst. Catalysis Science and Technology, 2012, 2 (4): 835-840.

[134] Banerjee D, Jagadeesh R V, Junge K, et al. Efficient and convenient palladium-catalyzed amination of allylic alcohols with n-heterocycles. Angewandte Chemie, 2012, 51 (46): 11556-11560.

[135] Banerjee D, Jagadeesh R V, Junge K, et al. An efficient and convenient palladium catalyst system for the synthesis of amines from allylic alcohols. ChemSusChem, 2012, 5 (10): 2039-2044.

[136] Ozawa F, Okamoto H, Kawagishi S, et al. (π-allyl) palladium complexes bearing diphosphinidenecyclobutene ligands (dpcb): highly active catalysts for direct conversion of allylic alcohols. Journal of the American Chemical Society, 2002, 124 (37): 10968-10969.

[137] Ozawa F, Yoshifuji M. Catalytic applications of transition-metal complexes bearing diphosphinidenecyclobutenes (DPCB). Dalton Transactions, 2006, (42): 4987-4995.

[138] Ozawa F, Yoshifuji M. Synthesis and catalytic properties of diphosphinidenecyclobutene-coordinated palladium and platinum complexes. Comptes Rendus Chimie, 2004, 7 (8): 747-754.

[139] Ozawa F, Ishiyama T, Yamamoto S, et al. Catalytic C—O bond cleavage of allylic alcohols using diphosphinidenecyclobutene-coordinated palladium complexes. A mechanistic study. Organometallics, 2004, 23 (8): 1698-1707.

[140] Kinoshita H, Shinokubo H, Oshima K. Water enables direct use of allyl alcohol for Tsuji-Trost reaction without activators. Organic Letters, 2004, 6 (22): 4085-4088.

[141] Piechaczyk O, Doux M, Ricard L, et al. Synthesis of 1-phosphabarrelene phosphine sulfide substituted palladium (II) complexes: application in the catalyzed suzuki cross-coupling process and in the allylation of secondary amines. Organometallics, 2005, 24 (6): 1204-1213.

[142] Nishikata T, Lipshutz B H. Amination of allylic alcohols in water at room temperature. Organic Letters, 2009, 11 (11): 2377-2379.

[143] Ghosh R, Sarkar A. Palladium-catalyzed amination of allyl alcohols. The Journal of Organic Chemistry, 2011, 76 (20): 8508-8512.

[144] Jing J, Huo X, Shen J, et al. Direct use of allylic alcohols and allylic amines in palladium-catalyzed allylic amination. Chemical Communications, 2017, 53 (37): 5151-5154.

[145] Piechaczyk O, Thoumazet C, Jean Y, et al. DFT study on the palladium-catalyzed allylation of primary amines by allylic alcohol. Journal of the American Chemical Society, 2006, 128 (44): 14306-14317.

[146] Mora G, Deschamps B, van Zutphen S, et al. Xanthene-phosphole ligands: synthesis, coordination chemistry, and activity in the palladium-catalyzed amine allylation. Organometallics, 2007, 26 (8): 1846-1855.

[147] Usui I, Schmidt S, Keller M, et al. Allylation of *N*-heterocycles with allylic alcohols employing self-assembling palladium phosphane catalysts. Organic Letters, 2008, 10 (6): 1207-1210.

[148] Tao Y, Zhou Y, Qu J, et al. Highly efficient and regioselective allylic amination of allylic alcohols catalyzed by [Mo_3PdS_4] cluster. Tetrahedron Letters, 2010, 51 (15): 1982-1984.

[149] Wang M, Xie Y, Li J, et al. Palladium-catalyzed direct amination of allylic alcohols at room temperature. Synlett, 2014, 25 (19): 2781-2786.

[150] Banerjee D, Junge K, Beller M. Cooperative catalysis by palladium and a chiral phosphoric acid: enantioselective amination of racemic allylic alcohols. Angewandte Chemie, 2014, 53 (48): 13049-13053.

[151] Feng S L, Liu C Z, Li Q, et al. Rhodium-catalyzed aerobic N-alkylation of sulfonamides with alcohols. Chinese Chemical Letters, 2011, 22(9): 1021-1024.

[152] Bertoli M, Choualeb A, Lough A J, et al. Osmium and ruthenium catalysts for dehydrogenation of alcohols. Organometallics, 2011, 30(13): 3479-3482.

[153] Zhu Z, Espenson J H. Organic reactions catalyzed by methylrhenium trioxide: dehydration, amination, and disproportionation of alcohols. The Journal of Organic Chemistry, 1996, 61(1): 324-328.

[154] Ohri R V, Radosevich A T, Hrovat K J, et al. A Re (V)-catalyzed C—N bond-forming route to human lipoxygenase inhibitors. Organic Letters, 2005, 7(12): 2501-2504.

[155] Abdukader A, Jin H, Cheng Y, et al. Rhenium-catalyzed amination of alcohols by hydrogen transfer process. Tetrahedron Letters, 2014, 55(30): 4172-4174.

[156] Utsunomiya M, Miyamoto Y, Ipposhi J, et al. Direct use of allylic alcohols for platinum-catalyzed monoallylation of amines. Organic Letters, 2007, 9(17): 3371-3374.

[157] Das K, Shibuya R, Nakahara Y, et al. Platinum-catalyzed direct amination of allylic alcohols with aqueous ammonia: selective synthesis of primary allylamines. Angewandte Chemie, 2012, 124(1): 154-158.

[158] Mora G, Piechaczyk O, Houdard R, et al. Why platinum catalysts involving ligands with large bite angle are so efficient in the allylation of amines: design of a highly active catalyst and comprehensive experimental and dft study. Chemistry—A European Journal, 2008, 14(32): 10047-10057.

[159] Ohshima T, Miyamoto Y, Ipposhi J, et al. Platinum-catalyzed direct amination of allylic alcohols under mild conditions: ligand and microwave effects, substrate scope, and mechanistic study. Journal of the American Chemical Society, 2009, 131(40): 14317-14328.

[160] Reddy C R, Madhavi P P, Reddy A S. Molybdenum(V) chloride-catalyzed amidation of secondary benzyl alcohols with sulfonamides and carbamates. Tetrahedron Letters, 2007, 48(40): 7169-7172.

[161] Yang H, Fang L, Zhang M, et al. An Efficient Molybdenum(VI)-catalyzed direct substitution of allylic alcohols with nitrogen, oxygen, and carbon nucleophiles. European Journal of Organic Chemistry, 2009, 2009(5): 666-672.

[162] Zhang M, Yang H, Cheng Y, et al. Direct substitution of propargylic alcohol with oxygen, nitrogen, and carbon nucleophiles catalyzed by molybdenum (VI). Tetrahedron Letters, 2010, 51(8): 1176-1179.

[163] Rösler S, Ertl M, Irrgang T, et al. Cobalt-catalyzed alkylation of aromatic amines by alcohols. Angewandte Chemie, 2015, 54(50): 15046-15050.

[164] Mastalir M, Tomsu G, Pittenauer E, et al. Co(II) PCP Pincer complexes as catalysts for the alkylation of aromatic amines with primary alcohols. Organic Letters, 2016, 18(14): 3462-3465.

[165] Zhang G, Yin Z, Zheng S. Cobalt-catalyzed N-alkylation of amines with alcohols. Organic Letters, 2015, 18(2): 300-303.

[166] Shi F, Tse M K, Cui X, et al. Copper-catalyzed alkylation of sulfonamides with alcohols. Angewandte Chemie, 2009, 121(32): 6026-6029.

[167] Cui X, Shi F, Tse M K, et al. Copper-catalyzed n-alkylation of sulfonamides with benzylic alcohols: catalysis and mechanistic studies. Advanced Synthesis and Catalysis, 2009, 351(17): 2949-2958.

[168] Martínez-Asencio A, Ramón D J, Yus M. N-alkylation of poor nucleophilic amine and sulfonamide derivatives with alcohols by a hydrogen autotransfer process catalyzed by copper(II)acetate. Tetrahedron Letters, 2010, 51(2): 325-327.

[169] Martinez-Asencio A, Ramon D J, Yus M. N-alkylation of poor nucleophilic amines and derivatives with alcohols by a hydrogen autotransfer process catalyzed by copper(Ⅱ)acetate: scope and mechanistic considerations. Tetrahedron, 2011, 67(17): 3140-3149.

[170] Li F, Shan H, Kang Q, et al. Regioselective N-alkylation of 2-aminobenzothiazoles with benzylic alcohols. Chemical Communications, 2011, 47(17): 5058-5060.

[171] Cui X, Shi F, Zhang Y, et al. Fe(Ⅱ)-catalyzed N-alkylation of sulfonamides with benzylic alcohols. Tetrahedron Letters, 2010, 51(15): 2048-2051.

[172] Bala M, Verma P K, Sharma U, et al. Iron phthalocyanine as an efficient and versatile catalyst for N-alkylation of heterocyclic amines with alcohols: one-pot synthesis of 2-substituted benzimidazoles, benzothiazoles and benzoxazoles. Green Chemistry, 2013, 15(6): 1687-1693.

[173] Yan T, Feringa B L, Barta K. Iron catalysed direct alkylation of amines with alcohols. Nature Communications, 2014, 5: 5602-5609.

[174] Pan H J, Ng T W, Zhao Y. Iron-catalyzed amination of alcohols assisted by Lewis acid. Chemical Communications, 2015, 51(59): 11907-11910.

[175] Rawlings A J, Diorazio L J, Wills M. C—N bond formation between alcohols and amines using an iron cyclopentadienone catalyst. Organic Letters, 2015, 17(5): 1086-1089.

[176] Yan T, Feringa B L, Barta K. Benzylamines via iron-catalyzed direct amination of benzyl alcohols. ACS Catalysis, 2015, 6(1): 381-388.

[177] Emayavaramban B, Roy M, Sundararaju B. Iron catalyzed allylic amination directly from allylic alcohols. Chemistry—A European Journal, 2016, 22: 3952-3955.

[178] Mastalir M, Glatz M, Gorgas N, et al. Divergent coupling of alcohols and amines catalyzed by isoelectronic hydride Mn(Ⅰ) and Fe(Ⅱ) PNP pincer complexes. Chemistry—A European Journal, 2016, 22(35): 12316-12320.

[179] Mastalir M, Stöger B, Pittenauer E, et al. Air stable iron(Ⅱ) PNP pincer complexes as efficient catalysts for the selective alkylation of amines with alcohols. Advanced Synthesis and Catalysis, 2016, 358(23): 3824-3831.

[180] Furukawa J, Kiji J, Yamamoto K, et al. Nickel-catalyzed allyl-transfer reactions. Tetrahedron, 1973, 29(20): 3149-3151.

[181] Yamamoto T, Ishizu J, Yamamoto A. Interaction of nickel (0) complexes with allyl carboxylates, allyl ethers, allylic alcohols, and vinyl acetate. π-Complex formation and oxidative addition to nickel involving cleavage of the alkenyl-oxygen bond. Journal of the American Chemical Society, 1981, 103(23): 6863-6869.

[182] Elangovan S, Neumann J, Sortais J B, et al. Efficient and selective N-alkylation of amines with alcohols catalysed by manganese pincer complexes. Nature Communications, 2016, 7: 12641.

[183] Neumann J, Elangovan S, Spannenberg A, et al. Improved and general manganese-catalyzed N-methylation of aromatic amines using methanol. Chemistry—A European Journal, 2017, 23(23): 5410.

[184] Mitsunobu O. The use of diethyl azodicarboxylate and triphenylphosphine in synthesis and transformation of natural products. Synthesis, 1981, (1): 1-28.

[185] García A, Castedo L, Domínguez D. A new method for the N-benzylation of N-tosyl aminoacetaldehyde dimethyl acetal. Synlett, 1993, (4): 271-272.

[186] Wu W, Rao W, Er Y Q, et al. Iodine-catalyzed allylic alkylation of sulfonamides and carbamates with allylic alcohols at room temperature. Tetrahedron Letters, 2008, 49(16): 2620-2624.

[187] Zhu A, Li L, Wang J, et al. Direct nucleophilic substitution reaction of alcohols mediated by a zinc-based ionic liquid. Green Chemistry, 2011, 13(5): 1244-1250.

[188] Trillo P, Baeza A, Nájera C. Fluorinated alcohols as promoters for the metal-free direct substitution reaction of allylic alcohols with nitrogenated, silylated, and carbon nucleophiles. The Journal of Organic Chemistry, 2012, 77(17): 7344-7354.

[189] Guérin C, Bellosta V, Guillamot G, et al. Mild nonepimerizing N-alkylation of amines by alcohols without transition metals. Organic Letters, 2011, 13: 3534.

[190] Xu Q, Li Q, Zhu X, et al. Green and scalable aldehyde-catalyzed transition metal-free dehydrative n-alkylation of amides and amines with alcohols. Advanced Synthesis and Catalysis, 2013, 355(1): 73-80.

[191] Dai X, Cui X, Deng Y, et al. A conjugated ketone as a catalyst in alcohol amination reactions under transition-metal and hetero-atom free conditions. RSC Advances, 2015, 5(54): 43589-43593.

[192] Tauber K, Fuchs M, Sattler J H, et al. Artificial multi-enzyme networks for the asymmetric amination of sec-alcohols. Chemistry—A European Journal, 2013, 19(12): 4030-4035.

[193] Martinez-Montero L, Gotor V, Gotor-Fernandez V, et al. Stereoselective amination of racemic sec-alcohols through sequential application of laccases and transaminases. Green Chemistry, 2017, 19(2): 474-480.

[194] Shi F, Tse M K, Zhou S, et al. Green and efficient synthesis of sulfonamides catalyzed by nano-Ru/Fe$_3$O$_4$. Journal of the American Chemical Society, 2009, 131: 1775.

[195] Kim J W, Yamaguchi K, Mizuno N. Heterogeneously catalyzed selective N-alkylation of aromatic and heteroaromatic amines with alcohols by a supported ruthenium hydroxide. Journal of Catalysis, 2009, 263(1): 205-208.

[196] Cano R, Ramon D J, Yus M. Impregnated ruthenium on magnetite as a recyclable catalyst for the N-alkylation of amines, sulfonamides, sulfinamides, and nitroarenes using alcohols as electrophiles by a hydrogen autotransfer process. The Journal of Organic Chemistry, 2011, 76(14): 5547-5557.

[197] Du F, Jin X, Yan W, et al. Catalytic H$_2$ auto transfer amination of polyols to alkyl amines in one pot using supported Ru catalysts. Catalysis Today, 2018, 302(15): 227-232.

[198] Niemeier J, Engel R V, Rose M. Is water a suitable solvent for the catalytic amination of alcohols? Green Chemistry, 2017, 12: 2839-2845.

[199] Ruiz D, Aho A, Saloranta T, et al. Direct amination of dodecanol with NH$_3$ over heterogeneous catalysts. Catalyst screening and kinetic modelling. Chemical Engineering Journal, 2017, 307: 739-749.

[200] Murahashi S I, Shimamura T, Moritani I. Conversion of alcohols into unsymmetrical secondary or tertiary amines by a palladium catalyst. Synthesis of N-substituted pyrroles. Journal of the Chemical Society, Chemical Communications, 1974, (22): 931-932.

[201] Kwon M S, Kim S, Park S, et al. One-pot synthesis of imines and secondary amines by Pd-catalyzed coupling of benzyl alcohols and primary amines. The Journal of Organic Chemistry, 2009, 74(7): 2877-2879.

[202] Xu C P, Xiao Z H, Zhuo B Q, et al. Efficient and chemoselective alkylation of amines/amino acids using alcohols as alkylating reagents under mild conditions. Chemical Communications, 2010, 46(41): 7834-7836.

[203] Corma A, Ródenas T, Sabater M J. A bifunctional Pd/MgO solid catalyst for the one-pot selective n-monoalkylation of amines with alcohols. Chemistry—A European Journal, 2010, 16(1): 254-260.

[204] Zhang Y, Qi X, Cui X, et al. Palladium catalyzed N-alkylation of amines with alcohols. Tetrahedron Letters, 2011, 52(12): 1334-1338.

[205] Zhang L, Zhang Y, Deng Y, et al. Light-promoted N,N-dimethylation of amine and nitro compound with methanol catalyzed by Pd/TiO$_2$ at room temperature. RSC Advances, 2015, 5(19): 14514-14521.

[206] Liu X, Hermange P, Ruiz J, et al. Pd/C as an efficient and reusable catalyst for the selective n-alkylation of amines with alcohols. ChemCatChem, 2016, 8(6): 1043-1045.

[207] Nishimoto S, Ohtani B, Yoshikawa T, et al. Photocatalytic conversion of primary amines to secondary amines and cyclization of polymethylene- alpha, omega-diamines by an aqueous suspension of titanium (IV) oxide/platinum. Journal of the American Chemical Society, 1983, 105(24): 7180-7182.

[208] Ohtani B, Osaki H, Nishimoto S, et al. A novel photocatalytic process of amine N-alkylation by platinized semiconductor particles suspended in alcohols. Journal of the American Chemical Society, 1986, 108(2): 308-310.

[209] Baker R S, Ferry L. Process for preparing an aminated benzene. US 3442950, 1960.

[210] Goetz N, Hupfer L, Hoffman W, et al. Process for the preparation of primary aromatic amines from oyclic alcohols and/or ketones. EP 50229, 1982.

[211] Hideaki H, Yasushi K, Takahiro S, et al. Vapor-phase amination of cyclohexanol over silica-supported platinum group metal catalysts. Bulletin of the Chemical Society of Japan, 1987, 60(1): 55-60.

[212] He W, Wang L, Sun C, et al. Pt-Sn/γ-Al$_2$O$_3$-catalyzed highly efficient direct synthesis of secondary and tertiary amines and imines. Chemistry—A European Journal, 2011, 17(47): 13308-13317.

[213] Wang L, He W, Wu K, et al. Heterogeneous bimetallic Pt-Sn/γ-Al$_2$O$_3$ catalyzed direct synthesis of diamines from N-alkylation of amines with diols through a borrowing hydrogen strategy. Tetrahedron Letters, 2011, 52(52): 7103-7107.

[214] Cui X, Yuan H, Li J P, et al. Novel route for the synthesis of 8-oxa-3-azabicyclo[3.2.1]octane: One-pot aminocyclization of 2,5-tetrahydrofurandimethanol catalyzed by Pt/NiCuAlO$_x$. Catalysis Communications, 2015, 58: 195-199.

[215] Ishida T, Kawakita N, Akita T, et al. One-pot N-alkylation of primary amines to secondary amines by gold clusters supported on porous coordination polymers. Gold Bulletin, 2009, 42(4): 267-274.

[216] He L, Lou X B, Ni J, et al. Efficient and clean gold-catalyzed one-pot selective N-alkylation of amines with alcohols. Chemistry—A European Journal, 2010, 16(47): 13965-13969.

[217] Ishida T, Takamura R, Takei T, et al. Support effects of metal oxides on gold-catalyzed one-pot N-alkylation of amine with alcohol. Applied Catalysis A: General, 2012, 413-414: 261-266.

[218] Demidova Y S, Simakova I L, Estrada M, et al. One-pot myrtenol amination over Au nanoparticles supported on different metal oxides. Applied Catalysis A: General, 2013, 464-465: 348-356.

[219] Demidova Y S, Simakova I L, Wärnå J, et al. Kinetic modeling of one-pot myrtenol amination over Au/ZrO$_2$ catalyst. Chemical Engineering Journal, 2014, 238: 164-171.

[220] Demidova Y S, Suslov E V, Simakova I L, et al. Selectivity control in one-pot myrtenol amination over Au/ZrO$_2$ by molecular hydrogen addition. Journal of Molecular Catalysis A: Chemical, 2017, 426: 60-67.

[221] Demidova Y S, Suslov E V, Simakova I L, et al. Promoting effect of alcohols and formic acid on Au-catalyzed one-pot myrtenol amination. Molecular Catalysis, 2017, 433: 414-419.

[222] Simakova I L, Demidova Y S, Estrada M, et al. Gold catalyzed one-pot myrtenol amination: effect of catalyst redox activation. Catalysis Today, 2017, 279(Part 1): 63-70.

[223] Shimizu K, Nishimura M, Satsuma A. γ-Alumina-supported silver cluster for n-benzylation of anilines with alcohols. ChemCatChem, 2009, 1(4): 497-503.

[224] Liu H, Chuah G K, Jaenicke S. N-alkylation of amines with alcohols over alumina-entrapped Ag catalysts using the "borrowing hydrogen" methodology. Journal of Catalysis, 2012, 292: 130-137.

[225] Cui X, Zhang Y, Shi F, et al. Organic ligand-free alkylation of amines, carboxamides, sulfonamides, and ketones by using alcohols catalyzed by heterogeneous Ag/Mo oxides. Chemistry—A European Journal, 2011, 17(3): 1021-1028.

[226] Shimizu K I, Shimura K, Nishimura M, et al. Silver cluster-promoted heterogeneous copper catalyst for N-alkylation of amines with alcohols. RSC Advances, 2011, 1(7): 1310-1317.

[227] Aston J, Peterson T, Holowchak J. The synthesis of pyrazine by the catalytic dehydrogenation of ethanolamine. Journal of the American Chemical Society, 1934, 56(1): 153-154.

[228] Schwoegler E J, Adkins H. Preparation of certain amines. Journal of the American Chemical Society, 1939, 61(12): 3499-3502.

[229] Schneider H J, Adkins H, McElvain S. The hydrogenation of amides and ammonium salts. The transalkylation of tertiary amines. Journal of the American Chemical Society, 1952, 74(17): 4287-4290.

[230] Becker J, Niederer J P, Keller M, et al. Amination of cyclohexanone and cyclohexanol/cyclohexanone in the presence of ammonia and hydrogen using copper or a group VIII metal supported on a carrier as the catalyst. Applied Catalysis A: General, 2000, 197(2): 229-238.

[231] Barrault J, Essayem N, Guimon C. Hydrogenation and methylation of dodecylnitrile in the presence of supported copper-chromium catalysts: II: catalytic properties. Applied Catalysis A: General, 1993, 102(2): 151-165.

[232] Baiker A, Richarz W. Synthesis of long chain aliphatic amines from the corresponding alcohols. Tetrahedron Letters, 1977, 18(22): 1937-1938.

[233] Baiker A, Richarz W. Synthesis of W-phenylalkyldimethylamines from corresponding alcohols. Synthetic Communications, 1978, (1): 27-32.

[234] Runeberg J, Baiker A, Kijenski J. Copper catalyzed amination of ethylene glycol. Applied Catalysis, 1985, 17(2): 309-319.

[235] Hammerschmidt W, Baiker A, Wokaun A, et al. Copper catalyzed synthesis of cyclic amines from amino-alcohols. Applied Catalysis, 1986, 20(1-2): 305-312.

[236] Kijeński J, Niedzielski P, Baiker A. Synthesis of cyclic amines and their alkyl derivatives from amino alcohols over supported copper catalysts. Applied Catalysis, 1989, 53(1): 107-115.

[237] Göbölös S, Hegedüs M, Kolosova I, et al. Correlation between the amount of ionic copper and the activity of Cu-ZnO-Al$_2$O$_3$ catalyst in the alkylation of n-butylamine with methanol. Applied Catalysis A: General, 1998, 169(2): 201-206.

[238] Yamakawa T, Tsuchiya I, Mitsuzuka D, et al. Alkylation of ethylenediamine with alcohols by use of Cu-based catalysts in the liquid phase. Catalysis Communications, 2004, 5(6): 291-295.

[239] Abe H, Yokota Y, Okabe K. Amination catalysts for the production of N, N-dimethyldodecylamine from dodecyl alcohol and dimethylamine. Applied Catalysis, 1989, 52(3): 171-179.

[240] Kimura H, Taniguchi H. Targeting quantitative synthesis for the one-step amination of fatty alcohols and dimethylamine. Applied Catalysis A: General, 2005, 287(2): 191-196.

[241] Kimura H, Tsutsumi S I, Tsukada K. Reusability of the Cu/Ni-based colloidal catalysts stabilized by carboxylates of alkali-earth metals for the one-step amination of dodecyl alcohol and dimethylamine. Applied Catalysis A: General, 2005, 292: 281-286.

[242] Kimura H, Taniguchi H. Cu/Ni colloidal dispersions stabilised by calcium and barium stearates for the amination of oxo-alcohols. Catalysis Letters, 1996, 40(1-2): 123-130.

[243] Likhar P R, Arundhathi R, Kantam M L, et al. Amination of alcohols catalyzed by copper-aluminium hydrotalcite: a green synthesis of amines. European Journal of Organic Chemistry, 2009, (31): 5383-5389.

[244] Chen X, Luo H, Qian C, et al. Research on the N-alkylation of morpholine with alcohols catalyzed by CuO-NiO/γ-Al_2O_3. Reaction Kinetics, Mechanisms and Catalysis, 2011, 104(1): 163-171.

[245] Mittapelly N, Mukkanti K, Reguri B R. Copper oxide nanoparticles-catalyzed direct N-alkylation of amines with alcohols. Der Pharma Chemica, 2011, 3(4): 180-189.

[246] Santoro F, Psaro R, Ravasio N, et al. N-alkylation of amines through hydrogen borrowing over a heterogeneous Cu catalyst. RSC Advances, 2014, 4(6): 2596-2600.

[247] Pang S, Deng Y, Shi F. Synthesis of unsymmetric tertiary amines via alcohol amination. Chemical Communications, 2015, 51(46): 9471-9474.

[248] Zhang L, Zhang Y, Deng Y, et al. Room temperature N-alkylation of amines with alcohols under UV irradiation catalyzed by Cu-Mo/TiO_2. Catalysis Science and Technology, 2015, 5(6): 3226-3234.

[249] He J, Yamaguchi K, Mizuno N. Selective synthesis of secondary amines via N-alkylation of primary amines and ammonia with alcohols by supported copper hydroxide catalysts. Chemistry Letters, 2010, 39(11): 1182-1183.

[250] Guyot A, Fournier M. Catalytic preparation of primary and secondary amines. Bulletin de la Société Chimique de France, 1930, 47: 203-210.

[251] Pratt E F, Frazza E J. Disproportionative Condensations. II. The N-alkylation of anilines with primary alcohols. Journal of the American Chemical Society, 1954, 76(23): 6174-6179.

[252] Barnes C M, Rase H F. Ethylenediamine by low-pressure ammonolysis of monoethanolamine. Industrial and Engineering Chemistry Product Research and Development 1981, 20(2): 399-407.

[253] Rice R G, Kohn E J. Raney nickel catalyzed N-alkylation of aniline and benzidine with alcohols. Journal of the American Chemical Society, 1955, 77(15): 4052-4054.

[254] de Angelis F, Grasso M, Nicoletti R. N-alkylation of indole with secondary alcohols. Synthesis, 1977, (5): 335-336.

[255] Rice R G, Kohn E J, Daasch L W. Alkylation of amines with alcohols catalyzed by Raney nickel. II. Aliphatic amines. The Journal of Organic Chemistry, 1958, 23(9): 1352-1354.

[256] Winans C F, Adkins H. The alkylation of amines as catalyzed by nickel. Journal of the American Chemical Society, 1932, 54(1): 306-312.

[257] Langdon W, Levis Jr W, Jackson D. 2,5-Dimethylpiperazine synthesis from isopropanolamine. Industrial and Engineering Chemistry Process Design and Development, 1962, 1(2): 153-156.

[258] Garcia Ruano J L, Parra A, Aleman J, et al. Monoalkylation of primary amines and N-sulfinylamides. Chemical Communications, 2009, (4): 404-406.

[259] Sun J, Jin X, Zhang F, et al. Ni-Cu/γ-Al_2O_3 catalyzed N-alkylation of amines with alcohols. Catalysis Communications, 2012, 24: 30-33.

[260] Cui X, Dai X, Deng Y, et al. Development of a general non-noble metal catalyst for the benign amination of alcohols with amines and ammonia. Chemistry—A European Journal, 2013, 19(11): 3665-3675.

[261] Shimizu K, Imaiida N, Kon K, et al. Heterogeneous Ni catalysts for n-alkylation of amines with alcohols. ACS Catalysis, 2013, 3(5): 998-1005.

[262] Shimizu K I, Kon K, Onodera W, et al. Heterogeneous Ni catalyst for direct synthesis of primary amines from alcohols and ammonia. ACS Catalysis, 2013, 3(1): 112-117.

[263] Dai X, Rabeah J, Yuan H, et al. Glycerol as a building block for prochiral aminoketone, n-formamide, and n-methyl amine synthesis. ChemSusChem, 2016, 9(22): 3133-3138.

[264] Wu Y, Yuan H, Shi F. Sustainable catalytic amination of diols: from cycloamination to monoamination. ACS Sustainable Chemistry and Engineering, 2018, 6(1): 1061-1067.

[265] Martinez R, Ramon D J, Yus M. Selective N-monoalkylation of aromatic amines with benzylic alcohols by a hydrogen autotransfer process catalyzed by unmodified magnetite. Organic and Biomolecular Chemistry, 2009, 7(10): 2176-2181.

[266] Gonzalez-Arellano C, Yoshida K, Luque R, et al. Highly active and selective supported iron oxide nanoparticles in microwave-assisted N-alkylations of amines with alcohols. Green Chemistry, 2010, 12(7): 1281.

[267] Li L, Zhu A, Zhang Y, et al. $Fe_2(SO_4)_3 \cdot xH_2O$ on silica: an efficient and low-cost catalyst for the direct nucleophilic substitution of alcohols in solvent-free conditions. RSC Advances, 2014, 4(9): 4286-4291.

[268] Kanno H, Taylor R J. A one-pot oxidation-imine formation-reduction route from alcohols to amines using manganese dioxide-sodium borohydride: the synthesis of naftifine. Tetrahedron Letters, 2002, 43(41): 7337-7340.

[269] Blackburn L, Taylor R J. In situ oxidation-imine formation-reduction routes from alcohols to amines. Organic Letters, 2001, 3(11): 1637-1639.

[270] Yu X, Liu C, Jiang L, et al. Manganese dioxide catalyzed n-alkylation of sulfonamides and amines with alcohols under air. Organic Letters, 2011, 13(23): 6184-6187.

[271] Fischer A, Maciejewski M, Buergi T, et al. Cobalt-catalyzed amination of 1,3-propanediol: effects of catalyst promotion and use of supercritical ammonia as solvent and reactant. Journal of Catalysis, 1999, 183(2): 373-383.

[272] Yang H, Cui X, Dai X, et al. Carbon-catalysed reductive hydrogen atom transfer reactions. Nature Communications, 2015, 6: 6478.

[273] Gómez-Martínez M, Baeza A, Alonso D A. Pinacol rearrangement and direct nucleophilic substitution of allylic alcohols promoted by graphene oxide and graphene oxide CO_2H. ChemCatChem, 2017, 9(6): 1032-1039.

[274] Brown A B, Reid E E. Catalytic alkylation of aniline. Journal of the American Chemical Society, 1924, 46(8): 1836-1839.

[275] Matsuhashi H, Arata K. Synthesis of N-methylaniline and N,N-dimethylaniline with methanol over alumina catalyst. Bulletin of the Chemical Society of Japan, 1991, 64(8): 2605-2606.

[276] Ko A N, Yang C L, Lin H E. Selective N-alkylation of aniline with methanol over γ-alumina. Applied Catalysis A: General, 1996, 134(1): 53-66.

[277] Valot F, Fache F, Jacquot R, et al. Gas-phase selective N-alkylation of amines with alcohols over γ-alumina. Tetrahedron Letters, 1999, 40(19): 3689-3692.

[278] Rosenmund K W, Joithe A. On aluminiumoxide as condensation agent and the importance of vehicles in catalysis. Berichte der Deutschen Chemischen Gesellschaft, 1925, 58(2): 2054-2058.

[279] Park Y, Park K, Woo S. Selective alkylation of aniline with methanol over metallosilicates. Catalysis Letters, 1994, 26(1-2): 169-180.

[280] Reddy M M, Kumar M A, Swamy P, et al. N-alkylation of amines with alcohols over nanosized zeolite beta. Green Chemistry, 2013, 15(12): 3474-3483.

[281] Huang W, Shen Q S, Wang J L, et al. Direct substitution of the hydroxy group at the allylic/propargylic position with carbon-and heteroatom-centered nucleophiles catalyzed by $Yb(OTf)_3$. Chinese Journal of Chemistry, 2008, 26(4): 729-735.

[282] Noji M, Ohno T, Fuji K, et al. Secondary benzylation using benzyl alcohols catalyzed by lanthanoid, scandium, and hafnium triflate. The Journal of Organic Chemistry, 2003, 68(24): 9340-9347.

[283] Liu Y L, Liu L, Wang D, et al. A highly α-regioselective In(OTf)$_3$-catalyzed N-nucleophilic substitution of cyclic Baylis-Hillman adducts with aromatic amines. Tetrahedron, 2009, 65(17): 3473-3479.

[284] Sreedhar B, Reddy P S, Reddy M A, et al. AgOTf catalyzed direct amination of benzyl alcohols with sulfonamides. Tetrahedron Letters, 2007, 48(46): 8174-8177.

[285] Giner X, Trillo P, Nájera C. Gold versus silver-catalyzed amination of allylic alcohols. Journal of Organometallic Chemistry, 2011, 696(1): 357-361.

[286] Qin H, Yamagiwa N, Matsunaga S, et al. Bismuth-catalyzed direct substitution of the hydroxy group in alcohols with sulfonamides, carbamates, and carboxamides. Angewandte Chemie, 2007, 119(3): 413-417.

[287] Ohshima T, Ipposhi J, Nakahara Y, et al. Aluminum triflate as a powerful catalyst for direct amination of alcohols, including electron-withdrawing group-substituted benzhydrols. Advanced Synthesis and Catalysis, 2012, 354(13): 2447-2452.

[288] Gohain M, Marais C, Bezuidenhoudt B C. Al(OTf)$_3$: an efficient recyclable catalyst for direct nucleophilic substitution of the hydroxy group of propargylic alcohols with carbon-and heteroatom centered nucleophiles to construct C—C, C—O, C—N and C—S bonds. Tetrahedron Letters, 2012, 53(9): 1048-1050.

[289] Georgy M, Boucard V, Debleds O, et al. Gold(III)-catalyzed direct nucleophilic substitution of propargylic alcohols. Tetrahedron, 2009, 65(9): 1758-1766.

[290] Ohshima T, Nakahara Y, Ipposhi J, et al. Direct substitution of the hydroxy group with highly functionalized nitrogen nucleophiles catalyzed by Au(iii). Chemical Communications, 2011, 47(29): 8322-8324.

[291] Guo S, Song F, Liu Y. Gold-catalyzed direct amination of allylic alcohols. Synlett, 2007, 2007(6): 0964-0968.

[292] Hikawa H, Suzuki H, Yokoyama Y, et al. Chemoselective benzylation of unprotected anthranilic acids with benzhydryl alcohols by water-soluble Au(III)/TPPMS in water. The Journal of Organic Chemistry, 2013, 78(13): 6714-6720.

[293] Hikawa H, Ijichi Y, Kikkawa S, et al. Cobalt(II)/TPPMS-catalyzed dehydrative nucleophilic substitution of alcohols in water. European Journal of Organic Chemistry, 2017, 2017(3): 465-468.

[294] Lu Y, Fu X, Chen H, et al. An efficient domino approach for the synthesis of multisubstituted pyrroles via gold/silver-catalyzed amination/cycloisomerization of(z)-2-en-4-yn-1-ols. Advanced Synthesis and Catalysis, 2009, 351(1-2): 129-134.

[295] Mukherjee P, Widenhoefer R A. Gold(Ⅰ)-catalyzed amination of allylic alcohols with cyclic ureas and related nucleophiles. Organic Letters, 2010, 12(6): 1184-1187.

[296] Mukherjee P, Widenhoefer R A. Gold(Ⅰ)-catalyzed intramolecular amination of allylic alcohols with alkylamines. Organic Letters, 2011, 13(6): 1334-1337.

[297] Zhan Z P, Yang W P, Yang R F, et al. BiCl$_3$-catalyzed propargylic substitution reaction of propargylic alcohols with C-, O-, S-and N-centered nucleophiles. Chemical Communications, 2006, (31): 3352-3354.

[298] Zhan Z P, Yu J L, Liu H J, et al. A general and efficient FeCl$_3$-catalyzed nucleophilic substitution of propargylic alcohols. The Journal of Organic Chemistry, 2006, 71(21): 8298-8301.

[299] Jana U, Maiti S, Biswas S. An efficient FeCl$_3$-catalyzed amidation reaction of secondary benzylic and allylic alcohols with carboxamides or p-toluenesulfonamide. Tetrahedron Letters, 2008, 49(5): 858-862.

[300] Lee K Y, Lee H S, Kim J N. Facile synthesis of aza-baylis-hillman adducts of cycloalkenones: FeCl$_3$-mediated direct amination of baylis-hillman alcohols. Bulletin of the Korean Chemical Society, 2008, 29(6): 1099-1100.

[301] Guérinot A, Serra-Muns A, Gnamm C, et al. FeCl₃-catalyzed highly diastereoselective synthesis of substituted piperidines and tetrahydropyrans. Organic Letters, 2010, 12(8): 1808-1811.

[302] Trillo P, Baeza A, Nájera C. FeCl₃·6H₂O and TfOH as catalysts for allylic amination reaction: a comparative study. European Journal of Organic Chemistry, 2012, (15): 2929-2934.

[303] Trillo P, Baeza A, Nájera C. Direct nucleophilic substitution of free allylic alcohols in water catalyzed by FeCl₃·6H₂O: which is the real catalyst? ChemCatChem, 2013, 5(6): 1538-1542.

[304] Reddy C R, Jithender E. Acid-catalyzed N-alkylation of tosylhydrazones using benzylic alcohols. Tetrahedron Letters, 2009, 50(40): 5633-5635.

[305] Vicennati P, Cozzi P G. Facile access to optically active ferrocenyl derivatives with direct substitution of the hydroxy group catalyzed by indium tribromide. European Journal of Organic Chemistry, 2007, (14): 2248-2253.

[306] Sanz R, Martínez A, Álvarez-Gutiérrez J M, et al. Metal-free catalytic nucleophilic substitution of propargylic alcohols. European Journal of Organic Chemistry, 2006, (6): 1383-1386.

[307] Sanz R, Martínez A, Miguel D, et al. Brønsted acid-catalyzed nucleophilic substitution of alcohols. Advanced Synthesis and Catalysis, 2006, 348(14): 1841-1845.

[308] Pan Y M, Zheng F J, Lin H J, et al. Brønsted acid-catalyzed propargylation/cycloisomerization tandem reaction: one-pot synthesis of substituted oxazoles from propargylic alcohols and amides. The Journal of Organic Chemistry, 2009, 74(8): 3148-3151.

[309] Shirakawa S, Kobayashi S. Surfactant-type Brønsted acid catalyzed dehydrative nucleophilic substitutions of alcohols in water. Organic Letters, 2007, 9(2): 311-314.

[310] Barreiro E, Sanz-Vidal A, Tan E, et al. HBF₄-catalysed nucleophilic substitutions of propargylic alcohols. European Journal of Organic Chemistry, 2015, (34): 7544-7549.

[311] Motokura K, Nakagiri N, Mori K, et al. Efficient C—N bond formations catalyzed by a proton-exchanged montmorillonite as a heterogeneous brønsted acid. Organic Letters, 2006, 8(20): 4617-4620.

[312] Motokura K, Nakagiri N, Mizugaki T, et al. Nucleophilic substitution reactions of alcohols with use of montmorillonite catalysts as solid Brønsted acids. The Journal of Organic Chemistry, 2007, 72(16): 6006-6015.

[313] Shirakawa S, Shimizu S. Dehydrative amination of alcohols in water using a water-soluble calix[4]resorcinarene sulfonic acid. Synlett, 2008, (10): 1539-1542.

[314] Wang G W, Shen Y B, Wu X L. Phosphotungstic acid catalyzed amidation of alcohols. European Journal of Organic Chemistry, 2008, (25): 4367-4371.

[315] Yadav J, Reddy B S, Rao T S, et al. Heteropoly acid-catalyzed direct substitution of 2-propynyl alcohols with Sulfonamides. Chemistry Letters, 2007, 36(12): 1472-1473.

[316] Bhunia D C, Mandal S, Yadav J. PMA-SiO₂: a heterogenous catalyst for o-, s-, and n-nucleophilic substitution reactions of aryl propargyl alcohols. Synthetic Communications, 2008, 38(9): 1448-1455.

[317] Safariamin M, Paul S, Moonen K, et al. Novel direct amination of glycerol over heteropolyacid-based catalysts. Catalysis Science and Technology, 2016, 6(7): 2129-2135.

第 5 章
电 催 化

5.1 引言

电催化作为电化学的一个重要分支,从科学研究方面看,它提供了电化学反应速率及过电势与具有催化活性的电极体相和表面上发生反应的一种关联;从应用层面看,它为实现绿色催化提供了有效的方法。换个角度看,绿色催化的需求也为电催化的进一步发展提供了契机,二者相得益彰。电催化研发的核心是在电极表面添加或修饰各种可能的催化材料,以期最大限度地降低过电位和调控反应的选择性。

与通常的多相催化相比,电催化具有如下特点:①反应速率不仅依赖催化剂表面的组成、化学状态、温度等,还依赖电极电势,即便是电极电势很小的改变,有可能使反应速率发生几个数量级的变化;②在电催化反应中,催化剂表面不仅接触反应物种,还要接触电解质离子,而电解质离子可能调控催化剂表面的性质,从而引起特定的反应结果;③电催化反应系统中,由于电子直接参与了电化学反应,催化剂表面上一定出现对吸附的反应物种提供或夺取电子过程;④电催化涉及提供或夺取电子过程,它仅适用于催化氧化或还原反应,而不能用于如酸碱催化、羰化等反应。因此,不少具有催化活性的金属由于其在氧化电位下不稳定,而不能用于电催化氧化过程。当然,电催化反应的温度最高应不超过 150℃。除了这些外,电催化与多相催化在很多方面是相通的,如反应物在催化剂表面的吸附、多步活化反应(其中的一步可能是控速步骤)及产物的脱附等。

早在 1800 年,英国化学家 Anthony Carlisle 和 William Nicholson 就通过电解的方式将水分解为氧气与氢气;1834 年,Michael Faraday 在电解乙酸钠溶液时得到了乙烷。到了 19 世纪末,随着氢析出反应研究的深入,发现使用不同的金属电极对反应速率有极大的差异。尽管在当时仅有很少的电催化研究出现,在 1936 年 Nikolai Kobozev 首先使用了电催化(electrocatalysis)这一说法,并且随后 Thomas Grubb 证实了对甲烷、乙烷等碳氢化合物 150℃时可在 Pt 电极上发生电化学氧化,而气相条件下 Pt 表面这样的氧化反应发生需要在 250℃以上,此后 electrocatalysis 说法得到了广泛的接受。

20 世纪 60 年代,电化学反应中不同金属活性组分间协同催化效果的发现,以及金属氧化物和有机金属络合物催化剂的使用，特别是基于钛钌混合氧化物高活性低磨损的形稳阳极(dimensionally stable anodes，DSA)在氯碱工业的应用，大大降低了析氯反应的过电位。电催化开始受到广泛的关注[1]。同一时期，美国 Monsanto 公司成功实现了年产 1.5 万吨丙烯腈电还原二聚合成己二腈的工业化生产。

在取得这些成就后，电催化似乎进入一个相对缓慢的演化状态，尽管在基础研究方面已证明电催化实现甲烷、乙烷等碳氢化合物低温氧化是可能的，但其氧化速率从实际应用角度上考虑还是太低，而这可能已不是单纯通过提高电催化材料的性能就能够解决的问题。而在燃料电池领域，取代昂贵的 Pt 仍然只是一个传说。尽管包括中国在内的世界各国又陆续实现了许多电催化合成有机化学品工业生产[2]，但与传统的催化过程相比，无论从规模还是时空产率上的技术经济指标，尚缺少应有的竞争力。到目前，能获得工业界普遍接受的电化学催化成就仍然只是钛钌混合氧化物催化剂。

目前，国内已有电催化相关的专著出版，其主要涉及电催化的基础研究方面，重点关注了燃料电池、氯碱、电解铝所涉及的催化剂[3]。基于此，本章无意再在电催化的基础研究方面，如主要作为电催化材料的金属电极催化活性与其体相性质关系(如电子功函数)，表面的化学状态与结构的关系，吸附中间体的捕捉与作用的强弱，活性位点或活性相甄别和表征，纳米、生物新型电催化材料的设计构建等做更多的探讨甚至是赘述，而是以发展绿色催化方法为背景，介绍近年来广为关注的电解水、CO_2 电化学还原、金属空气电池、污染物电化学分解、电有机合成中所涉及的电催化研究进展。

5.2 CO_2 的电催化活化和转化

近年来，化石燃料的大量使用造成了 CO_2 大量排放，从而加剧了温室效应，因此包括活化和转化在内的 CO_2 处理问题逐渐成为绿色与催化化学研究发展的主题。CO_2 中的 C=O 键能高达 803kJ/mol，因此其活化和转化难度极大。尽管 CO_2 直接光催化活化很理想，但效率太低；CO_2 催化加氢在技术上没有问题，但目前无法解决对氢源大规模需求的问题；CO_2 与其他有机物，如环氧乙烷等反应制备高附加值的化学品也受到关注，但与数十乃至百亿吨数量级排放的 CO_2 相比，所消耗的量微不足道。电化学催化转化 CO_2 可以避免上述路线的不足，特别是在光伏电池生产制备技术已取得良好进展的情况下，通过太阳光-光伏电池-电的有机结合，实现 CO_2 电催化转化是一条值得探索的路线[4]。电化学催化转化 CO_2 不能简单地理解为仅仅是为了合成某种有用的化学品，从发展清洁能源的角度考虑，这也可能将是实现太阳能转化和储存的另一种方法。

5.2.1 CO_2 的电催化还原基本机理

已有的 CO_2 电化学活化研究表明[5,6]，CO_2 的还原是分多步进行的，首先接受 1 个电子形成不稳定的 CO_2^- 阴离子：

$$CO_2 + e^- \longrightarrow CO_2^- \quad E_0 = -1.90V \qquad (5-1)$$

在水或多数常规的分子溶剂中，由线式 CO_2 分子变换为弯曲的 CO_2^- 阴离子的平衡电位为 $-1.90V$[反应式(5-1)，相对于标准氢电极，pH=7]，这是一个高能耗过程。从反应式(5-2)~反应式(5-4)可以看出，在有质子介入情况下，CO_2 的电化学还原在理论上会变得相对容易，但因为该过程需要多电子和多质子的协同作用，所以即便是有催化剂的存在，这些反应的实际发生也需要高的过电位。此外，由于质子本身的电化学还原[反应式(5-5)]通常比 CO_2 的还原更容易，特别是反应式(5-3)~反应式(5-4)还要涉及 C—H 键的形成，这使反应式(5-2)~反应式(5-4)的选择性和效率明显降低。

$$CO_2 + 2H^+ + 2e^- \longrightarrow CO + H_2O, \quad E_0 = -0.53V \qquad (5-2)$$

$$CO_2 + 6H^+ + 6e^- \longrightarrow CH_3OH + H_2O, \quad E_0 = -0.38V \qquad (5-3)$$

$$CO_2 + 8H^+ + 8e^- \longrightarrow CH_4 + 2H_2O, \quad E_0 = -0.24V \qquad (5-4)$$

$$2H^+ + 2e^- \longrightarrow H_2, \quad E_0 = -0.42V \text{ (pH=7)} \qquad (5-5)$$

与传统的多相催化反应过程类似，CO_2 分子首先要在催化电极表面吸附。CO_2 分子及后续的中间体与催化剂表面吸附位的相互作用强度，可以定性地用法国化学家 Sabatier 提出的相关理论模型(Sabatier principle)来描述，即这种相互作用强度应该适中，如果太弱将不能有效与催化剂结合导致后续反应无法发生；而如果太强将导致反应产物不能脱附及催化剂中毒。而在水溶液中，催化剂所具备的内在特性必须是高选择性地促进 CO_2 分子活化，同时最大可能地抑制氢质子还原为氢气的反应。

想要解释清楚电催化 CO_2 还原的反应机理仍是一件挑战性的事。Hori 等在 1985 年发现与其他金属比，Cu 具有独特的催化 CO_2 还原为甲烷和乙烯的能力，且具有很高的法拉第效率[7]，因此大量的研究致力于 Cu 电极上电催化 CO_2 还原。Jaramillo 等在研究 Cu 电极上电催化 CO_2 还原时发现，在不同的还原电位下 CO_2 可形成多达 16 种产物，除了 CO、甲烷外，还包括 C_2、C_3 的醇、醛、酮、酸等产物(图 5.1)，可见电催化 CO_2 还原产物的复杂性[8]。

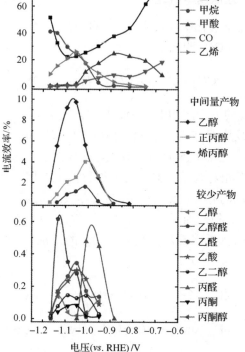

图 5.1 CO$_2$ 在 Cu 电极上的不同还原产物的电流效率(0.1mol/L KHCO$_3$,pH6.8)

目前对于电催化还原 CO$_2$ 普遍认可的机理是,电催化还原最容易也最先形成的是吸附的*CO。在水溶液中,由于 H 质子易还原的特点,或多或少会伴随 H$_2$ 的形成。形成的*CO 会根据其与催化剂表面的吸附强弱生成不同产物:如果作用太弱,*CO 迅速脱附形成最终的 CO 分子,如在 Au 和 Ag 表面;若作用太强,吸附的*CO 将导致催化剂表面中毒,如在 Pt、Pd 和 Ni 表面上;在作用适中的情况下,吸附的*CO 将会是 CO$_2$ 还原为碳氢化合物的关键中间体,即进一步催化*CO 质子化形成*COH 或*CHO 甲氧基物种。由于该反应步骤在热力学上是不利的,通常需要较高的过电位。但是,目前尚不清楚甲氧基物种是吸附的*CO 通过插入*H-表面金属键间的反应形成的,还是与溶液中的 H$^+$ 直接发生质子化反应而形成。这些甲氧基中间体可以进一步加氢形成甲烷和吸附*O,*O 最终被还原为 H$_2$O (图 5.2)[9]。同时,也有研究提出,表面吸附的*CO 会先形成卡宾物种(*CH$_2$)中间体,该中间体可通过接受双质子和双电子形成甲烷,另外还可以通过(*CH$_2$)二聚或插入 CO 的方式形成乙烯,其中 C—C 键形成是速率控制步骤。

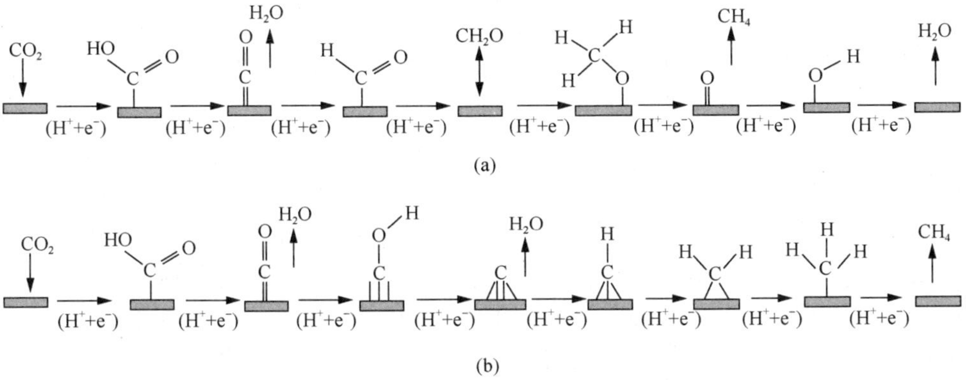

图 5.2 CO_2 在 Cu 电极表面还原为甲烷可能的路径
(a)热力学分析；(b)结合热力学与动力学分析

需要注意的是，以上提出的反应机理都没有考虑到电解液性质对 CO_2 电催化还原的影响，如溶液 pH 的变化，也没有考虑还原电位及催化剂结构(体相或纳米)的不同影响。事实上，除了催化剂和溶剂种类不同会决定电催化 CO_2 还原产物的选择性外，吸附中间体 CO_2^- 阴离子和 $(CO)_2^{2-}$ 阴离子二聚体对溶液的 pH 尤为敏感，如研究发现 CO 在转化为甲烷或乙烯过程中就展现出对不同 pH 的依赖性。电催化 CO_2 还原中，乙烯的形成通常发生在更小的负电位下，在此电位下并不同时形成甲烷。并且，当对甲烷的选择性提高时，更容易观察到催化剂失活，而乙烯作为主要产物时没有表现出失活，这表明形成甲烷的中间体更容易吸附在催化剂表面导致其中毒。

5.2.2 离子液体调控的 CO_2 电化学催化转化

如上所述，在水或多数普通的溶剂中，由线式 CO_2 分子变换为弯曲的 CO_2^- 阴离子的平衡电位达到–1.90V，是一个高能耗过程。大多数咪唑基离子液体中除存在强的静电场、特殊的微环境、多重的弱相互作用外，还对 CO_2 具有良好的溶解性及可调控的相互作用；同时，对于 CO_2 还原中间体具有良好的稳定作用，这些都是离子液体用于 CO_2 电化学催化转化研究的重要原因。结合离子液体所拥有的特性及固体、纳米或分子催化剂的电催化功能，通过离子液体与催化剂的协同与匹配，有望构筑高效的 CO_2 电催化活化还原的反应体系。这是离子液体用于 CO_2 电化学催化转化研究的另一重要原因。值得一提的是，离子液体作为绿色和功能介质调控 CO_2 电化学催化转化研究在 2002 年由邓友全课题组率先开展，并实现了室温下 CO_2 电化学催化活化制备环状碳酸酯类化合物[10]。

1. 直接电化学还原 CO_2 制 CO

可能是由于 CO_2 转化为 CO 是最简洁和最容易实现的反应，对于离子液体调控的 CO_2 电化学催化转化制 CO 过程被较为广泛地报道。

2004年，Han等[11]首次报道了超临界条件下CO_2的电化学催化转化。以1-丁基-3-甲基咪唑六氟磷酸离子液体([BMIm][PF_6])为电解质和反应溶剂，在水和超临界CO_2共同存在下，在金属铜阴极上生成了CO和H_2，以及少量的甲酸，在金属铂阳极实现了水的氧化生成氧气。研究发现当体系压力增大时，生成CO和H_2的法拉第电流效率分别呈增大和减小的趋势。反应结束后，液体产物甲酸可被超临界CO_2萃取出来，并且离子液体可重复使用。CO_2在水或有机溶剂中的电化学还原普遍存在的问题是，CO_2的溶解度太低导致还原电流密度偏低。在高压或超临界条件下似乎能解决这一问题，但该研究在正常反应条件下总的还原电流密度约为$20mA/cm^2$。其原因可能是所采用的作为电解质离子液体的电导率偏低；同时，高压下金属铜阴极和铂阳极上分别生成的CO、H_2和O_2气体分子可能难以及时脱附，从而形成微泡使得两个电极的导电能力同时下降。

2011年，Rosen等[12]在直接电化学还原CO_2制CO方面取得了突破性进展。他们通过引入离子液体大大降低了还原的超电势，并高选择性地生成了CO。该体系中以纳米银作为催化电极，以离子液体1-乙基-3-甲基咪唑四氟硼酸盐([EMIm][BF_4])作为不可或缺的催化反应介质。当反应体系中加入[EMIm][BF_4]时，超电势可从1V左右降低到0.2V以下。CO_2还原生成CO反应的平衡电势为1.33V，在该体系中，施加1.5V的槽电压即可生成CO，表明CO产生的超电势只有0.17V。同时，获得超过96%的法拉第电流效率，这远高于没有离子液体时的结果(80%)。相反，在没有[EMIm][BF_4]存在时，需要施加超过2.1V的槽电压才能产生CO。该体系可以在2.5V的条件下运行7h，转化数达到26000。其后，Rosen等[13]进一步发现以Ag为催化电极时，将水添加到[EMIm][BF_4]中，不仅可以促进CO_2的转化频率，而且可以降低CO_2还原的超电势。Salehi-Khojin等[14]则对纳米银颗粒的大小对催化活性的影响进行了系统的研究。研究表明，在[EMIm][BF_4]中，催化活性具有明显的尺寸效应。在纳米颗粒尺寸大于5nm时，随着纳米颗粒尺寸的减小，催化活性明显增加；相反，当尺寸小于5nm时，随着颗粒变小，催化活性却降低。研究者认为这是由于当纳米银颗粒小于5nm时，反应中间体与Ag之间将形成很强的作用力(Ag颗粒越小，作用力越强)，当这种作用力达到一定程度，反应无法继续进行。

邓友全课题组以金属Ag、Au、Cu、Pt为催化电极，在咪唑类、季铵类等离子液体或其水溶液介质中进行了CO_2电化学催化转化制CO的研究[15]。首先在[BMIm][BF_4]离子液体体系中对四种电极进行了CO_2还原活性的考察，发现在纯离子液体中四种电极都没有明显的还原活性，而在其水溶液中Ag电极表现出明显的CO_2还原活性。接着以Ag为工作电极，考察了不同离子液体水溶液中的电催化性能，结果表明季铵类的离子液体水溶液对CO_2的电化学还原活化没有明显效果，而咪唑类离子液体水溶液则对CO_2的活化有促进作用；同时发现在

Ag+[BMIm]Cl 水溶液体系中效果最好。所以，接下来考察了水含量的影响，发现水含量在 20wt%的时候，电流密度虽然比水含量 40wt%~50wt%的时候要低，但是可以获得超过 99%的 CO 选择性。此外，还考察了 pH 的影响，发现 pH>7 时有利于保持和提高 CO 的选择性；如果 pH 过低则析氢反应(HER)占主导地位，CO_2 还原消失。Shi 等[16]发现 Ag 电极在对 1-丁基-3-甲基咪唑三氟甲基磺酸盐([BMIm][OTf])和碳酸丙烯酯混合溶液中电化学还原 CO_2，可以获得约 90%的 CO 法拉第电流效率。

另外，邓友全课题组以铜片电极为基底，以原位电沉积技术制备的银修饰铜电极为工作电极，在不同离子液体中对 CO_2 的还原行为进行了研究[17]。结果表明，此方法制备的微量 Ag 修饰的 Cu 电极，在适量氯化钴存在的情况下，在[EMIm][BF_4]离子液体中可获得比上述 Ag+[BMIm]Cl 水溶液体系更高的电流密度和相近的 CO 选择性。值得一提的是，该体系可稳定运行长达 150h。初步认为钴通过形成 Co(I)/Co(II)电子对促进了 CO_2 电还原生成 CO_2 负离子，接着 CO_2 负离子在 Ag 颗粒上被还原为 CO。并且，该体系大大降低了 Ag 的使用量，从而降低了催化电极的成本。

除了 Ag 系催化剂以外，Zhu 等[18]发现单分散的纳米金催化剂，用离子液体[BMIm][PF_6]包覆后，与单独纳米金催化体系相比，可在更低的电位条件下，获得更好的电催化活性和更高的 CO 法拉第电流效率。

虽然，以金和银为活性位点的催化材料，在电化学还原 CO_2 的过程中具有很好的活性。但是由于它们价格较高，当需要大规模生产催化剂的时候，成本就成为主要的制约因素。那么研究制备非贵金属基催化剂就成为一个非常有意义的工作。2013 年，Dimeglio 和 Rosenthal[19]发现在酸性溶液中将金属铋(Bi)电化学沉积到玻璃碳电极的表面后作为工作电极，在咪唑基离子液体的乙腈溶液中可以获得与金或银电极相媲美的活性。研究发现以 Bi^0 和 Bi^{3+} 两种状态存在的 Bi 电极，在[BMIm][PF_6]的乙腈溶液中可以获得 95%的 CO 法拉第电流效率。同时，电流密度可达 4.82mA/cm^2。作者认为电极表面 Bi^0 和 Bi^{3+} 催化活性位及咪唑阳离子配体的相互协同作用是高效选择还原 CO_2 生成 CO 的重要原因。进一步研究表明[20]，无论是在水系还是在非水体系中，都可以通过原位电化学沉积获得高效的铋催化剂，特别是在离子液体中以原位电化学沉积制备 Bi 电极(图 5.3)可以获得极高的电流密度(5~25mA/cm^2)。通常催化电极的制备需要先合成金属纳米催化剂，然后将这些金属催化剂制备成工作电极，这种制备方式不仅过程比较烦琐，而且将纳米催化剂制备成电极的过程中存在催化剂活性降低甚至失活的风险。而原位电化学沉积方法将活性催化剂的制备和电极的制备两个过程合二为一，不仅简化了制备过程，而且避免了过程中其他因素的影响。此前，原位电化学沉积的方法还未被使用到电化学还原 CO_2 的过程中，此方法可以将催化剂沉积到各种材质的基板上，即使是比较脆弱或特别薄的材料。

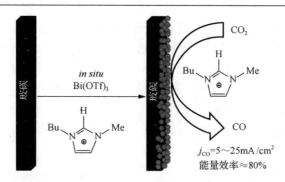

图 5.3　原位电化学还原法制备的铋电极上高效电化学还原 CO_2 生成 CO 的示意图

Salehi-Khojin 率领的研究团队也在非贵金属催化剂应用于 CO_2 电化学还原方面取得了突破性进展[21]。[EMIm][BF_4]水溶液中，以二硫化钼为催化电极材料，可将 CO_2 转化为 CO 和 H_2 的混合气体。在–0.764V（*vs.* RHE，相对于可逆氢电极）条件下，以 98%的 CO 选择性获得约 $65mA/cm^2$ 的还原电流密度。特别值得一提的是，在离子液体浓度很低的情况下（4mol% [EMIm][BF_4]），CO_2 的溶解度也将较低，在较低的 CO_2 浓度的介质中获得如此高的电流密度是值得让人惊羡的结果。此外，该体系的超电势只有 54mV，也是已知报道中最低的结果。该工作认为，二硫化钼与其他催化剂相比，它更容易调控、活性更高，反应中也不必加入其他材料，而且借助这种催化剂能保证数小时持续稳定的催化反应。贵金属催化剂（如金和银）的催化活性是由晶体结构确定的，而二硫化钼的催化活性位点位于其片层结构的边缘，对边缘结构的调整相对比较简单。它们能很容易地生长具有垂直取向边缘的二硫化钼，以实现更好的催化性能。使用该催化剂后，CO 和 H_2 在合成气中的比例也可以很容易地进行调控。

此外，Isaacs 等[22]发现四(4-氨基苯基)卟啉钴(Ⅱ)修饰的铟锡氧化物电极，可在[BMIm][BF_4]介质中高选择性电化学还原 CO_2 生成 CO，研究认为电还原产生的卟啉钴(Ⅰ)是该体系催化活性的来源，这与邓友全课题组相关工作提出的观点是类似的[17]。Grills 等[23]发现均相催化剂三(羰基)(2,2-联吡啶)氯化铼在纯离子液体 1-乙基-3-甲基咪唑四腈基硼酸盐中也可以高选择电化学还原 CO_2 生成 CO，可以获得比乙腈体系高 10 倍以上的电流密度。综上所述，离子液体中电化学还原 CO_2 生成 CO，在电极材料优化、离子液体合成与选择、产物选择性调控和超电势降低及电流密度的提高等方面正取得越来越好的结果。

2. 直接电化学还原 CO_2 制甲酸、甲醛、甲烷等其他含氢化合物

Barrosse-Antle 和 Compton 以 Pt 为工作电极，对 1-丁基-3-甲基咪唑乙酸盐([BMIm][AcO])中 CO_2 电化学还原行为进行了研究[24]。因为在[BMIm][AcO]与 CO_2 之间具有化学作用，这区别于其他常规离子液体中 CO_2 的物理吸附，所以他

们选择了[BMIm][AcO]作为介质。该离子液体中 CO_2 的溶解度高达 1.520mol/L，且化学吸附的 CO_2 过程几乎是完全可逆的。[BMIm][AcO]中，CO_2 可以在–1.3V(vs. 二茂钴阳离子/二茂钴电对)或者–1.8V(vs. Ag 丝)发生还原。同时，CO_2 在该离子液体中的扩散率低至 $2.6×10^{-12}m^2/s$。但是该体系中，反应只能持续 15min，导致产物无法被测出。

接着，Martindale 和 Compton 研究发现以酸预处理的 Pt 为工作电极，在 1-乙基-3-甲基咪唑二(氟甲基磺酰)酰亚胺([EMIm][TFSI])中电化学还原 CO_2 可以生成甲酸[25]。其中，添加的 HTFSI 酸与离子液体具有相同的阴离子，以其为质子源，在没有 CO_2 存在的情况下对 Pt 电极进行电化学预处理。然后在该离子液体中进行 CO_2 还原测试，可以发现对应 CO_2 还原峰发生在–3.3V(vs. Pt 丝)。通过电化学方法判定，甲酸是该体系的唯一产物。Pt 表面发生的可能反应推测如下：

$$H^+ + e^- \longrightarrow H^\cdot$$

$$2H^\cdot \longrightarrow H_2$$

$$CO_2 + e^- \longrightarrow CO_2^{\cdot -}$$

$$CO_2^{\cdot -} + H^\cdot \longrightarrow HCO_2^-$$

$$HCO_2^- + H^+ \longrightarrow HCO_2H$$

2008 年，Chu 课题组[26]在纳米结构的二氧化钛膜电极上，[EMIm][BF_4]水溶液中通过电化学还原 CO_2 制备出了低密度聚乙烯。上述反应介质中，离子液体与水的体积比为 1:1，在–1.5V(vs. SCE)下，法拉第电流效率最高可达 14%。作者认为总反应过程为(图 5.4)：首先二氧化钛电极上的四价钛被还原为三价钛，接着三价钛还原 CO_2 生成吸附在电极表面的 $CO_2^{\cdot -}$，然后 $CO_2^{\cdot -}$ 与一个质子和一个电子反应，生成吸附在电极表面的 CO，CO 又进一步与四个质子和四个电子反应生成了吸附态的 CH_2 物种，通过 CH_2 物种的聚合作用，最终生成聚乙烯。不过，文中并没有给出直接的证据证明吸附态物种的存在。

$$Ti^{IV} + e^- \longrightarrow Ti^{III}$$

$$CO_2 \xrightarrow{Ti^{III}} CO_{2\,ads}^{\cdot -}$$

$$CO_{2\,ads}^{\cdot -} + H^+ + e^- \longrightarrow CO_{ads} + OH^-$$

$$CO_{ads} + 4H^+ + 4e^- \longrightarrow :CH_{2\,ads} + H_2O$$

$$2n\ :CH_{2\,ads} \longrightarrow -[CH_2-CH_2]_n-$$

图 5.4　纳米结构 TiO_2 膜电极上电化学还原和聚合 CO_2 的总反应

2013 年，Yang 及其同事[27]制备了纳米铜颗粒修饰的金刚石电极，该电极在含有微量水的离子液体中，可以还原 CO_2 生成甲酸或甲醛。他们认为在催化电极基底材料，反应介质(离子液体结构和组成，以及与离子液体混合的其他介质)和催化剂(表面化学、形状、颗粒大小、密度和稳定性)组合达到最优化的时候，转化率预期可达 80%。但是，文章中并未给出最优化的组合方式。

2014 年，Bocarsly 及其同事[28]研究发现，以非贵金属铟或锡为工作电极，在离子液体 1-乙基-3-甲基咪唑三氟乙酸盐([EMIm][TA])水溶液中可以还原 CO_2 制备甲酸。通过同位素示踪证明了甲酸的生成来自于 CO_2 的电化学还原。此外，该工作通过与 1-乙基-2,3-甲基咪唑三氟乙酸盐([EMMIm][TA])水溶液中 CO_2 还原的伏安循环曲线结果的比较，对离子液体的作用提出了新的观点(见 4.离子液体中电化学还原 CO_2 机理研究部分)。

邓友全课题组以电化学方法成功地制备了铜咪唑纳米线$[Cu(Im)_2]$，并以此为催化电极材料，在[BMIm][PF_6]–乙腈–水混合体系中，电化学还原 CO_2 制备出了甲烷。结果表明，电流密度可达 $14.6mA/cm^2$，甲烷的产物选择性可达 30%。

离子液体中电化学还原 CO_2 制备其他含氢化合物的工作还比较少，其中几个工作是制备甲酸，而对于其他含氢化合物如甲醛、甲烷、聚合物等只有个别报道，且存在产物选择性不高、产率低等问题。这可能是因为离子液体存在的催化体系(特别是高浓度离子液体体系)下不利于 C—H 键的形成。

3. 间接电化学还原 CO_2 合成其他有机化合物

关于离子液体中电化学活化 CO_2，最早的研究方向就是间接电化学还原 CO_2 合成其他有机化合物，且研究工作主要集中在国内几个课题组。研究内容主要有四个方向：①合成环状碳酸酯；②合成氨基甲酸酯；③合成有机碳酸酯；④合成有机羧酸。

电化学还原 CO_2 合成环状碳酸酯的研究，除邓友全课题组的工作以外[10]，Lu 的课题组[29]首次以 CO_2 和二醇为原料，在离子液体中合成了环状碳酸酯。他们对电极材料、离子液体种类、槽电压、二醇浓度和温度进行了系统考察，发现转化率主要受二醇结构的影响。

离子液体中，以 CO_2 为原料电化学合成氨基甲酸酯是一项重要工作。2007 年，Feroci 和 Inesi 课题组[30]以碘乙烷为烷基化试剂，以胺和 CO_2 为原料，在[BMIm][BF_4]中首次通过电化学方法合成了氨基甲酸酯。在较温和的条件下，得到约 80%的氨基甲酸酯的产率。Feroci 课题组通过进一步研究[31]发现在 O_2 和 CO_2 共存的情况下，在离子液体中通过电化学还原 O_2 产生超氧负离子，该超氧负离子通过与 CO_2 之间的快速亲核加成反应，达到了催化活化 CO_2 的目的。将该过程应用于氨基甲酸酯的合成，可使还原电位大大降低。

通过电化学方法，以 CO_2 为原料在离子液体中合成有机碳酸酯，相对于其他反应路径，得到了更多的关注。Lu 等[32]首次在[BMIm][BF$_4$]中，以 CO_2 和乙醇为原料电解反应一段时间后，加入烷基化试剂成功合成了有机碳酸酯。Cai 的课题组[33]以 Pt 为工作电极，在[BMIm]Br–甲醇钾–甲醇介质中，电催化还原 CO_2 制备了碳酸二甲酯。此反应过程以甲醇钾为助催化剂，而且不使用任何烷基化试剂（如碘甲烷等），简化了产物的分离过程，但是该体系只获得了 3.9%的收率。Cai 课题组进一步研究发现[34]，以环氧丙烷代替甲醇钾，可以获得 75.5%的收率。Liu 等[35, 36]通过电镀的方式将 Pt 或者 Ag 修饰到纳米多孔铜的内表面，以它们为电极，在[BMIm][BF$_4$]中通过电化学还原 CO_2 制备了碳酸二甲酯，分别获得 81%和 80%的收率。Liu 等[37]后来发现以 In 电极代替上述电极，在同样条件下可以获得 76%的产品收率。

在离子液体中，以 CO_2 为原料，通过电化学羧化反应制备有机羧酸，也是电化学固定 CO_2 的重要手段之一。Lu 的课题组[38]和 Huang 的课题组[39]均以 Ag 为工作电极，在[BMIm][BF$_4$]中，各自以 CO_2+苄基氯和 CO_2+2-氨基-5-溴吡啶为原料，通过电化学羧化反应，分别获得 45%的苯乙酸和 75%的 6-氨基烟酸的收率。此外，Huang 的课题组[40]进一步在[BMIm][BF$_4$]中对芳香族酮成功地进行了电化学羧酸化，接着加入烷基化试剂，合成了 α-羟基羧酸甲酯。Hiejima 等[41]以 Pt 为工作电极，以 Mg 为损耗性阳极，在离子液体中对 α-氯乙苯进行了电化学羧化反应，收率在最优条件下可达 21%。同时，研究者指出 Mg 不仅作为损耗性阳极，同时也参与了羧化反应过程。

4. 离子液体中电化学还原 CO_2 机理研究

虽然离子液体中电化学活化 CO_2 的研究越来越多，但是对于其机理还不明确。催化电极材料，离子液体阴阳离子的组成，离子液体与其他溶剂（包括水或乙腈等）的混合比例与成分对 CO_2 还原的活性和选择性都有很重要的影响。在此，专门针对上述文献中提到的离子液体的作用进行总结。由于季铵盐在电化学中是作为一种稳定支持电解质加入的，催化作用鲜有提及，因此在这里只总结咪唑基离子液体的作用。

Chu 等[26]认为，离子液体的作用主要是增加 CO_2 在电极周围的浓度。Rosen 等[12]实验结果则显示[EMIm][BF$_4$]具有两个作用：一是抑制氢的形成，二是离子液体可与 CO_2 形成一种羧酸盐形式的配合物，该配合物可以在较低电压下转化为吸附的 CO（图 5.5）。他们进一步研究发现，即使是在很高的水含量情况下，[EMIm]阳离子的存在也可以明显抑制氢析出反应；而 Watkins 和 Bocarsly[28]则认为 CO_2 是直接在电极表面发生了还原，而在该离子液体中，之所以可以获得高的电流密度和低的超电势，是因为离子液体对 CO_2 大的溶解度和对还原中间体的稳定作用。

此外，邓友全课题组[15]通过考察[BMIm]Cl、[N$_{4444}$]Cl、[BMMIm]Cl 和[BMIm]Br 水溶液对 Ag 电极上 CO_2 还原的影响，发现咪唑阳离子对 CO_2 的还原和活化起重要作用，咪唑环上的二位氢对于 CO_2 还原过程中氢的传递有明显的影响。

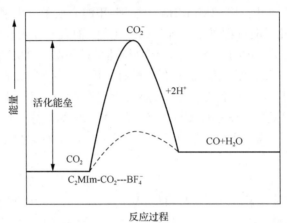

图 5.5 反应 $CO_2 + 2H^+ + 2e^- \longrightarrow CO + H_2O$ 的自由能变化示意图
在水或乙腈中(实线)；在 18mol% [EMIm][BF$_4$]/水中(虚线)

上述观点主要集中在咪唑阳离子对 CO_2 活化的作用上，而阴离子的作用也不可或缺。2011 年，Yu 及其同事[42]合成了一种新离子液体 1-乙基-3-甲基咪唑氯三氟硼酸盐([EMIm][BF$_3$Cl])作为电解质，同时作为催化剂用于电化学还原 CO_2。Yu 认为可能是离子液体的阴离子通过与 CO_2 的作用催化还原 CO_2(图 5.6)。由于阴离子的分解作用产生路易斯酸 BF_3，BF_3 通过与 CO_2 上一个氧原子的相互作用形成 BF_3-CO_2 加合物。受 BF_3 影响，在此加合物中 CO_2 的碳氧双键变得更长和更不稳定，这可能使 CO_2 在更低超电势条件下被还原。邓友全等[15]发现在[BMIm]Cl 水溶液+Ag 体系中阴离子(氯离子)可以抑制水的还原(即氢析出反应)，从而对提高 CO 的选择性起到关键作用。还有其他研究工作[19, 20]表明，在反应条件相同的情况下，阴离子的变化会直接影响 CO_2 的还原电位和法拉第电流密度。

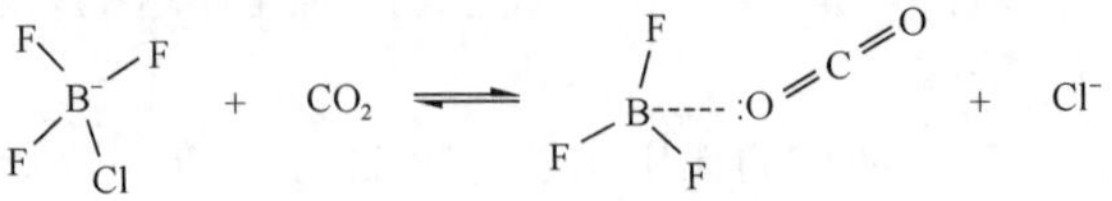

图 5.6 [BF$_3$Cl]$^-$ 与 CO_2 相互作用示意图

此外，Kamat 等研究[43]发现离子液体[EMIm][TFSI]的存在可以改变 CO_2 电化学还原反应的路径(图 5.7)：随着离子液体浓度的增加，它在 CO_2 还原过程中的作用不断发生变化，从而调控生成不同的产物。

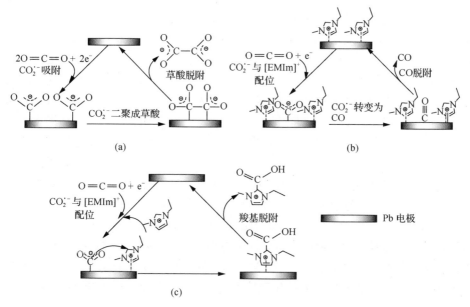

图 5.7 乙腈溶液中 Pb 电极上电化学还原 CO_2 的反应路径
(a) 无[EMIm][TFSI]；(b)、(c) 有[EMIm][TFSI]

以上研究工作说明，离子液体在 CO_2 电化学还原中的作用，不能简单归结为阳离子或者阴离子的单一作用，而是在不同的反应体系中，各自以一种或几种作用为主，与其他各种因素协同。这也应该与离子液体具有的特殊微环境和多重弱相互作用有直接关系。

在过去的几年中，离子液体调控的 CO_2 电化学催化转化研究取得了一定进展。尽管离子液体的引入可以明显提高 CO_2 的溶解性和降低还原电位，但是目前 CO_2 的电化学还原电流密度不超过 $65mA/cm^2$。不考虑电能的消耗成本，这样的电流密度对实际应用来说还差得很远。虽然，CO_2 电化学催化转化能够在室温下进行是其重要优点之一，CO_2 在电极表面发生电化学催化转化时，在转化成需要的小分子同时不可避免地生成了少量高沸点的多碳副产物，这些副产物尽管数量可能不多，但附着在电极表面会导致催化电极相对较快地失活。所以，离子液体调控的 CO_2 电化学催化转化研究相对来讲仅仅是起步阶段，还有很大的改进和提升空间。

未来研究的重点可以是：低黏度、高导电性、高的 CO_2 溶解性和结构适宜 CO_2 转化的离子液体设计与合成，合适的固体、纳米或分子催化剂的制备，以及两者间的协同和匹配。离子液体对 CO_2 具有很好的溶解性，研究离子液体对 CO_2 的捕获，也是离子液体研究的重要领域之一。若能将离子液体的 CO_2 捕获和转化结合，将增加基于离子液体的 CO_2 相关研究的意义和价值，且电化学催化反应的常温常压特点有利于离子液体 CO_2 捕获和转化模式一体化。CO_2 电化学催化转化研究努力的方向之一是降低过电位，CO_2 电化学催化转化是由两个电化学半反应构成的，这不仅需要在降低阴极 CO_2 还原的过电位同时，也要努力降低阳极氧析出的过电位。离子液体调控的 CO_2 电化学催化研究的重要目标在于应用，因此合适的 CO_2 电化学催化反应器的优化和发展是必不可少的环节。与太阳能的利用相结合，应该是大规模的 CO_2 电催化转化制液体燃料能够可持续研发的前提之一，尽管目前尚未有明显的进展或突破，但基于太阳能的光催化水分解制氢一直受到极大的关注。如果将产生电子和质子的光催化阳极与 CO_2 还原的电催化阴极适当地结合，构建集成光电催化 H_2O 和 CO_2 制甲醇等液体化合物应该是未来理想的研究发展思路[44]。离子液体微观结构与性质方面的研究工作较少，再加上电化学催化电极表面还涉及多相催化体系，这样就导致了机理研究的复杂性，所以机理研究将是 CO_2 电化学还原研究的挑战性方向之一。此外，离子液体无论用作质子传导膜还是用于 CO_2 还原的电催化阴极材料功能的调控，都是值得尝试的研究方向。总之，离子液体调控的 CO_2 电化学催化转化过程的研究，不仅有希望发展一种大规模的 CO_2 转化方法，同时还可认识离子液体新的性质和发现新的催化现象、新的催化功能，甚至新的催化理论和应用。

5.2.3 无离子液体中的 CO_2 合成 C_{2+} 化合物

基于催化 CO_2 还原制 C_2 甚至更高碳数碳氢化合物是作为液态燃料的现实需求。并且，由于涉及碳碳键的形成，从基础研究的角度考虑，电催化 CO_2 还原制 C_2 高碳数碳氢化合物也受到关注[45]。然而，电化学还原 CO_2 中存在 H—H 和 C—H 键形成的竞争，这使得 C—C 键的形成研究更具有挑战性。在 Cu(100) 晶面做催化剂的研究表明，吸附的 *CO 的二聚反应与进一步的质子化形成*CHO 或 *COH 反应相比，无论在热力学或动力学上都是明显不利的。并且，在更高的过电位下，C—C 的形成

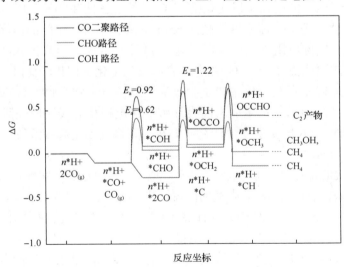

图 5.8 在 Cu(100) 表面 CO(g) 与吸附 *H 生成 CH_4、CH_3OH 及 C_2 产物的自由能

很可能是通过*CHO 或*COH 来实现的。因为,从动力学角度考虑直接的*CO 二聚最难以实现(图 5.8)。相反,吸附的*CO 进一步加氢或质子化在动力学上更为容易,这就限制了 C—C 键形成的速率和长链碳氢化合物产物的选择性。由于这些因素,C—C 键形成是长链碳氢化合物生成的速率控制步骤。即便是最简单的 C_2 产物(乙烯)报道的相应的最大法拉第效率只有 60%,而 C_3 产物丙醇仅有 11%。

已有的实验研究表明,电催化 CO_2 还原中高选择性的 C—C 键形成反应需要在碱性介质中实现。利用纳米尺度的氮掺杂石墨烯量子点的边缘部位具有高的缺陷密度,Ding 等[46]采用无金属纳米尺度的氮掺杂石墨烯量子点作为电化学还原 CO_2 的催化剂在 1mol/L KOH 溶液中可以高效地生成乙烯和乙醇,CO_2 还原总的法拉第效率达 90%,其中转化为乙烯+乙醇的法拉第效率或选择性可达 45%。高分辨 TEM 观测[图 5.9(a)]显示氮掺杂石墨烯量子点具有六边形貌和蜂窝状的骨架并

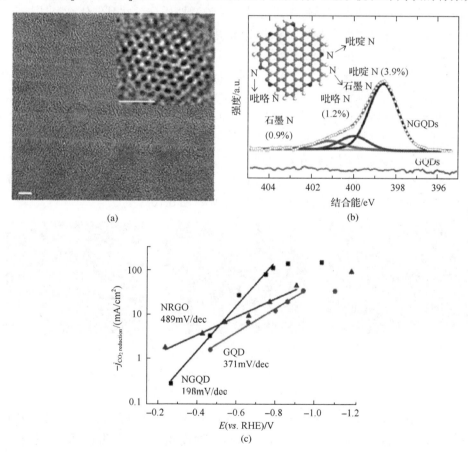

图 5.9 氮掺杂石墨烯量子点表征

(a) TEM 图(标尺 2nm); (b) 解叠 N 1s XPS 图谱,吡啶(■),吡咯(▲),石墨(●); (c) 不同碳材料催化 CO_2 还原的 Tafel 曲线,N 掺杂石墨烯量子点(■),N 掺杂石墨烯(▲),非 N 掺杂石墨烯量子点(●)

构成锯齿状的边缘。X 射线电子能谱[图 5.9(b)]分析显示氮掺杂石墨烯量子点面含有 N。解叠的高分辨的 N1 峰显示含有吡啶 N(398.5eV)、吡咯(400.0eV)N 和石墨 N(401.2eV)三种。氮掺杂石墨烯量子点中总的 N 含量(原子比)达到 6%，其中，吡啶 N 占大部分。

为了确认氮掺杂石墨烯量子点对电催化 CO_2 还原生成乙烯和乙醇的活性与选择性的来源，无氮掺杂石墨烯量子点和大尺寸(1~3μm)的氮掺杂石墨烯分别作为催化剂在相同的条件下开展了测试。无氮掺杂石墨烯量子点催化剂只有不高于 5%的乙烯生成且观测不到乙醇的生成，至于氮掺杂石墨烯催化剂，形成明显乙烯和乙醇的法拉第效率只有 5%和 4%，且出现在更负的 -0.9V (vs. RHE)，而氮掺杂石墨烯量子点只有 -0.61V。从 Tafel 曲线[图 5.9(c)]可以看出 CO_2 还原动力学上非氮掺杂石墨烯比氮掺杂石墨烯量子点要慢一些。这些结果表明掺杂的 N 是电催化 CO_2 还原生成乙烯和乙醇活性与选择性的关键活性成分，并且催化剂尺寸与形貌的活性与选择性也有很大影响，当 1~3μm 氮掺杂石墨烯变成 1~3nm 的氮掺杂石墨烯量子点时，暴露的边缘部位缺陷密度可增加三个数量级。值得一提的是，氮掺杂石墨烯量子点对电催化 CO_2 还原在相对偏低的还原电位下的电流密度高达 $100mA/cm^2$。所用的氮掺杂石墨烯量子点中含有 1.02ppm 的 Cu，即催化电极上 Cu 的担载量为 $5×10^{-3}$ μg/cm²。这些 Cu 的存在对电催化 CO_2 还原的影响值得进一步商榷。

Nam 等[47]报道了利用介孔 Cu 的形貌效应在电解液 0.1mol/L $KHCO_3$ 溶液中来实现电催化 CO_2 选择性还原生成 C_2 产物。他们制备了系列均匀的直径在 30~300nm、深度在 40~70nm 的 Cu 介孔催化电极(图 5.10)。

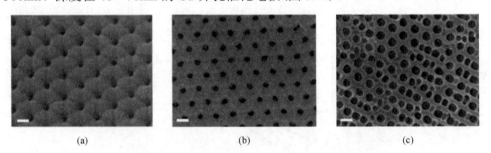

图 5.10 不同直径(nm)/深度(nm)的介孔 Cu 电极 SEM 图
(a) 30/40，标尺 60nm；(b) 30/70，标尺 60nm；(c) 300/40，标尺 300nm

图 5.11(a)表明，当施加的还原电位达到 1.7V(相对于标准氢电极，NHE)时，作为参照的多晶 Cu 催化电极和直径 300nm、深度 40nm 的介孔 Cu 催化电极上产物以 C_1 的甲烷为主，法拉第效率分别为 48%和 18%，且此介孔 Cu 催化电极上以产氢为主，法拉第效率达到 46%。当介孔 Cu 催化电极的深度不变但直径减小至 30nm 时，甲烷的选择性明显降低，而乙烯的选择性从 8%大幅升高至 38%。当介

孔 Cu 催化电极的直径不变但深度增加至 70nm 时，原来乙烯为主的产物变为乙烷为主的产物，乙烷选择性从约 2%大幅升高至 46%。为了解释上述实验结果，通过控制搅拌速率来调整反应液流动的状况下，采用对 CO_2 具有高的内在活性的直径 30nm 和深度 70nm 介孔 Cu 催化电极，观测其上的电催化还原 CO_2 的选择性[图 5.11(b)]。一般情况下，在平整的 Cu 催化电极上，传质的不同可改变 CO_2 的转化率，但是在此介孔 Cu 催化电极上，当保持还原电位 1.7V 时不变而搅拌转速从 0 升至 1500r/min 时，尽管总的还原电流在增加，但 CO_2 的还原电流从 6.1mA 降至 2.9mA。而析氢的电流呈明显上升趋势，即法拉第效率多转向氢的析出反应。这说明在反应液对流强度较低的情况下，电催化还原 CO_2 的中间产物在催化剂的孔道中被限域和保留相对长的时间，从而有利于 C—C 键的偶联反应。Nam 等认为纳米尺度孔道可影响区域的 pH，从而影响产物选择性似乎还缺乏直接的实验证据。值得一提的是，氮掺杂石墨烯量子点对电催化 CO_2 还原 C_2 产物电位仅 0.7V 时，电流密度高达 100mA/cm^2，此介孔 Cu 催化电极上 CO_2 选择性还原生成 C_2 产物的还原电位达 1.7V 时，还原电流密度仅在 50mA/cm^2 以下。

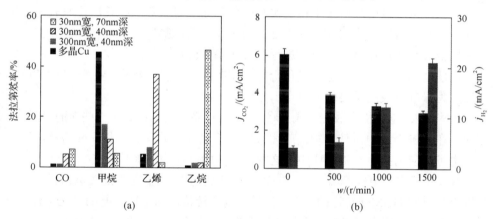

图 5.11　(a)还原电位 1.7V(vs. NHE)时产物选择性；
(b) Cu 电极上(30nm/70nm)对流强度对 CO_2 电化学还原的影响，
CO_2 还原电流(黑)，析氢电流(灰)

5.3　电催化有机合成

5.3.1　有机电化学合成简介

早在 19 世纪初期，人们就研究过有机化合物的电解实验，如在碱性溶液中电解靛白时电极表面有蓝色物质生成。到 1934 年，法拉第发现乙酸盐水溶液电解时可以得到二氧化碳和烃类物质。1940~1960 年，电分析方法开始用于电有机合成并且电氟化被引入工业过程中。随着多种电化学技术的发展，电极反应机理的研究变得更有效率，同时出现了使用有机物或有机金属媒介的间接电有机合成，并且生物有机体系的电化学也得到了广泛的关注[48]。如今，有机电合成被认为是研究用电化学方法进行有机化合物合成的科学，有机分子或催化媒介在电极与溶液的界面发生电荷转移从而得到新的化合物。其主要的研究内容包括有机电合成反应的机理、条件、实施方法等。很多有机反应中都包含电子的转移，理论上这些反应都可以通过电化学的方法进行。通常，有机化合物的电化学反应有两个过程：在电极表面发生的多相电子转移过程，以及在溶液中发生的化学过程。其中，电极表面发生还原或氧化反应得到自由基、碳正离子、碳负离子等中间体。

有机电化学合成与传统的合成方法相比具有一些明显的优势。第一，电子作为氧还原试剂，避免了危险性的或污染性的氧化剂和还原剂的使用。第二，反应的选择性和反应速率可简单地通过调节电压、电流密度、电极性质、电解液组分等来进行优化。第三，电极可作为多相催化剂，反应后可以快速地与反应体系分离。第四，可通过电分析技术预测实验条件和路径等。第五，使用还原氧化催化剂或电子媒介可以减小反应物的浓度，同时保留其选择性。第六，大部分的电化学有机合成反应都在常温常压下进行，反应条件温和，操作简便，使用安全。这些特征使电化学合成为某些有机化合物的制备提供了另一种可能，同时也使得该方法成为绿色合成的重要研究内容。

近些年来，电有机合成在合成策略、电解液体系等方面都有了一些新的进展[49]。例如，在有机合成中常使用功能基团来控制基底分子的反应性和反应路径，这一方法也可以应用到电有机合成中，这些功能基团就作为电辅基。在醚的O原子的α位引入硅基作为电辅基时，C—Si键的σ轨道与O原子的非键轨道相互作用，可以提高醚的HOMO轨道的能量，有利于电子转移从而降低了醚的氧化电位。同时，这种相互作用也可以稳定氧化后生成的自由基阳离子，经过相互作用后C—Si键的强度也减弱了，在接下来的反应中会优先断裂得到碳自由基，经过氧化后生成碳正离子从而与亲核试剂反应（图5.12）。除了O原子外，当杂原子为S或N时也具有类似的效果；同时，具有π键体系的化合物也可以使用电辅基，如硅基与烯丙基和苯甲基相连时也可以降低氧化电势，其原因与醚基化合物类似，但涉及的是σ-π的相互作用。除了硅基外，甲锡烷基、甲锗烷基也可以作为电辅基使用，而比较特殊的一类电辅基是芳硫（硒或碲）基，这些原子中的非键轨道也可以与其他的轨道相互作用，而且通过改变芳基的取代基可以调节其氧化电势。通过这种方法可以在多种含杂原子或π键体系的化合物中实现偶联反应、电卤化反应等，只需要改变亲核试剂的种类。

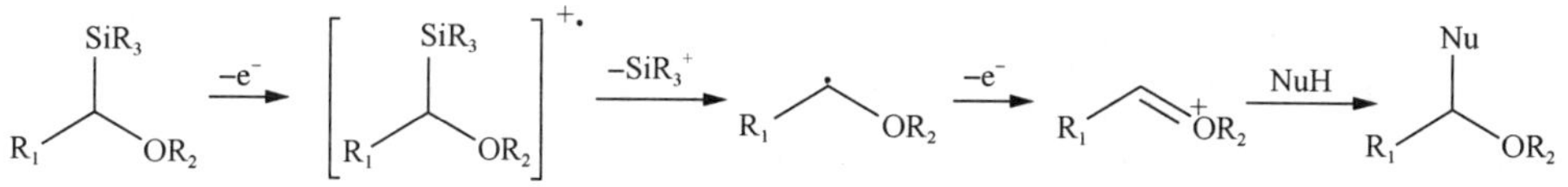

图 5.12 硅基电辅基的工作机理

另一种比较特殊的合成策略是阳离子池法。在没有亲核试剂存在的情况下，在低温下通过电解制备大量高活性的碳正离子，随后引入亲核试剂完成反应，如 N-酰亚胺阳离子、烷氧基碳烯阳离子、二芳基碳烯阳离子等，图 5.13 列出了 N-酰亚胺阳离子与部分亲核试剂的反应，包括烯丙基硅烷、硅烯醇醚、格氏试剂、烯烃和炔烃等。生成的碳正离子可以进一步还原得到自由基，从而发生自身的偶联反应，或者还原得到碳负离子作为反应的中间体。

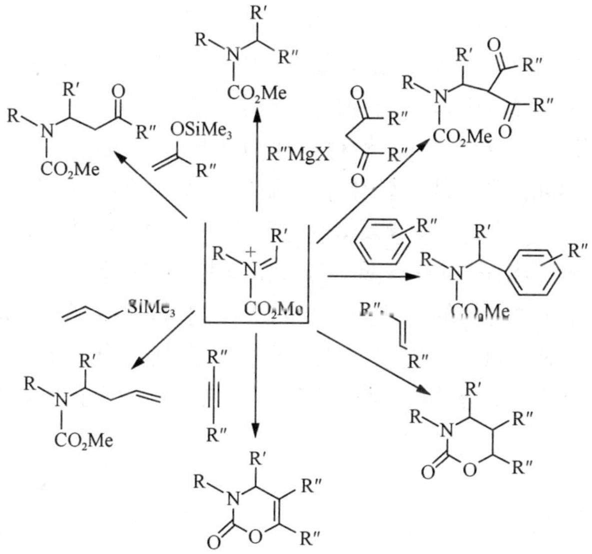

图 5.13 N-酰亚胺阳离子池与不同亲核试剂的反应

电解液是电有机反应发生的场所，对有自由基生成的反应而言，电解液还有可能影响反应的路径。电有机合成中比较常见的电解液有含有电解质的水、乙腈、DMF、甲醇、乙醇、四氢呋喃、二氯甲烷等溶液，但这些传统的电解液具有一定的局限性，如水作为溶剂时有机物的溶解度较低，而乙腈中有机物的溶解度虽然较高，但乙腈是易燃、易挥发、有毒的物质。鉴于此，有很多的研究关注电有机合成体系中新的电解液，如超流体、微乳液、氟代醇、离子液体等。其中，离子液体良好的导电性、较宽的电化学窗口、对大部分有机物良好的溶解能力使其成为一类十分有前途的电有机合成电解液。目前，离子液体体系中的简单还原反应、电还原偶联反应、电氟化、烯烃的电化学环氧化、电化学聚合、电还原羧化等都取得了良好的效果。离子液体作为电解液时，对于经历碳负离子中间体的反应而言，离子液体中的阳离子可能与碳负离子形成离子对，从而影响产物的立体选择性。另外，有些电有机反应中电解液也会参与反应，对于离子液体而言，阳离子还原分解产生的碳烯等物种也会对相应反应的进行有较大影响。

由于电有机合成体系的复杂性、可合成的有机化合物的多样性，本节我们只能选择性地介绍偶联反应、卤化反应、电聚合反应、金属有机化合物的电合成中部分近期的进展，并重点关注与催化相关的内容。

5.3.2 电化学偶联反应

通过偶联反应构建 C—C、C-杂原子键在有机合成中具有十分重要的地位，比较著名的有 Heck 反应、Stille 反应、Fukuyama 反应、Negishi 反应等，这些反应多数需要使用钯等贵金属催化剂。在电有机合成中也有很多关于偶联反应的研究，从催化剂的角度来说，有作为多相催化剂的电极材料，也有有机小分子、过渡金属配合物等溶解在电解液中作为均相催化剂使用的。

同其他的电化学反应类似，电极材料作为底物分子吸脱附、电子转移的场所，其材料的组成对产物的选择性、转化率等都具有较大的影响，事实上很多反应都只能在某些特定的电极上进行。例如，对于苄基溴在离子液体[BMIm][BF$_4$]中的还原行为，当工作电极为银电极时有两个连续的还原峰，分别对应了自由基($PhCH_2^·$)和碳负离子($PhCH_2^-$)中间体的生成[图5.14(a)]。同时，两个峰之间的差距有0.4V，可以保证自由基在变为负离子之前发生二聚。而在其他电极上则直接发生二电子还原，如苄基溴在钛电极上的还原电位达到-2.2V，远低于$PhCH_2^·$的还原电位，

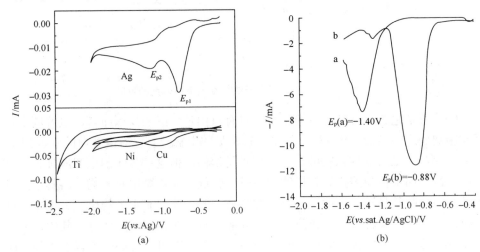

图 5.14 (a) Ag、Cu、Ni 和 Ti 电极在含 10mmol/L 苄基溴的[BMIm][BF$_4$]中的循环伏安曲线；
(b) 石墨粉（曲线 a）和 Ag 掺杂的石墨粉（曲线 b）电极上苄基氯的循环伏安曲线
sat.表示饱和 KCl

此时直接得到碳负离子。所以，银电极在该条件下对苄基溴的还原具有最高的活性，此时自由基二聚产物(1,2-二苯乙烷)的产率达到 61%[50]。除了常规的块体电极材料外，粉末状的催化剂也具有类似的催化效果。例如，Ag 掺杂后的石墨粉填充在电极的腔体内作为催化电极时，苄基氯的还原电位可以从纯石墨粉的–1.40V 降低至–0.88V[图 5.14(b)][51]。

电极材料的优化虽然能够调节有机分子的氧还原性能，但仍然有很多有机物不能直接发生电化学反应，此时就需要引入新的催化剂体系，均相催化剂的使用就是出于这个目的。均相催化剂，按参与反应的方式来分主要有两类：一类是催化剂分子本身与某一底物反应，得到的产物经过电化学反应后成为中间体进一步参与反应。例如，吡咯烷作为催化剂，进行苯丙醛与氧杂蒽的偶联反应时，吡咯烷首先与苯丙醛发生缩合反应，其产物经电氧化后得到阳离子自由基烯胺中间体，该中间体与氧杂蒽电氧化产生的自由基发生偶联，进而得到最终的产物(图 5.15)[52]。从某种程度来说，该类催化剂的作用与电辅基类似，不同的是电辅基往往是前驱体分子中本身就含有的某个基团，而此类催化剂和基底分子是通过后续的反应结合的，但其目的都是降低含有目标分子片段物质的氧化电势。

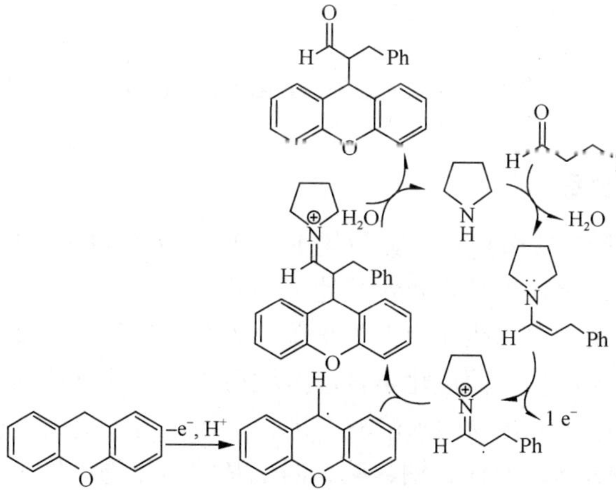

图 5.15　吡咯烷为催化剂时苯丙醛与氧杂蒽偶联的反应路径

另一类是催化剂本身直接发生电化学反应得到中间体后再与其他的底物反应。过渡金属配合物作为催化剂时通常采用的就是这种方式，经过电化学反应后其过渡金属的价态发生变化，并进而与底物反应。在某些情况下，催化剂发生电化学反应后不是与底物直接反应，而是与其他的中间体反应。例如，二茂铁作为催化剂时通过芳香胺与炔烃偶联制备功能化的吲哚类化合物中，二茂铁在阳极氧化后得到三价铁中心，而在阴极上甲醇还原后的甲氧负离子与底物反应后得到负离子，该负离子再与阳极电氧化后的二茂铁反应，并通过 C—N、C—C 偶联得到目标产物(图 5.16)[53]。除了过渡金属配合物外,有些有机化合物在经过电化学反应后的产物也能够作为其他反应的催化剂。如前所述,离子液体可以作为碳烯中间体的前驱体,使用 Pt 电极还原咪唑类离子液体时可以得到 N-杂环碳烯,在该电解液中加入苯甲醛和硝基甲烷后在室温下即可反应,最终得到 β-硝基醇,该过程中 N-杂化碳烯就是作为碱性催化剂可以使硝基甲烷等发生去质子化[54]。

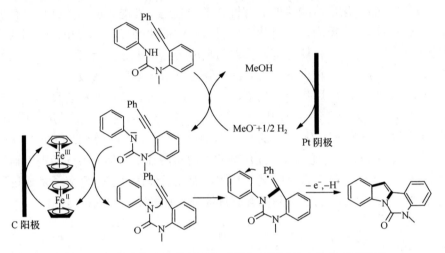

图 5.16 二茂铁作为催化剂制备功能化吲哚类化合物的反应路径

5.3.3 电化学卤化反应

有机卤化物的应用十分广泛,如市场上 30%~40%的农药和 20%的药物都含有氟。同时,有机卤化物也是合成含其他基团的中间体。化学法合成卤化物一般使用高毒性的单质氯、溴、碘作为卤素来源,只有一半的卤素被引入,而其他的卤素形成卤化氢作为废物。而电化学合成方法可以使用非毒性的卤化物溶液,可在 HCl、HBr、碱金属卤化物的水溶液中进行,通常为了提高有机物的溶解度需要加入 AcOH 或 MeCN,而锂、钠、铵、四烷基铵卤化物可作为支持电解质来使用。理所当然,溶剂的选择、电解参数、温度、电解装置的结构、电极材料的种类等都会影响电卤化反应的选择性和效率。常用的电极材料有 Pt、石墨、玻碳、钌-钛氧化物阳极、二氧化铅等,电极材料的调节与其他的电化学反应类似。例如,对于 Pt 电极,为了减小 Pt 的含量,制备了 Pt 与其他金属的复合电极;为了提高 Pt 基电极材料的抗腐蚀性,PtIr 合金也可作为电卤化反应的电极材料。而对于石墨等碳基材料,经过修饰后的高孔隙率和比表面积的电极效果更好。

均相催化剂是电卤化反应中使用最为广泛的催化剂。例如,使用 $PdCl_2$ 作为催化剂在苯并[h]喹啉的 10-位选择性地引入氯,利用 HCl 水溶液作为支持电解质和卤素来源,无需添加额外的电解质、氧化剂,钯盐上也无需引入其他配体,反应在几个小时内就可以完成。反应过程中，底物上的氮原子首先与钯中心配位，随后 10-位的碳与钯中心结合，该中间体与阳极氧化产生卤正离子反应，随后发生解离得到目标产物(图 5.17)。该方法对具有类似结构化合物的溴化反应也具有较好的效果[55]。

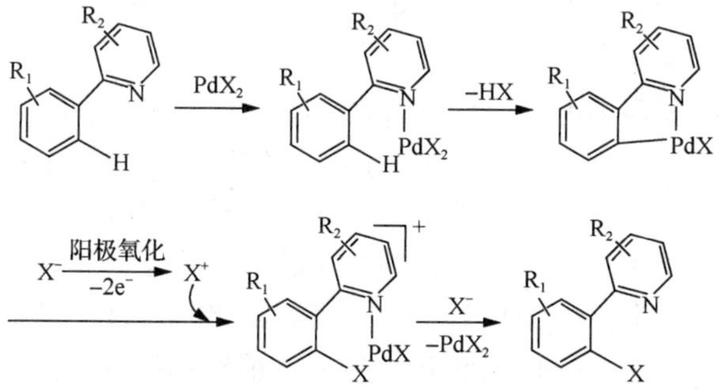

图 5.17 钯催化苯并[h]喹啉类化合物的电卤化反应路径

在所有的卤素源中，碱金属的卤化物具有稳定性好、易操作且价格低廉的特点，可同时作为支持电解质和亲核试剂使用。但是，这类物质在有机溶剂中的溶解性较差，且亲核能力较低。此时，相转移催化剂的使用有助于碱金属卤化物的溶解、解离，并增强卤素离子的亲核能力(图 5.18)。例如，以聚乙二醇(分子量为 200)作为相转移催化剂与 KF 配合使用，聚乙二醇的加入使 KF 在乙腈溶液中溶解度增加了 700 倍。使用 Pt 电极作为阳极和阴极材料，在电流密度为 5mA/cm^2、温度为 20~40℃时可以将三苯甲烷电氟化[56]。

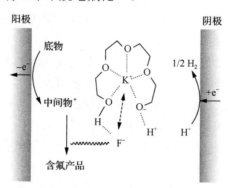

图 5.18 KF 作为氟源、聚乙二醇作为相转移催化剂进行电氟化示意图

5.3.4 电聚合反应

电聚合反应是用电化学方法引发或控制聚合反应。在阴极和阳极上均能发生聚合反应，如质子、氧气等在阴极还原得到氢自由基、羟基自由基等引发聚合反

应；而在阳极上可以发生支持电解质阴离子或单体的氧化反应得到的自由基、氧化产物等引发的聚合反应。为了控制聚合反应，通过选择适当的电极材料、控制电解时的电位和电流密度等手段，可以控制聚合过程中自由基等的浓度达到调节聚合物链长的目的。目前，对于烯烃、炔烃、苯和多环芳烃、含羧基或氨基的芳香化合物、杂环化合物等都可以实现电化学聚合，其中聚苯胺、聚吡咯、聚噻吩等导电性高聚物的制备更是广为关注。

除了部分电极材料具有催化活性外，电聚合反应中鲜有催化剂的使用。从电极材料来说，常用的有金属电极如 Pt、Ni、不锈钢等，此外还有石墨、金属氧化物及半导体材料等。对于某些电聚合反应来说，电极材料的差异有巨大的影响。例如，对于邻苯二胺的电聚合反应，纯的玻碳电极作为工作电极时的氧化峰电位为 0.98V，而氧化石墨在 0.94V 处有一个宽的氧化峰，只有还原氧化石墨具有最高的电催化活性，其电位降低至 0.5V，同时还能够抑制可溶低聚物的形成[57]。

5.3.5 金属有机化合物的电合成

金属有机化合物是有机合成中最常见的一类催化剂，同时还是很多药物的主要成分，如汞溴红（俗称红汞）的 2%水溶液，就是常用的红药水。除此之外，金属有机化合物还可以作为防腐剂（如乙酸苯汞）、农药（如代森锌）、抗爆剂（如二茂铁）等。传统的合成方法包括配体交换反应、有机金属试剂参与的反应及氧化加成反应。自 Ziegler 采用电解方法得到烷基铝和烷基铅后，电化学合成金属有机化合物也成了电化学研究的一大重点。

与其他的电化学反应不同，大多数金属有机化合物的电解合成都是在金属电极上进行的。卤代烃、羰基化合物、烯烃等可以在阴极上发生电还原反应，并与金属电极本身反应得到相应的金属有机化合物。而在阳极上，烷基或芳基卤化物可以直接电解合成相应的金属有机卤化物，或通过其他的金属有机化合物在阳极上发生氧化而生成金属离子和烷基自由基，烷基自由基再与阳极金属发生反应生成新的金属有机化合物。由于金属电极的选择需要与目标产物中金属离子匹配，所以金属有机化合物的电化学合成中电极的选择十分有限。正因为如此，电极材料的催化效应在这些研究中极少考虑。然而，在有些金属有机化合物的合成中会使用均相催化剂。例如，在苯基二锌化合物（BrZnArZnBr）的合成中，Zn 作为阳极，泡沫镍作为阴极，在 $CoCl_2$ 作为催化剂时可以很好地促进反应的进行，对二锌化合物具有很高的选择性[58]。

5.4 水的电催化

电解水是指利用电能将液态水分解为氢气和氧气的反应。早在 1789 年，人们就发现使用金电极作为工作电极可以将水电解为气体,直到 1833 年,法拉第定量分析了电极上通过的电量和电极反应物质量间的关系总结出法拉第定律后,电解水的概念得到了科学的定义被广为接受,并逐渐被作为一种廉价制氢的方式得到深入的研究。近年来,随着风能、太阳能等间歇性可再生能源的发展,呼吁高效的、清洁的能源储存方式,而氢能被认为是其中最理想的一种选择。所以,将电解水和可再生能源结合有望实现绿色能源系统的理念。然而,较高的过电势限制了其应用,同时对贵金属催化剂的依赖也不利于其推广。鉴于此,越来越多的人研究高效的水电解催化剂,尤其是氧析出催化剂。因此,本节将对水电解的机理、催化剂等内容进行介绍。

5.4.1 水电解技术

如图 5.19 所示,电解水时在阳极发生的是氢氧根或水分子的氧化反应得到氧气,而阴极发生的是质子或水分子的还原反应得到氢气。总反应为 $2H_2O \longrightarrow 2H_2+O_2$,其标准电势差为 $1.23V$ ($vs.$ RHE),ΔG=+237.2kJ/mol。

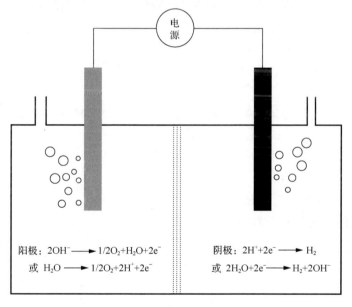

图 5.19 电解水示意图

对于析氢反应(HER)来说,酸性电解质中还原机理的研究较为深入。首先质子得到一个电子被还原为吸附的氢原子(Volmer 步),如果表面的氢原子覆盖度较高,可以通过化学反应的方式发生氢气的脱附(Tafel 步);而如果氢原子的覆盖度较低而周围的活性位点较多时,则可以通过电化学的方式发生氢气的脱附(Heyrovsky 步),具体反应如下所示。

$$H^+ + e^- \longrightarrow H_{ads}(\text{Volmer 步})$$

$$2H_{ads} \longrightarrow H_2(\text{Tafel 步})$$

$$H^+ + e^- + H_{ads} \longrightarrow H_2(\text{Heyrovsky 步})$$

不同的反应条件会导致不同的决速步,一般可以通过 Tafel 斜率来判断哪一步是决速步。如果质子的还原是决速步,此时过电势与电流密度的关系可以表示为[59]

$$\eta = -\frac{2.3RT}{\alpha n F}\lg i^0 + \frac{2.3RT}{\alpha n F}\lg I$$

与 Tafel 公式 ($\eta = a + b\lg I$) 比较后可知,Tafel 斜率为

$$b = \frac{2.3RT}{\alpha n F}$$

其中,$\alpha=0.5$,$n=1$,所以当温度为 25℃ 时 Tafel 斜率为 118mV/dec。

如果氢气的化学脱附是决速步,则:

$$I = 2Fk\theta_{MH}^{0}{}^2 \exp\left(\frac{2F}{RT}\eta\right)$$

其中,θ_{MH}^{0} 表示通过电流时吸附氢的表面覆盖度,该式转化为对数形式

$$\eta = \text{常数} + \frac{2.3RT}{2F}\lg I$$

所以此时的 Tafel 斜率为 29mV/dec。

当氢气的电化学脱附为决速步时,

$$I = 2FKc_{H^+}\theta_{MH}^{0}\exp\left[(1+\alpha)\frac{F}{RT}\eta\right]$$

其对数形式为

$$\eta = \text{常数} + \frac{2.3RT}{(1+\alpha)F}\lg I$$

所以此时的 Tafel 斜率为 39mV/dec。值得说明的是,上述结论只适用于氢覆盖度较低的电极。

不同的决速步,对催化剂的要求有所不同。例如,当氢的吸附是决速步时,

表面具有更多台阶和空腔的材料会含有更多的氢吸附中心，此时催化活性会更高；而氢气的脱附是决速步时，调节催化剂的物理性质如表面粗糙度等来提高电子转移或阻止气泡生长，可提高电解速率。除了催化剂之外，决速步还与电压有关，当电压较低时，电子转移没有氢气脱附快，则质子的电还原步骤为决速步；反之，则氢气的脱附是决速步。

碱性电解液中也具有类似的过程，首先发生还原的是水分子，同样得到的也是吸附的氢原子，随后发生化学或电化学的脱附过程，具体反应如下所示：

$$H_2O + e^- \longrightarrow H_{ads} + OH^- \text{（Volmer 步）}$$

$$2H_{ads} \longrightarrow H_2 \text{（Tafel 步）}$$

$$H_{ads} + H_2O + e^- \longrightarrow H_2 + OH^- \text{（Heyrovsky 步）}$$

对于析氧反应(OER)来说，其反应机理要复杂得多，也有很多不同的理论（图 5.20、图 5.21，其中 S 代表反应的活性位点）[60]。在酸性介质中，电化学氧化和氧化路径是两个比较公认的机理，水氧化得到吸附态的氢氧基经过这两个路径得到吸附态的氧原子，最后两个氧原子结合得到氧气并脱附。例如，Ru 的单晶氧化物或 RuO_2 的多晶薄膜等催化剂上发生的就是电化学氧化的路径。碱性介质中也具有相似的机理，不同的是第一步发生氧化的是氢氧根离子。显然，催化剂的活性与 *O、*OH、*OOH 等中间物种的吸附能有很大的关系，会影响 S—O 键的强度从而影响机理中吸脱附步骤的速度。另外，不同步骤中的电子转移速率也会有较大的影响，这主要由费米能级的电子状态及电极表面吸附物种与活性位点轨道的重叠程度等决定。所以，不同的催化剂不仅会有不同的机理，而且其决速步也会有所不同。

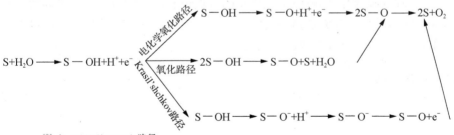

图 5.20　酸性介质中 OER 的可能路径

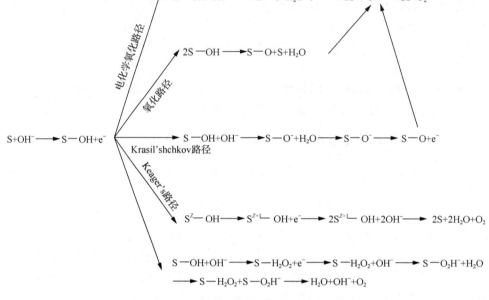

图 5.21 碱性介质中 OER 的可能路径

实际电解水中，电解过程中的过电势不仅来源于活化过电势，还有浓差过电势、接触过电势等，这些可通过搅拌、IR 降补偿等方式减小其影响。另外，加强传质过程后会导致更高的反应速率，从而会有大量的气泡生成而阻止电极和电解液的接触，此时可以考虑加入表面活性剂减小溶液的表面张力或提高电极的亲水性，减少气泡在电极的覆盖。另外，大部分的情况下所使用的电解液均是碱性的，所以最好减少电解液中的钙离子或镁离子等，同时氯离子在电解时会氧化产生氯气从而腐蚀设备，因此电解液中氯离子的含量也应该尽量减少。尽管如此，限制电解水效率的最主要因素还是高效的、高度稳定的电催化剂的缺乏，所以本节主要关注 HER、OER 及双功能催化剂的研究进展。

5.4.2 析氢电催化剂

1. 贵金属类催化剂

贵金属类催化剂在 HER 的应用由来已久，到目前为止，Pt/C 无论是在酸性介质还是碱性介质中都是最高效的一类催化剂。当然，与其他使用 Pt 基催化剂的反应类似，如何减少催化剂中 Pt 的含量和提高其反应活性仍然是重中之重。第一种方法就是制备超细的 Pt 纳米粒子提供较大的表面积，从而暴露更多的活性位点，这样就可以使用相对较少的 Pt。常规的用来制备 Pt/C 的方法往往会导致 Pt 粒子的聚集，所以通常会使用一些稳定剂来制备超细的 Pt 纳米粒子。例如，使用聚酰胺-胺（PAMAM）树枝状高分子保护后制备的 Pt 粒子平均尺寸为 5nm[61]，将制备的 Pt 负载在氧化石墨烯、碳纳米管等碳材料后得到复合催化剂，其 Pt 的负载量仅为 1%，虽然其 HER 的起始电位比 Pt/C（Pt 含量为 40%）要低 16mV，但考虑其较低的 Pt 含量，证实了减小 Pt 粒子的尺寸，在降低 Pt 含量的同时依然可保持较为理想的催化效果。第二种方法就是提高表面原子与体相原子的比值，使担载的 Pt 绝大部分都能与反应物接触，这样就能提高 Pt 的利用率从而达到减少 Pt 含量的目的。基于此，考虑到碳化钨（WC）与 Pt 类似的性质，且能在酸性条件下很宽的电压范围内保持稳定，同时 WC 与 Pt 相似的电子结构也能使两者之间具有较好的黏着力，所以 WC 是理想担载 Pt 的载体材料。DFT 计算也表明，在单层 Pt 覆盖的 WC 上的氢结合能与纯 Pt 的类似，这就说明用 WC 取代体相的 Pt 后仍然有可能保持其较高的 HER 活性。实验也证明，当使用磁控溅射的方法在 W 片的表面沉积 WC 后，再负载单层的纯 Pt，该催化剂在 0.5mol/L H_2SO_4 中表现出与纯 Pt 相当的活性[62]。第三种方法就是使用 Pt 基的合金材料作为催化剂，其他金属的存在不仅可以调节 Pt 的电子结构，同时这些金属组分可能具有作为水解离的活性位点、能够加强电子转移速率、促进原子氢的吸附等功能，从而与 Pt 协同催化 HER。例如，Du 等[63]制备了 FeCoNi 的三角星形的合金，其中 Pt、Fe 和 Co 原子均匀地分散在合金相中[图 5.22（a）]。HRTEM 图片说明，每个分枝的生长方向为[422]，同时分枝的边缘有很多台阶原子[图 5.22（b）]，这种结构可以提供更多的活性位点，这由其较高的电化学活性面积得到了证明。使用这种方法可以制备不同含量的 FeCoNi 基的三角星形的合金，图 5.22（c）中的 XRD 测试结果证实了合金结构的生成。最终发现，$Fe_{81}Co_{28}Fe_{10}$ 具有最高的 HER 活性，在-0.4V（vs. RHE）处其电流密度可达到 1325mA/cm^2，远高于 Pt/C 的 300mA/cm^2。

(a)

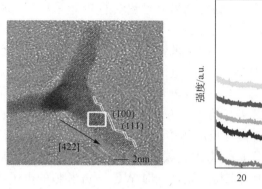
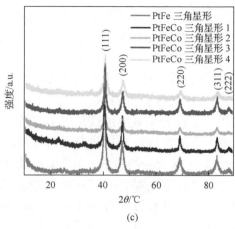

图 5.22 $Pt_{81}Fe_{28}Co_{10}$ 合金的 STEM 图片和 EDS mapping 图片(a)、
HRTEM 图片(b)和不同组分的 PtFeCo 合金的 XRD 图(c)

除了减少 Pt 的含量外,使用价格相对低廉的贵金属作为 HER 的催化剂也是研究的重点,如 Ru、Pd、Au、Ag 等,然而大部分基于这些贵金属的碳担载的催化剂活性都比 Pt/C 的要低 2~3 个数量级,所以需要使用新的方法来调节其活性。其中比较成功的就是使用含氮的碳基载体对 Ru 催化活性的调节。例如,使用 $RuCl_3$ 与二腈二胺煅烧得到的 $Ru/C_3N_4/C$,其中 Ru 的平均尺寸只有 2nm,C_3N_4 作为载体不仅控制了 Ru 较小的尺寸,同时也导致 Ru 具有面心立方(fcc)的晶格结构[图 5.23(a)]。DFT 计算也表明,在碳基载体上密堆六方(hcp)结构的 Ru 优先形成,而在 C_3N_4 上则是 fcc 结构的 Ru 更容易生成[图 5.23(b)]。NEXAFS 光谱结果中,Ru 不影响 C 原子的化学环境,但影响 N 的结构。与纯的 $g-C_3N_4$ 和 N—C 相比,401eV 左右的一组新峰的出现,说明了 Ru 与 C_3N_4 相互作用的存在,N 原子能从 Ru 上接受额外的电荷[图 5.23(c)]。该催化剂在碱性条件下,电流密度为 10mA/cm^2 时的过电势仅为 79mV,这甚至要优于 Pt/C 催化剂,同时在酸性条件下该催化剂也表现出了良好的催化活性[64]。

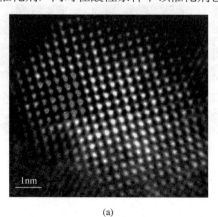
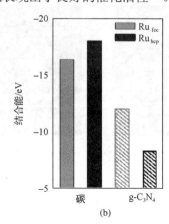

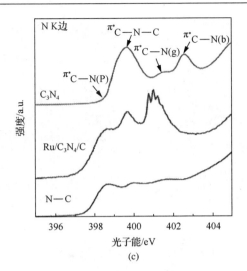

图 5.23 (a) Ru/C$_3$N$_4$/C 的 HAADF-STEM 图片；(b) 具有 fcc 和 hcp 结构的 Ru 在碳或 g C$_3$N$_4$ 上的黏附能；(c) N—C、g-C$_3$N$_4$ 和 Ru/C$_3$N$_4$/C 的 N K 边 NEXAFS 谱

2. 镍基催化剂

由于其较低的价格和相对较高的活性，镍基材料作为 HER 催化剂由来已久，如早期的雷尼镍就被认为是大规模 HER 的良好催化剂。当然，制备不同结构的纳米尺寸金属镍对其 HER 的催化活性具有很大的改进作用。效果最为明显的就是碳负载的单原子镍催化剂[65]，Ni-MOF 在氮气气氛中煅烧后经过酸洗得到石墨烯层包裹的镍纳米粒子[图 5.24(a)]，平均尺寸约为 10nm，但该催化剂的活性有限，电流密度为 10mA/cm^2 时的过电势大于 400mV。然而，在酸性溶液中经过电化学活化之后，原子级分辨的 HAADF STEM 图片证实了单原子镍的存在，其中有 78% 的镍物种以孤立的单原子形式存在[图 5.24(b)]，除此之外还有部分的镍纳米簇。而 ICP-AES 测出其中镍的含量仅为 1.5%。从循环伏安结果中可以看出，经过约 2000 次循环活化后，该催化剂对 HER 的过电势降至 100mV，其活性在 4000 次循环后达到最大；稳定后，在 10mA/cm^2 时的过电势为 34mV。除了使用纯金属镍之外，引入金、钨、锆、钼等其他金属原子形成合金可以改变邻近镍原子表面的氢吸附/脱附能，从而改善其 HER 活性。例如，使用电沉积的方法制备的 NiMoZn 三元合金催化剂，通过对 Ni、Zn 含量的调节，发现 Zn 的含量对 Ni、Mo 的化学态、催化剂的活化表面积、极化电阻等有很大的影响，其中 Zn 的含量在 1%～3% 时活性较高，在电流密度为 20mA/cm^2 时过电势为 46mV，经过 1000 次循环后该催化剂仍能保持稳定[66]。

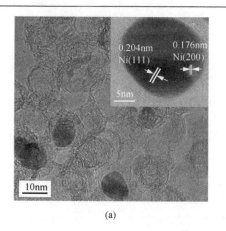
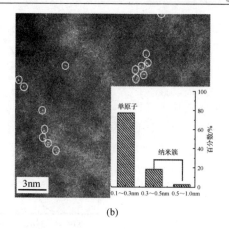
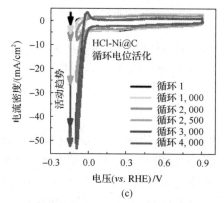

图 5.24 (a) HCl-Ni@C 的 HRTEM；(b) A-Ni-C 的原子级分辨的 HAADF STEM 图片；(c) HCl-Ni@C 的起始和经过循环活化后的 CV 曲线

镍基二元化合物作为 HER 催化剂也得到了广泛的研究，如硫属化合物、磷化物、氮化物等，这些催化剂中非金属元素有时候会作为反应的活性位点。例如，在碳纤维上制备的 $NiSe_2$ 纳米片阵列作为 HER 催化剂，发现氢原子在 Se 位点上吸附时自由能变为 0.13eV，要小于 Ni 位点的 0.87eV，所以 Se 是反应的活性中心，而该催化剂表面富含 Se 的环境也是其高活性的重要原因[67]。类似地，当引入其他的金属元素时也可以提供新的反应活性中心。与 α-NiS 纳米片相比，引入部分的 Fe 之后得到的 α-Fe-NiS 具有更好的 HER 活性，其中 Fe∶Ni 为 1∶10[68]。值得注意的是，在 NiS 中 H_2 在 Ni 位点生成，而在 Fe-NiS 中优先在 Fe 位点生成，该催化剂中 H^+ 的吸附有更低的能垒而 H_2 生成释放的能量又更高，结合高的比表面积、较快的离子和电荷传递、丰富的电化学活性位点等特点，使得该催化剂在 $10mA/cm^2$ 时的过电势为 105mV。

氢氧化镍的边缘位在 HER 中可以促进水的解离，与其他易于吸附氢原子并能有效得到氢气的催化剂结合可以得到高活性的催化剂，如 $Ni(OH)_2$/Pt、$Ni(OH)_2$/Ni

等，这种异质结构中的不同组分对 HER 的不同步骤具有催化效果，因此能提升催化剂的整体活性。与之类似，Gong 等[69]使用温和氧化的碳纳米管负载的 $Ni(OH)_2$，部分还原后得到 NiO/Ni 的核壳结构[图 5.25(a)]，但 NiO 的壳是由很多小的 NiO 粒子构成的，中间有空隙存在从而暴露出 NiO/Ni 的纳米界面。XPS 测试也显示表面主要是 Ni^{2+}，而经过 Ar 离子溅射后的 XPS 则显示大部分都是 Ni^0，这也证明了 NiO/Ni 核壳结构的存在[图 5.25(b)]。通过对 Ni K 边 XANES 谱图的拟合，估算 NiO 与 Ni 的比例为 73∶27[图 5.25(c)]。电化学测试表明电流密度为 $10mA/cm^2$ 时的过电势小于 100mV，这主要是产生的 OH^- 优先吸附在 NiO 上，而生成的氢原子会在 Ni 上吸附产生氢气，协同效应导致了其较高的活性。

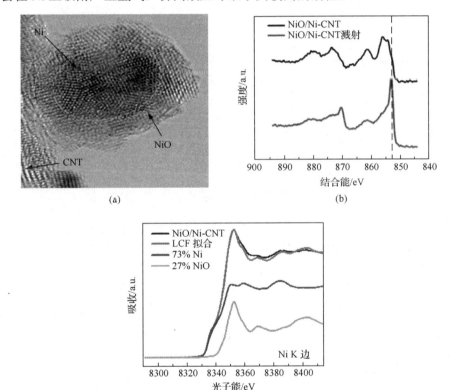

图 5.25　(a)NiO/Ni-CNT 的 HRTEM 图片；(b)NiO/Ni-CNT 和经过 Ar 离子溅射后的 XPS 全谱；(c)NiO/Ni-CNT 的 Ni K 边 XANES 谱图

3. 钴基催化剂

钴基材料中 HER 活性较高的主要是硫化物和磷化物。目前，不同结构的硫化钴如 CoS_2、Co_9S_8、无定形的 CoS_x 等都被证明具有良好的 HER 活性，其中如 Co_9S_8

具有金属特性,其较高的导电性使其成为理想的电催化剂。同时,在 HER 的工作电压下这些催化剂中的原子结构也有可能发生变化。例如,对于无定形的 CoS_x 薄膜,非原位的拉曼光谱和 XANES 都说明了硫化钴被部分氧化,此时钴原子被硫和氧包围。然而,在原位拉曼测试中,随着电压的负移,在 260 cm^{-1} 和 370 cm^{-1} 处有两个新峰出现,表明有类似于 CoS_2 的结构出现[图 5.26(a)]。这一结果也得到了 Co 的 K 边 XANES 的证明,在 HER 的测试条件下钴的氧化态消失[图 5.26(b)]。所以,此时钴的中心主要被一层硫原子层包围,从而暴露高密度的硫活性位点[70]。

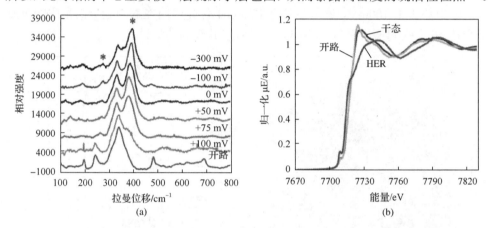

图 5.26　CoS_x 的原位拉曼光谱(a)和原位 Co K 边 XANES 图(b)

金属磷化物可认为是磷原子掺入了金属的晶格中,磷具有更高的电负性从而可以从金属原子中吸引电荷,使其自身带部分负电荷,这有利于氢离子的吸附。因此,对于相同的金属磷化物,磷含量较高的相具有更好的 HER 活性,同时高含量的磷也有利于提升其在酸性介质中的抗腐蚀性。但过高的磷含量会限制金属中电子的离域化从而降低导电性,所以两者之间要达到一种平衡。例如,使用钴纳米粒子为前驱体制备的相同形貌的 Co_2P 和 CoP,后者在催化活性和稳定性等方面都要优于前者[71]。

钴基催化剂中,除了上面介绍的硫属化合物和磷化物之外,钴基配体化合物、碳化钴、硼化钴等催化剂也具有 HER 活性,但对这些催化剂的研究有限或者其催化活性一般,所以在这里就不再详细介绍。

4. 钼基催化剂

MoS_2 是一类广泛研究的 HER 催化剂,其与石墨类似,也是层状结构,相邻层之间通过弱的范德瓦耳斯力连接。MoS_2 有两种多型体,一种是由共边的 MoS_6 三角棱柱构成的六边形 $2H-MoS_2$;另一种是共边的 MoS_6 八面体构成的四边形的 $1T-MoS_2$。通常认为,2H 相中只有边缘位是有活性的,但 1T 相中边缘位和基底平面都具有活性，但1T相的不稳定性限制了其发展。为了证实MoS_2的边缘位是活性位点，在Au(111)基底上H_2S气氛下沉积Mo，然后在不同温度下煅烧，不同温度会导致MoS_2不同的尺寸，从而通过控制烧结步骤可以改变基底平面位点与边缘位的比例而不改变边缘位的性质[图5.27(a)]。电化学测试得到的交换电流密度与MoS_2的边缘长度之间呈线性关系，从而确认了边缘位是HER的活性位点[图5.27(b)][72]。

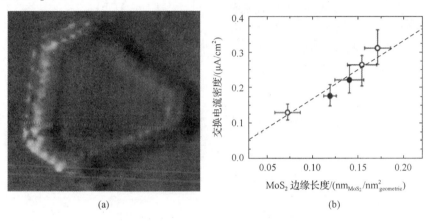

图5.27 (a)MoS_2的STM图片；(b)交换电流密度与MoS_2边缘长度的关系

为了提高MoS_2的催化活性，最常见的思路就是提高边缘位活性位点的数量，这也是块体的MoS_2不具有HER活性，而纳米结构的MoS_2有活性的主要原因。第一种方法是通过制备小颗粒的催化剂或负载在高比表面积的载体上得到高分散的催化剂可以暴露更多的边缘位点；第二种方法是在MoS_2的基底平面上引入缺陷，如通过氧等离子或氢气处理都可以实现这一目标；第三种方法是制备具有特殊纳米结构的MoS_2减少延展基底平面的形成，如双倒轴结构、垂直排列的结构等；第四种方法是制备无定形结构的MoS_2，相对而言有更多的活性位点。除了提高活性位点的数量，通过将Fe、Co、Ni等金属原子掺入S的边缘位，改善氢键合能从而提升单一位点的活性。值得说明的是，在一个高性能的催化剂中可能同时使用了上述方法中的多种。例如，使用胶态的SiO_2为模板制备了3D介孔的MoS_2[图5.28(a)]，其孔径主要为24nm。同时，垂直排列生长的MoS_2会暴露更多的边缘位点，其EXAFS结果中Mo—Mo配位键的信号强度低于自由生长的MoS_2纳米片，这也证实了其更多活性位点的存在[图5.28(b)]。进一步掺入Co后得到的催化剂中Co的价态与Co—S键均不同于硫化钴，而且随着Co含量的增加，拉曼光谱中E^1_{2g}和A_{1g}均发生了红移，也证明了MoS_2结构的变化[图5.28(c)]。当Co的含量为16.7%时，其活性最高($E_{j=10\ mA/cm^2}=156mV$)[73]。

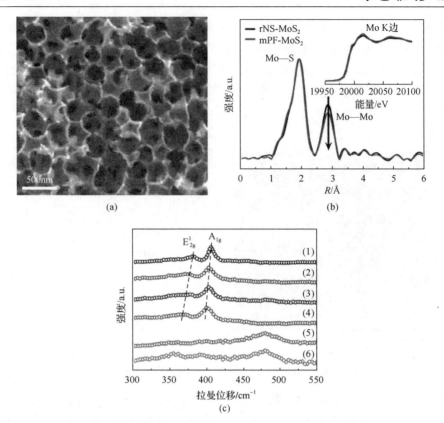

图 5.28 (a) 3D 介孔 MoS_2 的 SEM 图; (b) 3D 介孔 MoS_2 与 MoS_2 纳米片的 K^2 加权的 EXAFS; (c) 不同 Co 掺入量的 3D 介孔 MoS_2 的拉曼光谱

(c) 中 E_{2g}^1 表示面内振动模式, A_{1g} 表示面外振动模式, (1)~(6) 分别表示 CO 的掺杂量为 0、3.4%、7.6%、16.7%、21.1%、31.8%

金属碳化物中,金属与碳轨道的杂化可以在费米能级上产生更高的电子密度及更宽的未占据的 d 带,从而具有类似于 Pt 的特性。然而,碳化物常规的制备方法涉及高温,会不可避免地引起粒子烧结,导致比表面积小、活性位点少等问题。对于 HER,碳化钼是一类活性比较高的碳化物催化剂,而且在酸性和碱性介质中均具有催化活性。目前,这些研究主要集中在具有纳米结构的或高分散的碳化钼制备上,如使用碳纳米管、石墨烯等为载体提高其分散度和导电性,或是使用特殊结构的前驱体制备纳米结构的碳化钼。例如,使用 MoO_3 纳米杆作为模板,MoO_4^{2-} 与聚多巴胺的复合物纳米片在 MoO_3 表面均匀组装,同时 MoO_3 模板逐渐溶于氨水中作为新的钼源,通过这一设计得到中空的纳米管结构,经煅烧后得到由超薄纳米片组成的 β-Mo_2C 纳米管,该催化剂在 0.5mol/L H_2SO_4 和 0.1mol/L KOH 中电流密度为 10mA/cm^2 时的过电势分别为 172mV 和 112mV[74]。

5.4.3 析氧电催化剂

1. 复合氧化物(氢氧化物)催化剂

RuO_2 和 IrO_2 是高活性的 OER 催化剂，主要催化电化学氧化的路径，也是目前 OER 催化剂研究的标准催化剂。相比较而言，RuO_2 的活性更高，而 IrO_2 的稳定性更好。所以，基于 RuO_2 的改进主要是提升稳定性，如掺入其他金属元素组成复合氧化物；而基于 IrO_2 的改进主要是提升活性或减少 Ir 含量，如减小粒子尺寸或高分散担载等。当然，还可以使用基于 Ru 或 Ir 的三元或多金属氧化物，如 $Ir_xRu_{0.5-x}Sn_{0.5}O_2$、$Ru_{0.5}Ir_{0.5}TaO_x$ 等。但整体而言，贵金属类 OER 催化剂的研究较少，所以主要介绍非贵金属的氧化物(氢氧化物)催化剂。

Co_3O_4 是一类具有尖晶石结构的氧化物，Co^{2+} 占据四面体位点而 Co^{3+} 占据八面体位点，目前不同价态离子的作用尚有争议。早期的观点认为 Co^{3+} 是 OER 的活性位点，然而近期的一项研究通过用 Zn^{2+} 和 Al^{3+} 分别取代 Co^{2+} 和 Co^{3+} 得到的 $ZnCo_2O_4$ 和 $CoAl_2O_4$，发现 Co^{2+} 可以失去电子形成 CoOOH，并以此作为水氧化的活性位点[75]。但可以肯定的是，为了提高 Co_3O_4 的活性需要控制尺寸、形貌、晶相等来调节暴露的活性位点，如构建富含活性位点的二维材料、制造多孔结构、氢气处理在表面得到无定形相等。另外，为了调节 Co_3O_4 的电子导电性通常会引入氧空缺或掺入杂原子，而与导电性良好、高比表面积、机械稳定性好的基底结合也可以提升导电性，如石墨烯、多孔碳、纳米金属载体等。除了纯的 Co_3O_4 之外，还有大量的含钴尖晶石结构的催化剂具有 HER 活性，如辉钴矿类的物质 (MCo_2O_4, M=Zn、Ni、Cu、Mn)、$CoFe_2O_4$ 等。

钙钛矿类的氧化物，其结构式为 ABO_3，A 位点一般为碱金属或稀土金属，B 位点是过渡金属，每个 B 位点又被 6 个氧原子包围形成八面体结构。一般认为，表面过渡金属离子的 e_g 轨道可参与催化剂表面与吸附物种 σ 键的形成，其占据情况可显著影响与氧相关的中间物种在 B 位点的键合，从而影响 OER 活性。e_g 轨道的电子数与 OER 活性之间存在一种"火山型"关系，当 e_g 电子数为 1 左右时，具有最高的 OER 活性，如 $Ba_{0.5}Sr_{0.5}Co_{0.8}Fe_{0.2}O_{3-\delta}$ 的 e_g 电子数为 1.2，就接近最高活性的钙钛矿催化剂(图 5.29)[76]。对于有些钙钛矿型的催化剂，在 OER 测试过程中催化剂表面会生成空缺或形成无定形层等而得到活性更高的相。例如，使用 $BaNiO_3$ 作为 OER 催化剂时，随着循环的进行其活性会逐渐增高直至稳定，就是因为其表面相转变成了 $BaNi_{0.83}O_{2.5}$，其 e_g 轨道的电子数为 1.4，要低于 $BaNiO_3$ 的(2)，从而具有更高的活性[77]。

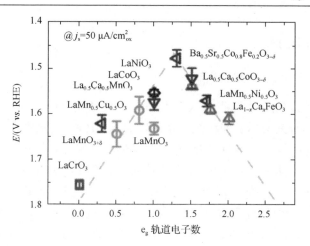

图 5.29　不同钙钛矿催化剂与 e_g 轨道电子数的关系

过渡金属氢氧化物也是一类高活性的 OER 催化剂，研究较多的就是 $Ni(OH)_2$，在氧析出反应之前会发生 $Ni(OH)_2$ 到 NiOOH 的转变，通常 NiOOH 被认为是活性相。同时，该催化剂受铁杂质的影响较大，即使超低含量的铁杂质 (0.01%)也能降低 OER 的过电势，这也是 $Ni(OH)_2$ 在碱性电解液中浸泡或循环一段时间后其活性会增加的原因。鉴于此，一些双金属的氢氧化物被用来作为 OER 的催化剂，如 NiFe 层状双氢氧化物(NiFe-LDH)。而且，通过电沉积或溶剂热等方法得到的多孔或纳米结构的 NiFe-LDH 可以进一步提高其活性。除了 NiFe-LDH，NiV、CoMn、ZnCo 等双金属层状氢氧化物也都具有很高的 OER 活性。

2. 金属或合金类催化剂

金属氧化物类催化剂的电子导电性有限，使用金属或合金类催化剂可以明显改善这种情况。一般来说，在 OER 的测试条件下大部分的金属表面都处于氧化态，但这种类似于核壳结构的金属/金属氧化物催化剂的导电性要明显优于纯的金属氧化物。例如，碳负载的高分散钴纳米粒子(10nm)，在 H_2+Ar 的气氛中煅烧后提升了钴粒子在空气中的抗氧化性，减小了表面氧化层的量，虽然在 OER 测试时表面金属钴原子被氧化，但与 CoO 纳米粒子相比，其电子导电性更高。使用该催化剂时，电流密度为 $10mA/cm^2$ 时的过电势为 390mV，其活性要优于商业的铱催化剂[78]。

另一类基于金属或合金的催化剂是石墨烯层包裹的金属或合金材料，外层的石墨烯不仅可以保护金属粒子不被氧化或腐蚀，还可以从金属粒子中得到电子从而调节反应中间物种在该石墨烯层的吸附，从而调节 OER 活性。除了金属粒子的种类会影响对石墨烯层的给电子能力之外，太厚的碳壳也会阻碍电子从金属转向碳层，所以优化金属或合金的组成及调节石墨烯层的结构等会改善该类催化剂的活性。例如，使用 SBA-15 为模板在其孔道内形成纳米金属粒子(Fe、Co、Ni、FeCo、

FeNi 和 CoNi)后，通过化学气相沉积法在金属纳米粒子表面形成单层石墨烯。实验和理论计算的结果都表明，当金属组分为 FeNi 合金时，催化剂具有最高的活性[79]。

3. 负载型催化剂

活性材料与功能载体相结合制备催化材料是常见的提高催化剂活性的方法，有时该类型催化剂中的载体效应还会影响催化剂的稳定性。在电催化中，具有高比表面积、良好的电子传导能力和化学稳定性的材料常被用来作为载体。通常，对于非活性的载体负载的催化剂，载体的主要作用包括稳定高度分散的纳米结构的催化剂、提高活性位点的分散度和改善复合催化剂的导电性等；而对于具有催化活性的载体而言，其与活性材料的协同效应使得负载后的催化剂效果高于任意单一组分，同时还可以降低活性材料的使用量，这对于贵金属类催化剂尤为重要。另外，合适的载体与活性材料间的相互作用可以极大地影响负载型催化剂的活性，如金属催化剂与载体间的电子相互作用，载体可以向金属原子转移电子影响其电子结构，从而改变其催化效果。当然，如果作为载体的材料是活性组分的话，如过渡金属氧化物，在经过与金属组分间的电子相互作用后其过渡金属的价态、表面电子结构等也会发生改变，这样也会提高催化活性。例如，锰氧化物担载的纳米金催化剂（金担载量小于 5%），虽然纳米金的 OER 活性很低，但金的存在可以促进 Mn^{3+} 物种的形成，从而使得该催化剂的活性比纯的 MnO_2 高 6 倍[80]。

碳材料是目前应用最广泛的载体，近年来随着各类功能化碳材料的出现，碳担载的复合催化剂在 OER 中也展现了良好的前景。同时，使用特殊的前驱体材料可实现碳载体与活性组分的一步制备。例如，ZIF-67 与硝酸镍反应后在其表面形成 Ni-Co 层状双氢氧化物[NiCo-LDH/ZIF-67，图 5.30(a)]，最后在氮气气氛中与磷酸二氢钠焙烧，得到 Ni-Co 混合金属磷化物，同时得到无定形的碳[图 5.30(b)]，该催化剂具有纳米盒的结构。在 1mol/L KOH 溶液中，该催化剂上 OER 电流密度为 $10mA/cm^2$ 时的过电势为 330mV[81]。

(a)

(b)

图 5.30　(a)NiCo-LDH/ZIF-67 的 TEM 图片；(b)NiCoP/C 的 TEM 图片

5.4.4 双功能电催化剂

在水电解中，有些催化剂同时具有 HER 和 OER 的催化能力，被称为双功能催化剂。如果能够在同一电解液中具备双功能的催化活性，则可以大大简化电解水体系并降低总成本。从催化剂的组分来说，目前报道的双功能催化剂主要有多杂原子掺杂的碳材料、过渡金属氮化物、磷化物、硫化物、氧化物及金属或合金类物质等。

为了构建双功能催化剂，大致有三种方法：第一是将分别对 HER 和 OER 具有催化活性的催化剂组合得到复合催化剂，通过对两组分的形貌、界面性质等进行调节，有望使复合后的催化剂活性高于单一组分。例如，MoS_2 可作为 HER 的催化剂而镍基硫化物具有 OER 活性，将两者结合有望得到双功能的催化剂。以泡沫镍为基底，使用 $(NH_4)_2MoS_4$ 作为 MoS_2 纳米片的前驱体同时作为 Ni_3S_2 的硫源，通过溶剂热的方法得到了 MoS_2 纳米片修饰的 Ni_3S_2 纳米粒子，并产生丰富的异质界面[图 5.31(a)]。与纯的 MoS_2 和 Ni_3S_2 相比，MoS_2/Ni_3S_2 的 XPS 精细谱中 Mo 3d 和 Ni 2p 的峰均向高结合能方向移动，说明两者之间存在强的电子相互作用[图 5.31(b)]。理论计算说明，MoS_2 与 Ni_3S_2（包含部分氧化后的 NiO 与 MoS_2）之间异质界面有利于 H 和 OH 的化学吸附，从而使相应中间物种的吉布斯自由能降低，加速 O—H 键和水分子的解离，从而提升催化活性。在 1mol/L KOH 溶液中，使用该材料作为阳极和阴极的催化剂，电流密度为 $10mA/cm^2$ 时所需电压为 $1.56V$[82]。

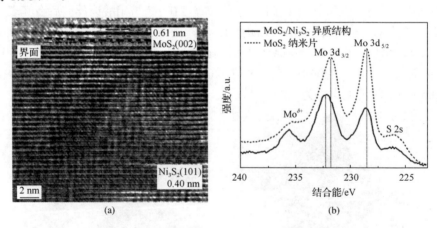

图 5.31 (a) MoS_2/Ni_3S_2 的 HRTEM 图片；(b) MoS_2/Ni_3S_2 的 Mo 3d XPS 精细谱

第二就是在催化剂上引入多种活性位点，如多原子掺杂的碳材料，Dai 等将聚苯胺包覆的石墨烯与六氟磷酸铵混合后热解得到多孔的 N、P、F 三掺杂的石墨烯，该催化剂可以同时催化 ORR、HER 和 OER。使用该催化剂可作为锌空气电池的空气电极部分，同时也可作为水电解的催化剂，其氢气和氧气的产生速率分别为 0.496μL/s 和 0.254μL/s[83]。

第三种方法是制备只有一种反应活性位点的催化剂，但该催化剂在电化学测试的过程中可得到活化从而产生另一反应的活性位点，这样也能得到双功能的催化剂，过渡金属氮化物、磷化物、硫化物、硼化物等很多都属于这种情况，这些催化剂本身具有良好的 HER 活性，但在电化学测试的过程中其表面会转变为氧化物或氢氧化物从而具有 OER 活性。以磷化钴为例，通过电沉积在泡沫镍基底上生长得到的 CoP 介孔纳米杆阵列可作为 HER 和 OER 的催化剂[84]。经过 OER 测试后可以发现，CoP 表面被氧化得到一层氧化物/氢氧化物，XPS 测试也表明 Co 2p 的峰发生负移，从而证明了 Co^{2+} 发生了氧化（图 5.32）。该催化剂作为阳极和阴极催化剂时，产生 10mA/cm^2 的电流密度所需电压为 1.62V。

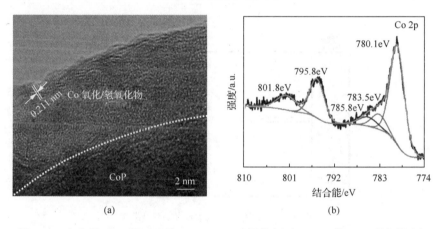

图 5.32 电化学 OER 测试后的 CoP HRTEM 图片(a)和 Co 2p 的 XPS 精细谱(b)

5.5 金属空气电池中的反应与催化剂体系

电池作为将化学能转化为电能的装置，从其诞生之日起就与人类的生活息息相关。如今，得益于钴酸锂、磷酸铁锂等正极材料的使用，锂离子电池得到了广泛的应用，尤其是作为便携式电子器件的电源占据了相当高的市场份额。目前锂离子电池的能量密度一般在 300~400W·h/kg，这已经非常接近其理论值。为了满足诸如电动汽车等设备的要求，需要开发具有更高能量密度的电池体系。以此为背景，金属空气电池得到了广泛的关注，其中研究较多的有锌-空气电池、非水系锂-空气(氧气)电池及钠-氧气电池等。有的金属空气电池目前已进入了市场应用阶段，如锌-空气电池已经广泛地应用在助听器上。本节将对金属空气电池的基本原理、电解液及催化剂体系进行介绍。

5.5.1 金属空气电池的基本原理

金属空气电池一般由金属阳极、电解液和多孔阴极三部分组成（图 5.33）。目前用于构建金属空气电极的金属阳极有锂、钠、锌、铝等，其中锂具有最高的理论比容量（3861mA·h/g，表 5.1）和能量密度。电解液主要分为水系和非水系。锌空气电池、铝空气电池等都是使用碱性水溶液作为电解液，如 KOH、NaOH 溶液；而锂空气电池、钠空气电池则主要为非水系电解液，如醚类、离子液体等。对于多孔阴极，常为碳基电极，但由于碳材料在高电压及强氧化性条件下易发生腐蚀，所以目前也有很多工作致力于开发非碳基电极。

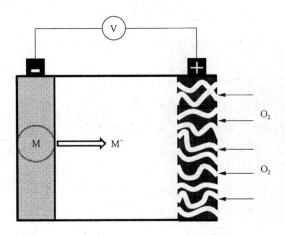

图 5.33 金属空气电池结构示意图

表 5.1 不同金属空气电池中的电化学反应及其理论比容量、能量密度和电压值

金属阳极	电化学反应	比容量/(m·Ah/g)	能量密度/(W·h/kg)	电压/V
Li (ρ=0.534g/cm^3)	阳极：Li⟶Li$^+$+e$^-$ 阴极：（非水系）2Li$^+$+O$_2$+2e$^-$⟶Li$_2$O$_2$ （酸性）O$_2$+4H$^+$+4e$^-$⟶2H$_2$O （碱性）O$_2$+2H$_2$O+4e$^-$⟶4OH$^-$	3861	11429 16448 13243	2.96 4.26 3.43
Na (ρ=0.968g/cm^3)	阳极：Na⟶Na$^+$+e$^-$ 阴极：（非水系）Na$^+$+O$_2$+e$^-$⟶NaO$_2$ （碱性）O$_2$+2H$_2$O+4e$^-$⟶4OH$^-$	1165	2644 3623	2.27 3.11
Mg (ρ=1.74g/cm^3)	阳极：Mg+2OH$^-$⟶Mg(OH)$_2$↓+2e$^-$ 阴极：O$_2$+2H$_2$O+4e$^-$⟶4OH$^-$	2206	6836	3.1

续表

金属阳极	电化学反应		比容量/(m·Ah/g)	能量密度/(W·h/kg)	电压/V
Zn (ρ=7.14g/cm^3)	阳极:	$Zn+4OH^- \longrightarrow Zn(OH)_4^{2-}+2e^-$ $Zn(OH)_4^{2-} \longrightarrow ZnO+H_2O+2OH^-$	820	1353	1.65
	阴极:	$O_2+2H_2O+4e^- \longrightarrow 4OH^-$			
Fe (ρ=7.86g/cm^3)	阳极:	$Fe+2OH^- \longrightarrow Fe(OH)_2\downarrow+2e^-$	960	1142	1.19
	阴极:	$O_2+2H_2O+4e^- \longrightarrow 4OH^-$			
Al (ρ=2.7g/cm^3)	阳极:	$Al+4OH^- \longrightarrow Al(OH)_4^-+3e^-$	2980	8046	2.7
	阴极:	$O_2+2H_2O+4e^- \longrightarrow 4OH^-$			
Si (ρ=2.33g/cm^3)	阳极:	$Si+4OH^- \longrightarrow Si(OH)_4+4e^-$	3817	8357	2.19
	阴极:	$O_2+2H_2O+4e^- \longrightarrow 4OH^-$			

电池在放电时，金属阳极发生氧化反应失去电子得到金属离子，而阴极侧发生氧化还原反应(ORR)，该反应对电池的性能具有决定性作用，因此通常使用催化剂来降低该反应的过电势，以此来提高电池的放电性能。总体来说，ORR 发生时，外部气氛中的 O_2 先扩散到催化剂表面并且吸附在催化剂的活性位点上，从阳极来的电子转移到氧分子上削弱 O—O 并使其断裂，最后 ORR 产物如 OH^- 等从催化剂表面脱附扩散进入电解液中。然而，在不同的体系中具体的步骤又有所区别。例如，在非水系电解液中，ORR 往往发生单电子的转移而不发生 O—O 的断裂，所以此时的反应能垒较小，这也是为什么在使用有机电解液的锂空气电池和钠空气电池中，放电过电势都比较小。同样是在不同的电解液中，还原产物的脱附也不同。在水系电解液中，放电产物一般是可溶解的，但在非水系电解液中的放电产物如超氧化物、过氧化物和氧化物等均是不能溶解的，这些产物会逐渐积累在阴极上并最终完全堵塞电极导致放电的终止。

除了电解液，催化剂对水系中 ORR 的影响更加显著。对于不同组分的催化剂，ORR 发生的机理也有所不同。如果使用金属类催化剂，根据氧气在金属表面吸附方式的差异会出现两种反应路径：直接 4 电子路径和 2 电子路径。氧气的两个氧原子可通过侧基式或桥式的方式吸附在金属表面，此时易发生直接 4 电子路径得到 OH^-(图 5.34)，其中发生的反应如下所示(ads 代表吸附物种)。

$$O_2+2H_2O+2e^- \longrightarrow 2OH_{ads}+2OH^-$$

$$2OH_{ads}+2e^- \longrightarrow 2OH^-$$

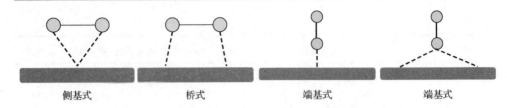

图 5.34　氧分子在金属催化剂表面的吸附方式

当只有一个氧原子以端基式的方式吸附在金属表面时，则倾向于发生 2 电子路径，此时会有大量的过氧化物（HO_2）产生，而 HO_2 的生成会降低还原电流，不利于能量转换，同时由于其较强的氧化作用会影响电池的循环寿命。依次发生如下反应。

$$O_2 + H_2O + e^- \longrightarrow HO_{2,ads} + OH^-$$

$$HO_{2,ads} + e^- \longrightarrow HO_2^-$$

$$HO_2^- + H_2O + 2e^- \longrightarrow 3OH^-$$

或　　$$2HO_2^- \longrightarrow 2OH^- + O_2$$

使用金属氧化物作为 ORR 催化剂时，反应机理通常会涉及催化剂中金属离子价态的变化。对于非化学计量金属氧化物中的表面阳离子并不是完全与氧原子配位的，阳离子的还原通过表面氧键质子化得到电荷补充，整个反应过程中涉及表面氢氧化物的替换、过氧化物和氧化物的形成及氢氧化物的再生，其中 O_2^{2-}/OH^- 的替换和 OH^- 的再生两反应间的竞争是 ORR 的速控步骤。详细反应机理如下所示。

$$M^{m+}-O^{2-} + H_2O + e^- \longrightarrow M^{(m-1)+}-OH^- + OH^-$$

$$O_2 + e^- \longrightarrow O_{2,ads}^-$$

$$M^{(m-1)+}-OH^- + O_{2,ads}^- \longrightarrow M^{m+}-O-O^{2-} + OH^-$$

$$M^{m+}-O-O^{2-} + H_2O + e^- \longrightarrow M^{(m-1)+}-O-OH^- + OH^-$$

$$M^{(m-1)+}-O-OH^- + e^- \longrightarrow M^{m+}-O^{2-} + OH^-$$

对于可充电的金属空气电池，当使用水系电解液时，发生的就是氧析出反应，这与碱性水溶液中的电解水一致，在此不再赘述。而在非水系电解液中，如在锂氧气电池和钠氧气电池体系中，发生的是超氧化物或者过氧化物的分解反应。目前研究的结果表明，大部分锂氧气电池的放电产物是 Li_2O_2，虽然随着催化剂、电解液的不同会出现不同的形貌，从而导致不同的充电电压，但均发生的是 Li_2O_2 的分解反应：$Li_2O_2 \longrightarrow 2Li^+ + O_2 + 2e^-$。然而，钠氧气电池中，发现的放电产物主要为 Na_2O_2 和 NaO_2。当产物是 Na_2O_2 时，电池的充放电特性与锂氧气电池类似；但当放电产物是 NaO_2 时，由于其较高的导电性，此时的充电电压较低，其过电势仅为 0.3V 左右，且不需要使用催化剂。

虽然上述所描述的机理还不能够完全解释所有的实验结果，但根据这些机理结合实验和模拟计算的结果，的确发现了一些规律。这些规律反过来又能很好地指导高性能催化剂的开发。所以，对 ORR 和 OER 机理的理解，有助于相关催化剂的改进。

5.5.2 金属空气电池中的电解液

电解液作为电池的一个重要组成部分，对电池的性能具有很大的影响。作为金属空气电池的电解液，一般要求能够与金属阳极稳定存在并具有较高的电导率，同时还要满足高沸点、低挥发性、低黏度、高的氧溶解性和扩散性、较宽的电化学窗口等要求，在锂氧气电池和钠氧气电池中还要能够耐受超氧自由基等中间产物的亲核进攻，即在电池工作条件下要有较高的化学稳定性。目前使用比较多的主要有四类电解液：水系、有机体系、离子液体和聚合物电解质。

1. 水系

水系电解液是锌空气电池、铝空气电池等体系中常用的电解液，通常是 KOH 或 NaOH 的水溶液。相对来说，KOH 溶液的离子电导率更高，氧溶解度和氧扩散系数更高而黏度更低。但同时由于空气中 CO_2 的存在，当电解液暴露在空气中时会有碳酸盐或碳酸氢盐生成，随着这些产物的不断积累并逐步超过其饱和溶解度时，这些盐就会析出并沉积。与钠盐相比，K_2CO_3 或 $KHCO_3$ 的溶解度更高，可以从一定程度上减缓碳酸盐沉积对锌空气电池的影响。所以，KOH 溶液是更为常见的水系电解液。

2. 有机体系

对于比较活泼的金属阳极，如锂和钠等，有机体系电解液是较为明智的选择。在早期的研究中，借鉴于锂离子电池，采用了碳酸酯类电解液，如碳酸丙烯酯、碳酸乙烯酯、碳酸二甲酯等作为电解液。但后期的研究表明，使用此类电解液充电时主要发生的是电解液的分解，导致 Li_2CO_3、HCO_2Li 和 CH_3CO_2Li 等锂盐的生成和积累，最终造成电池性能下降。

事实上，在有机体系中，氧气发生单电子还原得到超氧负离子自由基：$O_2+e^- \longrightarrow O_2^{\cdot -}$。在此强氧化性的环境下，虽然有些电解液如醚类、胺类、砜类及 DMSO 等能够保证在放电/充电时发生 Li_2O_2 的生成和分解，但大部分的情况下仍然会伴随着电解液的分解。以醚类电解液为例（图 5.35），电池放电过程中生成的 $O_2^{\cdot -}$ 可以夺取醚基的一个质子生成烷基自由基，在与 O_2 反应后得到具有过氧化二醚结构的物质，该物质可以通过氧化分解得到 HCO_2Li、CH_3CO_2Li 等物质，或通过重整得到聚醚/酯。另外，生成的超氧自由基也可能与得到的 CO_2 反应并最终生成 Li_2CO_3，这也解释了在放电产物中 Li_2CO_3 的出现[85]。当然，除了放电时电解液有分解的可能之外，在充电过程中，由于锂氧气电池普遍较高的充电电压也提高了电解液发生电化学分解的可能性。

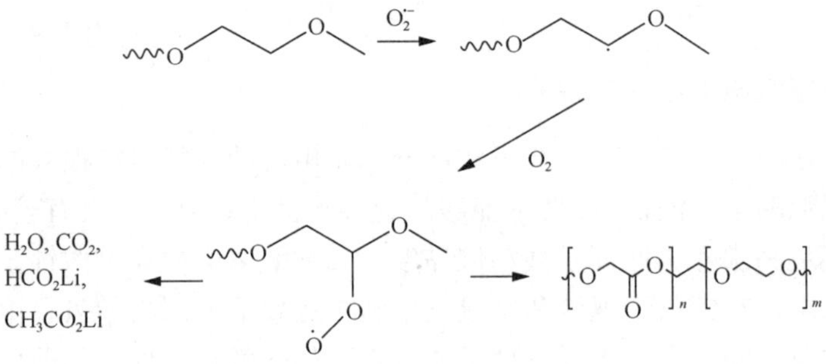

$$2O_2^- + 2CO_2 \longrightarrow C_2O_6^{2-} + O_2$$

$$C_2O_6^{2-} + O_2^- + 4Li^+ \longrightarrow 2Li_2CO_3 + O_2$$

图 5.35 醚类电解液可能的分解机理

锂盐（或钠盐）作为电解液的重要组成部分，除了提供必要的导电性之外，还会影响锂表面的固体电解质中间相（SEI 层）的稳定性及电导率，而且对电解液的稳定性也有很大的影响。目前，$LiPF_4$、$LiClO_4$、$LiBF_4$、$LiB(CN)_4$、$LiSO_3CF_3$、$LiN(SO_2CF_3)_2$（LiTFSI）、$LiNO_3$ 等都在锂氧气电池中使用过。其中有些锂盐如 LiBOB 和 $LiBF_4$ 等在超氧自由基存在时不够稳定，分解得到 LiB_3O_5、B_2O_3、LiF 和草酸锂等。锂盐与有机溶剂的相互匹配往往会取得良好的性能，一般 $LiClO_4$ 通常与 DMSO 组合作为电解液；LiTFSI 通常与醚类组合使用；而 $LiNO_3$ 与二甲基乙酰胺组成的电解液可以在锂表面形成稳定的 SEI 层从而使电池具有较好的循环稳定性。

3. 离子液体电解质

与常规的有机电解液相比，离子液体的低挥发性、较高的电导率、较宽的电化学窗口及可设计性等特性使其有可能成为一类良好的电解液。对于某些纯的离子液体，如 1-乙基-3-甲基咪唑双三氟甲磺酰亚胺盐([EMIm][TFSI])和 1-甲基-1-丁基吡咯烷双三氟甲磺酰亚胺盐([P_{14}][TFSI])，此时 ORR 与 OER 呈现出单电子的准可逆反应特点，说明在这些离子液体中 ORR 得到的 O_2^- 可以稳定存在。根据软硬酸碱理论，O_2^- 是软碱可以与软酸[EMIm]$^+$ 等形成比较稳定的离子对([EMIm]$^+$-O_2^-)，此时可以发生单电子的准可逆过程：

还原：[EMIm]$^+$ + O_2 + e^- ⟶ [EMIm]$^+$-O_2^-

氧化： [EMIm]$^+$···O_2^- ⟶ [EMIm]$^+$ + O_2 + e^-

当有碱金属离子(Li^+、Na^+、K^+)等硬酸存在时，生成的 LiO_2 不够稳定易发生化学分解得到 Li_2O_2，这是由于 O_2^{2-} 相对于 O_2^- 来说是一类硬碱，因此 Li_2O_2 的稳定性要更高。所以，此时发生的 ORR 与 OER 就是不可逆的过程，需要较高的过电势[86]。

离子液体除了能影响反应的具体路径外，对放电产物的形貌等也有影响。例如，使用[P_{14}][TFSI]作为电解液时，放电后产生的 Li_2O_2 粒子尺寸明显小于常规有机电解液中的 Li_2O_2，这也使其具有较低的充电电压[87]。

4. 聚合物电解质

由于金属空气电池一般具有开放的结构，液体电解质长期使用时会逐渐挥发，同时也存在渗漏的风险。随着柔性电子器件的提出与开发，使用聚合物电解质似乎具有更为广阔的前景。

最常见的聚合物电解质为以聚环氧乙烷(PEO)为主体的聚合物。由于极性醚基的存在，与很多化合物有很好的相容性，并且具有很好的嵌段流动性和成膜性。但是其操作温度有限，结晶性较高，而且 Li^+ 或 OH^- 的迁移数较低，通常要与其他无定形的聚合物主体共聚，如环氧氯丙烷与环氧乙烷的共聚物[P(ECH-co-EO)]。对于基于水系电解液制备的聚合物电解质，聚乙烯醇(PVA)和聚丙烯酸(PAA)则更为常见。其中，PVA 在水中具有良好的溶解性，可直接将 PVA 与 KOH 溶液混合后制成聚合物电解质，其电导率可达到 10^{-2} S/cm。而 PAA 吸收和保存水的能力要更强，且其结晶度更低，可以作为碱性电解质的凝胶剂，加入其他的交联剂后可以形成固体聚合物电解质。

5.5.3 金属空气电池中的催化剂

一直以来，高活性的催化剂被认为可以提高金属空气电池的功率密度、循环能力及能量转化效率。所以，无论是水系还是非水系体系中阴极催化剂的研究都十分广泛。目前，活性比较高的一类催化剂是贵金属及其合金类物质，如 Pt/C、Ag/C 等，但其稳定性较差，而且易受到甲醇、CO 等毒化，更重要的是其高昂的价格不利于商业化应用。基于此，越来越多的人开始关注金属氧化物类催化剂，尤其是过渡金属氧化物，其结构的可调控性及结构中多种价态金属离子的存在都有利于其电催化活性的调节。另外，碳材料由于其良好的导电性和机械强度，经过杂原子掺杂等方法得到的功能化碳材料也具有良好的催化活性。除此之外，如 M-N-C(M：金属原子)、碳壳包裹的金属纳米粒子等新型的氧催化剂也因为其制备方法简便、活性高等优点而广受关注。正如前面所述，水系电解液中的 OER 反应与碱性溶液中的电解水一致，而有机体系中的 ORR 反应本身的过电势就比较小，所以在这里我们根据催化剂的种类介绍了用于水系电解液中的 ORR 和有机体系中 OER 的电催化剂。

1. 贵金属及其合金

贵金属，如 Pt、Pd、Ag、Au 等是一类高活性的 ORR 催化剂。铂基催化剂在酸性和碱性介质中，都被认为是理想型的氧还原电催化剂，其中 Pt/C 催化剂一直作为 ORR 的基准催化剂来使用。然而，由于贵金属类催化剂高昂的价格和较短的寿命，人们一直致力于提高其金属组分的利用率，通过精确调控催化剂的表面结构改善其活性和稳定性等。

与其他电化学反应类似，相同组分的物质暴露的晶面不同，往往具有不同的 ORR 催化活性。一个典型的例子就是纳米金催化剂[88]，Au 的(100)面具有最高的活性，而(111)面具有最低的活性，而且在(100)发生的 4 电子路径得到 OH^-，但在其他的晶面上发生的是 2 电子路径。所以，当制备的纳米金粒子主要暴露(100)面时应该具有较高的 ORR 活性。基于此，利用 Au 纳米粒子作为晶种生长可得到纳米立方体，其表面有一定量的(100)位点存在。使用该催化剂，ORR 起始电位为 0.9V(vs. RHE)，且转移电子数接近 4(0.6～0.9V)，其活性要明显高于球形粒子和杆状的纳米金。

为了更进一步提高贵金属类催化剂优势晶面的催化活性，一种有效的方式就是调节表面的电子结构，从而优化反应的中间物种在催化剂表面的吸脱附能。例如，通过某种方式使晶格与晶格之间产生相对位移(晶格应变)从而调节表面原子的距离，以此来实现催化剂表面电子结构的改变。最为常见的是合成核壳结构或选择性去除合金中的原子来产生晶格错位。最近，Cui 等[89]将 Pt 的纳米粒子负载在 LiCoO$_2$(LCO) 上，利用锂离子电池充放电时锂离子的脱嵌和嵌入导致的 LCO 体积和晶格间距的变化，从而引起 Pt 的晶格应变。经过压缩后的 Pt/LCO 纳米粒子催化 ORR 时，起始电位和半波电位均比未经过处理的 Pt/LCO 要高 20mV 左右；而经拉伸后的 Pt/LCO 活性则有所降低。这是由于经过压缩后，反应中间物种在催化剂表面的吸附自由能均有所增加，这有利于最终产物的脱附。

  以合理的方式调节催化剂表面的晶体结构和电子结构可以明显地改善其催化活性。选择合适的载体担载 Pt 等贵金属催化剂，通过载体与催化剂相互作用也可以调节催化剂的电子结构，如果 Pt 等贵金属沉积的方式能够暴露其优势晶面，则可以同时实现催化剂的电子结构和晶体结构的优化，从而得到更高活性的催化剂。然而，常规的负载型催化剂，由于载体与催化剂的相互作用较弱，易发生催化剂的脱落从而影响其寿命。因此，制备原子级的异质界面可以使载体与催化剂之间具有较强的相互作用。Qiao 等[90]制备了 CoO 纳米杆，其表面有暴露了{111}晶面的角锥形结构，而通过磁控溅射沉积的 Pt 纳米粒子就可负载在 CoO 纳米杆表面角锥形的凸起结构上，而且暴露的也是 Pt 的{111}晶面。由于 CoO 与 Pt 的{111}较小的晶格错位，两组分之间在原子级别上具有紧密的接触，强化了两者的相互作用，其中有部分的电子从 CoO 转移到 Pt 上。得益于优势晶面的暴露和电子结构的调节，该催化剂的 ORR 起始电位为 0.98V(vs. RHE)，并且显著提高了 Pt 的稳定性。

  合金化是另一种十分有效的调节贵金属基催化剂活性的方法。广为人知的就是 Pt 经过与 V、Co、Cr、Fe 等金属合金化后，在酸性介质中对 ORR 的催化活性得到了明显增强。形成合金后可以调节 Pt—Pt 键距离和邻近 Pt 原子的数目，还有可能影响 Pt 的 d 能带电子态等，同时其表面氧化层的性质和覆盖度等也会有所不同，这些表面性质的改变会影响到 O_{ad}、HO_{ad}、HOO_{ad} 等中间物种在催化剂表面的吸附能等，从而改变其对 ORR 的催化活性。同样的道理，在碱性体系中，通过合金化也能很好地调节催化剂的 ORR 活性。金属空气电池中的碱性环境下，很多金属都能够稳定存在，这使得人们将目光集中在更加廉价的金属上，如银与 3d 过渡金属的合金体系。Ag 与这些金属不能混溶，而且 Ag 的还原比这些金属要快得多，所以很难制备出完美的 Ag-3d 金属的合金体系。然而，采用快速还原的方法可以使得在非合金化的 Ag、Co 混合粒子的表面形成合金[91]，该合金层的存在显著提升了 Ag 的 ORR 催化活性，其转移电子数为 4。而采用常规缓慢的还原过程制得的催化剂，其催化活性与纯 Ag 的类似。这就说明，合金结构中 Co 对与之配位的 Ag 的影响是其高催化活性的原因。

  鉴于贵金属类催化剂在水系中良好的催化活性，其在有机体系的锂氧气电池中的催化性能也得到了研究。从单一金属的纳米 Au、Pd 和 Ag，到贵金属和其他金属的二元合金(如 PdCu、PtPd、PtAu 等)都在锂氧气电池体系中得到了研究。

例如，利用 Ag 纳米线作为模板制备的 AgPd-Pd 具有多孔纳米管结构的催化剂，其充电电压平台仅为 3.69V（电流密度 $0.2mA/cm^2$）[92]。随后，各种形貌和结构的载体也被用来负载贵金属类催化剂，如 Ag/RGO、Ru/ITO、Pt/Co_3O_4 等。

2. 过渡金属氧化物催化剂

虽然贵金属类催化剂的高活性在水系和有机体系中都得到了证明，然而，在这些催化剂中贵金属的含量都很高，这大大限制了其进一步的发展。所以，更多的人开始关注过渡金属氧化物类电催化剂，除了其价格低、储量丰富外，其结构中多种价态离子的共存及金属离子的易取代等，都为该类催化剂活性的调控提供了可能。这其中包括单一金属氧化物和混合金属氧化物。

单一金属氧化物中研究最为广泛的是 MnO_2 和 Co_3O_4。早在 20 世纪 70 年代早期，商业的二氧化锰就被用来提高碳空气电极的性能。不同晶型 MnO_2 的活性顺序为：$\alpha\text{-}MnO_2 > \beta\text{-}MnO_2 > \gamma\text{-}MnO_2$，这是由其本身通道的尺寸和电导率决定的。虽然通过制备更小尺寸和更高比表面积的纳米球、纳米线等结构的 MnO_2，可以提高其电催化活性，然而要从本质上提高 MnO_2 基催化剂的催化活性，就要调节催化剂中 Mn^{III}/Mn^{IV} 的比例和分布。例如，通过掺入低价态的金属阳离子，可以稳定中间态的 Mn^{III}/Mn^{IV} 物种，改变 Mn 的平均价态并且可以提高导电性。另一种更为方便和有效的方式就是调节催化剂的制备过程从而引入表面缺陷或氧空缺。例如，改变催化剂煅烧的温度和气氛，可以制备出具有较低锰氧化态和氧含量的 MnO_2，并且存在晶格的扩张，该催化剂的半波电位要比一般方法制备的 MnO_2 高 50mV 左右。DFT 计算的结果表明，O_2 吸附在具有氧空缺的表面时 O—O 键增长，这表明 O_2 得到了活化和部分解离，同时，在此表面上形成*OOH 所需要的能量也有所减小，这些都有利于 ORR 活性的提高[93]。另一个比较受关注的单金属氧化物催化剂就是 Co_3O_4，其晶体结构中 Co^{2+} 和 Co^{3+} 共存。一般来说，ORR 常发生在氧化物表面具有高氧化态的阳离子处，所以更多的研究着力于通过制备不同纳米结构的 Co_3O_4 可以暴露更多的 Co^{3+}，以此来提高其活性。尽管如此，Co_3O_4 单一组分催化剂的活性仍然十分有限，还需要同其他材料结合。Dai 等[94]利用温和氧化的石墨烯作为载体，负载了 Co_3O_4 纳米晶（4～8nm）并同步实现了氮掺杂。氮的掺杂有利于 Co_3O_4 的成核与锚定，并促进了 Co_3O_4 与载体之间的相互作用从而使两者之间具有良好的协同催化效果。该催化剂 ORR 反应的半波电位为 0.83V（vs. RHE），接近于商业 Pt/C 的 0.86V，同时其电子转移数为 4（0.6～0.75V），而且 HO_2^- 的产率低于 6%，并展现出了优于 Pt/C、Fe/N-C 等催化剂的稳定性。

混合金属氧化物由于其种类繁多、活性易于调节等受到了更多的关注，如钙钛矿、尖晶石等结构的金属氧化物都展现了优异的 ORR 活性。钙钛矿型氧化物其主要成分来自于稀土原料，在室温下具有很高的电导率，是较为理想的氧还原催化剂，其结构式为ABO_3，其中 A 为 La、Ca、Sr、Ba 等，B 为 Mn、Co、Ni、Fe 等。A、B 位点被部分取代可以很好地调节其性能，一般来说，A 位点被取代影响吸附氧的能力，而 B 位点被取代则影响吸附氧的活性。由于不同元素间的多种组合可以制备大量的具有不同活性的钙钛矿型金属氧化物催化剂，所以建立该类催化剂的活性与其某一种物理或化学性质的关联能够有效地指导高活性催化剂的开发。基于此，Yang 等[95]通过对 15 种钙钛矿氧化物的研究，发现其活性主要取决于 B 位原子的 σ^* 轨道(e_g)的电子填充情况，e_g 电子数与其 ORR 活性呈现一种"火山型"关系，当 $e_g=1$ 时，催化活性最高，如果金属 3d 轨道与氧 2p 轨道共价程度进一步增强，那么其活性会进一步提高。基于此理论，$LaMnO_{3+\delta}$ 和 $LaNiO_3$ 在碱性溶液中显示出与 Pt/C 近似的活性(图 5.36)。

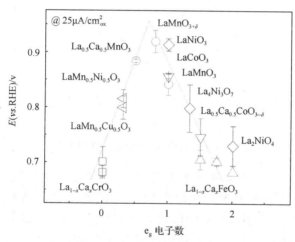

图 5.36　不同钙钛矿型氧化物 e_g 电子数与其 ORR 活性关系

同样，尖晶石型的氧化物(AB_2O_4)也被广泛地作为 ORR 催化剂进行研究，其中又以 $M_xMn_{3-x}O_4$ 为主，其他的还包括 $NiCo_2O_4$、$Cu_xCo_{3-x}O_4$ 等。催化剂的制备过程对其物理化学性质有很大的影响，如比表面积、粒子尺寸、晶体结构等，因此对其催化性能也有很大的影响。一般来说，尖晶石结构的氧化物需要高温和长时间的煅烧等复杂的制备过程，这种方法往往得到颗粒较大、暴露的活性位点较少的催化剂。鉴于此，Chen 等[96]通过 $NaBH_4$ 或 NaH_2PO_4 还原含有 Co^{2+} 溶液中的无定形 MnO_2 制备了 $Co_xMn_{3-x}O_4$ 的尖晶石氧化物，该方法制备的催化剂具有较高的比表面积(120m²/g)、多晶格缺陷和空穴等特点，使得该催化剂具有良好的 ORR 催化性能。另外，与钙钛矿一样，寻找催化剂的某一性质与其催化活性的关联也是一项重要的研究任务。以 $Mn Co_2O_4$ 为研究对象，发现其结构中锰离子占据八面体位点且该位点的锰离子是催化活性位点，其结构可描述为 $(Co^{2+})tet(Mn^{x+}Co^{3+})octO_{4+\delta}$。

通过改变催化剂的煅烧温度可以调节 Mn^{x+} 的价态，其价态随着温度的升高逐渐减小（在 3.2~3.7 之间），而钴离子的价态则基本不变。将占据八面体位点的 Mn^{x+} 价态与 ORR 催化活性关联起来，也出现了"火山型"的关系（图 5.37），当 Mn 的价态为+3.4 时活性最高。这一结论也可以应用到其他的尖晶石氧化物中，位于活性位点处金属阳离子的 e_g 轨道的电子填充情况与其 ORR 催化活性均具有良好的关联[97]。

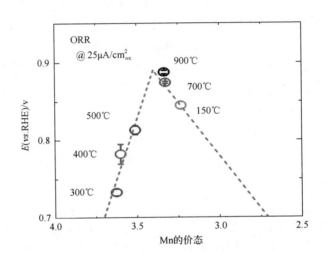

图 5.37　锰的价态与 ORR 活性的关系

上述催化剂中，有很多在非水系的锂-氧气电池中也得到了很好的研究。MnO_2 作为最早的一类催化剂，包括纳米线、纳米管、超薄纳米片、中空结构纳米球、多孔纳米结构等不同形貌的催化活性都得到了研究，这其中有 α-、δ-、ε-、β-、γ-等结构的 MnO_2。而且在水系中比较有效的方法（如引入空缺），在非水体系中也被证明可以提升 MnO_2 的催化效果。将 $Na_{0.44}MnO_2$ 纳米线在硝酸中处理后，可以在表面引入缺陷，使用该催化剂的锂-氧气电池的放电容量提高了近一倍而其充电电压要比未处理的催化剂低 280mV 左右[98]。类似地，对于 Co_3O_4 形貌的调控、载体的优化等研究也证明能调节其在非水系锂-氧气电池中的催化性能。例如，通过制备暴露不同晶面的 Co_3O_4 纳米晶，其对 OER 的催化活性顺序如下：{100}＜{110}＜{112}＜{111}，证实了其晶面效应[99]。其他的钙钛矿和尖晶石型的氧化物也展现了类似的催化效果（MCo_2O_4，M=Mn、Zn、Ni、Cu；$LaMO_3$，M=Fe、Mn、Co 等）。

除了上面介绍的金属氧化物催化剂外，还有很多其他的金属氧化物也被作为 ORR 催化剂进行研究，如 CoO、TiO_2、Fe_2O_3、MnO、NiO、CuO 等单金属氧化物，由于这些氧化物本身的催化活性有限，所以大部分的研究都是与其他的活性组分结合在一起制成复合催化剂。例如，使用含钴的离子液体为前驱体制备的

CoO@Co 和 N-掺杂介孔碳的复合催化剂，就能有效地降低锂-氧气电池的充电过电势[100]。当然，这些氧化物的活性也能通过精确的表面调控来改善其本身的活性，前文提到的表面具有纳米角锥结构的 CoO 纳米杆，其表面就富含氧空缺，并使其 ORR 催化活性得到了提升。而对于多元金属氧化物，除了对钙钛矿、尖晶石结构的氧化物进行掺杂会得到不同的催化剂外，另一类具有氧催化活性的就是具有立方晶型结构的烧绿石型氧化物（$A_2B_2O_6O'$，A=Pb 或 Bi，B=Ru 或 Ir），其结构中八面体结构的 BO_6 相连形成类似 B_2O_6 结构的笼状结构，该结构为电子传递提供了途径，使此类氧化物具有较高的导电性（如 $Pb_2Ru_2O_{6.5}$ 在 300K 时电导率为 10^3S/cm）。具有类似结构的银钼氧化物也被发现具有 ORR 催化活性，如 $Ag_2Mo_2O_7$ 和 $Ag_6Mo_{10}O_{33}$ 是由八面体 MoO_6 组成的链状和层状结构，具有良好的导电性，该催化剂可以催化 4 电子的 ORR 路径[101]。

3. 碳基催化剂

碳材料由于成本低、润湿性好、比表面积大、导电性高和稳定性好等特点，被广泛地用作催化剂载体。其中，sp^2 杂化的碳原子拥有多种同素异形体，包括多形态石墨（玻璃碳、碳纤维等）、富勒烯、碳纳米管、石墨烯等，这些材料由于其较高的导电性很适合用于电催化中。然而，一般商业碳的 ORR 催化活性较低，而且发生的通常是 2 电子路径产生很多的过氧化物。研究表明，碳材料不同位置的碳原子催化活性不同。通过将空气饱和的 KOH 液滴选择性地滴在石墨的边缘位和基面处（图 5.38），发现边缘位处碳原子的活性要高。将石墨球磨处理后可以暴露更多的边缘位，经处理后的石墨 ORR 起始电位和转移电子数明显高于未处理的样品[102]。

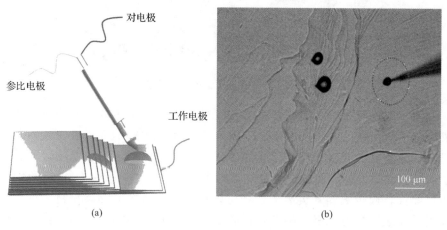

图 5.38　ORR 测试的微装置(a)和石墨电极不同位置处液滴的 SEM 图(b)

为了提高碳基材料的催化效果，杂原子掺杂被认为是十分有效的方式。目前，所使用的杂原子有 N、P、S、B、F 等元素，研究最早也最为广泛的是 N 原子掺杂的碳材料，由于其电负性比碳高，邻近的碳原子带部分正电荷从而促进氧的吸附。另外，在引入 N 原子之后，碳的费米能级也更接近导带提升了其电子导电性和无序度。例如，得益于 N 的掺杂和较高的表面积，N 掺杂的垂直阵列可以催化 4 电子的 ORR 路径，其 ORR 峰电位为 –0.15V（vs. Ag/AgCl），同时该催化剂拥有优于 Pt/C 的稳定性[103]。然而，不同的制备方法会导致 N 原子在碳材料中的位置存在差异。一般来说，常见的有石墨型、吡啶型和吡咯型的 N（图 5.39），与 ORR 活性关联比较紧密的是石墨型和吡啶型的 N。然而，不同构型 N 原子的作用目前仍然存在争议，且哪种构型的 N 对 ORR 活性具有决定性作用也不确定，事实上这也与纳米碳材料的结构有关系。由于目前的制备方法很难做到精确地控制 N 的掺杂位置，所以很难十分准确地确定各种构型 N 的具体作用。但可以肯定的是，不同的氮源、制备条件等会影响到 N 原子掺杂的量及位置等，从而导致各种 N 掺杂碳材料不同的 ORR 催化活性。

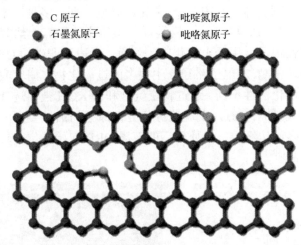

图 5.39 N 在碳平面的不同位置

目前，制备氮掺杂的碳材料最方便、使用最多的是热解含氮的前驱体，如有机小分子(吡咯、乙腈、甲基咪唑等)，含氮的聚合物(聚苯胺、三聚氰胺、聚多巴胺、酚醛树脂等)和无机含氮前驱体(叠氮化钠、氨气等)。其中，离子液体由于其较低的挥发性、高的热稳定性等特点，成为一类有吸引力的前驱体材料，然而目前仅有极少数的几类离子液体可以很好地制备含氮的碳材料，这限制了其应用。而通过含氮的碱与硫酸反应得到的质子惰性的离子液体和盐大部分都能够通过直接碳化的方法得到碳材料，而且其碳化率（或产率）最高可达到 95.3%，同时诸如比表面积、氮含量等性质都能够得到提高。如使用氨基乙腈硫酸氢盐为前驱体得到的N掺杂碳材料具有良好的ORR催化性能，其起始电位和半波电位分别为-0.078V和-0.157V(vs. Ag/AgCl)，且主要发生的是ORR的4电子路径[104]。

其他杂原子掺杂的碳材料也都能不同程度地提高ORR的催化活性，结合对碳材料形貌的调控可以得到高活性的催化剂。同时，多杂原子掺杂的石墨烯、碳纳米管、多孔碳等材料，可同时催化多种电化学反应，属于新型的多功能催化剂。总而言之，对碳材料进行掺杂已被认为是十分有效的改进其催化活性的方法。对于非水系的锂-氧气电池，碳材料的使用主要是通过提高其比表面积、孔体积等来提升放电容量，但对OER过程的催化效果则十分有限，纯碳电极的充电电压通常高于4V，所以一般均需与其他催化剂配合使用。

4. 新型催化剂

上面介绍的几类催化剂很多在金属空气电池研究之初就有所涉及，而且催化剂本身也具有很长的研究历史。然而，在ORR的研究中，也出现了一些高活性的新型催化剂，包括金属-氮-碳(M-N-C)，金属有机骨架材料衍生的催化剂，C_3N_4基的催化剂，原子级分散的复合催化剂及非水体系中应用比较多的氧还原调节剂。

早在1960年人们就发现了酞菁钴等有机金属配合物的ORR活性，并发现其活性受中心金属离子及外层环上的功能团或取代基的影响，但这类物质的稳定性较差。后来，通过热处理大环化合物与碳载体可以提高活性中心的密度和催化剂的稳定性，但由于金属大环化合物的价格昂贵，所以这类催化剂受到的关注比较少。然而，含金属和含氮前驱体一起热解得到催化剂的高ORR催化活性的发现，激发了这类催化剂的研究热潮。传统的方法是将过渡金属前驱体、含氮前驱体及碳载体一起热处理得到M-N-C催化剂，这类催化剂的活性受到过渡金属种类、碳载体形貌、热处理温度等因素的影响。例如，不同金属会导致生成催化剂的形貌不同而且掺入N的种类也有差异，这样就会影响其ORR的催化活性。但这种方法制备的M-N-C，不能均匀地控制前驱体的分布和制备有良好结构及有序形貌的催化剂，但使用同时含有金属和N原子的聚合物作为前驱体可以改善这种情况。如图5.40所示的富含N的Fe配位的网状聚合物为前驱体制备的Fe-N-C催化剂，LSV测试的结果表明其ORR起始电位为0.923V而半波电位为0.809V，均只比Pt/C低10~30mV，且在该催化剂上发生的主要是4电子路径[105]。目前对这类催化剂的高活性有两种解释，一种认为过渡金属阳离子与吡啶型的N配位形成活性位点，还有一种观点认为过渡金属催化N掺入碳的过程形成更多具有催化活性的N活性位点，在催化剂中究竟是哪种解释更为合理需要按情况具体分析。

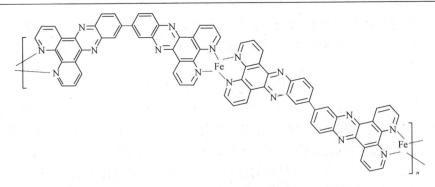

图 5.40 制备 Fe-N-C 的复合 N 的 Fe 配位的聚合物前驱体

MOF 材料具有比表面积大、孔隙率高、结构有序可控等特点，是一类很好的制备多孔碳材料的前驱体。同时，其配体中含有的杂原子往往也能掺入碳材料中从而形成杂原子掺杂的碳材料，而其金属中心更是可以转化为碳化物、磷化物、硫化物等物种。更为重要的是，MOF 本身就具有 M-N-C 的有序结构，因此 MOF 也是理想的制备 M-N-C 催化剂的前驱体。上面提到的杂原子掺杂的碳材料、M-N-C 等都已经被证明是高活性的 ORR 催化剂，所以通过 MOF 衍生的微米/纳米结构的材料也会是良好的 ORR 催化剂。

5.6 有机污染物的电化学处理

伴随着工业革命而产生的环境污染问题，一直是威胁人类生存与发展的重要因素。在我国，大气污染、水环境污染、土地荒漠化、垃圾处理、水土流失等问题都日益严重。其中，水资源的污染尤为严重，而我国人均占水量仅为 $2200m^3$，为世界平均水平的 1/4。所以，水污染给我们生活带来的影响极其深远。水体中与化学相关的污染物包括：无毒的无机酸碱、无机盐；有毒的无机物质如重金属、氰化物、氟化物等；耗氧有机物和有毒的有机物等。这些污染物中有些属于持久性污染物，如重金属、易长期积累的有机物等，其危害更大。随着环保意识的增强，越来越多的消除水体污染的方法得到了研究。本节着重介绍了与水体中有机污染物的电化学处理相关的一些知识，包括其来源与危害、电氧化机理及电极催化材料等内容。

5.6.1 有机污染物的来源及危害

水源中的有机物分为两种，一是天然有机物，主要是指动植物在自然循环过程中经腐烂分解所产生的大分子有机物，其中腐殖质在地面水源中含量最高，是一类含酚羟基、羧基、醇羟基等多种官能团的大分子聚合物，包含碳水化合物、木质素及其衍生物、蛋白质等。腐殖质在水中的形态可根据其在酸和碱中的溶解性分为腐殖酸、富里酸和胡敏酸等。另外，腐殖质在天然水体中可与水中大多数成分进行离子交换和络合，使一些难溶于水和微污染的有机物在水体中增大了溶解度，增强了迁移能力，使其污染范围更加广泛。第二种有机物就是人工合成有机物。随着化学工业水平的提高，出现了越来越多的人工合成有机物，如塑料、合成橡胶、合成纤维、染料、洗涤剂、涂料、农药、食品添加剂、药品等，它们在生产、运输、使用等过程中进入环境。化学化工、石油加工、制药、造纸等行业是主要的工业污染源，这些有机物可以渗透地下水中或通过地面径流进入水源中。被人们所熟知的有机污染物主要有多氯联苯、二噁英、呋喃、有机氯杀虫剂、六氯环己烷、多溴代联苯醚、全氟辛烷磺酸、多环芳烃、酚类、抗生素，以及偶氮类衍生物、蒽醌类、三苯甲基类、氧杂蒽等染料。

这些有机物进入环境后积累到一定浓度时就会造成污染，影响人体健康和动植物的正常生长，干扰或破坏生态平衡，有的还属于致畸、致突变、致癌的物质。有的有机物在环境中发生化学反应后转变为危害更大的二次污染物，或能够在生物体内通过食物链富集。其中，持久性有机污染物能通过大气、水、生物体等长距离迁移从而引起大范围的污染，且具有长期残留项、生物蓄积性、半挥发性和高毒性等特点。这些有机物大多具有"三致"和遗传毒性，可造成人体内分泌系统、生殖和免疫系统受到破坏并诱发癌症和神经性疾病等。另外，有些有机污染物具有疏水性，如多环芳烃、有机氯农药、环境激素-双酚 A 等，这些污染物在生物体内的利用率较低，不易通过自然界的生物环境进行降解，对这些污染物的消除具有一定的复杂性。

5.6.2 有机污染物的电氧化机理

环境污染的巨大危害迫使人们寻找有效消除这些污染物的方法，这其中涉及物理、化学和生物等多个领域。表 5.2 列出了常见的几类消除有机污染物的方法，当然有些方法并不仅局限于有机物的消除。使用多孔材料或载体通过物理吸附消除污染物是比较通用的方法，而通过微生物、酶等处理可生物降解的有机物也是十分高效的方法。从化学的角度来说，比较传统的方法是使用臭氧等强氧化试剂与水中有机物直接反应生成羧酸等简单有机物或直接氧化生成二氧化碳和水，但这种方法对饱和的有机物及酚羟基以外的有机物效果较差。除此之外，高级氧化法和电化学方法是使用较多的方法。

高级氧化法或深度氧化法，主要是通过光、电、氧化剂、催化剂等生成氧化性极强的自由基使有机污染物发生断键、开环、加成、取代、电子转移等反应，甚至最终氧化为二氧化碳和水，达到无害化处理的目的。它也可以作为预处理手

表 5.2　常见有机污染物消除方法

物理化学方法	吸附(无机载体、碳材料、有机载体)
	凝结/过滤
	离子交换
化学法	臭氧、次氯酸盐氧化法
微生物处理	活性污泥法
	混合培养(好氧或厌氧分解)
	纯培养(细菌)
酶分解	—
高级氧化法	芬顿试剂
	光催化
	声化学氧化
	催化湿式氧化
电化学方法	电絮凝法
	电化学还原/氧化
	间接电氧化(电芬顿法等)
	光辅助电化学方法

段,使大分子难降解有机物转变为小分子易降解物质后,再经过生物手段等方式的处理。根据自由基产生的方式和反应条件的不同,可将其分为催化湿式氧化、光化学氧化、声化学氧化、芬顿氧化、臭氧氧化、电化学氧化等。

对于水污染,电化学处理技术有电絮凝法、电化学氧化法、电沉积法、电解气浮法、内电解法等,与其他水处理技术相比,它具有效率高、功能多、占地面积小、自动化程度高等优势,其在废水的深度处理上有良好的前景,其中尤以电化学氧化最为重要。

电化学氧化可分为直接电氧化和间接电氧化。污染物直接在阳极表面氧化而转化为毒性小的或易生物降解的物质,有的可以发生有机物无机化,达到消除污染物的目的,这被称为直接电氧化,该方法要求污染物能够吸附在电极上并且能在较低的电压下进行,所以其使用的局限性较大。而间接电氧化是指利用电化学产生的氧化还原物质作为反应剂或催化剂使污染物转化为毒性更小的物质,这些氧化还原物质包括氯酸盐、次氯酸盐、过氧化氢、臭氧及溶剂化电子、·OH、·OOH等,其中·OH的氧化能力强(标准电极电势为2.8V),反应速率常数大、选择性低、处理效率高,可以与饱和的有机物发生质子取代反应,与双键或芳香化合物则发生加成反应,所以是研究最多的氧化剂。

对于基于羟基自由基的有机物氧化,在电极上首先发生的是水的氧化得到自由基。

$$M + H_2O \longrightarrow M(\cdot OH) + H^+ + e^-$$

如果电极属于活性阳极(如 Pt、IrO_2、RuO_2 等),与自由基结合较紧密,可能使电极本身处于高氧化态从而与有机物反应,此时 MO/M 作为有机物氧化的调节剂。发生的反应如下所示[106](R 表示有机污染物)。

$$M(\cdot OH) \longrightarrow MO + H^+ + e^-$$

$$MO + R \longrightarrow M + RO$$

竞争反应: $$MO \longrightarrow M + (1/2)O_2$$

如果电极是非活性阳极(如 PbO_2、SnO_2、硼掺杂金刚石电极等),与自由基结合较弱,发生的反应为

$$M(\cdot OH) + R \longrightarrow M + mCO_2 + nH_2O + H^+ + e$$

竞争反应: $$M(\cdot OH) \longrightarrow M + (1/2)O_2 + H^+ + e^-$$

$$2M(\cdot OH) \longrightarrow 2M + H_2O_2$$

无论使用何种电极,电氧化过程中除了羟基自由基外,也可能生成过氧化氢、臭氧促进有机物的氧化分解。

$$3H_2O \longrightarrow O_3 + 6H^+ + 6e^-$$

$$2H_2O \longrightarrow H_2O_2 + 2H^+ + 2e^-$$

如果废水中含有氯离子,氧化生成的氯气、次氯酸等也具有氧化能力。当硫酸盐、碳酸盐、磷酸盐等作为支持电解质也会得到相应的强氧化性离子。

$$2CO_3^{2-} \longrightarrow C_2O_6^{2-} + 2e^-$$

$$2SO_4^{2-} \longrightarrow S_2O_8^{2-} + 2e^-$$

$$2PO_4^{3-} \longrightarrow P_2O_8^{4-} + 2e^-$$

另一类使用比较广泛的电化学方法就是电芬顿(Fenton)过程。早在 1894 年 Fenton 就发现过氧化氢与二价铁离子的混合溶液具有强氧化性,可以将羧酸、醇、酯等氧化,这是因为两者混合时产生了羟基自由基。虽然在 20 世纪 60 年代芬顿试剂就已经被应用到水处理中,但其高成本、铁污泥的产生及储存和运输过氧化氢的风险等都限制了该方法的应用。使用电化学的方法产生过氧化氢可以部分地解决这些问题,电芬顿过程就是基于这一理念产生的。在酸性条件下还原氧气得

到过氧化氢，然后与电解液中的亚铁离子反应得到羟基自由基。

$$O_2 + 2H^+ + 2e^- \longrightarrow H_2O_2$$

$$Fe^{2+} + H_2O_2 \longrightarrow Fe^{3+} + \cdot OH + OH^-$$

产生的过氧化氢会被以下反应部分消耗：

$$H_2O_2 + 2e^- \longrightarrow 2OH^-$$

$$2H_2O_2 \longrightarrow O_2 + 2H_2O$$

$$H_2O_2 \longrightarrow HO_2\cdot + H^+ + e^-$$

$$HO_2\cdot \longrightarrow O_2 + H^+ + e^-$$

同样地，生成的Fe^{3+}和羟基自由基也会被副反应部分消耗：

$$Fe^{3+} + H_2O_2 \longrightarrow Fe^{2+} + H^+ + HO_2\cdot$$

$$Fe^{3+} + HO_2\cdot \longrightarrow Fe^{2+} + H^+ + O_2$$

$$Fe^{3+} + R\cdot \longrightarrow Fe^{2+} + R^+$$

$$Fe^{2+} + \cdot OH \longrightarrow Fe^{3+} + OH^-$$

$$H_2O_2 + \cdot OH \longrightarrow HO_2\cdot + H_2O$$

当然，在实际的污水环境中，存在的Zn^{2+}、Ag^+、Na^+、CO_3^{2-}、HCO_3^-、PO_4^{3-}、SO_4^{2-}、Cl^-、NO_2^-等也会消耗羟基自由基，从而降低污水处理的效率。同时，电化学处理污水还面临着降低能耗和价格、提高材料的长期稳定性和电催化性能、控制有毒副产物的形成及合理设计反应器等挑战。从电催化的角度出发，接下来的内容主要介绍不同种类的催化剂及其对有机污染物的处理能力。

5.6.3 碳和石墨电极

碳和石墨电极处理废水时，大部分都是以羟基自由基作为活性中间物种或者是通过电芬顿过程，除了商业的石墨电极外，杂原子掺杂的碳、碳纳米管、石墨烯等均可作为有机污染物处理的电极材料。从电极形貌上来说，从常规粉末状的碳，到气凝胶、碳布、三维泡沫等结构的碳材料都有所涉及。

以碳材料为阳极氧化水分解产生羟基自由基，以此为活性物种分解水体中的有机物，所以对于反应条件的选择要以能稳定羟基自由基为前提。然而，在氧化的条件下会有氧析出反应作为竞争反应，所以需要选用氧析出过电势比较大的碳材料。

同时,加入含氯离子的支持电解质可以进一步增强除污的效果。例如,使用碳气凝胶作为三维电极的固定床材料电氧化苯酚,输入电压为 30V,起始 pH 为 5.9~9.4,空气流速为 0.16L/min 时经过 20min 的处理后 COD(化学需氧量)的消除量达到 98%,使用 50 次后仍能达到 82%。在羟基自由基的作用下,苯酚首先得到二元酚或醌类,并进一步得到碳酰化合物或羧酸,最终产物为二氧化碳和水[107]。

对于电芬顿过程,需要发生氧化还原反应得到 H_2O_2,而碳材料在酸性条件下通常能发生该反应。但酸性介质中 HER 也更容易发生,所以需要选择 HER 过电势较高的材料。同时,生成的 H_2O_2 也可能发生还原而分解,所以具有低的 H_2O_2 分解活性的材料更为有利。除此之外,不同的催化电极产生 H_2O_2 的量和速率不同,所以需要选择不同的 Fe^{2+} 浓度,减少生成羟基自由基的消耗。通过 KOH 活化后的石墨电极,提高其比表面积和表面含氧官能团,同时增强了其亲水性。如图 5.41(a)所示,在氮气饱和的电解液中约在 -1.2V 发生 HER,而在氧气饱和的条件下,从 -0.2V 开始发生 ORR,接下来发生 H_2O_2 的分解和 HER。对 H_2O_2 含量的检测也说明在 -0.7V 时具有最高的 H_2O_2 量[图 5.41(b)]。以邻苯二甲酸二甲酯为例,其分解的表观速率常数为 0.198min^{-1},并具有较好的循环稳定性[108]。

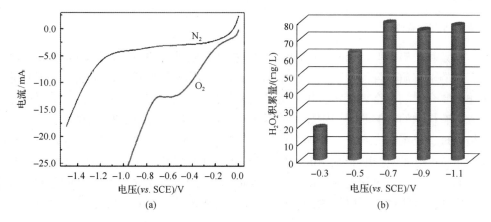

图 5.41　(a)活化石墨在氮气或氧气饱和的 0.1mol/L Na_2SO_4 溶液中的 LSV 曲线;
(b)活化石墨电极在不同电压处 2h 内 H_2O_2 的积累量

5.6.4　贵金属类催化剂

1. 铂基阳极

铂基催化剂具有较高的 HER 活性,所以不适合作为电还原处理水体污染物的电极材料。因此,大部分涉及铂基催化剂的处理过程均是基于羟基自由基的氧化机理。从催化剂组分上来说,也多是使用铂与其他非贵金属的复合材料作为阳极催化剂。例如,使用电沉积的方法将 Pt、Bi 负载在碳纸上制成电极,通过恒电位方波法交替施加 1.5V 和 –1.5V 的电压，甲基橙含量为 20mg/L 的溶液经过 180min 的处理后，甲基橙的消除量达到 95.6%，要优于 Pt/C 和 Bi/C 电极[109]。

2. 铱基阳极

IrO_2 是有机污染物处理中最主要的铱基催化剂，虽然 IrO_2 也可以通过产生羟基自由基的方式分解有机物，但考虑到 IrO_2 又是氯碱工业中的活性材料，在处理废水时加入含氯离子的支持电解质可以明显提高有机物的去除效果。一般来说，在酸性条件下氯离子氧化后可以得到氯气、次氯酸，而在碱性条件下主要产物是次氯酸根。由于氯气和次氯酸较高的标准电势，因此在酸性介质中的氧化效果要好。例如，使用 Ti/IrO_2 阳极处理含酚类有机物的水溶液，其最优条件为：支持电解质 NaCl 的浓度为 10g/L，pH 为 3.4，电流密度为 119mA/cm^2，经过 180min 处理后酚类物质的消除量接近 100%，而 COD 消除量为 84.8%[110]。需要说明的是，不同电极上的分解机理不同，所以有利的电流密度也会不同，如果污染物是在阳极表面分解则低电流密度有利，而对于有机物在溶液中分解的体系而言高电流密度有利。

3. 钌基阳极

与铱基阳极类似，RuO_2 也是重要的有机污染物处理的电极材料，也通常与含氯离子的电解质配合使用。与 IrO_2 相比，RuO_2 的稳定性要稍差，通过与其他金属氧化物复合得到混合氧化物催化剂可以改善其性能，而且修饰后的钌基催化剂有可能改变有机物的分解路径。例如，使用 Ti/RuO_2 和 $Ti/RuIrCo(40\%：40\%：20\%)O_x$ 电极处理造纸工业废水，在不加 NaCl 时，Ti/RuO_2 在 COD 消除、除色等方面均要优于 $Ti/RuIrCoO_x$ 电极，此时 RuO_2 作为活性电极主要发生的是羟基自由基吸附在电极表面后的直接电氧化过程。而当加入 NaCl 后，由于 Ir 和 Co 的修饰有利于氯离子产生活性氯物种，所以 $Ti/RuIrCoO_x$ 电极的处理效果要优于 Ti/RuO_2[111]。

5.6.5 金属氧化物催化剂

电化学氧化处理有机污染物时通常有聚合物沉积在电极上从而降低效率，在强酸性介质中可改善这种情况，所以能耐强酸的电极材料比较理想，PbO_2 就属于这类电极，其较高的氧析出过电势、化学惰性及良好的导电性使其成为研究最广泛的一类电极材料。为了提高 PbO_2 基电极的催化活性，制备纳米结构的 PbO_2 粒子是最主要的方法。同时，将 PbO_2 负载在三维多孔的基底材料上可以加强有机物和中间物种的传质过程，也有利于有机污染物的处理效果。除此之外，引入 Bi^{3+}、Ce^{3+}、Ru^{3+}、Ag^+、Co^{2+}、Fe^{3+} 等对 PbO_2 进行掺杂处理可以减小内部张力从而提高稳定性，同时可以调节其 OER 过电势。例如，使用 Ce 掺杂的 PbO_2 负载在 Ti/TiO_2

纳米管基底上得到的 TiO_2-NT/Ce-PbO_2 阳极，其寿命延长了 2.3 倍，而 OER 电位从未掺杂时的 1.72V 提高到 1.81V[112]。

纯的 SnO_2 是 n 型半导体，其带隙为 3.5V 使其具有较高的电阻，所以 SnO_2 不能直接作为电极材料，对其进行杂原子掺杂可以显著提高导电性、电催化氧化能力和稳定性。其中，锑是最常见的掺杂元素，而 Ti/SnO_2-Sb 电极确实具有很强的产生羟基自由基的能力且具有较高的 OER 过电势。然而，由于催化剂的流失和基底与催化剂覆盖层之间及催化剂层外表面钝化层的形成，该电极的寿命较短。掺入稀土元素(Gd、Eu、Ce、Dy、Pr、La、Nd、Y)和使用一些金属进行修饰都可以改善其稳定性。另外，将碳纳米管、石墨烯等碳材料引入 SnO_2-Sb 中可以提高电极的导电性、增加活性位点等，在形貌上可以减少表面裂缝的形成得到致密的活性层，该电极的寿命可以延长 4 倍左右[113]。除了直接作为电极之外，由于钛基底与 SnO_2-Sb 之间可以以固溶体的形式存在，具有较高的稳定性，以 Ti/SnO_2-Sb 为基底覆盖一层其他的金属氧化物作为复合电极也具有良好的稳定性和催化活性，最典型的就是 Ti/SnO_2-Sb/PbO_2 电极，改善了 PbO_2 与钛基底的结合能力，延长了电极的寿命。

其他类型的金属氧化物催化剂包括高岭土、二氧化锰、不同形貌的 TiO_2 等，这些催化剂中有的活性不如基于 PbO_2 和 SnO_2 的催化剂，有的改善活性的方法与前面介绍的类似，所以在此不再详细说明。

5.6.6 硼掺杂的金刚石催化剂

硼掺杂的金刚石(BDD)具有惰性表面，对羟基自由基等物种的吸附较弱，因此可以通过间接氧化快速、有效地降解有机污染物。同时，BDD 电极具有较高的 OER 过电势并且在酸性条件下具有较强的抗腐蚀性和稳定性，而其宽的电化学窗口(3.5V)和低的背景电流更使其成为一类理想的电极材料。目前的研究表明，使用 BDD 电极对酚类、表面活性剂、抗生素、药物中间体、农药、颜料、染料等都具有良好的电氧化能力。

影响 BDD 电极处理效果的因素较多，除了常规的支持电解质的种类、电解液的起始 pH、有机物的浓度、电解的电流密度等外，BDD 电极导电层的性质也具有很大的影响。从基底材料的角度来说，其导电性、表面粗糙度等会影响电解的电流效率及有机物的电解效率等，而一般商业的 BDD 电极都是将 BDD 沉积在平面基底上，这样的电极电活性面积较低，如果使用多孔基底则可以明显增加与有机物接触的电活性位点。而 BDD 层本身的厚度、B 的掺杂量及 sp^3/sp^2 碳的比例等会影响电极表面的活性。以罗丹明 B 为模型有机物时，低含量的 sp^3 碳或者说高含量的石墨碳的 BDD 电极有利于罗丹明 B 的电化学转化而得到多种中间体，而 sp^3 碳含量较高时有利于罗丹明 B 的完全氧化[114]。

一般情况下 BDD 电极都可以认为是高稳定的电极,但在某些体系中长时间的电解也会导致 BDD 电极的腐蚀。例如,在乙酸中当电流密度高于 $0.2A/cm^2$ 时电极就会发生腐蚀,图 5.42 显示了同一位置在电解前后的 SEM 图片,可以发现电解后粒子边缘处发生了刻蚀,同时 B 高度掺杂的位置更容易发生刻蚀,电解后近表面处的 B 含量的确减少了[图 5.42(c)]。这一现象被认为是由于在该体系中电解时烷基自由基的存在:BDD 电极在阳极极化后会出现含氧终端(C—OH、C=O 等),在电解过程中烷基自由基会夺取—OH 从而在 BDD 电极表面创造悬空键,而这些悬空键又可以使金刚石结构中 sp^3 杂化的键转化为 sp^2 杂化,导致 BDD 电极表面碳的石墨化和部分脱落,而且 sp^2 杂化的碳更易发生刻蚀[115]。

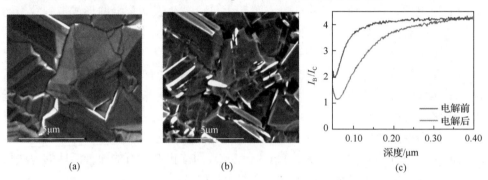

图 5.42 BDD 电极同一位置电解前(a)、电解后(b)的 SEM 图片,以及 BDD 电极电解前后近表面出 B/C 的变化(c)

5.7 结束语

虽然电催化经历了较长时间的研究发展并且取得了突出的成果。与世间很多事物相似,兴一利,生一弊。电催化中的氧化和还原剂是"清洁的"电子,反应通常可在常温下进行,可以打破反应的化学平衡限制,通过电极电位的不同可以调控反应的速率和选择性,但要获得最大的转化效率,必须要同时在阴极和阳极上实施电催化材料的创制。这必然导致催化电极制作和电化学反应器结构的复杂和缺少灵活性,以及由此可能出现的反应速率和扩散速率的失配。这可能也是电催化合成在推向工业应用方面并没有想象的那样顺利的原因。

从基础研究看,与催化类似电催化也缺少基本的理论来预测各种电催化材料的活性和选择性。由于电催化反应的特点之一就是催化电极表面始终浸泡在电解液体中,现有的在真空条件下的时间与空间分辨的原位固体表面表征技术难以用于电催化反应体系,因而电催化表面反应中实时的化学状态、结构组成及中间物种等信息仍然难以获得。

尽管近年来涉及电催化领域的研究论文发表得越来越多，但多少含有意外发现的味道，且不同研发团队取得的实验结果很难加以比较。制备的新颖材料不断地用于电催化，但稳定性、实际应用前景堪忧。以 Pt 为代表的电催化材料很难在可预见的未来被取代。

从应用需求看，随着清洁能源，如风能、太阳能、潮汐能等间歇式能源及可高效储存和转化电能的金属空气电池的出现，如何有效地储存这些能源成为关注的焦点。面向这些应用方面来考虑，电化学催化必须研究发展高活性的氧还原和氧析出催化材料。

二氧化碳的利用和催化转化也是目前关注的焦点。大规模热催化二氧化碳加氢制一氧化碳或小分子的碳氢或碳氧化合物在技术上不存在问题，但没有与其相匹配的大规模廉价的氢源。尽管电催化对二氧化碳与可提供氢源的水反应能够制取碳氢或碳氧化合物，可以解决氢源的问题，但从面向实际应用的能量储存考虑，也许电催化二氧化碳与水制高碳数的碳氢或碳氧化合物的研究目前只是一个噱头，而电催化二氧化碳与水甚至污染水反应制合成气或甲烷可能更接近实际应用。

电催化有机合成的确为绿色催化有机合成提供了潜在的清洁合成方法，但存在的内在问题是单位电极面积的还原电流太小，一般在几十 mA/cm^2 水平。从实际应用考虑，这样的反应速率太低，这也不是仅通过优化催化剂的结构组成就能够解决的问题。

值得注意的是，在已有的实际应用中，电催化反应中的电极材料不少采用的是 Pb 和 Hg。从传统眼光看它们价廉物美，但从绿色催化角度来考虑，这个不可以有。这既是电催化面临的挑战，同时也是新的发展机遇。

参 考 文 献

[1] Bagotsky V S. Fundamentals of Electrochemistry. New York: John Wiley and Sons, 2006.
[2] 马淳安. 有机电化学合成导论. 北京: 科学出版社, 2002.
[3] 孙世刚, 陈胜利. 电催化. 北京: 化学工业出版社, 2013.
[4] Zhou F, Liu S M, Alshammari A S, et al. Progress in electrochemical catalytic conversion of CO_2 modulated by ionic liquids. Chinese Science Bulletin (Chinese Version), 2015, 60(26): 2466-2475.
[5] Chandrasekaran K, Bockris L O. In-situ spectroscopic investigation of adsorbed intermediate radicals in electrochemical reactions: CO_2-on platinum. Surface Science, 1987, 185(3): 495-514.
[6] Bockris L O M, Wass J C. On the photoelectrocatalytic reduction of carbon dioxide. Materials Chemistry and Physics, 1989, 22(3-4): 249-280.
[7] Hori Y, Kikuchi K, Suzuki S. Production of CO and CH_4 in electrochemical reduction of CO_2 at metal electrodes in aqueous hydrogencarbonate solution. Chemistry Letters, 1985, 14(11): 1695-1698.
[8] Kuhl K P, Cave E R, Abram D N, et al. New insights into the electrochemical reduction of carbon dioxide on metallic copper surfaces. Energy and Environmental Science, 2012, 5(5): 7050-7059.

[9] Pterson A A, Abild-Pedersen F, Studt F, et al. How copper catalyzes the electroreduction of carbon dioxide into hydrocarbon fuels. Energy and Environmental Science, 2010, 3(9): 1311-1315.

[10] Yang H Z, Gu Y L, Deng Y Q, et al. Electrochemical activation of carbon dioxide in ionic liquid: synthesis of cyclic carbonates at mild reaction conditions. Chemical Communications, 2002, (3): 274-275.

[11] Zhao G Y, Jiang T, Han B X, et al. Electrochemical reduction of supercritical carbon dioxide in ionic liquid 1-n-butyl-3-methylimidazolium hexafluorophosphate. The Journal of Supercritical Fluids, 2004, 32(1-3): 287-291.

[12] Rosen B A, Salehi-Khojin A, Thorson M R, et al. Ionic liquid-mediated selective conversion of CO_2 to CO at low overpotentials. Science, 2011, 334(6056): 643-644.

[13] Rosen B A, Zhu W, Kaul G, et al. Water enhancement of CO_2 conversion on silver in 1-ethyl-3-methylimidazolium tetrafluoroborate. Journal of the Electrochemical Society, 2012, 160(2): 138-141.

[14] Salehi-Khojin A, Jhong H R M, Rosen B A, et al. Nanoparticle silver catalysts that show enhanced activity for carbon dioxide electrolysis. The Journal of Physical Chemistry C, 2013, 117(4): 1627-1632.

[15] Zhou F, Liu S M, Yang B Q, et al. Highly selective electrocatalytic reduction of carbon dioxide to carbon monoxide on silver electrode with aqueous ionic liquids. Electrochemistry Communications, 2014, 46: 103-106.

[16] Shi J, Shi F, Song N, et al. A novel electrolysis cell for CO_2 reduction to CO in ionic liquid/organic solvent electrolyte. Journal of Power Sources, 2014, 259: 50-53.

[17] Zhou F, Liu S M, Yang B Q, et al. Highly selective and stable electro-catalytic system with ionic liquids for the reduction of carbon dioxide to carbon monoxide. Electrochemistry Communications, 2015, 55: 43-46.

[18] Zhu W, Michalsky R, Metin O, et al. Monodisperse Au nanoparticles for selective electrocatalytic reduction of CO_2 to CO. Journal of the American Chemical Society, 2013, 135(45): 16833-16836.

[19] Dimeglio J L, Rosenthal J. Selective conversion of CO_2 to CO with high efficiency using an inexpensive bismuth-based electrocatalyst. Journal of the American Chemical Society, 2013, 135(24): 8798-8801.

[20] Medina-Ramos J, Dimeglio J L, Rosenthal J. Efficient reduction of CO_2 to CO with high current density using *in situ* or *ex situ* prepared Bi-based materials. Journal of the American Chemical Society, 2014, 136(23): 8361-8367.

[21] Asadi M, Kumar B, Behranginia A, et al. Robust carbon dioxide reduction on molybdenum disulphide edges. Nature Communications, 2014, 5: 4470.

[22] Quezada D, Honores J, García M, et al. Electrocatalytic reduction of carbon dioxide on a cobalt tetrakis(4-aminophenyl)porphyrin modified electrode in $BMImBF_4$. New Journal of Chemistry, 2014, 38(8): 3606-3612.

[23] Grills D C, Matsubara Y, Kuwahara Y, et al. Electrocatalytic CO_2 reduction with a homogeneous catalyst in ionic liquid: high catalytic activity at low overpotential. Journal of Physical Chemistry Letters, 2014, 5(11): 2033-2038.

[24] Barrosse-Antle L E, Compton R G. Reduction of carbon dioxide in 1-butyl-3-methylimidazolium acetate. Chemical Communications, 2009, (25): 3744-3746.

[25] Martindale B C, Compton R G. Formic acid electro-synthesis from carbon dioxide in a room temperature ionic liquid. Chemical Communications, 2012, 48(52): 6487-6489.

[26] Chu D, Qin G, Yuan X, et al. Fixation of CO_2 by electrocatalytic reduction and electropolymerization in ionic liquid-H_2O solution. ChemSusChem, 2008, 1(3): 205-209.

[27] Yang N, Gao F, Nebel C E. Diamond decorated with copper nanoparticles for electrochemical reduction of carbon dioxide. Analytical Chemistry, 2013, 85(12): 5764-5769.

[28] Watkins J D, Bocarsly A B. Direct reduction of carbon dioxide to formate in high-gas-capacity ionic liquids at post-transition-metal electrodes. ChemSusChem, 2014, 7(1): 284-290.

[29] Wang H, Wu L X, Lan Y C, et al. Electrosynthesis of cyclic carbonates From CO_2 and diols in ionic liquids under mild conditions. International Journal of Electrochemical Science, 2011, 6(9): 4218-4227.

[30] Feroci M, Orsini M, Rossi L, et al. Electrochemically promoted C—N bond formation from amines and CO_2 in ionic liquid BMIm-BF_4: synthesis of carbamates. Journal of Organic Chemistry, 2007, 72(1): 200-203.

[31] Feroci M, Chiarotto I, Orsini M, et al. Carbon dioxide as carbon source: activation via electrogenerated O_2-in ionic liquids. Electrochimica Acta, 2011, 56(16): 5823-5827.

[32] Zhang L, Niu D F, Zhang K, et al. Electrochemical activation of CO_2 in ionic liquid ($BMIMBF_4$): synthesis of organic carbonates under mild conditions. Green Chemistry, 2008, 10(2): 202-206.

[33] Yuan D D, Yan C H, Lu B, et al. Electrochemical activation of carbon dioxide for synthesis of dimethyl carbonate in an ionic liquid. Electrochimica Acta, 2009, 54(10): 2912-2915.

[34] Yan C H, Lu B, Wang X G, et al. Electrochemical synthesis of dimethyl carbonate from methanol, CO_2 and propylene oxide in an ionic liquid. Journal of Chemical Technology and Biotechnology, 2011, 86(11): 1413-1417.

[35] Feng Q J, Liu S Q, Wang X Y, et al. Nanoporous copper incorporated platinum composites for electrocatalytic reduction of CO_2 in ionic liquid $BMIMBF_4$. Applied Surface Science, 2012, 258(12): 5005-5009.

[36] Wang X Y, Liu S Q, Huang K L, et al. Fixation of CO_2 by electrocatalytic reduction to synthesis of dimethyl carbonate in ionic liquid using effective silver-coated nanoporous copper composites. Chinese Chemical Letters, 2010, 21(8): 987-990.

[37] Liu F F, Liu S Q, Feng Q J, et al. Electrochemical synthesis of dimethyl carbonate with carbon dioxide in 1-butyl-3-methylimidazoliumtetrafluoborate on indium electrode. International Journal of Electrochemical Science, 2012, 7(5): 4381-4387.

[38] Niu D F, Zhang J B, Zhang K, et al. Electrocatalytic carboxylation of benzyl chloride at silver cathode in ionic liquid $BMIMBF_4$. Chinese Journal of Chemistry, 2009, 27(6): 1041-1044.

[39] Feng Q J, Huang K L, Liu S Q, et al. Electrocatalytic carboxylation of 2-amino-5-bromopyridine with CO_2 in ionic liquid 1-butyl-3-methylimidazoliumtetrafluoborate to 6-aminonicotinic acid. Electrochimica Acta, 2010, 55(20): 5741-5745.

[40] Feng Q J, Huang K L, Liu S Q, et al. Electrocatalytic carboxylation of aromatic ketones with carbon dioxide in ionic liquid 1-butyl-3-methylimidazoliumtetrafluoborate to α-hydroxy-carboxylic acid methyl ester. Electrochimica Acta, 2011, 56(14): 5137-5141.

[41] Hiejima Y, Hayashi M, Uda A, et al. Electrochemical carboxylation of a-chloroethylbenzene in ionic liquids compressed with carbon dioxide. Physical Chemistry Chemical Physics, 2010, 12(8): 1953-1957.

[42] Snuffin L L, Whaley L W, Yu L. Catalytic electrochemical reduction of CO_2 in ionic liquid $EMIMBF_3Cl$. Journal of the Electrochemical Society, 2011, 158(9): 155-158.

[43] Sun L, Ramesha G K, Kamat P V, et al. Switching the reaction course of electrochemical CO_2 reduction with ionic liquids. Langmuir, 2014, 30(21): 6302-6308.

[44] Centi G, Perathoner S. Catalysis: role and challenges for a sustainable energy. Topics in Catalysis, 2009, 52(8): 948-961.

[45] Kortlever R, Shen J, Schouten K J, et al. Catalysts and reaction pathways for the electrochemical reduction of carbon dioxide. Journal of Physical Chemistry Letters, 2015, 6(20): 4073-4082.

[46] Wu J, Ma S, Sun J, et al. A metal-free electrocatalyst for carbon dioxide reduction to multi-carbon hydrocarbons and oxygenates. Nature Communications, 2016, 7: 13869-13874.

[47] Yang K D, Ko W R, Lee J H, et al. Morphology-directed selective production of ethylene or ethane from CO_2 on a Cu mesopore electrode. Angewandte Chemie, 2017, 56(3): 796-800.

[48] Lund H. A century of organic electrochemistry. Journal of the Electrochemical Society, 2002, 149(4): 21-33.

[49] Yoshida J I, Kataoka K, Horcajada R, et al. Modern strategies in electroorganic synthesis. Chemical Reviews, 2008, 108(7): 2255-2299.

[50] Niu D F, Zhang A J, Xue T, et al. Electrocatalytic dimerisation of benzyl bromides and phenyl bromide at silver cathode in ionic liquid BMIMBF$_4$. Electrochemistry Communications, 2008, 10(10): 1498-1501.

[51] de Souza R F M, de Souza C A, Areias M C C, et al. Electrochemical coupling reactions of benzyl halides on a powder cathode and cavity cell. Electrochimica Acta, 2010, 56(1): 575-579.

[52] Ho X H, Mho S I, Kang H, et al. Electro-organocatalysis: enantioselective α-alkylation of aldehydes. European Journal of Organic Chemistry, 2010, (23): 4436-4441.

[53] Hou Z W, Mao Z Y, Zhao H B, et al. Electrochemical C—H/N—H functionalization for the synthesis of highly functionalized (aza)indoles. Angewandte Chemie, 2016, 55(32): 9168-9172.

[54] Feroci M, Elinson M N, Rossi L, et al. The double role of ionic liquids in organic electrosynthesis: precursors of N-heterocyclic carbenes and green solvents. Henry reaction. Electrochemistry Communications, 2009, 11(7): 1523-1526.

[55] Kakiuchi F, Kochi T, Mutsutani H, et al. Palladium-catalyzed aromatic C—H halogenation with hydrogen halides by means of electrochemical oxidation. Journal of the American Chemical Society, 2009, 131(32): 11310-11311.

[56] Sawamura T, Takahashi K, Inagi S, et al. Electrochemical fluorination using alkali-metal fluorides. Angewandte Chemie, 2012, 51(18): 4413-4416.

[57] Mu S L. The electrocatalytic oxidative polymerization of o-phenylenediamine by reduced graphene oxide and properties of poly(o-phenylenediamine). Electrochimica Acta, 2011, 56(11): 3764-3772.

[58] Fillon H, Gosmini C, Nedelec J Y, et al. Electrosynthesis of functionalized organodizinc compounds from aromatic dihalides via a cobalt catalysis in acetonitrile/pyridine as solvent. Tetrahedron Letters, 2001, 42(23): 3843-3846.

[59] 查全性. 电极过程动力学导论. 2版. 北京: 科学出版社, 2002.

[60] Matsumoto Y, Sato E. Electrocatalytic properties of transition metal oxides for oxygen evolution reaction. Materials Chemistry and Physics, 1986, 14: 397-426.

[61] Devadas B, Imae T. Hydrogen evolution reaction efficiency by low loading of platinum nanoparticles protected by dendrimers on carbon materials. Electrochemistry Communications, 2016, 72: 135-139.

[62] Esposito D V, Hunt S T, Kimmel Y C, et al. A new class of electrocatalysts for hydrogen production from water electrolysis: metal monolayers supported on low-cost transition metal carbides. Journal of the American Chemical Society, 2012, 134(6): 3025-3033.

[63] Du N, Wang C M, Wang X J, et al. Trimetallic Tristar nanostructures: tuning electronic and surface structures for enhanced electrocatalytic hydrogen evolution. Advanced Materials, 2016, 28(10): 2077-84.

[64] Zheng Y, Jiao Y, Zhu Y H, et al. High electrocatalytic hydrogen evolution activity of an anomalous ruthenium catalyst. Journal of the American Chemical Society, 2016, 138(49): 16174-16181.

[65] Fan L L, Liu P F, Yan X C, et al. Atomically isolated nickel species anchored on graphitized carbon for efficient hydrogen evolution electrocatalysis. Nature Communications, 2016, 7: 10667-10673.

[66] Wang X Q, Su R, Aslan H, et al. Tweaking the composition of NiMoZn alloy electrocatalyst for enhanced hydrogen evolution reaction performance. Nano Energy, 2015, 12: 9-18.

[67] Wang F M, Li Y C, Shifa T A, et al. Selenium-enriched nickel selenide nanosheets as a robust electrocatalyst for hydrogen generation. Angewandte Chemie, 2016, 55(24): 6919-6924.

[68] Long X, Li G X, Wang Z L, et al. Metallic iron-nickel sulfide ultrathin nanosheets as a highly active electrocatalyst for hydrogen evolution reaction in acidic media. Journal of the American Chemical Society, 2015, 137(37): 11900-11903.

[69] Gong M, Zhou W, Tsai M C, et al. Nanoscale nickel oxide/nickel heterostructures for active hydrogen evolution electrocatalysis. Nature Communications, 2014, 5: 4695.

[70] Kornienko N, Resasco J, Becknell N, et al. Operando spectroscopic analysis of an amorphous cobalt sulfide hydrogen evolution electrocatalyst. Journal of the American Chemical Society, 2015, 137(23): 7448-7455.

[71] Callejas J F, Read C G, Popczun E J, et al. Nanostructured Co_2P electrocatalyst for the hydrogen evolution reaction and direct comparison with morphologically equivalent CoP. Chemistry of Materials, 2015, 27(10): 3769-3774.

[72] Jaramillo T F, Jorgensen K P, Bonde J, et al. Identification of active edge sites for electrochemical H_2 evolution from MoS_2 nanocatalysts. Science, 2007, 317(5834): 100-102.

[73] Deng J, Li H B, Wang S H, et al. Multiscale structural and electronic control of molybdenum disulfide foam for highly efficient hydrogen production. Nature Communications, 2017, 8. 14430.

[74] Ma F X, Wu H B, Xia B Y, et al. Hierarchical beta-Mo_2C nanotubes organized by ultrathin nanosheets as a highly efficient electrocatalyst for hydrogen production. Angewandte Chemie, 2015, 54(51): 15395-15399.

[75] Wang H Y, Hung S F, Chen H Y, et al. In operando identification of geometrical-site-dependent water oxidation activity of spinel Co_3O_4. Journal of the American Chemical Society, 2016, 138(1): 36-39.

[76] Suntivich J, May K J, Gasteiger H A, et al. A perovskite oxide optimized for oxygen evolution catalysis from molecular orbital principles. Science, 2011, 334(6061): 1383-1385.

[77] Lee J G, Hwang J, Hwang H J, et al. A new family of perovskite catalysts for oxygen-evolution reaction in alkaline media: $BaNiO_3$ and $BaNi_{0.83}O_{2.5}$. Journal of the American Chemical Society, 2016, 138(10): 3541-3547.

[78] Wu L H, Li Q, Wu C H, et al. Stable cobalt nanoparticles and their monolayer array as an efficient electrocatalyst for oxygen evolution reaction. Journal of the American Chemical Society, 2015, 137(22): 7071-7074.

[79] Cui X J, Ren P J, Deng D H, et al. Single layer graphene encapsulating non-precious metals as high-performance electrocatalysts for water oxidation. Environmental Engineering Science, 2016, 9(1): 123-129.

[80] Kuo C H, Li W, Pahalagedara L, et al. Understanding the role of gold nanoparticles in enhancing the catalytic activity of manganese oxides in water oxidation reactions. Angewandte Chemie, 2015, 54(8): 2345-2350.

[81] He P, Yu X Y, Lou X W. Carbon-incorporated nickel-cobalt mixed metal phosphide nanoboxes with enhanced electrocatalytic activity for oxygen evolution. Angewandte Chemie, 2017, 56(14): 3897-3900.

[82] Zhang J, Wang T, Pohl D, et al. Interface engineering of MoS_2/Ni_3S_2 heterostructures for highly enhanced electrochemical overall-water-splitting activity. Angewandte Chemie, 2016, 55(23): 6702-6707.

[83] Zhang J T, Dai L M. Nitrogen, phosphorus, and fluorine tri-doped graphene as a multifunctional catalyst for self-powered electrochemical water splitting. Angewandte Chemie, 2016, 55(42): 13296-13300.

[84] Zhu Y P, Liu Y P, Ren T Z, et al. Self-supported cobalt phosphide mesoporous nanorod arrays: a flexible and bifunctional electrode for highly active electrocatalytic water reduction and oxidation. Advanced Functional Materials, 2015, 25(47): 7337-7347.

[85] Freunberger S A, Chen Y, Drewett N E, et al. The lithium-oxygen battery with ether-based electrolytes. Angewandte Chemie, 2011, 50(37): 8609-8613.

[86] Allen C J, Hwang J, Kautz R, et al. Oxygen reduction reactions in ionic liquids and the formulation of a general ORR mechanism for Li=air batteries. The Journal of Physical Chemistry C, 2012, 116(39): 20755-20764.

[87] Elia G A, Hassoun J, Kwak W J, et al. An advanced lithium-air battery exploiting an ionic liquid-based electrolyte. Nano Letters, 2014, 14(11): 6572-6577.

[88] Hernandez J, Solla-Gullon J, Herrero E, et al. Electrochemistry of shape-controlled catalysts: oxygen reduction reaction on cubic gold nanoparticles. Journal of Physical Chemistry C, 2007, 111(38): 14078-14083.

[89] Wang H, Xu S, Tsai C, et al. Direct and continuous strain control of catalysts with tunable battery electrode materials. Science, 2016, 354(6315): 1031-1036.

[90] Meng C, Ling T, Ma T Y, et al. Atomically and electronically coupled Pt and CoO hybrid nanocatalysts for enhanced electrocatalytic performance. Advanced Materials, 2017, 29(9): 1604607-1604613.

[91] Holewinski A, Idrobo J C, Linic S. High-performance Ag-Co alloy catalysts for electrochemical oxygen reduction. Nature Communications, 2014, 6(9): 828-834.

[92] Luo W B, Gao X W, Chou S L, et al. Porous AgPd-Pd composite nanotubes as highly efficient electrocatalysts for lithium-oxygen batteries. Advanced Materials, 2015, 27(43): 6862-6869.

[93] Cheng F Y, Zhang T R, Zhang Y, et al. Enhancing electrocatalytic oxygen reduction on MnO_2 with vacancies. Angewandte Chemie, 2013, 52(9): 2474-2477.

[94] Liang Y Y, Li Y G, Wang H L, et al. Co_3O_4 nanocrystals on graphene as a synergistic catalyst for oxygen reduction reaction. Nature Materials, 2011, 10(10): 780-786.

[95] Suntivich J, Gasteiger H A, Yabuuchi N, et al. Design principles for oxygen-reduction activity on perovskite oxide catalysts for fuel cells and metal-air batteries. Nature Communications, 2011, 3(7): 546-550.

[96] Cheng F Y, Shen J, Peng B, et al. Rapid room-temperature synthesis of nanocrystalline spinels as oxygen reduction and evolution electrocatalysts. Nature Communications, 2011, 3(1): 79-84.

[97] Wei C, Feng Z X, Scherer G G, et al. Cations in octahedral sites: a descriptor for oxygen electrocatalysis on transition-metal spinels. Advanced Materials, 2017, 29(23): 1606800-1606807.

[98] Lee J H, Black R, Popov G, et al. The role of vacancies and defects in $Na_{0.44}MnO_2$ nanowire catalysts for lithium-oxygen batteries. Energy and Environmental Science, 2012, 5(11): 9558-9565.

[99] Su D W, Dou S X, Wang G X. Single crystalline Co_3O_4 nanocrystals exposed with different crystal planes for $Li-O_2$ batteries. Scientific Reports, 2014, 4: 5767-5775.

[100] Ni W P, Liu S M, Fei Y Q, et al. CoO@Co and N-doped mesoporous carbon composites derived from ionic liquids as cathode catalysts for rechargeable lithium-oxygen batteries. Journal of Materials Chemistry A, 2016, 4(20): 7746-7753.

[101] Wang Y, Liu Y, Lu X J, et al. Silver-molybdate electrocatalysts for oxygen reduction reaction in alkaline media. Electrochemistry Communications, 2012, 20: 171-174.

[102] Shen A L, Zou Y Q, Wang Q, et al. Oxygen reduction reaction in a droplet on graphite: direct evidence that the edge is more active than the basal plane. Angewandte Chemie, 2014, 53(40): 10804-10808.

[103] Gong K P, Du F, Xia Z H, et al. Nitrogen-doped carbon nanotube arrays with high electrocatalytic activity for oxygen reduction. Science, 2009, 323(5915): 760-764.

[104] Zhang S G, Miran M S, Ikoma A, et al. Protic ionic liquids and salts as versatile carbon precursors. Journal of the American Chemical Society, 2014, 136(5): 1690-1693.

[105] Lin L, Zhu Q, Xu A W. Noble-metal-free Fe-N/C catalyst for highly efficient oxygen reduction reaction under both alkaline and acidic conditions. Journal of the American Chemical Society, 2014, 136(31): 11027-11033.

[106] Wang J L, Xu L J. Advanced oxidation processes for wastewater treatment: formation of hydroxyl radical and application. Critical Reviews in Environmental Science and Technology, 2012, 42(3): 251-325.

[107] Lv G F, Wu D C, Fu R W. Performance of carbon aerogels particle electrodes for the aqueous phase electro-catalytic oxidation of simulated phenol wastewaters. Journal of Hazardous Materials, 2009, 165(1-3): 961-966.

[108] Wang Y, Liu Y H, Wang K, et al. Preparation and characterization of a novel KOH activated graphite felt cathode for the electro-Fenton process. Applied Catalysis B: Environmental, 2015, 165: 360-368.

[109] Li S H, Zhao Y, Chu J, et al. Electrochemical degradation of methyl orange on Pt-Bi/C nanostructured electrode by a square-wave potential method. Electrochimica Acta, 2013, 92: 93-101.

[110] Fajardo A S, Seca H F, Martins R C, et al. Phenolic wastewaters depuration by electrochemical oxidation process using Ti/IrO$_2$ anodes. Environmental Science and Pollution Research, 2017, 24(8): 7521-7533.

[111] Zayas T, Picazo M, Morales U, et al. Effectiveness of Ti/RuO$_2$ and Ti/RuIrCo(40%:40%:20%)Ox anodes for electrochemical tretament of paper industry wastewater. International Journal of Electrochemical Science, 2015, 10: 7840-7853.

[112] Li Q, Zhang Q, Cui H, et al. Fabrication of cerium-doped lead dioxide anode with improved electrocatalytic activity and its application for removal of Rhodamine B. Chemical Engineering Journal, 2013, 228: 806-814.

[113] Zhang L C, Xu L, He J, et al. Preparation of Ti/SnO$_2$-Sb electrodes modified by carbon nanotube for anodic oxidation of dye wastewater and combination with nanofiltration. Electrochimica Acta, 2014, 117: 192-201.

[114] de Araújo D M, Cañizares P, Martínezhuitle C A, et al. Electrochemical conversion/combustion of a model organic pollutant on BDD anode: role of sp^3/sp^2 ratio. Electrochemistry Communications, 2014, 47: 37-40.

[115] Kashiwada T, Watanabe T, Ootani Y, et al. A study on electrolytic corrosion of boron-doped diamond electrodes when decomposing organic compounds. ACS Applied Materials and Interface, 2016, 8(42): 28299-28305.

第 6 章
非光气催化体系及反应

6.1 引言

异氰酸酯(图 6.1)，特别是二异氰酸酯，如二苯基甲烷二异氰酸酯(MDI)、1,6-己二异氰酸酯(HDI)是生产世界上最重要的合成材料之一聚氨酯的原料。

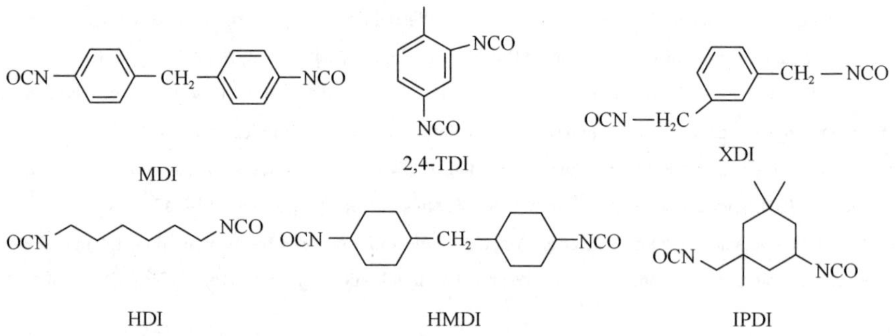

图 6.1 常见的异氰酸酯的结构

2014 年异氰酸酯产量达到 1000 万吨，国内超过 300 万吨。现在工业上规模生产异氰酸酯的工艺仍为光气过程(图 6.2)。光气生产异氰酸酯工艺存在本质剧毒、易爆和复杂等危害人身安全和污染环境的弊端。首先，光气的生产过程就涉及剧毒和易燃的氯气及一氧化碳(CO)。尽管光气的生产过程相对简单，但涉及复杂的安全防护设备和技术，使得光气的生产和安全维护成本大大提升。并且，光气在反应过程中均超过化学计量的投入。该工艺过程还副产大量的强腐蚀性氯化氢，这不仅容易造成反应器和管道的腐蚀，而且大量活泼的氯离子可以和异氰酸酯反应导致副产物的增加，无疑又增加了对反应器材质的要求和产品的分离纯化难度。尽管当今的材料和分离技术已经使这些腐蚀和纯化问题能够得到解决，但导致相应的反应设备、生产、纯化成本及能耗的居高不下。

图 6.2 光气法合成异氰酸酯的过程

从非光气生产异氰酸酯工艺来看,理论上有多个热力学上可行的反应路线合成异氰酸酯,20 世纪末国际上的大公司和研发机构在非光气制异氰酸酯方面开展了不少研究,取得了很好的进展。其中主要包括:芳香类硝基化合物还原羰化[图 6.3(a)]和胺类化合物氧化羰化[图 6.3(b)]合成异氰酸酯。

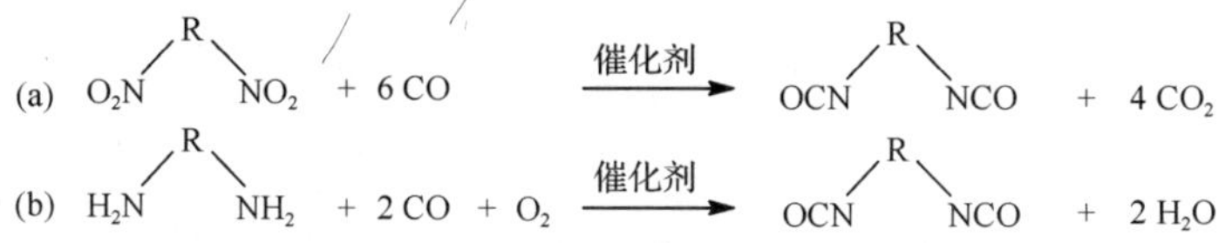

图 6.3　芳香类硝基化合物还原羰化(a)和胺类化合物氧化羰化(b)合成异氰酸酯

理论上,CO 为羰源催化还原或氧化羰化可以一步制异氰酸酯,是理想的非光气生产异氰酸酯的方法。但反应条件苛刻,催化剂昂贵,副产物太多,目前鲜有进一步的研究进展报道。先通过催化有机胺的羰化合成相应的 N-取代氨基甲酸酯,再将其催化裂解制异氰酸酯的两步法,被视为最有应用前景的非光气合成异氰酸酯的路线[1-3]。其中第一步反应,根据羰源的不同,可分为以 CO、碳酸二甲酯(DMC)、尿素,甚至二氧化碳(CO_2)为羰源的催化羰化合成相应的 N 取代氨基甲酸酯(图 6.4)。

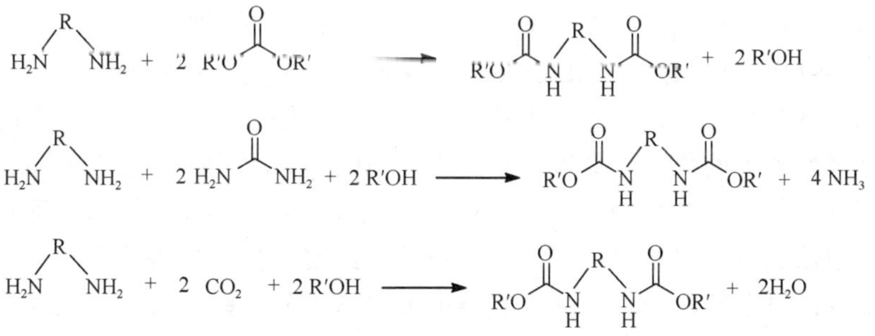

图 6.4　不同羰源合成氨基甲酸酯过程

第二步为催化 N 取代的氨基甲酸烷基酯热裂解制相应的异氰酸酯(图 6.5)

图 6.5　N 取代氨基甲酸酯热裂解合成异氰酸酯

上述四个反应可以归并为图 6.6 的三个反应;而反应中的副产物醇、氨气或水容易分离回收和再利用。DMC、尿素,甚至 CO_2 为羰源,不仅取代了剧毒光气,也去掉了腐蚀、容易导致与异氰酸酯进一步副反应和后续纯化困难的 HCl。并且,反应的整个过程不涉及氯,可以提高异氰酸酯产品的品质。

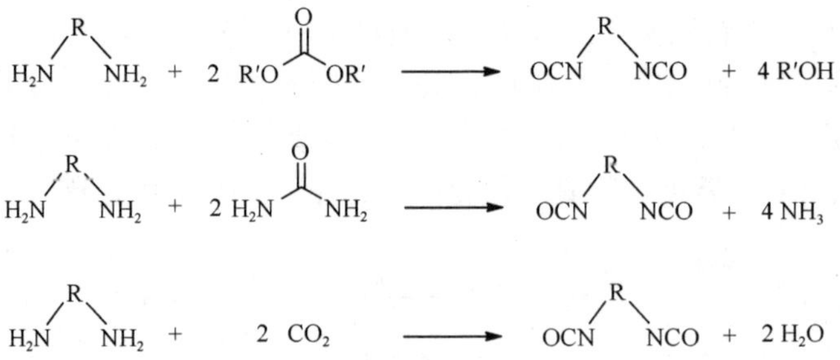

$$H_2N-R-NH_2 + 2\ R'O-\underset{O}{\overset{\parallel}{C}}-OR' \longrightarrow OCN-R-NCO + 4\ R'OH$$

$$H_2N-R-NH_2 + 2\ H_2N-\underset{O}{\overset{\parallel}{C}}-NH_2 \longrightarrow OCN-R-NCO + 4\ NH_3$$

$$H_2N-R-NH_2 + 2\ CO_2 \longrightarrow OCN-R-NCO + 2\ H_2O$$

图 6.6　非光气合成异氰酸酯总反应过程

综上所述，从当今倡导的绿色环保角度看，非光气生产异氰酸酯工艺，特别是两步过程不仅绿色环保而且生产和纯化成本不高。而光气生产异氰酸酯工艺不仅危害人身安全和污染环境，而且生产成本更高是不争的事实。

当然，理想很丰满，现实太骨感。现实的情况是，非光气生产异氰酸酯工艺在工业应用方面仍举步维艰。为什么非光气生产异氰酸酯工艺在实际应用推进方面似乎并不尽人意？可能的原因是：高效非光气生产异氰酸酯工艺的建立并不是一蹴而就那么简单；由于光气工艺的建立已有一百三十余年的历史，尽管整个过程复杂且充满易爆、剧毒和强腐蚀性物质，但经过缜密和完善的安全管控和技术上的不断完善，工业生产异氰酸酯的收率已几乎接近理论收率。此外，具有光气生产技术和资质的国内外企业巨头已将其垄断，获取了丰厚利润。由于聚氨酯的巨大需求，这些企业和建立在其上的光气生产异氰酸酯工艺已经大到不能倒。尽管面临越来越大可能危害人身安全和污染环境的压力，指望企业自身"壮士断臂"地放弃光气工艺无疑是梦想。相关企业对非光气制异氰酸酯新技术缺乏热情甚至一定程度地抵制，使得学界研发部门很难获得经费支持来推进非光气生产异氰酸酯工艺研发；目前暂时还没有一个完善的非光气制异氰酸酯技术的出现，世界各国政府对剧毒、易爆和复杂等危害人身安全和污染环境的光气生产异氰酸酯工艺也只能采取默许的态度。这些都导致相关研究发展难以深入开展，更谈不上稳定的进行。

到了 21 世纪近 20 年代的今天应该到了改变光气制异氰酸酯工艺的时候了。目前世界光气产量超 1000 万吨，其中 90%用于异氰酸酯生产。非光气生产异氰酸酯工艺与技术走向工业应用之时，就是结束光气生产和光气工艺及摒弃危害人类生命重大安全隐患之日。

考虑已有大量文献和书籍涉及异氰酸酯的结构、性质、用途及光气合成过程，本章节无意再在这些方面赘述。

6.2 各类非光气羰源的基本性质与性能

6.2.1 一氧化碳

在标准状况下，一氧化碳(carbon monoxide，CO)纯品为无色、无臭、无刺激性的气体。CO 分子中有三重键即一个 σ 键和两个 π 键，两个 π 键其中一个是配键，其电子来自氧原子。CO 分子的键能是 1072kJ/mol，键能较大。用 CO 作羰基化试剂，避免了剧毒光气的使用及腐蚀性废物的产生。但这类反应往往需要在较高的压力条件下才能进行，CO 不仅有毒而且利用率也低，在工业上还要对它和 CO_2 的混合气体进一步分离，也使生产成本有所提高；此外，CO 作为羰源反应容易造成贵金属催化剂的严重流失，这些都限制了其推广和工业化进程。

6.2.2 小分子碳酸烷基酯

碳酸二烷基酯，如碳酸二甲酯(dimethyl carbonate，DMC)、碳酸二乙酯(DEC)、碳酸二丁酯(DBC)等是一类环境友好的绿色有机化工原料。以 DMC 为例做简单介绍，DMC 是结构最简单，同时也是研究最多、最为重要的一种碳酸二烷基酯，被誉为"21 世纪有机合成的新基石"。它的分子式为 $C_3H_6O_3$，结构式为 $(CH_3O)_2C=O$，分子量为 90.08，常温下为无色透明液体，略带香味，熔点 4℃，沸点 90℃，闪点 18℃，自燃温度 44.5℃；难溶于水，但可与醇、酮、酯等有机溶剂以任何比例混溶。DMC 具有酯的通性，可与水发生水解反应，也可与含活泼氢基团的醇、酚、胺、酯等化合物反应。由于 DMC 的分子结构中含有甲基、甲氧基、羰基和羰甲氧基，且分子中 C—O 键能较小(335kJ/mol)，甲氧基易离去，因而化学性质非常活泼，可代替光气、硫酸二甲酯、氯甲烷作为羰化剂或甲基化试剂[4,5]，是应用于非光气路线合成聚碳酸酯或异氰酸酯等重要化学品的原料。随着以 CO_2、甲醇为原料合成 DMC 技术的进步，碳酸二烷基酯作为羰基化试剂越来越受到人们的重视，特别是以 DMC 用作羰基化剂合成氨基甲酸酯过程，将成为主导方向之一。DMC 为羰源合成 N-取代氨基甲酸酯，条件温和、在常压下即可进行，不使用剧毒原料、对环境基本不造成污染，反应副产物是甲醇，可以回收再用于合成 DMC，属于一种相对绿色的化工生产工艺；但在反应过程中 DMC 用量较大，并且和甲醇容易形成共沸物、不易分离，而且就目前来说 DMC 的价格还比较昂贵，一定程度上限制了其工业化应用。

6.2.3 尿素

尿素，又称碳酰胺(carbamide)，分子式为 H_2NCONH_2，分子量为 60，是一种白色晶体，工业上可用氨气和二氧化碳在一定条件下合成尿素。尿素与光气结构相似，同属于碳酸衍生物，能与醇和胺等反应生成相应的氨基甲酸酯、碳酸酯或脲类化合物。尿素分子中碳原子为正电中心，氧原子为负电中心，其 C—N 键的键能较小(约 331kJ/mol)，当尿素受到亲核试剂进攻时，其 C—N 键容易断裂形成羰基化合物，副产物为氨气。因此，尿素可以作为一种安全的替代光气的羰基化试剂。尿素作为一种大宗的农用化学品，利用其作为羰基化试剂，不仅原料价格低廉，而且可以使它的应用由传统的农业领域扩展到精细化工领域，具有显著的社会效益和经济效益。

6.2.4 小分子氨基甲酸酯

氨基甲酸酯类化合物(carbamic ester)具有广泛的用途，可用作农药、医药和有机合成的中间体等，其中氨基甲酸甲酯(methyl carbamate)是其典型化合物。氨基甲酸甲酯，结构式 NH_2COOCH_3，简称 MC，分子量 75.07，白色结晶颗粒，易溶于水和醇，沸点 177℃。小分子氨基甲酸酯，如 MC、氨基甲酸乙酯(EC)和氨基甲酸丁酯(BC)，可以通过尿素在小分子醇(甲醇、乙醇和丁醇)中醇解以较高收率(>98%)获得。小分子氨基甲酸酯分子中的 C—N 键能与尿素中类似，都比较小，较以往的羰源(CO、CO_2 和 DMC)有如下优点：①比 DMC 更易于获得，且造价相对降低；②比 CO_2 的反应活性高；③比 CO 更安全；④作为固体易于储藏和运输。

6.2.5 二氧化碳

CO_2(carbon dioxide)是主要的温室气体，同时也是重要而廉价的碳氧资源[6]。将 CO_2 作为一种廉价的绿色羰源，与小分子醇、脂肪族二胺直接合成 N-取代二氨基甲酸烷基酯，是实现 CO_2 合成异氰酸酯的基础过程。该过程中副产物只有水，环境友好，符合绿色化学的要求。但是 CO_2 分子中碳处于稳定的氧化态，分子中有两个 σ 键和两个 π 键，碳氧双键键能是 750kJ/mol，使得 CO_2 分子化学惰性，需要提供较高能量才能使 CO_2 活化。一方面，CO_2 本身的化学惰性导致其反应性能在很多情况下受化学平衡的限制。但另一方面，CO_2 与氨气合成尿素早已实现了工业化应用，这也是 CO_2 在工业领域最大规模的利用，采用脲或其衍生物作为原料经非光气路线合成高附加值的化学品，如有机氨基甲酸酯或碳酸酯，不仅可以实现 CO_2 的间接利用，而且可以克服直接使用 CO_2 所受到的热力学平衡的限制。

6.3 相关的催化羰基化反应过程

6.3.1 CO 为羰基源合成 N-取代氨基甲酸酯或异氰酸酯

硝基化合物直接羰基化法是 1963 年美国氰胺公司(ACC)首先提出的。该法是合成异氰酸酯方法中最短的清洁合成路线。由硝基化合物和 CO 反应，可一步生成异氰酸酯，见图 6.7。

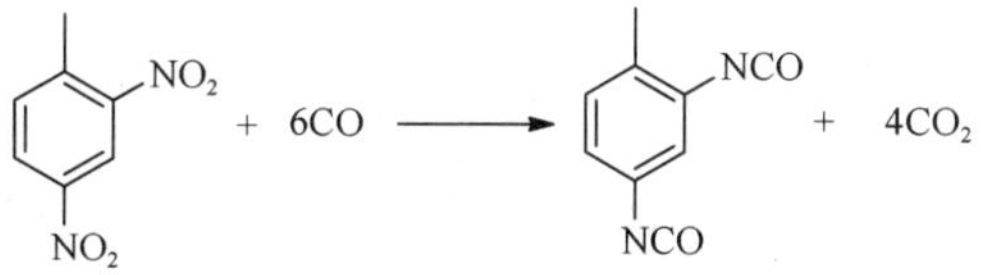

图 6.7 硝基化合物和 CO 反应一步生成异氰酸酯

但是，此法需在较高的压力和温度下进行。为保证反应向右进行，通常反应压力为 19～30MPa，反应温度为 190～210℃。主要催化剂为贵金属 Pd、Rh 等，其中 Pd 与杂环化合物形成的络合物具有良好的催化性能，加入金属化合物助剂可以延长催化剂的寿命，提高催化剂的性能[7]。但该法反应条件苛刻，最大的困难是催化剂活性低，并且有大量的贵重金属难以回收，因此此法还停留在小试开发阶段。

CO 作为一种高效的非光气羰基化试剂，也可以通过两步法合成异氰酸酯：首先应用于 N-取代氨基甲酸酯的合成，再通过热裂解制备异氰酸酯。合成 N-取代氨基甲酸酯路线主要包括硝基类化合物的还原羰化和胺类化合物的氧化羰化。

1. 硝基类化合物还原羰化

以硝基类化合物和醇为起始原料，以 CO 为羰基化试剂，在催化剂钯、铑或钌金属或其配合物的催化作用下通过发生还原羰基化反应可有效地合成氨基甲酸酯(图 6.8)。

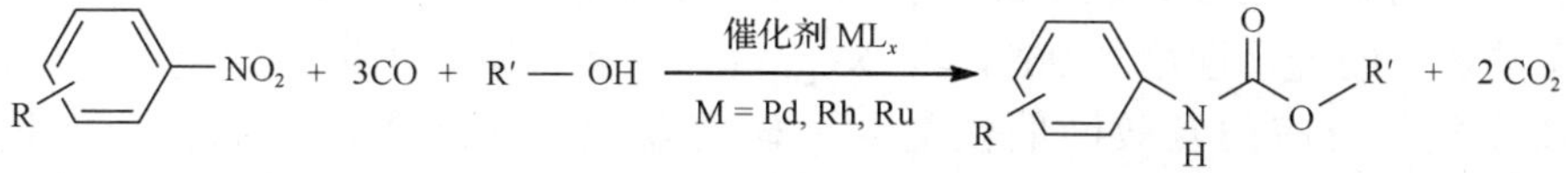

图 6.8 硝基化合物、醇、一氧化碳制取氨基甲酸酯

1) 钯催化体系

由于钯催化剂的高效、高选择性，目前钯催化剂已经成为含氮化合物羰化反应中研究最多的催化剂，而其中尤以邻啡啰啉配位的钯催化剂为好。近年来，这一方面的研究工作主要集中在助催化剂性能的研究上。当用 $[Pd(Phen)_2][BF_4]_2$ 为催化剂，以邻氨基苯甲酸为助催化剂时，硝基化合物的转化率则为 95%，Ragaini 等研究了相关机理(图 6.9)，认为二羰基邻啡啰啉钯配合物是反应的中间态[8]。

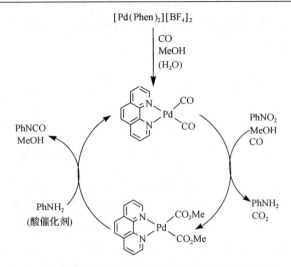

图 6.9 [Pd(Phen)$_2$][BF$_4$]$_2$ 催化硝基苯还原羰化机理

过渡金属作为助剂用于催化硝基化合物还原羰化的研究较为广泛。Halligudi 等使用红外、紫外-可见及核磁共振等表征了邻啡啰啉钯配合物并进行了硝基苯的还原羰化反应实验[9]。研究表明,当使用 CuCl$_2$ 为助催化剂时,硝基苯的还原羰化反应可以高效进行,而亚硝基苯钯配合物的生成是反应的速度控制步骤。银盐也可以用作钯催化硝基苯进行还原羰化反应的有效助催化剂,当使用钯盐、银盐、邻啡啰啉和对甲苯磺酸体系为催化剂时,硝基苯的转化率可以达到 96%。

不加邻啡啰啉配体的催化体系也有报道,如加入乙醇溶液中,当 Fe、I$_2$ 及吡啶(Py)存在时,Pd 催化剂也有较好的催化效果(表 6.1),PdCl$_2$、Py、Fe、I$_2$ 的质量比为 0.1∶0.5∶0.2∶0.5 时,硝基苯的转化率可以达到 100%,N-苯基氨基甲酸乙酯的选择性达到 96%[10]。Keggin 型杂多酸阴离子也是一类钯催化硝基苯还原羰化反应的有效助催化剂[11]。研究发现,在杂多阴离子的存在下(如 [Mo$_{11}$VPO$_{40}$]$^{4-}$),PdCl$_2$ 是该反应最好的催化剂,含氮杂环化合物吡啶的加入反而抑制反应的进行,苯胺的加入可以促进反应的进行;而在反应中不加入甲醇时可以获得二取代脲。

使用有机高聚物作为载体,担载钯催化剂也有助于提高催化剂的活性,并易于分离回收,且避免了传统使用的双氮配体和双磷配体[12]。当 PVP(聚乙烯吡咯烷酮)担载 PdCl$_2$ 催化剂和 FeCl$_3$ 助催化剂共同存在时可以高效地催化硝基苯还原羰化制氨基甲酸酯。研究表明,随着反应温度的升高产物中苯基异氰酸酯的量逐渐下降,而苯氨基甲酸甲酯的量逐渐提高,作者因此认为异氰酸酯不是由氨基甲酸酯热裂解而来。此外,一系列 P/N、P/P 配体也被用于硝基苯还原羰化反应,但是结果并不太好[13]。

表 6.1 不同反应条件对硝基苯还原羰化制苯氨基甲酸乙酯反应的影响

条目	催化剂	助催化剂	溶剂/mL	转化率/%	选择性/%	
					氨基甲酸酯	苯胺
1	$PdCl_2$/0.1	Fe/0.5I_2/0.2 Py/0.5	EtOH/20	99.7	87.7	12.3
2[1)]	$PdCl_2$/0.1	Fe/0.5I_2/0.2 Py/0.5	EtOH/20	100.0	96.0	4.0
3	$PdCl_2$/0.1	Fe/0.5I_2/0.1 Py/0.5	EtOH/20	99.7	79.0	21.8
4	$PdCl_2$/0.03	Fe/0.5I_2/0.2 Py/0.5	EtOH/20	99.6	83.4	16.0
5[2)]	$PdCl_2$/0.03	Fe/0.5I_2/0.2 Py/0.5	EtOH/6	33.9	44.7	33.3

1) CO 起始压力 5MPa；2) 添加 14mL 甲苯。

2) 铑催化体系

铑催化体系对硝基类化合物的还原羰化反应也表现出非常好的催化效果，但是近几年来使用铑催化剂进行硝基化合物还原羰化研究的工作比较少。Islam 等使用 $RhA(CO)_2$（A=anthranilic acid）为催化剂进行了多种硝基类化合物的还原羰化反应研究，并考察了 $FeCl_3$、$ScCl_4$、Py、Et_3N、甲醇钠等助催化剂和水、甲醇、乙醇等溶剂对反应的影响，结果表明，当使用硝基苯为原料，甲醇钠为助催化剂，甲醇为溶剂时硝基苯的转化率可以达到 100%，苯氨基甲酸甲酯的选择性超过 90%；而使用双硝基芳香化合物为原料时该催化体系未取得很好的结果，该研究还通过红外光谱表征推测反应过程中首先形成氨基甲酰复合物中间体，进一步与醇反应生成氨基甲酸酯[7]。在合适的助剂如邻羟基吡啶存在下，以甲苯为反应介质，$[PPN][Rh(CO)_4]$（$PPN=(PPh_3)_2N^+$）也可以催化硝基苯还原羰化得到苯氨基甲酸甲酯，优化条件下硝基苯转化率达到 80.3%，目标产物选择性为 87.2%[14]。

3) 钌催化体系

钌催化体系也对硝基类化合物的还原羰化反应具有非常好的催化活性[15-18]。如 $Ru_3(CO)_{12}$/氯化四乙铵是一个非常经典的含氮化合物羰化催化体系，Ragaini 等对该反应催化硝基类化合物还原羰化制备氨基甲酸酯的反应机理进行了非常深入的研究，给出了详细的机理（图 6.10）。$Ru_3(CO)_{12}$ 与 CO 作用生成 $Ru(CO)_5$，进一步与硝基苯反应生成中间产物苯胺，苯胺在三乙胺存在下再转化为苯异氰酸酯，生成的苯异氰酸酯与苯胺相互作用形成二苯基脲，最后经醇解得到氨基甲酸酯，而氯的存在可以加速 $Ru(CO)_5$ 的产生[19]。

其他的胺如辛胺、苄胺和手性的 R-甲基苄胺也能与甲醇、1-丙醇和苄醇发生烷基化反应[20]。同时，氨气可以与苄醇在 170℃ 反应生成 48%的苄胺及 23%的二烷基化和三烷基化胺[21]。

苯胺和甲醇的选择性烷基化可通过使用金属杂化的分子筛催化剂实现。这种分子筛通常在 NaOH 或者 NH_4F 介质中进行合成[22]。苯胺和氨气的程序升温脱附研究发现,金属原子杂化的分子筛催化材料中酸性位的量对 N, N-二甲苯胺选择性有着重要影响。

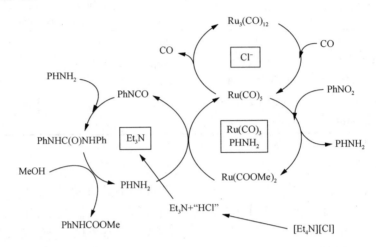

图 6.10　$Ru_3(CO)_{12}$/氯化四乙铵催化硝基苯还原羰化制苯氨基甲酸甲酯机理

4) 硒催化体系

除贵金属催化剂外,硒催化剂也是一个很有效的硝基类化合物还原羰化催化剂。杨瑛等使用硒粉为催化剂研究了硝基苯与各种醇的还原羰化反应,结果表明,当使用直链醇进行反应时,相应氨基甲酸酯的收率随着醇碳链的增长而增加,当使用正十醇为原料时,产品收率达到95%[23]。

2. 胺类化合物氧化羰化

胺类化合物的氧化羰基化法是以胺和醇为起始原料,以 CO 为羰基化试剂,氧气存在下通过在催化剂钯、金或铑等或其配合物作用下发生氧化羰基化反应,得到目标氨基甲酸酯(图 6.11)。该方法同样起始原料简单,来源方便;合成路线简短;用 CO 替代剧毒的光气,副产物为无腐蚀性无污染的水,环境相对友好。

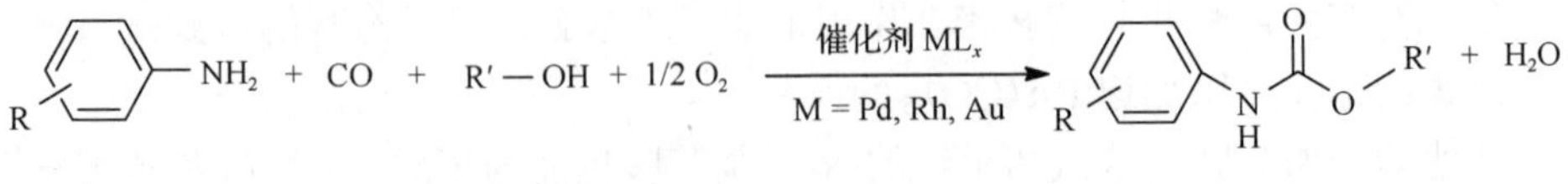

$$\underset{R}{\bigcirc}-NH_2 + CO + R'-OH + 1/2\,O_2 \xrightarrow[M=Pd,\,Rh,\,Au]{\text{催化剂 ML}_x} \underset{R}{\bigcirc}-\underset{H}{N}-\underset{\Vert}{C}-O-R' + H_2O$$

图 6.11　胺类化合物氧化羰化合成氨基甲酸酯

1) 硒催化体系

硒化合物是近几年研究比较多的一类胺氧化羰化催化剂体系。Kim 等[24, 25]的研究表明，通过加入碱金属的碳酸盐可以有效地提高 SeO_2 在苯胺氧化羰化制备氨基甲酸酯反应中的催化活性，并且不同的碱金属体系具有如下活性顺序：SeO_2-Cs_2CO_3 = SeO_2-Rb_2CO_3 > SeO_2-K_2CO_3 > SeO_2-Na_2CO_3 > SeO_2-Li_2CO_3。其中当以 SeO_2 为催化剂，Cs_2CO_3 为助催化剂时苯胺的转化率达到 81.6%，氨基甲酸酯的选择性达到 92%。

2) 钯催化体系

当以 $PdCl_2$-$CuCl_2$-HCl 为催化剂，不再加入其他助剂时苯胺转化率可以达到 74%，选择性接近 60%，显示出了较好的催化活性[26]。聚合物担载的双金属催化剂可以很有效地催化苯胺的氧化羰化反应，其中以 PVP 担载的 $PdCl_2$-$MnCl_2$ 应用于苯胺的氧化羰化时其效果较好，底物转化率可以达到 85%，苯氨基甲酸乙酯的选择性达到 98%，但是由于该过程中需要一定量的碱（乙酸钠等）存在才可以很好地进行，这就限制了其研究和应用[27]。

鉴于酸性助剂在含氮化合物羰化反应中的重要作用，邓友全实验室发展了一个由硫酸盐修饰二氧化锆担载的钯催化剂，成功应用于苯胺的氧化羰化反应[28]。当使用甲醇或乙醇为溶剂进行该反应时，苯胺的转化率可以达到 100%，选择性约 99%。而以 β-萘胺为原料时，反应 15min 转化率选择性就可达到 95%，展现出良好的催化活性，催化体系潜在的强酸性可能是该过程高活性的重要原因。但是由于该催化剂担载不是十分牢固，其重复使用问题仍然需要改善。

3) 金催化体系

自 Haruta 等报道高分散担载金催化剂对 CO 有良好低温消除的活性以来，金催化剂的研究开始受到关注。金催化剂在含氮化合物羰化中的应用最早是由邓友全课题组在 2001 年实现的。研究表明，$Au(PPh_3)^-$ 和 $Au(PPh_3)_2^-$ 是一类有效的胺类化合物羰化催化剂，三苯基磷的加入可以提高该催化体系的活性和稳定性。当以 $Au(PPh_3)NO_3$+PPh_3 为催化剂时，苯胺的转化率可以达到 96%，选择性达到 83%[29]。尽管该过程取得了较好的转化率和选择性，但是其转化频率只有 36，并且催化剂的分离和重复使用问题需要解决。这远远不能满足当前高转化频率含氮化合物羰化催化剂的需求。为了提高金催化剂的催化效率并解决其重复使用问题，邓友全课题组进一步开展了金催化剂的固载化工作。当将金固载到树脂高聚物上时发现其催化效率大幅度提高并且具有很好的重复使用性能。研究表明，该催化剂中金含量为 1% 时苯胺的转化率可以达到 95%，选择性接近 100%，并且该催化剂重复使用 3 次而活性保持基本不变[30]。进一步的研究表明，催化剂的活性组分是还原态的纳米金颗粒。与以往金催化剂不同的是，该催化剂中存在的氯离子并不影响其催化活性。催化剂重复使用几次后活性降低的原因可能是金颗粒的团聚长大[31]。

4) 离子液体催化体系

离子液体催化体系对含氮化合物羰化反应也具有很好的促进作用。邓友全课题组使用钯邻啡啰啉配合物为催化剂,以[BMIm][BF$_4$]离子液体为催化反应介质成功地实现了苯胺高效的催化氧化羰化反应,该反应的转化频率接近 5000,进一步的红外表征发现钯配合物与离子液体发生了一定的相互作用,这可能是该催化体系高活性的原因[32]。为了提高离子液体催化体系的催化效率和分离能力,又开展了离子液体体系的固载化研究。当以溶胶凝胶的方法将钯–离子液体催化体系担载于硅溶胶中时,可以大大降低离子液体的用量、降低催化反应的温度而保持催化活性基本不变;进一步研究表明,适量钛氧化物的引入有助于提高该催化剂的催化活性。硒–离子液体催化体系也可以应用于苯胺的氧化羰化反应,并取得了非常好的结果[33]。当以[KSeO$_2$(OCH$_3$)]为催化剂,以离子液体为反应介质时,苯胺可以高效地转化为氨基甲酸酯,其转化频率可以接近 4000。Kim 等认为该体系高活性的原因是生成了如图 6.12 所示结构的化合物。

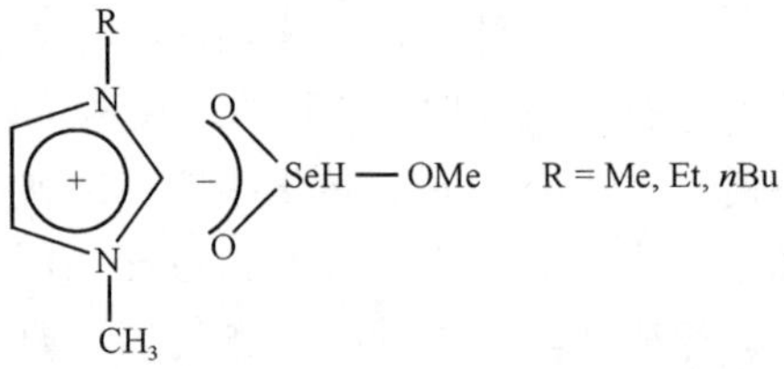

图 6.12　硒酸钾二甲酯在离子液体中的过渡态

虽然 CO 作为羰源可以有效合成氨基甲酸酯,但是胺的氧化羰化法往往需要高温高压等苛刻的反应条件,并且 CO 和氧气的混合物容易发生爆炸,这给安全生产带来了巨大的隐患,而且催化剂的使用寿命也有待提高。

6.3.2　小分子碳酸烷基酯为羰基源合成 N-取代氨基甲酸酯

通常碳酸二烷基酯与胺的反应活性为 DMC＞DEC＞DBC,即在相同的条件下 DMC 与胺反应的温度更低。此外,DMC 的价格相比于 DEC 和 DBC 也较低。因此,利用 DMC 羰化胺类化合物得到相应 N-取代氨基甲酸酯的研究比较多(图 6.13)。该反应中副产物甲醇,又可用于氧化羰化制备 DMC,结合这两个过程可以实现零排放,提高原子利用率,符合绿色催化的理念。

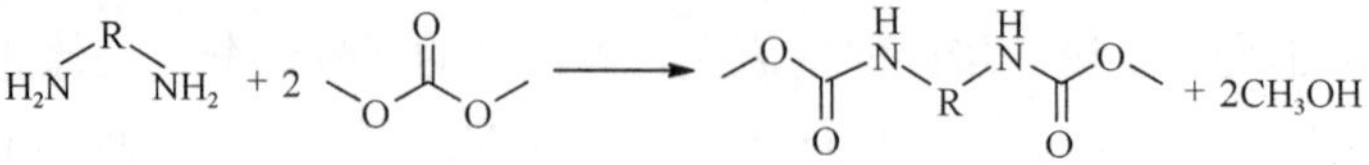

图 6.13　DMC 与胺反应生成 N-取代氨基甲酸酯

为加快羰基化反应的速率，一般在催化剂的作用下进行反应，常用催化剂包括碱催化剂、Lewis 酸催化剂、离子液体等。其中，碱催化剂有碱金属(Li、Na、K)或碱土金属(Mg、Ca)的醇化物，碱式碳酸锌和碱式碳酸铜等。Lewis 酸催化剂有 Ti、Zr、Mn、Fe、Co、Ni、Cu、Zn、Sn、Pb、Bi、Cd 的有机酸或无机酸盐及其负载型等。脂肪族二胺由于其亲核性和碱性强于芳香族二胺，与 DMC 的酯交换反应可以在较温和的条件下进行。以 1,6-己二胺(HDA)为例，已经报道的催化剂有 MgO/ZrO$_2$[34]、Zn/SiO$_2$[35]、Bi(NO$_3$)$_3$[36]、Sc(OTf)$_3$[37]、AlSBA-15[38]、Mn(OAc)$_2$[39]、ZnAlPO$_4$[40]、[BSO$_3$HMIm][OTf][41]、CH$_3$COONa[42]和 NaOCH$_3$[43]。该过程的反应温度≤80℃，1,6-己二氨基甲酸甲酯(MHDC)的收率在 50%～98%(表 6.2)。但是，这些催化剂大部分存在以下问题：反应需要添加溶剂(甲醇)、反应时间长、反应温度相对较高、DMC 与 HDA 的摩尔比高及均相催化剂的分离等问题。最近，邓友全课题组通过氨基三氮唑与氢氧化钾中和反应制备了一种新型的氨基三氮唑钾盐(KATriz)催化剂[44]，并用于 DMC 与 HDA 酯交换合成 MHDC。在室温条件下，HDA 的转化率达 100%，MHDC 的选择性约 100%，并提出了相应的转化过程(图 6.14)。该羰基化反应首先生成单酯中间体(MHC)，再继续与 DMC 反应生成二氨基甲酸酯产品。N-甲基化副产物是由 HDA(或者 MHC)与 DMC 反应生成的，降低烷基化副产物的选择性是获得高收率 MHDC 的关键。

表 6.2 不同催化剂催化 DMC 与 HDA 反应合成 MHDC

催化剂	反应条件[温度，时间，DMC：HDA(摩尔比)，催化剂]	MHDC 收率/%
MgO/ZrO$_2$	60℃, 6h, 10：1, 17wt%	53
Zn/SiO$_2$	80℃, 6h, 2：1, 32wt%	68
Bi(NO$_3$)$_3$	80℃, 18h, 3：1, 5.6wt%	84
Sc(OTf)$_3$	20℃, 36h, 2.6：1, 11wt%	84
AlSBA-15	70℃, 35h, 6：1, 5wt%	84
Mn(OAc)$_2$	80℃, 10h, 6：1, 10wt%	86
ZnAlPO$_4$	76℃, 8h, 8：1, 4.3wt%	92
[BSO$_3$HMIm][OTf]	80℃, 4h, 2.1：1, 1wt%	94
CH$_3$COONa	75℃, 10h, 2：1, 17.2wt%	96
NaOCH$_3$	70℃, 3h, 7.7：1, 4wt%	98
KATriz	30℃, 10h, 3：1, 5wt%	~100

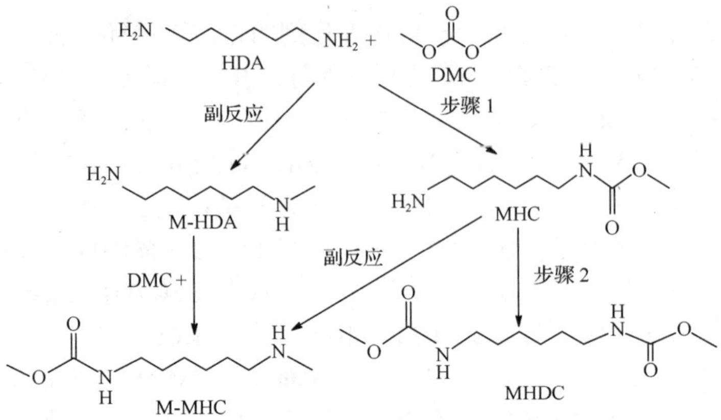

图 6.14 DMC 与 HDA 可能的反应路径

对于芳香族的二胺，如 2,4-甲苯二胺(TDA)和 4,4-二苯基甲烷二胺(MDA)，其反应活性明显低于脂肪族二胺。例如，HDA 与 DMC 在 80℃以下就可以反应，而 TDA 与 DMC 反应温度需要在 180℃左右。例如，Baba 等[45, 46]以 $Zn(OAc)_2$ 为催化剂时，在 180℃反应 2h，TDA、MDA 等胺的转化率＞99%，选择性＞97%。此外，$Pb(OAc)_2$ 也可以作为 TDA 与 DMC 反应的有效催化剂(在 170℃，TDA/DMC=1∶20，TDA/$Pb(OAc)_2$=1∶50)，TDA 转化率达 100%，甲苯二氨基甲酸甲酯(TDC)的选择性达 97.7%。虽然降低了反应温度，但是 $Pb(OAc)_2$ 的稳定性较差，会与 DMC 及生成的甲醇反应形成 $Pb_3(CO_3)_2(OH)_2$ 导致催化剂失活[47]。

Corma 等[48]制备了纳米 Au/CeO_2 用于 TDA 与 DMC 的反应，使反应温度进一步降低到 140℃，并且发现 5nm 的 CeO_2 对该反应也具有较好的催化效果。通过原位红外表征发现，DMC 在催化剂表面上吸附解离生成甲氧基(IR 吸收在 $1104cm^{-1}$ 和 $1044cm^{-1}$)和碳酸盐物种(IR 波数在 $1588cm^{-1}$)，以 CeO_2 为催化剂，当共吸附苯胺后，开始加热，30℃时属于碳酸盐的吸收峰开始慢慢消失，温度升高到 120℃后大部分碳酸盐的吸收峰已经消失，但是属于甲氧基的吸收峰仅部分消失，需要更高的温度才能使其完全消失[图 6.15(a)]。Au/CeO_2 与 CeO_2 拥有相同的吸收峰和定性行为，它们之间最大的区别是在与苯胺的原位反应过程中，室温下 Au/CeO_2 表面上的碳酸酯碎片比 CeO_2 消失得更快，70℃时就已经大部分消失了。此外，Au/CeO_2 上发现了 $1656cm^{-1}$ 吸附峰，这归属于氨基甲酸酯的羰基基团，说明纳米 CeO_2 表面上金的存在大大提高了其向目标产物转化的活性[图 6.15(b)]。

此外，乙酸锌的水合物[$Zn(OAc)_2·2H_2O$]对 MDA 与 DMC 的反应也是一个高效的催化剂，在 DMC 与 MDA 摩尔比为 25，180℃条件下反应 2h，4,4-二苯基甲烷二氨基甲酸甲酯(MDC)的收率可达 97%[49]。$Zn_4O(OAc)_6$ 同样能催化芳香族二胺与 DMC 或者 DEC 反应，相应的二氨基甲酸酯的收率可高达 98%[50]。

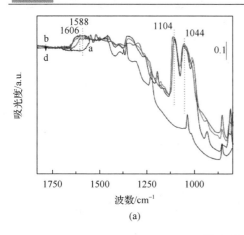
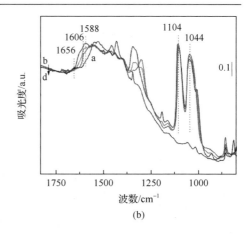

图 6.15 FTIR 图谱
(a) a. 纳米 CeO$_2$，b. 吸附 DMC 后，c. 30℃ 共吸附苯胺后，d. 120℃ 共吸附苯胺后；
(b) a. 纳米 Au/CeO$_2$，b. 吸附 DMC 后，c. 30℃ 共吸附苯胺后，d. 70℃ 共吸附苯胺后；
1588cm^{-1} 处从上到下依次为 b～d

一般碱催化二胺与 DMC 反应合成二氨基甲酸甲酯的可能催化机理如图 6.16 所示。首先，碱阴离子作为亲核试剂从二胺的氨基上夺取一个氢质子形成氮负离子；然后氮负离子进攻 DMC 的羰基碳生成四面体中间体，伴随着甲氧基的离去该中间体转化为单氨基甲酸酯；紧接着甲氧基从催化剂上夺取氢质子形成副产物甲醇，而催化剂可以再生，接下来催化单氨基甲酸酯向二氨基甲酸酯转变。

图 6.16 碱催化二胺与 DMC 反应的可能机理

采用乙酸锌或乙酸钠等乙酸盐作为催化剂时，其可能催化机理如图 6.17 所示。首先，亲核试剂乙酸根从胺类化合物夺取一个 H 质子，失去质子的 N 原子由于电子云密度增大，碱性增强，因此亲核性增加，进而进攻 DMC 的羰基碳，生成四面体中间体，伴随着甲氧基的离去该中间体转化为单氨基甲酸酯；紧接着甲氧基从乙酸上夺取氢质子形成副产物甲醇，而乙酸根可以再生，进一步催化单氨基甲酸酯向二氨基甲酸酯转变。

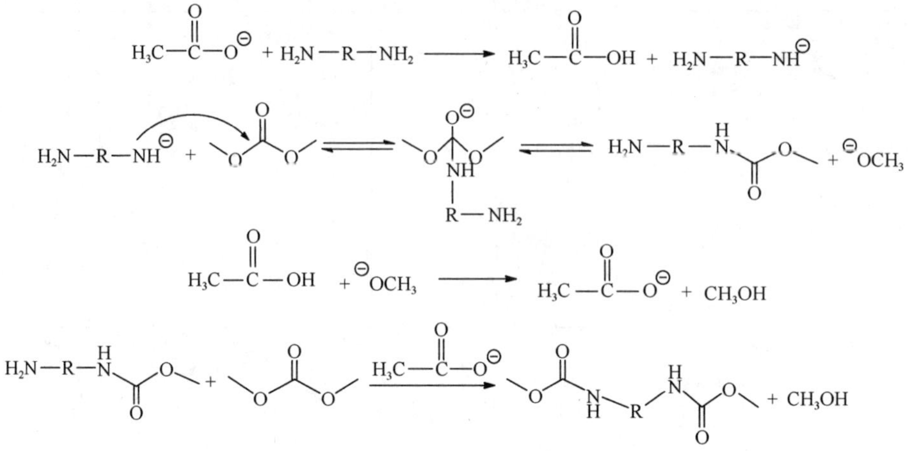

图 6.17 乙酸盐催化二胺与 DMC 反应的可能机理

DMC 为羰源合成 N-取代氨基甲酸酯的催化剂多以酸碱催化剂为主，该反应实质上是一个酯交换反应。该过程条件温和，在常压下即可进行，不使用剧毒原料、对环境基本不造成污染，反应副产物是甲醇，可以回收再用于合成 DMC，属于一种相对绿色的化工生产工艺。但在反应过程中 DMC 用量较大，并且和甲醇容易形成共沸物、不易分离，而且就目前来说 DMC 的价格还比较昂贵，阻碍了其大规模工业化的推广和应用。

6.3.3 尿素为羰源合成 N-取代氨基甲酸酯

尿素也可以替代光气通过与醇、胺一锅法反应合成 N-取代氨基甲酸酯，如图 6.18 所示。在此过程中，尿素作为无毒的羰基化试剂，价格便宜、资源丰富。同时，由于 CO_2 和 NH_3 的合成尿素工业技术成熟，反应中副产的 NH_3 可以容易地再循环用于尿素生产。因此，这条路线可以被认为是间接利用 CO_2 来制备 N-取代氨基甲酸酯。

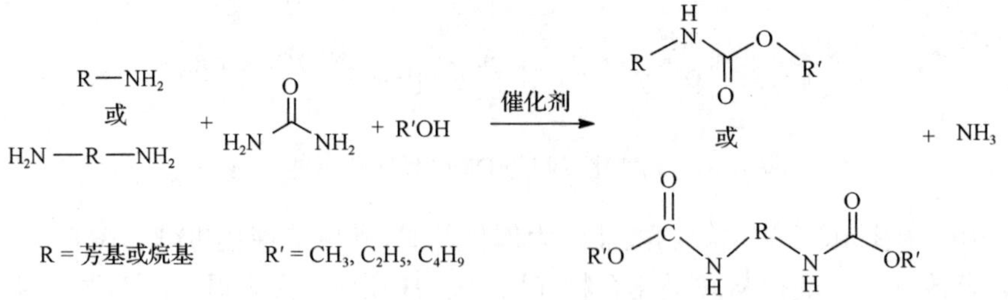

图 6.18 尿素为羰源合成 N-取代氨基甲酸酯

目前，只有少数文献报道了胺、尿素和醇的反应合成 N-取代氨基甲酸酯[51]，且反应温度都接近 200℃。Laqua 等[52]以可溶性锆化合物(锆烷氧化物、乙酸锆或乙酰丙酮锆)为催化剂催化尿素、二胺和醇合成 N-取代氨基甲酸酯。该反应在 210℃，回流条件下进行，压力为 0.9MPa，形成的 NH_3 从反应混合物中连续除去。2~6h 反应后，可获得 80%的 N-取代氨基甲酸酯产率。然而，使用可溶性锆化合物作为催化剂涉及分离和回收的问题。

邓友全课题组[53]制备了一系列的二氧化硅担载的铬钛催化剂并以 HDA、尿素与乙醇反应合成 1,6-己二氨基甲酸乙酯(EHDC)为模型反应，来考察各种催化剂的催化活性，结果见表 6.3。空白测试中，HDA 的转化率能达到 99%，但是 EHDC 的收率仅有 12%。发现在反应完的液体中存在大量不溶解的白色固体。为了确定该固体产物的结构，对其进行了红外光谱研究，见图 6.19(a)。$1618cm^{-1}$ 与 $1577cm^{-1}$ 处的红外吸收峰分别归属为酰胺 I (C=O)与酰胺 II (CO—N—H)，说明形成了脲的结构。EC 和 DEC 也在产物中检测到，这是由过量的尿素醇解生成的。此外，极少量 N-烷基化的 HDA 也被 GC-MS 检测到，这有可能是 DEC 与 HDA 反应生成的或者与醇胺直接反应形成的。为了确定其形成路径，做了醇胺的反应，但是在该条件下并没有烷基化的产品，说明 N-烷基化的 HDA 是 DEC 与 HDA 反应生成的。尽管在无催化剂条件下，尿素与 HDA 也能反应，但是为了得到高收率的 EHDC 催化剂是必需的。当以纯的 SiO_2 为催化剂时，EHDC 的收率只有 30%(条目 2)。NiO/SiO_2 的活性略高于 SiO_2，EHDC 的收率能到 58%，但是仍然有脲的副产物存在。当 Ti 或 Cr 担载到 SiO_2 上时(条目 4~7)，催化剂的活性明显提高。TiO_2-Cr_2O_3/SiO_2 表现出最高的催化活性，几乎 100%的 HDA 转化率和 98%的 EHDC 收率。这些结果表明脲的衍生物可能是该反应的中间体，即使在无催化剂的条件下也能生成，但是其进一步的醇解过程是比较困难的，必须引入催化剂确保得到高收率的 EHDC[图 6.19(b)]。另外，还考察了该催化剂的重复使用性。在反应结束后，将催化剂过滤、洗涤、在 80℃烘干后用于重复使用性测试，结果显示该催化剂在重复使用 5 次后其催化活性几乎没有变化。

表 6.3　HDA 与尿素合成 EHDC 催化剂筛选 1)[53]

条目	催化剂	转化率/%	产率 2)/%
1	无	99	12
2	SiO_2	96	30
3	NiO/SiO_2	98	58
4	TiO_2/SiO_2	99	80
5	Cr_2O_3/SiO_2	99	62
6	NiO-Cr_2O_3/SiO_2	~100	78
7	TiO_2-Cr_2O_3/SiO_2	~100	98
8	使用 5 次后 TiO_2-Cr_2O_3/SiO_2	99	96

1) 反应条件：10mmol HDA，24mmol 尿素，150mmol 乙醇，8wt%催化剂(基于 HDA 的质量)，190℃，8h；
2) 色谱收率。

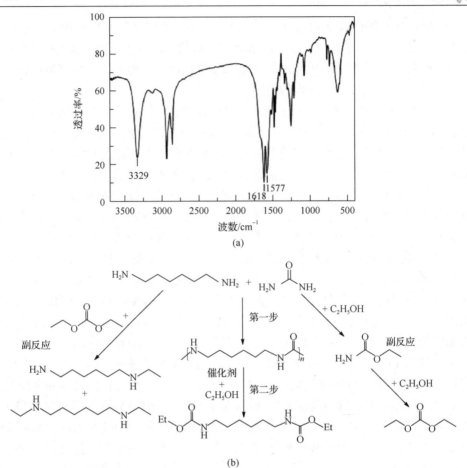

图 6.19 (a) 固体产物的红外谱图;(b) TiO_2-Cr_2O_3/SiO_2 催化尿素、HDA、乙醇合成 EHDC 的可能反应过程

为了探究催化剂之间的差异,对催化剂的表面酸碱性进行了程序升温脱附 CO_2 和 NH_3 的研究。对于所有测试样品,在 60℃附近观察到了一个 CO_2 脱附峰归属于弱的碱性位;只有 TiO_2-Cr_2O_3/SiO_2 催化剂在 460℃处出现了第二个 CO_2 脱附峰可归属于强碱性位,弱碱性位和强碱性位的数量分别为 0.602mmol/g 和 0.638mmol/g[图 6.20(a)]。图 6.20(b)中展示了催化剂的 NH_3 脱附曲线,对于所有测试样品,在 100~120℃之间观察到一个 NH_3 脱附峰归属于弱的酸性位,TiO_2-Cr_2O_3/SiO_2 表现出更强的酸性,而 TiO_2/SiO_2 则拥有大量的酸性位(3.68mmol/g)。综合考虑各种催化剂 TPD 的结果及其催化性能,发现 N-取代氨基甲酸酯的收率主要受酸碱性位的强度影响。虽然还不能明确铬钛它们各自的作用,但是根据之前的文献报道该反应是碱催化的亲核取代过程。所得结果符合这一机理,TiO_2-Cr_2O_3/SiO_2 相比于 TiO_2/SiO_2 和 Cr_2O_3/SiO_2 拥有强的碱性位,其活性最高。

TiO$_2$-Cr$_2$O$_3$/SiO$_2$中强碱性位的存在可能是由于TiO$_2$与Cr$_2$O$_3$在载体表面的相互作用，这可由XRD结果证实。此外，金属离子M$^+$（M=Ti、Cr协同作用）的路易斯酸性位对该反应也可能有重要作用。

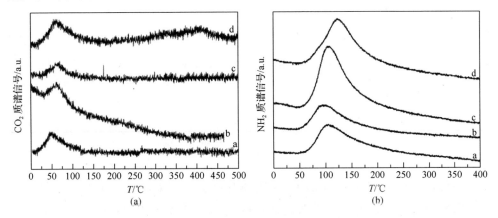

图 6.20　程序升温脱附CO$_2$曲线(a)和NH$_3$曲线(b)
a. NiO/SiO$_2$；b. Cr$_2$O$_3$/SiO$_2$；c. TiO$_2$/SiO$_2$；d. TiO$_2$-Cr$_2$O$_3$/SiO$_2$

表 6.4　TiO$_2$-Cr$_2$O$_3$/SiO$_2$催化不同胺与尿素反应合成 N-取代氨基甲酸酯 [1][53]

条目	胺	醇	转化率/%	产率[2]/%
1	＿＿＿NH$_2$	CH$_3$OH	98	80
2	＿＿＿NH$_2$	C$_2$H$_5$OH	99	98
3	＿＿＿NH$_2$	C$_4$H$_9$OH	96	93
4	⌬-NH$_2$	CH$_3$OH	98	78
5	⌬-NH$_2$	C$_2$H$_5$OH	99	97
6	⌬-NH$_2$	C$_4$H$_9$OH	90	84
7	＿＿＿＿＿＿NH$_2$	C$_2$H$_5$OH	99	96
8	H$_2$N＿＿＿NH$_2$	C$_2$H$_5$OH	99	95
9	H$_2$N-⌬-⌬-NH$_2$	C$_2$H$_5$OH	99	96
10	H$_2$N-⌬-NH$_2$	C$_2$H$_5$OH	96	94
11	Ph-NH$_2$	C$_2$H$_5$OH	73	71
12	PhCH$_2$-NH$_2$	C$_2$H$_5$OH	96	92

续表

条目	胺	醇	转化率/%	产率[2]/%
13	3-甲基苯胺	C_2H_5OH	80	78
14	间苯二甲胺	C_2H_5OH	99	95
15	4,4'-二氨基二苯甲烷	C_2H_5OH	99	97
16	2,4-二氨基甲苯	C_2H_5OH	99	70

1) 反应条件：10mmol 胺，12mmol 或 24mmol 尿素，0.1g TiO_2-Cr_2O_3/SiO_2，150mmol 醇，190℃，8h，90mL 高压釜；2) 色谱收率。

在优化条件下，对 TiO_2-Cr_2O_3/SiO_2 催化胺类与尿素反应合成 N-取代氨基甲酸酯的底物进行了扩展，结果列于表 6.4。首先，考察了甲醇、乙醇、丁醇对尿素与丁胺的反应性(条目 1~3)，相应 N-取代氨基甲酸酯的收率分别为 80%、98% 和 93%；当以环己胺为底物时其结果与丁胺类似(条目 4~6)。采用甲醇时相应 N-取代氨基甲酸酯的收率略低，这是由于生成了 N-甲基化的胺；而乙醇、丁醇为底物时则随着醇烷基链的增长，胺的转化率下降，以乙醇为底物时相应 N-取代氨基甲酸酯的收率最高。根据文献报道，尿素醇解的过程是一个在酸碱催化剂上的亲核取代反应，而烷氧基的亲核性随着烷基链的增长逐渐减弱。随后，以乙醇为底物考查了不同脂肪胺的反应性(条目 7~10)。尽管胺的转化率都几乎达到 100%，但是环状胺相应 N-取代氨基甲酸酯的收率略低于链状胺，可能是其位阻较大的环状结构造成的；又进一步考查了不同芳香胺的反应性(条目 11~16)，在最优的反应条件下，苯胺的转化率只有 73%，这可能是芳香胺的弱碱性导致的，对于其他的芳香胺其转化率在 80%~99%，相应 N-取代氨基甲酸酯的收率在 70%~97%，略低于脂肪胺。此外，N-乙基化的芳香胺量尤其是以甲苯二胺为原料时明显增加。所有这些结果表明，芳香胺的反应性弱于脂肪胺是两类胺的亲核性差异导致的。脂肪胺中没有芳环直接与 N 原子相连，而芳香胺中芳环降低了 N 原子的电子云密度，降低了其与质子结合的能力，即碱性降低，因此芳香胺的反应性较差。除了它们的碱性差异，胺类反应性能的重要影响因素是它们的亲核性，芳香胺的转化率低于脂肪胺，也可能是由于芳香胺的弱亲核性导致的。

通过尿素、醇和胺高效合成 N-取代氨基甲酸酯是一条具有实用价值的非光气路线，在优化条件下，邓友全成功地合成了几种重要的脂肪族 N-取代氨基甲酸酯，其收率大于 90%。催化剂可重复使用多次而活性保持不变。但是必须承认的是现在的反应条件(16 当量的醇、8h、8wt%的催化剂,即 M_{HDA} : M_{urea} : M_{ROH}=1 : 2.4 : 16)要想实现工业应用是比较困难的。一个可能的策略是先将一半的反应原料(即 M_{HDA} : M_{urea} : M_{ROH}=0.5 : 1.2 : 8)加入反应器中,反应 3h 后,将剩余的一半原料(即 M_{HDA} : M_{urea}=0.5 : 1.2,溶解到少量的乙醇中)加热到一定温度通过高压泵注入反应器。这样,既能保持原料的起始比例,又能减少过量溶剂和催化剂的使用。

6.3.4 氨基甲酸酯为羰源合成 N-取代氨基甲酸酯

1. 小分子氨基甲酸烷基酯

小分子氨基甲酸烷基酯如 MC、EC 和 BC,可以通过尿素与小分子醇(甲醇、乙醇和丁醇)醇解合成,是近年来发展起来的一类高效的羰基化试剂,广泛应用于 N-取代氨基甲酸酯的合成(图 6.21)。此过程相对 DMC 为羰源制备 N-取代氨基甲酸酯的过程简单,不存在与甲醇形成共沸物,从而造成分离困难的问题;比 CO 过程毒性小,使用相对安全;且比 CO_2 过程反应活性高。此外,该反应过程副产的氨气可以循环用于合成原料尿素,进而合成氨基甲酸烷基酯,可间接实现 CO_2 的优化利用。因此,探索和研究以氨基甲酸烷基酯为羰基化试剂合成 N-取代氨基甲酸酯的合成工艺及高效催化剂的开发具有非常重要的意义。

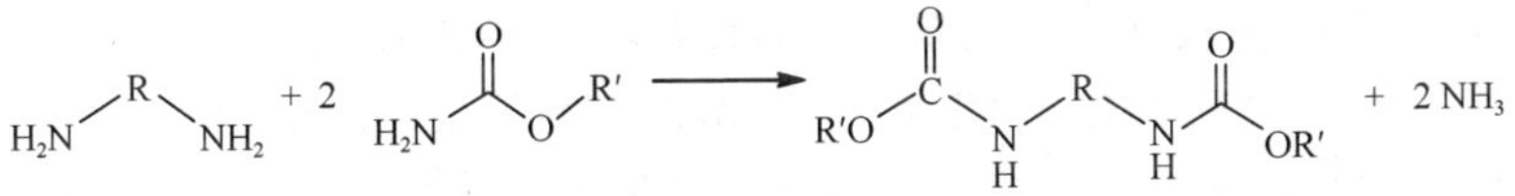

$$H_2N-R-NH_2 + 2\ H_2N-\overset{O}{\underset{}{C}}-O-R' \longrightarrow R'O-\overset{O}{\underset{}{C}}-\overset{}{\underset{H}{N}}-R-\overset{}{\underset{H}{N}}-\overset{O}{\underset{}{C}}-OR' + 2\ NH_3$$

图 6.21 氨基甲酸酯为羰源合成 N-取代氨基甲酸酯

利用氨基甲酸烷基酯类化合物为羰基化试剂,通过与胺的反应合成 N-取代氨基甲酸酯类化合物目前已有报道。可在无水氯化锌、辛酸锌、乙酸钴及锆盐等路易斯酸盐为催化剂时,合成一系列芳香单胺、二胺及脂肪族单胺、二胺的氨基甲酸酯衍生物[54]。Li 等[55]详细考察了不同催化剂种类、反应温度、反应时间、原料氨基甲酸酯、甲醇与苯胺的摩尔比和催化剂的用量,结果发现,以 $ZnCl_2$ 为催化剂,氨基甲酸酯:甲醇:苯胺=8 : 5 : 1,160℃,反应 4h,苯胺的转化率为 90.1%,苯氨基甲酸酯的选择性为 99.7%。同时初步探讨了反应机理,认为第一步是锌正离子对氨基甲酸酯的亲电进攻,然后是有机胺对氨基甲酸酯羰基碳的亲核进攻,也就是发生了苯胺对氨基甲酸酯的直接取代反应。可能的过程如图 6.22 所示。

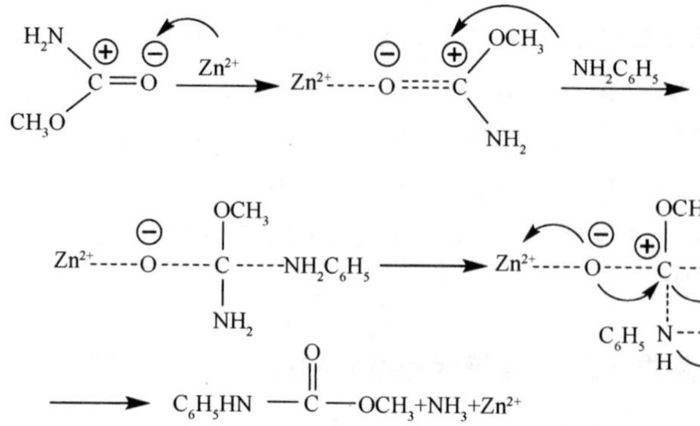

图 6.22 ZnCl$_2$ 催化氨基甲酸甲酯和苯胺合成苯氨基甲酸甲酯的反应机理

邓友全课题组以 BC 为羰基化试剂，考察了 Y(NO$_3$)$_3$·6H$_2$O 催化合成 1,6-己二氨基甲酸丁酯的性能[56]。在 180℃下反应 6h，HDA 的转化率为 100%，BHDC 的分离收率为 85%。随后，又分别以 MC、EC 和 BC 羰基化试剂，报道了合成 1,6-己二氨基甲酸酯的研究[57]，结果表明在 FeCl$_3$ 的催化作用下，HDA 转化率为 100%，MHDC、EHDC、BHDC 的收率分别为 84%、93%和 91%，表明 EC 的反应活性比 MC 和 BC 的高。催化剂 FeCl$_3$ 可循环使用 4 次且保持较好的催化活性。并利用 FTIR、XRD 和 XPS 对使用前后的催化剂进行研究，发现尽管催化剂在使用后，其组成发生一些变化，其组成包括 Fe$_2$O$_3$、Fe$_3$O$_4$ 和 Fe(OH)$_3$，但基本不影响其活性，说明这些铁的含氧化合物对该反应均具有较好的催化活性。Zhao 等[58]以 PbO$_2$ 为催化剂，研究了其对 MC 与 HDA 合成 MHDC 的效果，在优化反应条件下，HDA 的转化率为 100%，MHDC 的收率为 93%。但是该催化剂重复使用一次后，MHDC 的收率降低到 72%。利用 XRD 和 FTIR 对使用前后的催化剂进行表征，发现催化剂在使用后转变为 PbCO$_3$，Zhao 等认为这是催化剂重复使用活性降低的原因。虽然以上催化剂的活性较高，但是这些催化剂易失活、流失严重、重复使用性差，鉴于此亟需发展一种高效的固体催化剂以满足工业生产的需求。

在上述研究基础上，邓友全等又通过共沉淀法制备了一系列磁性 Fe$_3$O$_4$ 担载 Ni 的催化剂，对其结构组成及性质进行了详细的表征，并考察了对氨基甲酸酯为羰源合成 N-取代氨基甲酸酯的催化性能[59]。首先采用氮气的等温吸-脱附曲线表征了各种催化剂的比表面积、孔径及孔容性质，结果如表 6.5 所示。可以看出，所制备催化剂的比表面积都较低，其中纯的 NiO$_x$ 的比表面积远远小于纯的 Fe$_3$O$_4$；5.0wt% Ni/Fe$_2$O$_3$ 催化剂的比表面积为 47.6m^2/g，经 400℃纯氢气还原 2h 后，催化剂 5.1wt% Ni/Fe$_3$O$_4$ 的比表面积下降为 9.6m^2/g，说明还原过程使催化剂的比表面积明显降低；对比反应前后催化剂的比表面积，使用后催化剂的比表面积增加到 15.2m^2/g，可能是催化剂在使用过程中部分发生氧化造成的。另外，发现不同镍担载量催化剂的比表面积几乎一致，说明镍组分的含量对催化剂比表面积没有影响。

表 6.5　合成的各种催化剂的物理化学性质

条目	催化剂	$S_{BET}/(m^2/g)$	$d_p^{1)}$/nm	$v_p^{2)}/(cm^3/g)$	总碱性位/(μmol/g)
1	NiO_x	1.8	31.9	0.01	5
2	Fe_3O_4	9.5	25.6	0.05	32
3	3.2wt% Ni/Fe_3O_4	9.5	24.8	0.05	43
4	5.1wt% Ni/Fe_3O_4	9.6	23.6	0.05	52
5	5.0wt% Ni/Fe_2O_3	47.6	19.4	0.25	—
6	使用后 5.1wt% Ni/Fe_3O_4	15.2	18.3	0.09	58

1) 平均孔径；2) 平均孔容。

随后又对催化剂的表面酸碱性进行了程序升温脱附 CO_2 的研究,结果见表 6.5 与图 6.23。对于所有测试样品,在 84℃与 370～385℃处观察到两个 CO_2 脱附峰,在 84℃处的 CO_2 脱附峰归属于弱碱性位,而对于 370～385℃处的宽泛 CO_2 脱附峰可归属于中等强度的碱性位。对比使用前后 5.1wt% Ni/Fe_3O_4 催化剂的 CO_2 脱附曲线,它们几乎没有差别。表 6.5 中的定量结果显示,随着镍组分的引入及镍组分含量的增加,样品的 CO_2 脱附量从 Fe_3O_4 的 32μmol/g 增加到 5.1wt% Ni/Fe_3O_4 的 52μmol/g。同时,中等强度碱性位远远少于弱碱性位,说明镍物种主要影响样品的弱碱性位,而对中等强度的碱性位影响较小；进一步表明高温处的 CO_2 脱附峰是在吸附过程形成的强键合的碳酸盐物种,而与样品的催化活性关联不大。同样,为了表征催化剂样品表面的酸性位,进行了程序升温脱附 NH_3 的研究,

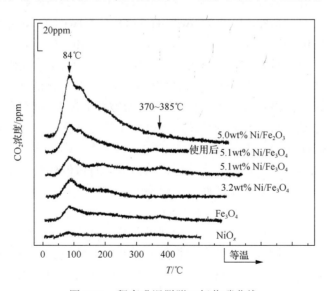

图 6.23　程序升温脱附二氧化碳曲线

结果显示,在程序升温过程中,没有 NH_3 脱附峰出现,说明催化剂样品表面没有酸性位或者酸性位非常弱。综合这些结果表明催化剂表面有弱的及中等强度的碱性位,但是没有酸性位或者只有非常弱的酸性位,特别是镍组分的引入,大大提高了氧化铁的碱性位。

接下来,邓友全等以 HDA、EC 在乙醇中反应合成 EHDC 为模型反应,考察了所合成催化剂的活性,结果见表 6.6。首先,在空白试验中,尽管 HDA 的转化率接近 100%,但是目标产物 EHDC 的选择性只有 20%,说明 HDA 很容易与 EC 反应,且催化剂在该反应中的主要作用是提高目标产物 EHDC 的选择性,而不是提高原料 HDA 的转化率。主要的副产物是一种白色固体产物,对其进行了红外光谱测试,在 $1616cm^{-1}$ 处有强的吸收峰,归属为脲类化合物中羰基的伸缩振动吸收峰,从而说明该副产物具有脲的结构;再结合该副产物在溶剂中不能溶解,推定该副产物为聚脲。除了聚脲副产物以外,通过气相色谱-质谱联用仪发现反应液中还有 DEC 与 N-乙基氨基甲酸乙酯的生成,其中 DEC 是由 EC 醇解生成的,N-乙基氨基甲酸乙酯是由 EC 与 DEC 发生烷基化反应生成的。当以 NiO_x 和 Fe_3O_4 为催化剂时,目标产物 EHDC 的选择性较空白试验有大幅提升,其选择性分别达到 52% 与 72%。当以 Ni/Fe_3O_4 为催化剂时,EHDC 的选择性进一步提高,且随着镍组分担载量的增加而增加;当镍组分担载量达到 5.1% 时,EHDC 的选择性与分离收率达到 98%。当以 5.0wt% Ni/Fe_2O_3 为催化剂时,EHDC 的选择性只有 82%,其催化活性小于 5.1wt% Ni/Fe_3O_4。因此,将 5.0wt% Ni/Fe_2O_3 在 400℃氢气气氛下还原不仅使该催化剂具有磁性,易于分离回收,更重要的是还原后催化剂其催化活性进一步提高。此外,当以 94.9wt% 的 Fe_3O_4 与 5.1wt% 的 NiO_x 的机械混合物为催化剂时,EHDC 的选择性只有 62%,和 Fe_3O_4 与 NiO_x 分别作催化剂时催化效果几乎一致,充分说明 Fe_3O_4 与 NiO_x 之间的协同相互作用是该催化剂获得高催化活性的关键。结合催化剂 $TPD-CO_2$ 表征的定量结果与其催化活性结果,推测催化剂的活性与其表面的碱性位有关,且催化剂表面碱性位越多,越有利于提高 EHDC 的选择性。基于这一假设,采用传统固体碱氧化镁为催化剂,其表面的碱性位远远多于 5.1wt% Ni/Fe_3O_4,但是其 EHDC 的选择性只有 58%,这一结果说明并不是所有的碱性物质对该反应都具有高的催化活性,只有该催化剂表面特定种类和数量的碱性位才是其具有高催化活性的主要原因。

催化剂的重复使用性是一个重要的工业应用参数,因此又考察了 5.1wt% Ni/Fe_3O_4 催化剂的重复使用性。由于该催化剂具有磁性,反应结束后通过外加磁场可有效地将其分离回收,将分离回收的催化剂经乙醇洗涤,80℃干燥后直接使用,来考察其重复使用性。当重复使用 5 次时,得到 100% 的 HDA 转化率、97% 的 EHDC 选择性,表明催化剂在多次重复使用后,其活性仍然保持不变。

表 6.6　由 EC 合成 EHDC 的催化剂筛选结果[1)]

条目	催化剂	转化率/%	选择性/%		产率/%[3)]	TON[4)]
			EHDC	副产物[2)]		
1	无	>99	20	80	20	—
2	NiO_x	>99	52	48	52	4000
3	Fe_3O_4	>99	72	28	72	2250
4	1.1wt% Ni/Fe_3O_4	>99	78	22	78	—
5	3.2wt% Ni/Fe_3O_4	>99	92	8	92	2140
6	5.1wt% Ni/Fe_3O_4	>99	98	2	98	1885
7	5.0wt% Ni/Fe_2O_3	>99	82	18	82	804
8	使用后 5.1wt% Ni/Fe_3O_4	>99	96	4	96	1655
9	NiO_x+Fe_3O_4 (95wt%)	>99	62	38	62	—
10	MgO	>99	58	42	58	—

1)反应条件：10mmol HDA，70mmol EC，170mmol 乙醇，100mg 催化剂，190℃，5h；2)聚脲衍生物；3)分离收率；4)TON：每摩尔 EHDC/每摩尔碱性位。

2. 小分子氨基甲酸烷基酯与胺反应路径研究

由氨基甲酸酯与胺类化合物合成 N-取代氨基甲酸酯有两条可能的反应路径。一种是直接脱 NH_3 生成 N-取代的氨基甲酸酯；另一种是先生成脲中间体，然后脲中间体再醇解生成 N-取代氨基甲酸酯，见图 6.24。

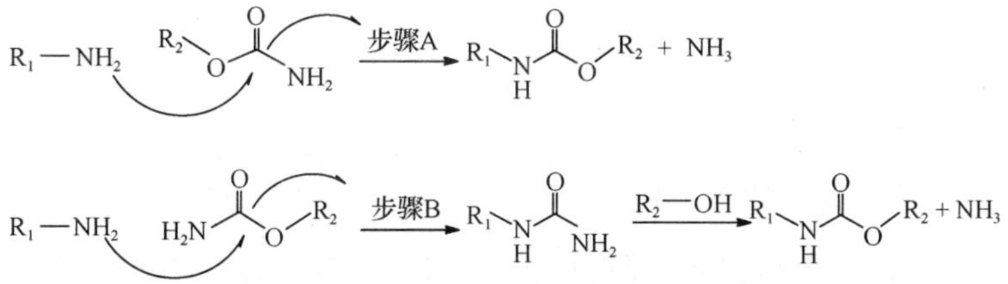

图 6.24　氨基甲酸酯与胺反应合成 N-取代氨基甲酸酯的反应路径

为了进一步确定该反应的反应途径，邓友全等首先利用准原位红外对该反应进行研究。由于在实验过程中采用溴化钾压片的模式进行红外实验，首先要排除溴化钾对该反应的影响。因此，在准原位红外测试之前，考察了溴化钾对 MDA 与 EC 反应的影响，结果显示溴化钾对该反应没有催化作用，从而保证以下准原位红外实验结果的正确性。首先将 10mg 催化剂、1mmol MDA 及 7mmol EC 研磨混合，称取 1mg 上述混合物与 200mg 溴化钾研磨混合均匀，然后压片成型，将其放入自制的带有溴化钾窗口与加热的准原位红外反应池中，将反应池密封好，用氮气置换空气 3 次。然后开始程序升温到 190℃，记录该过程红外谱图的变化，见图 6.25(a)。

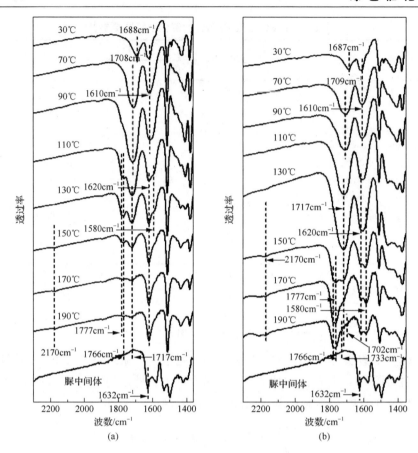

图 6.25 红外光谱随温度变化
(a) 氨基甲酸乙酯+4,4′-二苯甲烷二胺+5.1wt% Ni/Fe$_3$O$_4$；
(b) 氨基甲酸乙酯+4,4′-二苯甲烷二胺+5.1wt% Ni/Fe$_3$O$_4$+丁醇

在 30℃，EC 中羰基的伸缩振动吸收峰出现在 1688cm^{-1}，并且随着温度的升高向高波数方向移动；N—H 的弯曲振动吸收峰则出现在 1610cm^{-1} 处，且随着温度升高向低波数方向移动。当温度升高到 110℃时，EC 中羰基红外吸收峰发生分裂，分别出现在 1717cm^{-1}、1766cm^{-1} 与 1777cm^{-1} 处；同时，N—H 弯曲振动吸收峰也发生分裂，出现在 1580cm^{-1} 与 1620cm^{-1}。其中，1580cm^{-1} 处的红外吸收峰是 N—H 弯曲振动吸收峰随温度升高而发生红移造成的，这一现象同样出现在 EC 随温度变化的红外谱图中。根据文献报道[60]，1620cm^{-1} 处的红外吸收峰归属于脲类化合物中羰基的伸缩振动吸收峰，而且其峰强度随着温度进一步升高而增强，说明在温度升高的过程中，MDA 与 EC 反应生成了具有脲结构的中间体。另外，当温度高于 150℃时，在 2170cm^{-1} 出现一个新的吸收峰，结合文献报道，其归属于 EC 热分解产生的异氰酸的伸缩振动吸收峰[61]。在这个过程中，没有发现目标产物 4,4′-二苯甲烷二氨基甲酸乙酯的羰基伸缩振动吸收峰，在此认为 N-取代的氨基

甲酸酯不是通过直接脱 NH_3 的路径进行的。

为了进一步证明 N-取代的氨基甲酸酯是由脲中间体醇解生成的，我们在温度达到 110℃时，用注射器向反应池中注入 20μL 丁醇，结果见图 6.25(b)。当温度达到 190℃，两个新的吸收峰出现在 $1702cm^{-1}$、$1733cm^{-1}$ 处，它与 4,4′-二苯甲烷二氨基甲酸丁酯的标准红外谱图中的羰基伸缩振动吸收峰一致，充分说明在这一过程中有目标产物的产生；同时，与图 6.25(a) 相比，$1620cm^{-1}$ 处的脲羰基伸缩振动吸收峰的强度明显减弱。所有这些结果说明在没有醇存在的情况下，N-取代的氨基甲酸酯是不能通过直接脱 NH_3 的途径生成的，而是由胺与氨基甲酸酯反应产生的脲中间体进一步醇解而生成的。

3. 芳香族氨基甲酸酯

除了一些小分子的氨基甲酸烷基酯，芳香族的氨基甲酸酯也可以作为羰源（图 6.26）。表 6.7 中列出了不同催化剂催化苯氨基甲酸甲酯(MPC)和甲醛(HCHO) 反应合成 MDC 的结果。该过程副产物只有水，反应条件相对温和，MDC 的收率在 43%~81%。通过表 6.7 可以发现，在较低温度下质子酸对该过程具有较好的催化活性。但是，采用 H_2SO_4 或者 HCl 会涉及一系列的腐蚀及污水排放问题。采用 $ZnCl_2$ 和 Amberlyst 15 则需要有机溶剂溶解 MPC，导致产品的纯化困难。当采用 Hβ 催化剂时，DMC 既作为缩合反应原料又作为溶剂，避免了其他反应溶剂的引入，简化了 MDI 的生产过程。通过以上的文献报道可以看出，拥有强酸性位的路易斯酸催化剂更有利于甲醛偶联反应合成 N-取代氨基甲酸酯。

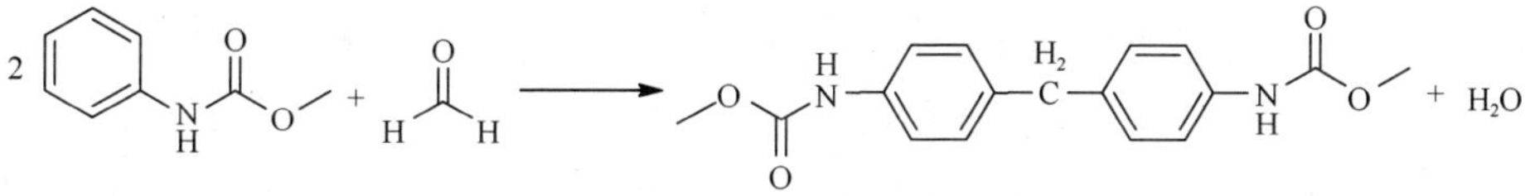

图 6.26 MPC 和甲醛反应合成 MDC

表 6.7 不同催化剂催化 MPC 与 HCHO 反应合成 MDC

催化剂	反应条件[溶剂，温度，时间，MPC：HCHO(摩尔比)]	MDC 收率/%
H_2SO_4	$AcOH+H_2O$, 90℃, 3.5h, 2∶1	74[62]
HCl	H_2O, 100℃, 1h, 1∶1	75[63]
$ZnCl_2$	硝基苯, 100℃, 5h, 9∶1	81[64]
$ZnCl_2$/AC	硝基苯, 140℃, 3h, 4∶1	43[65]
50% H_2SO_4	H_2O, 90℃, 2h, 5∶1	74[66]
Amberlyst 15	CH_3CN, 75℃, 4h, 4∶1	63[67]
硅钨酸	二乙二醇二甲醚, 100℃, 4.5h, 8∶1	63[68]
磷钨酸	二乙二醇二甲醚, 110℃, 4.5h, 5∶1	65[69]
[EMIm][BF_4]	[EMIm][BF_4], 70℃, 1.5h, 4∶1	72[70]
Hβ	DMC, 160℃, 3h, 4∶1	76[71]

6.3.5 直接以 CO_2 为羰基源合成 N-取代氨基甲酸酯

利用脂肪胺和一些碱性较强的芳香胺、醇和 CO_2 可一步合成 N-取代氨基甲酸酯，此反应的副产物只有水，环境相对友好(图 6.27)。

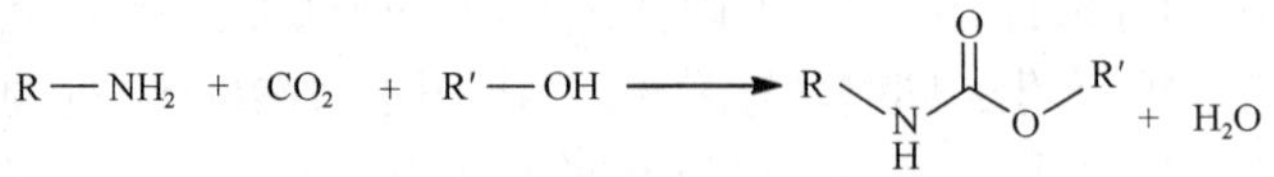

$$R-NH_2 + CO_2 + R'-OH \longrightarrow R\underset{H}{N}\overset{O}{\underset{\|}{C}}O-R' + H_2O$$

图 6.27 CO_2 为羰基源合成 N-取代氨基甲酸酯

Sakakura 等[72]报道了在锡基配合物催化剂作用下，在 CO_2 压力为 30MPa、200℃、反应 24h、2mol% Bu_2SnO 催化剂时，由叔丁胺与乙醇、CO_2 反应制备相应的氨基甲酸酯，胺的转化率为 16%，选择性为 89%。在同样反应条件下，加入 2 倍计量比的化学脱水剂缩酮 2,2-乙氧基丙烷 $Me_2C(OEt)_2$，胺的转化率提高至 100%，选择性为 84%。由于锡化合物的有毒污染环境，他们又发展了低毒高活性的 $Ni(OAc)_2$-联吡啶(邻二氮杂菲)络合物催化剂，但是反应条件苛刻，很难工业应用[73]。2007 年，Vos 等研究了在相对温和的条件下，碱性催化剂催化一系列线性和支链状脂肪族胺合成相应的 N-取代氨基甲酸酯。结果表明，在以 Cs_2CO_3 为催化剂，辛胺、丙醇和 CO_2 反应(2.5MPa CO_2, 200℃, 24h)，在不加任何脱水剂的情况下，胺转化率 51%，氨基甲酸酯的选择性为 67%，副产物为相应的二辛脲。在进一步加入脱水剂和提高醇胺比的条件下，胺的转化率提高至 82%，氨基甲酸酯选择性提高至 84%[74]。但在同样的反应条件下，苯胺的转化率和苯氨基甲酸酯的选择性只有 3%和 56%。Zhao 等[75]也研究了苯胺、CO_2、甲醇一步合成 MPC 的过程，并指出受到苯环的超共轭效应，芳香胺的反应活性较低，在最佳的反应条件下，苯胺的转化率达 9.6%，MPC 的收率只有 1.9%。虽然均相催化剂在催化 CO_2 直接合成 N-取代氨基甲酸酯的过程中具有不错的催化活性，但是均相催化剂的分离和重复使用困难仍然是限制其使用的主要问题。因此，发展高活性多相催化剂是十分必要的。

最近，Tomishige 等[76]研究了在多相催化剂 CeO_2 的作用下，甲醇、苄胺和 CO_2 一锅法高效合成了苄氨基甲酸甲酯，在没有任何脱水剂的条件下，苄胺的转化率达到 99%，苄氨基甲酸甲酯的收率达到 92%；催化剂经 600℃焙烧 3h 后可重复使用，活性几乎没有下降。Hou 等[77]制备了 Mn 掺杂的铈催化剂(MnO_x-CeO_2)并应用于脂肪族胺与 CO_2、甲醇一步合成脂肪族氨基甲酸酯，相应丁氨基甲酸甲酯收率达 82%，通过简单的分离该催化剂至少重复 4 次不失活。

目前，虽然直接利用 CO_2、胺与醇合成氨基甲酸酯的研究取得了一定进展，但是单胺与 CO_2 反应合成单取代氨基甲酸酯的研究，而由二胺与 CO_2 直接合成 N-取代二氨基甲酸酯还未有报道。邓友全等尝试了由 CO_2、二胺、醇一步合成 N-取代二氨基甲酸酯，采用 Au/TiO$_2$ 为催化剂，在 4MPa CO$_2$，210℃反应 12h，EHDC 的收率仅有 2%，同时还有 8%的中间体，此外还有小于 1%的聚脲和乙基化己二胺副产物。

由 CO$_2$、胺、醇一步合成氨基甲酸酯有以下三种可能的机理(图 6.28)：①在均相的 Sn 或 Ni 催化剂存在下，CO$_2$ 与胺会首先生成 R—NCO，R—NCO 作为中间体与醇反应得到相应的氨基甲酸酯；②在 Cs$_2$CO$_3$ 催化剂存在下，CO$_2$ 与胺反应首先生成二取代脲中间体，通过脲醇解得到相应的氨基甲酸酯；③在 CeO$_2$ 催化剂存在下，氨基甲酸酯的形成是由胺与 DMC 或者是 CO$_2$ 与甲醇反应生成的 DMC 中间体反应得到的。

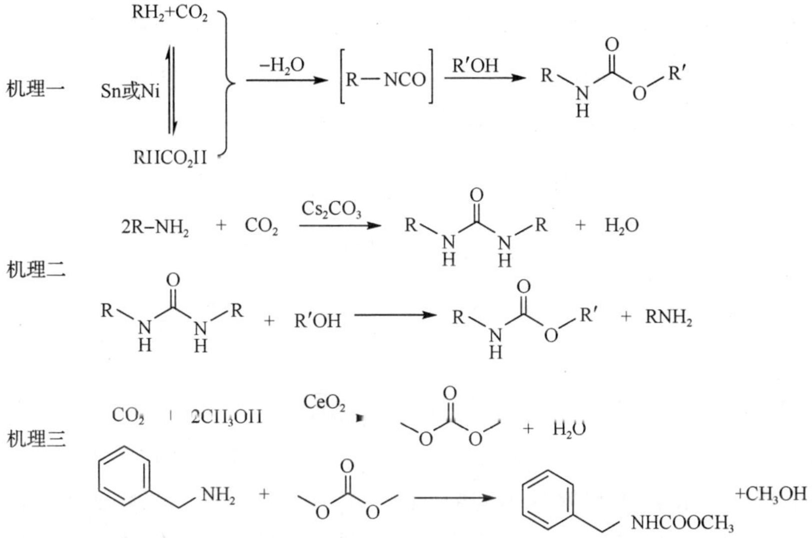

图 6.28 CO$_2$、胺、醇一步合成氨基甲酸酯的可能机理

另外，以 CO$_2$ 为羰化剂，胺类化合物与不饱和醚类化合物[78]、卤代烃[79,80]、原酸酯[81]及对甲苯磺酸酯[82]反应可一步合成 N-取代的氨基甲酸酯。但是该类反应时间长、收率低，且只局限于脂肪胺。利用 CO$_2$、胺类化合物与环氧化合物反应可一步合成羟基功能化的氨基甲酸酯[83-86]。通过调节胺与环氧化合物的结构可合成各种含羟基官能团的氨基甲酸酯。但是此类反应的选择性较差，环氧化合物很容易被胺开环，生成 N-烷基化产物。

邓友全课题组对于 NH$_3$、CO$_2$ 和醇一步合成小分子氨基甲酸酯的可行性进行了首次尝试(图 6.29)[87]。在不加任何脱水剂的情况下，MC 的收率和选择性分别可达 25%和 98%，收率接近于理论计算结果 29%。催化剂活性测试和表征结果表明加入的 V$_2$O$_5$ 催化剂在反应条件下原位生成(NH$_4$)$_2$V$_3$O$_8$，是实际反应过程中起催化作用的关键物种。当使用乙醇和丁醇时，相应的 EC 或 BC 的收率为 12%和 14%。在加入脱水剂三甲氧基硅烷的情况下，MC 的收率可以进一步提高到 63%。

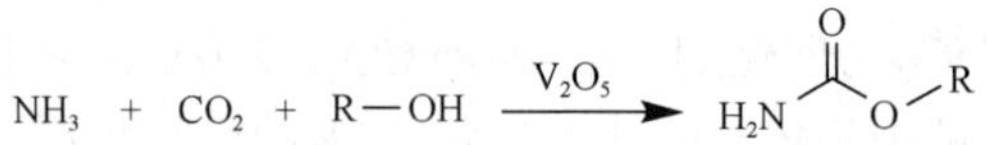

$$NH_3 + CO_2 + R-OH \xrightarrow{V_2O_5} H_2N-\underset{O}{\overset{\|}{C}}-O-R$$

图 6.29　氨气、CO_2 和醇一步合成小分子氨基甲酸酯

除此之外，将 CO_2 作为光气的替代物，采用氨基甲酸酯阴离子脱水法，可以直接制备相应的异氰酸酯(图 6.30)。氨基甲酸酯阴离子可以通过在伯胺和大量的有机碱(如 Et_3N、四乙基胍、四丁基磷盐等，用量为氨基的 3 倍)溶液中通入 CO_2 来制备，再向反应混合物中加入 3 倍当量的含磷亲电试剂(如 $POCl$、P_4O_{10}、PCl_3 等)，在温和条件下($1atm\ CO_2$，$0\sim25℃$，$<1h$)即可发生脱水放热反应，相应异氰酸酯的色谱收率可以达 94%以上，但同时生成大量的废盐[88]。因此，开发产生废盐少而又保持高产率的亲电试剂，应该是该路径的重要研究方向。

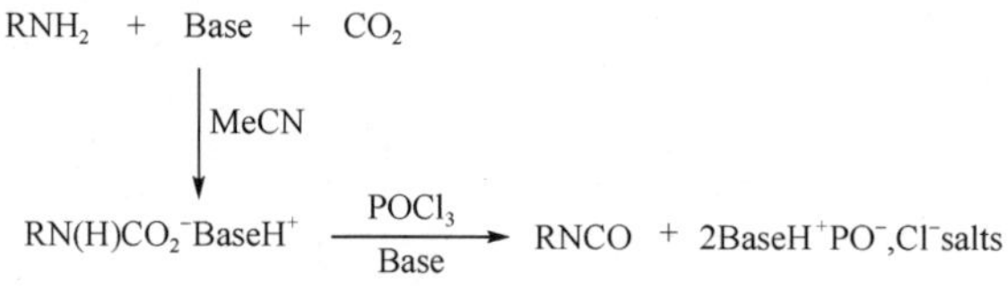

$$RNH_2 + Base + CO_2 \xrightarrow{MeCN} RN(H)CO_2^- BaseH^+ \xrightarrow[Base]{POCl_3} RNCO + 2BaseH^+PO^-, Cl^- salts$$

图 6.30　氨基甲酸酯阴离子脱水法制备异氰酸酯

6.3.6　CO_2 为羰源两步法合成 N-取代氨基甲酸酯

邓友全课题组利用 CO_2 先与单胺反应制备二取代脲，然后采用 TiO_2/SiO_2 催化其醇解反应合成 N-取代氨基甲酸酯(图 6.31)；其副产物只有水，环境相对友好；原子基团的利用率高，符合绿色化学的要求。通过这种高效环保的方式实现了 CO_2 作为羰源合成 N-取代氨基甲酸酯[89]。

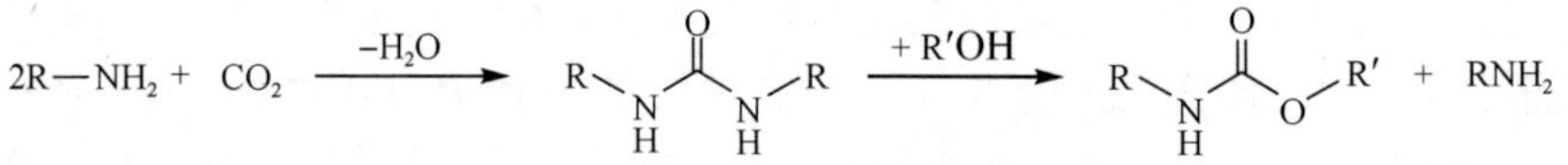

$$2R-NH_2 + CO_2 \xrightarrow{-H_2O} R\underset{H}{N}-\underset{O}{\overset{\|}{C}}-\underset{H}{N}R \xrightarrow{+R'OH} R\underset{H}{N}-\underset{O}{\overset{\|}{C}}-O-R' + RNH_2$$

图 6.31　CO_2 与单胺反应生成二取代脲，再将其醇解合成 N-取代氨基甲酸酯

随后，邓友全等又报道了脂肪族二胺与 CO_2 在无催化剂作用下首先合成一系列聚脲衍生物，然后再与碳酸二烷基酯偶合反应高效地制备了一系列脂肪族 N-取代二氨基甲酸酯[90]，见图 6.32。该过程中的聚脲和碳酸二烷基酯都可由 CO_2 合成，因此该过程可间接实现 CO_2、脂肪族二胺与醇合成 N-取代二氨基甲酸酯。但是，聚脲的生成和转化都需要较高温度，且反应时间较长。

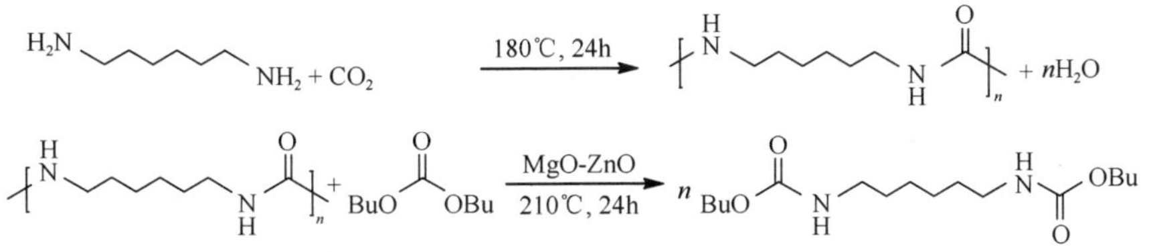

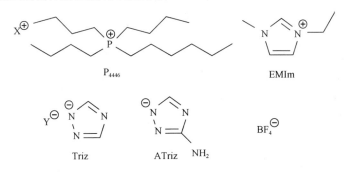

图 6.32 己二胺与 CO_2 生成聚脲衍生物，再与 DBC 反应得到 N-取代二氨基甲酸酯

最近，邓友全实验室[91]制备了一系列三氮唑类功能化离子液体(图 6.33)，如 1-乙基-3-甲基咪唑氨基三氮唑([EMIm][ATriz])、己基三丁基磷三氮唑 ([P_{4446}][Triz])、己基三丁基磷氨基三氮唑([P_{4446}][ATriz])等，并将其作为催化剂在较温和的条件下实现聚脲的高效合成。首先考察了在无催化剂条件下溶剂对聚脲合成的影响(表 6.8)。结果表明，极性溶剂如 N-甲基吡咯烷酮(NMP)优于非极性溶剂正癸烷，而乙腈和二甲基甲酰胺溶剂在反应过程中不稳定，因此 NMP 是该反应的最佳溶剂。采用 NMP 作反应溶剂，进一步考察了离子液体催化剂对聚脲收率的影响。对于相同阳离子的[P_{4446}][BF_4]、[P_{4446}][Triz]、[P_{4446}][ATriz]活性相差较大，[P_{4446}][ATriz]展现出了最好的催化活性。但是，相同阴离子的[EMIm][ATriz]的催化活性又稍低于[P_{4446}][ATriz]，表明离子液体的活性主要与其阴离子相关，但是阳离子大小对其催化作用也有影响。此外，[P_{4446}][ATriz]也可以回收，重复使用后活性没有明显下降。

图 6.33 用于聚脲合成的离子液体

表 6.8 不同溶剂和离子液体对己二氨基聚脲合成的影响

条目	溶剂	催化剂	收率/%
1	无	—	3
2	CH_3CN	—	78
3	DMF	—	42

续表

条目	溶剂	催化剂	收率/%
4	正癸烷	—	2
5	丁醇	—	62
6	NMP	—	88
7	NMP	[EMIm][ATriz]	88
8	NMP	$[P_{4446}][BF_4]$	68
9	NMP	$[P_{4446}][Triz]$	89
10	NMP	$[P_{4446}][ATriz]$	96
11	NMP	$[P_{4446}][ATriz]$-reused(重复使用)	95

注：10mmol HAD，0.2g IL，4MPa CO_2，3mL NMP，170℃，8h。

为了进一步探究不同离子液体间的差异，进行了玻璃粉末担载离子液体的 TPD-CO_2 曲线研究(图 6.34)。活性较差的$[P_{4446}][BF_4]$没有 CO_2 的脱附峰出现，表明$[P_{4446}][BF_4]$与 CO_2 间的相互作用很弱，即碱性较弱。相反，催化效果好的$[P_{4446}][ATriz]$在 TPD 曲线上存在两个大的 CO_2 脱附峰，说明其碱性较强。由此可见离子液体的活性与其碱性呈正相关关系，而阴离子是影响其碱性强弱的主要因素。

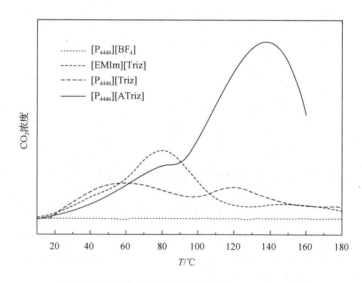

图 6.34　玻璃粉末担载离子液体的 TPD-CO_2 曲线

以[P$_{4446}$][ATriz]为催化剂，在优化的反应条件下，合成了一系列的脂肪族和芳香族二胺的聚脲，结果如图6.35所示。对于链状的脂肪族二胺，随着链的增长，其相应聚脲的收率逐渐增大，这是由于短链的乙二胺主要形成环状二取代脲；受空间位阻的影响环状二胺聚脲的收率低于链状二胺；而受苯环共轭效应影响（碱性弱）芳香族二胺聚脲的收率低于脂肪族二胺。

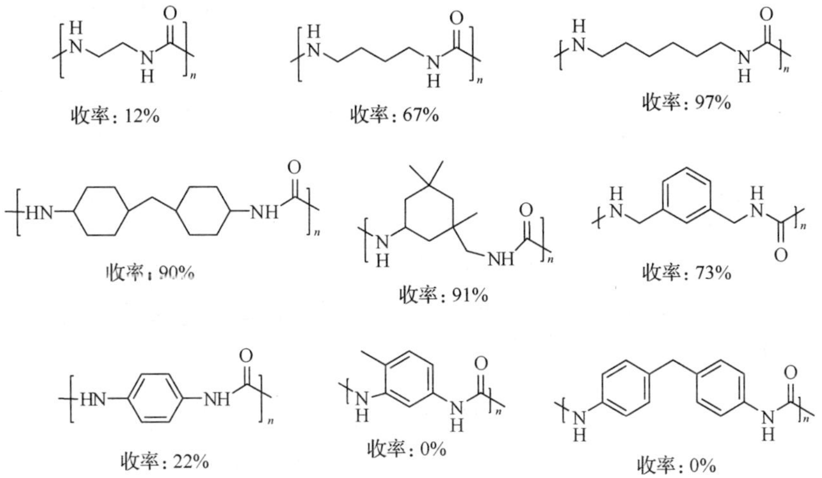

图6.35 合成的脂肪族和芳香族二胺聚脲及收率

并且邓友全等推测了聚脲形成可能的机理（图6.36）：首先，胺的碱性强弱对于CO_2的活化很重要。脂肪族二胺由于其碱性较强，与CO_2会自发反应生成相应氨基甲酸盐中间体，离子液体催化剂主要在氨基甲酸盐脱水过程中起作用。氨基甲酸盐的H被氨基三氮唑阴离子活化，己基三丁基磷阳离子起到稳定碳酸盐阴离子的作用，脱去一分子水，形成二脲，二脲继续与CO_2反应进而形成聚脲。

接下来，采用便宜的尿素代替碳酸二烷基酯作为羰源，研究了聚脲降解生成N-取代氨基甲酸酯的过程[92]。以CuO-ZnO（10wt%）为催化剂，在最佳反应条件下，聚脲∶尿素∶醇（摩尔比）为1∶1.5∶30，200℃，18h，EHDC的收率可达96%。当将乙醇替换为甲醇后，虽然聚脲的转化率可达95%以上，但是MHDC收率只有90%，这是因为甲醇的烷基化能力较强，生成了较多的N-甲基化副产物。聚脲在正丁醇中醇解性能较差，聚脲转化率只有83%，且有较多的HDI副产物生成。当反应温度超过200℃时，EHDC的收率反而下降，这是N-乙基化副产物和热裂解产物（HDI）生成导致的。此外，还对HDA与CO_2不同反应时间获得的聚脲产物进行了醇解测试，其醇解难度随着反应时间的延长而增大；但是如果反应时间太短，聚脲收率降低，因此需要合理控制反应时间。

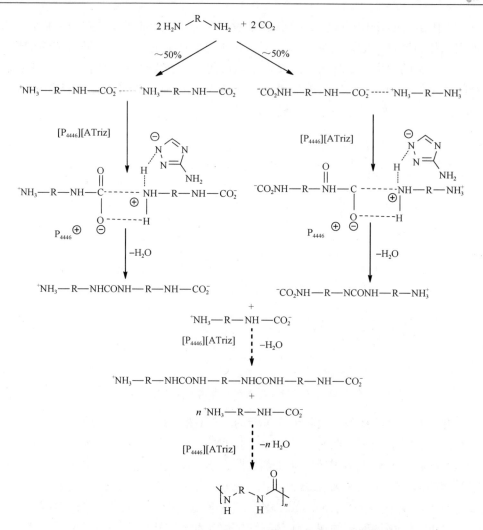

图 6.36 [P$_{4446}$][ATriz]催化 CO$_2$ 与二胺合成聚脲可能的机理

邓友全等进一步研究了聚脲醇解可能的反应机理(图 6.37),证实在无尿素存在的条件下聚脲直接醇解是不可行的,说明利用该方法合成氨基甲酸酯需要额外提供羰源。研究发现铜基催化剂主要作用于尿素与醇反应生成 EC 的过程;同时乙醇也在催化剂表面被活化,乙醇分子中的烷氧基进攻聚脲分子中的羰基碳,导致氨基键断裂形成氨基甲酸酯中间体,该中间体与活化的 EC 进一步反应生成 EHDC 产品。该工作首次实现了以尿素为羰源的聚脲醇解合成 N-取代二氨基甲酸酯的过程,也可以看作是间接利用 CO$_2$,该过程为 CO$_2$ 的活化和利用打开了新的思路。

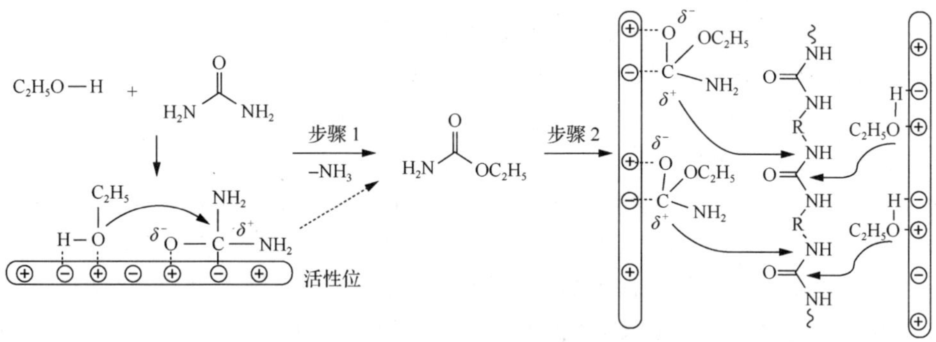

图 6.37　聚脲醇解可能的反应机理

6.4　相关的催化热裂解反应过程

N-取代氨基甲酸酯热裂解制异氰酸酯（图 6.38）的反应有如下特点：反应为强吸热反应。有研究表明热裂解 *N*-取代氨基甲酸酯（BHDC）200℃时反应热焓（Δ_rH）可达500kJ/mol[93]。在较高的温度下上述反应生物 Gibbs 自由能（Δ_rG）可以小于零，因而热裂解反应高度可逆。对 MHDC 常压下热裂解时的 DSC 分析看出，当温度达到205℃时，体系开始出现明显的吸热，说明发生了热裂解反应[图 6.39（a）]。随着

$$RO-\overset{O}{\overset{\|}{C}}-\overset{H}{N}-R'-\overset{H}{N}-\overset{O}{\overset{\|}{C}}-OR \rightleftharpoons O{=}C{=}N-R'-N{=}C{=}O+2\,ROH$$

图 6.38　*N*-取代氨基甲酸酯热裂解制异氰酸酯

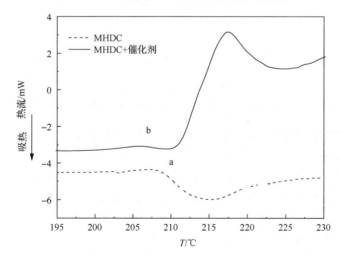

图 6.39　MHDC 的热裂解 DSC 曲线

a. MHDC；b. MHDC+催化剂

反应温度的进一步升高,热裂解反应速率相应加快,可生成较多的 HDI。如果常压下形成浓度较高的异氰酸酯和醇不能及时移走,出现异氰酸酯和醇再结合的逆反应及 HDI 与底物的副反应,会放出大量的热,这一现象在催化剂存在下尤为明显[图 6.39(h)]。这可能是由于放热逆反应及副反应比吸热正反应具有更快的速率,导致体系由吸热变为放热。

一般地,单氨基甲酸酯要比二氨基甲酸酯更容易在较低的温度下发生热裂解[图 6.40(a)],这可能是二氨基甲酸酯中羰基的 O 原子与相邻分子 N 上的 H 原子会生成较多的分子间氢键造成的。例如,具有重要用途的单异氰酸酯丙基三乙氧基硅烷的前驱体(SiEPC)热裂解温度在 170℃,而 HDI 的前驱体 EHDC 在 240℃才具有实际应用价值的热裂解速率。此外,N-取代氨基甲酸酯中与 C—O 单键相连的烷基链长度对其热裂解温度也有一定的影响,如 MHDC、EHDC、BHDC 的热分解温度依次升高,样品失重2%时温度分别为 194℃、196℃和 213℃ [图 6.40(b)],尽管几种醇的沸点不同,如正丁醇沸点为 117℃,而分解温度已在 213℃,醇的挥发程度对其失重影响应可以忽略。其可能的原因是:随着烷基链的增长,其供电子能力增加,使得酯基 C—O 单键上的 O 原子具有较高的电子云密度,导致 C—O 键不易断裂。

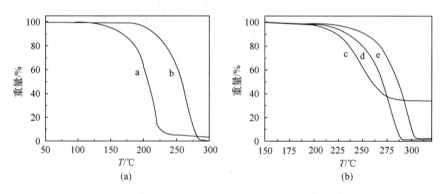

图 6.40 (a)SiEPC(曲线 a)与 EHDC(曲线 b)的 TGA 曲线;
(b)MHDC(曲线 c)、EHDC(曲线 d)、BHDC(曲线 e)的 TGA 曲线

在 N-取代氨基甲酸二烷基酯的裂解过程中,裂解也是分次进行。尽管在 HDI 中两个—NCO 基团似乎相距较远,但第一个热裂解发生形成—NCO 基团后,第二个热裂解发生似乎会变得困难一些。这可能是由于形成第一个—NCO 基后,使单酯分子具有一定的亲核性,易与另一分子上的 N—H 形成络合物趋向于生成脲基甲酸酯,不利于热裂解时四元环过渡态的形成,导致另一个醇分解出去的温度升高。提高反应温度或引入催化剂可以大幅度提高第二个酯基裂解反应的速率。我们通过 TGA 与 QMS(四极杆质谱)的联用对 EHDC 裂解过程进行了研究(图 6.41),不加催化剂时,质谱上仅有一个乙醇峰出现,300℃时 TGA 曲线上没有样品剩余;而加入

催化剂时，质谱上两个乙醇峰出现，且乙醇的量为不加催化剂时的 2 倍，300℃时样品剩余约 12%。这表明在不加催化剂时，可能 EHDC 趋向于仅离去一个乙醇分子，第二个分子离去困难，生成的仅有一个—NCO 的单酯，也随温度升高挥发出去，最后使得没有样品剩余。而加入催化剂后，使热裂解温度降低，提高了反应速率，并可以促进第二个乙醇分子的离去，使生成乙醇的量加倍；并且生成的 HDI 由于其浓度较大发生了较为复杂的副反应，产生了聚合物，使得样品质量最后有一定的残余。

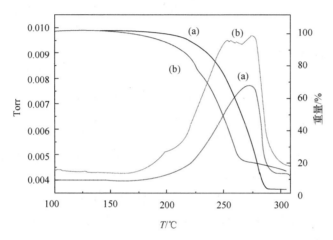

图 6.41 实线为样品的 TGA 曲线，虚线为 QMS 中乙醇 $m/z=45$ 的检测线
(a) EHDC；(b) EHDC+催化剂；1Torr=133.3Pa

异氰酸酯热敏感，极易发生自聚。这可能是由于 N-取代氨基甲酸烷基酯中 N 上的 H 相当活泼，很容易向异氰酸酯上的电子云密度更高的 N 上迁移而发生相互作用偶联成副产物，这种副产物还可以与底物 N-取代氨基甲酸烷基酯或产物异氰酸酯发生进一步的偶联反应，从而导致聚合物的产生。研究结果表明，提高反应温度在大幅度提高裂解反应速率的同时，也可以大幅度提高这种偶联-聚合反应的速率。不幸的是，通常能够提高裂解反应速率的催化剂也能同时提高偶联-聚合反应的速率。这也是阻碍非光气制异氰酸酯技术向应用推进的瓶颈环节。所以，研究发展高选择性的催化剂体系以期提高裂解反应速率的催化剂同时还可以降低聚合反应的速率是关键。

已有 N-取代氨基甲酸烷基酯热裂解的研究可分为气相和液相两种模式[94, 95]。气相裂解模式下，反应温度一般在 350～500℃。尽管高温下裂解速率很快，但聚合副反应速率同时也很快，导致异氰酸酯收率大幅下降。相反，液相裂解模式下，反应温度一般在 140～280℃。尽管低温下裂解速率慢，但聚合副反应速率同时也慢，也相对方便反应过程的操作，特别是在真空条件下，可以将形成的产物异氰酸酯及时移出，有利于反应的进行和减少副反应的发生[96]。

目前，还不能说是高温气相裂解模式还是低温液相裂解模式更具有优势。需要指出的是，高温气相裂解模式下催化剂存在的必要性显著下降，而低温液相裂解模式下催化剂的发展尤为关键。因此，下面将着重介绍低温下的液相催化裂解。

6.4.1 N-取代氨基甲酸酯的热裂解用的溶剂和催化剂

1. 热裂解溶剂

液相裂解模式下，加入适当的溶剂也许是有利的。溶剂的作用一方面可以适当稀释活性官能团，如—NCO、—OH，从而抑制可能的聚合副反应。另一方面，溶剂可以作为储热介质平稳反应进行。当溶剂的沸点低于目的产物异氰酸酯时，溶剂的挥发有利于异氰酸酯脱离反应区从而减少副反应，便于产物回收。一般地，所选择的溶剂应满足如下要求[97,98]：①对底物有良好的溶解性；②在较高温度下，对底物和产物惰性且稳定性高；③沸点至少低于或高于目的产物沸点50℃以上。邓友全等对部分高沸点的有机溶剂和离子液体进行热重分析的结果表明（图6.42），大部分有机溶剂在250℃已经挥发甚至开始分解，虽然甲基硅油（M_w=17000）具有较好的稳定性，但是对底物氨基甲酸酯几乎不溶。而测试的离子液体在300℃都足够稳定，其热稳定性顺序为：阴离子：[TFSI]＞[BF$_4$]＞[OTf]；阳离子：[BMMIm]＞[HMMIm]＞[OMMIm]，[BMMIm]＞[P$_{4444}$]＞[N$_{4444}$]。且离子液体对底物氨基甲酸酯具有良好的溶解性。所以，离子液体可以是热裂解反应的溶剂。

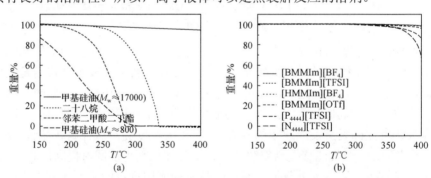

图6.42　(a)不同有机溶剂TGA曲线；(b)不同离子液体TGA曲线

然而，使用溶剂的副作用也是有的，如增加了反应器的体积也增加了分离过程和损失，并且溶剂在较高温度和催化剂存在下的长期稳定性也是问题。

2. 热裂解催化剂

理论上，催化剂的使用的确可以在降低裂解反应温度的情况下，提高裂解反应速率。实际上，现有的催化剂通常是提高裂解反应速率的同时也提高了偶联与聚合反应。到目前，由于缺乏对裂解反应机理的研究和认识，催化剂的选择还停留在"try and see"的阶段。尽管已有不少有关液相催化热裂解的文献和专利出现，但基本都不具有实际应用价值。

1) 金属氧化物

金属或复合金属氧化物被广泛用于热裂解反应的催化剂。Suh 等[99]考察了一系列金属乙酸盐和氧化物催化剂对 MHDC 热裂解生产 HDI 的催化效果，发现由于 Zn 物种的吸电子效应，使乙酸锌和氧化锌成为热裂解反应的有效催化剂。尽管乙酸锌的催化效果较好，但是与体系不容易分离，且在热裂解温度下容易分解，因此认为 ZnO 可作为合适的热裂解催化剂，并提出了相关的催化机理(见催化机理部分)。此外，热裂解溶剂除具有高沸点外，还应有较好的供电子性，从而有利于发生消除反应，并提出在聚乙二醇二甲醚中将 MHDC 转化为 HDI 的方法，该溶剂中热裂解比硝基苯中的效果更好。在 180℃条件下反应 2.5h，MHDC 的转化率达 100%，HDI 的收率接近 97%。ZnO 催化剂使用三次仍能保持较高的催化活性(180℃，1h，93%的 MHDC 转化率和 67%的 HDI 收率)。

Wang 等采用邻二氯苯为溶剂考察了一系列氧化物在合成异氰酸苯酯(PI)的过程中催化性能[100]。在所有研究的催化剂中，d 区金属氧化物催化活性较低，苯氨基甲酸酯(MPC)的转化率均小于 50%，其活性顺序为：La_2O_3>TiO_2，Fe_2O_3>ZnO>MoO_3，V_2O_5>CrO_3，Nb_2O_5。而 p 区金属氧化物中的 PbO 和 Bi_2O_3 活性相对较高(>75%)，但 PbO 对 PI 的选择性仅为 52.8%。此外，具有较强碱性催化剂如 MgO 仅有中等程度的活性，而具有较强酸性的酸性 α-Al_2O_3 则会加剧副反应二苯基脲的生成，因此催化裂解 MPC 制备 PI 的催化剂需要合适的酸碱性。基于以上原因，他们对 Bi_2O_3 进行了系统的研究，发现比表面积大同时拥有更多 β 相的 Bi_2O_3 表现出最好的催化效果。在 180℃条件下常压反应 1h，实现了 86.2%的 MPC 转化率和 78.5%的 PI 收率，并且发现 Bi_2O_3 使用一段时间后，催化剂表面的 Bi(Ⅲ)会部分氧化为 Bi(Ⅳ)，这也会使其活性稍稍提高。随后，Wang 课题组又发展了一种 Bi-Zn 复合氧化物催化剂合成 PI[101]。经过优化后发现，Bi:Zn(摩尔比)为 2:1，焙烧温度为 500℃的催化剂活性最高。在 175℃条件下反应 1h，MPC 的转化率达 86.0%，PI 的选择性达 91.7%，活性高于单一的 Bi_2O_3，这是由于 Zn 的引入使得 Bi_2O_3 的晶相从 α 相向 β 相转变，提高了催化活性。

此外，一些具有纳米结构的金属氧化物也被证明是热裂解反应的高效催化剂。例如，通过水解反应制备的纳米 Cu_2O 可被应用到 MDI 的合成过程中，而且小粒子的纳米 Cu_2O 因其有更多的活性位，催化性能高于其他方法制备的 Cu_2O，如还原法或烧结法[102]。无溶剂情况下，在 220℃、0.6kPa 条件下反应 12min，MDC 的转化率可以达到 99.8%，相应 MDI 的选择性为 86.2%。与大颗粒金属氧化物相比，纳米催化剂展现出更高的催化活性，反应条件更加温和。但是，由于该催化过程中未使用溶剂，生成 MDI 的选择性略低于添加高沸点溶剂的体系。

2) 金属配合物或者盐催化剂

金属配合物或者盐类是早期用于氨基甲酸酯热裂解的催化剂。早在 20 世纪 70 年代，Rosenthal[103]和他的同事就将重金属及其它们的配合物[$Mo(CO)_6$、$Fe(acac)_3$ 等]应用到液相热裂解过程，明显提高了反应速率。例如，以 $Mo(CO)_6$ 为催化剂，正十六烷为溶剂，N_2 为载气(30L/h)，250℃常压反应 2h，TDI 的选择性达到了 82%。Tsumura 等提出了一种减压条件下的连续反应过程，避免了载气的使用。采用锌化合物为催化剂，石蜡系列中石油馏分为溶剂合成 TDI。在 250℃、20mmHg 条件下反应几分钟，TDI 的收率就达到了 84.6%。虽然上述的反应过程速率快、收率高，但是催化剂在高温下稳定性差、易失活。

最近，Sun 等[104]发展了一种复合磷铝矿结构的催化剂用于 HDI 的合成，采用锌复合的磷铝矿($ZnAlPO_4$)为催化剂，邻苯二甲酸二辛酯(DOP)为溶剂，连续流动模式下，N_2 为载气(100mL/min)。在 350℃、$1.2h^{-1}$ 的液时空速、0.09MPa 真空条件下，获得了 89.4%的 HDI 收率。催化剂可以使用 8h，催化剂使用后用甲苯超声洗涤，再在空气气氛中 550℃下煅烧 6h，催化剂可再生，并可重复使用 5 次活性无明显下降。Sun 等认为催化剂的稳定性得益于磷铝矿自身稳定结构，以及 Zn 的引入。此外，还利用 FTIR 检测了热裂解过程中聚合物副产物的组成，主要包括聚异氰酸酯、聚碳化二亚胺及聚酯等。但是，该过程反应在 350℃进行，反应温度太高，有可能存在 MHDC 与 DOP 之间的酯交换反应，导致溶剂的变质。

3) 金属有机物催化剂

有机锡是热裂解过程最常见的金属有机物催化剂。早在 1984 年，Spohn 等[105]就利用 $Bu_2Sn(OMe)_2$ 为催化剂热裂解 MPC 制备 PI。以二氯乙烷为溶剂，在 88℃条件下反应 75min，MPC 的转化率 17.3%，PI 的选择性 99%。而以甲苯为溶剂，87℃条件下反应 40min，在 PI 选择性不变的情况下，MPC 的转化率提高到 33%。由于该过程中使用的溶剂沸点较低，致使反应温度低，相应 MPC 的转化率也较低。

王公应等[106]也考查了不同锡催化剂在邻二氯苯溶剂中裂解 MPC 的效果。发现无机锡催化剂活性都偏低，如尽管金属锡粉对 PI 的选择性较好(达到 83%)，这可能与金属锡具有未饱和的外层电子有关，但底物转化率仅为 35%；另外催化剂的酸强度对反应的影响较大，如 $SnCl_4 \cdot 5H_2O$ 由于其含有结晶水及过强的路易斯酸性，对反应的活性和选择性都很差。而有机锡化合物对反应的催化性能相对较好，并且有机锡催化剂的活性顺序位 $Bu_2SnO > Bu_2Sn(OPh)_2 > Bu_2Sn(OH)(O_3SPh) >$ DBTDL，这与它们的路易斯酸性相反。以 Bu_2SnO 为催化剂，在合适的压力下 176℃反应 1h，能达到 85.17%的 MPC 转化率和 67.65%的 PI 收率。此外，溶剂对热裂解反应也有一定的影响，如选用以苯甲酸乙酯为溶剂时，在较高的热裂解反应温度下，会产生大量副产物，造成 PI 收率急剧下降。

4) 其他催化剂

Henson[107]报道了一种在 N,N-二烷基苯胺中裂解 MDC 的过程，在此体系内 N,N-二烷基苯胺充当溶剂和催化剂的功能。但是在 200℃反应 24h，MDI 的收率只有 46%。Okawa 等[108]采用有机磺酸酸及其碱性金属盐为催化剂考察了氨基甲酸酯在苯偶酰甲苯溶剂中的热裂解。结果表明，有机磺酸酸催化剂可以大大提高氨基甲酸酯分解速率，例如，在 β-萘磺酸存在下的反应速率比没有催化剂增加了 13 倍。Fernandez 和 Mirada 等[109, 110]以 1,2-二氯苯作为溶剂，将低成本蒙脱石 K-10 应用于催化热裂解过程。发现蒙脱石 K-10 非常高效合成单异氰酸酯与吸电子基团，在溶剂的回流温度(183℃)反应 5h，几乎可以完全转化生成 PI。然而，对于合成二异氰酸酯 MDI、TDI，则需要高沸点溶剂(萘烷)和更长的反应时间(48h)。

6.4.2 离子液体中催化 N-取代氨基甲酸酯热裂解

离子液体(IL)由于其独特的可调性，可以作为绿色、可设计的溶剂和介质来取代传统的挥发性有机溶剂。到目前为止，已经有大量的催化反应在离子液体中成功地进行[111, 112]。离子液体的性能，包括广泛的液体范围、可忽略的蒸气压力、高热容量、高热和化学稳定性及溶解有机物和无机材料的能力，恰好满足热裂解反应的溶剂要求。

邓友全课题组利用热分析技术(TGA)，对"IL+催化剂"系统中 MHDC 到 HDI 的热裂解反应进行了评价[113]。TGA 曲线的结果表明，在[BMMIm][BF$_4$]中的催化活性遵循了 $Bi_2O_3/Fe_2O_3 >HTiO_xO_y >ZnO>Al_2O_3$ 的顺序(图 6.43)。同时，离子液体中阳离子和阴离子的结构对 N-取代氨基甲酸酯热裂解的初始(T_1)和最大(T_m)温度

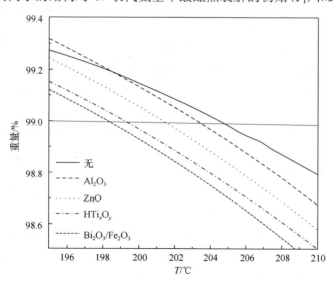

图 6.43 不同催化剂在[BMMIm][BF$_4$]中裂解 MHDC 的效果

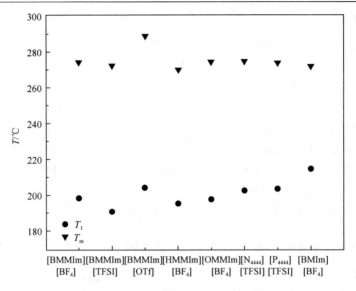

图 6.44 MHDC 在不同离子液体中的裂解情况

也有很大的影响,同样利用 TGA(图 6.44)研究了 MHDC 在相同催化剂不同离子液体中的裂解情况。首先,在阳离子[BMMIm]$^+$相同的条件下,催化活性顺序为[BMMIm][TFSI]＞[BMMIm][BF$_4$]＞[BMMIm][OTf];其次,对于阴离子为[BF$_4$]$^-$的离子液体,其性能随着咪唑环上取代基链长的增长,其活性先降低后升高,[HMMIm]＞[OMMIm]＞[BMMIm],这可能与 MHDC 在不同离子液体中的溶解性有关;最后对于具有相同[TFSI]阴离子的离子液体来说,其活性顺序为[BMMIm]＞[N$_{4444}$]≈[P$_{4444}$]。这表明可以通过改变离子液体的结构可以调变"IL+催化剂"体系的催化活性。

此外,由液相催化热裂解制备异氰酸酯的过程也可以结合"金属氧化物超细粉+IL"系统和反应精馏装置[114]。邓友全课题组采用此催化体系和反应器模型,研究氨基甲酸酯热裂解制备异氰酸酯时,发现在降低裂解温度同时,还可以提高目标产品的收率,并具有良好的普适性。在 200～215℃,5～15mmHg 的压力下,HDI、MDI、TDI、HMDI 和 IPDI 的收率均大于 85%。此外,该离子液体体系可以被重复使用。

6.4.3 催化热裂解反应机理

由于使用催化剂的多样性和反应的复杂性,目前对 N-取代氨基甲酸酯的催化热裂解机理还处于初步的研究阶段。

不加催化剂时,有研究者认为氨基甲酸酯热分解生成异氰酸酯的反应是从相邻的原子上失去两个基团,形成一个新双键,属于 β 消去反应,其反应机理见图 6.45[115]。氨基甲酸酯在热作用下,形成一个四元环状过渡态。在环状过渡态中,β-H 转移给离去基团,同时生成 π 键。

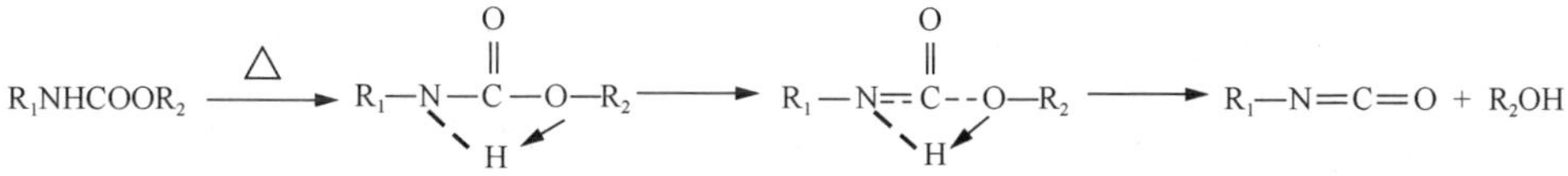

R₁NHCOOR₂
△
R₁—N—C—O—R₂
H
O
R₁—N=C—O—R₂
R₁—N=C=O + R₂OH

图 6.45　氨基甲酸酯生成热消除异氰酸酯机理

Suh 等[99]通过对 ZnO 催化氨基甲酸酯热裂解的红外光谱观察提出了一种可能的反应历程(图 6.46)。首先，*N*-取代氨基甲酸酯中氨基上面的 H 原子与 ZnO 表面的氧原子，通过氢键相互作用发生解离；然后，O—C═O 基团中的 O 与 Zn 以单原子螯合配体模式相协调；O—C═O 基团中 C—O 发生断裂生成异氰酸酯。锌催化剂表面剩余的甲氧基物种与 H 原子反应，最终释放出甲醇。

氨基甲酸酯
催化剂：ZnO
H₃C—OH
甲醇
异氰酸酯
R—N=C=O

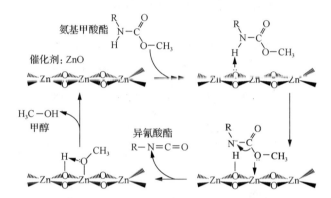

图 6.46　ZnO 催化 *N*-取代氨基甲酸酯热裂解制备异氰酸酯的可能反应历程

通过对 1,2-二氯苯溶剂中蒙脱石 K-10 催化剂催化 *N*-取代氨基甲酸酯裂解的结果，Fernandez 的研究团队推测了异氰酸酯生成的另一种可能机制(图 6.47)[109]。在这个过程中，蒙脱石 K-10 可能作为一种酸催化剂其 B 酸中心与 *N*-取代氨基甲

MeOH
△
MM-K10
非质子溶剂
R—N—C—OMe
(a)
H⁺
过滤
RN=C=O
R—N=C—OMe
(b)

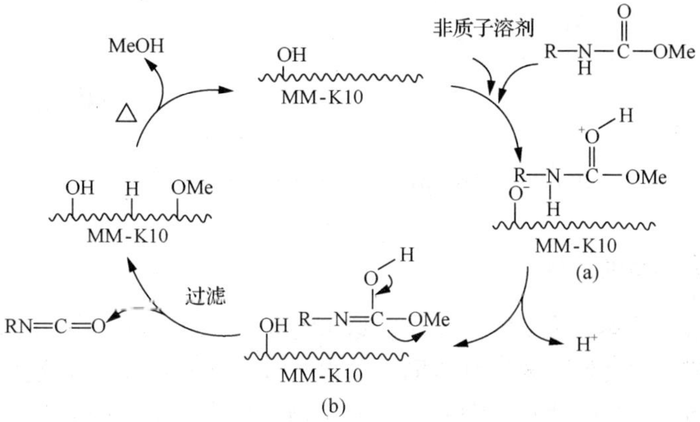

图 6.47　蒙脱石 K-10 催化 *N*-取代氨基甲酸酯热裂解制备异氰酸酯可能的反应机理

酸酯中羰基基团通过质子化作用是生成离子中间体(a)，接着消除酰胺的质子生成(b)，最后形成异氰酸酯。该过程的反应温度达到了甲醇从蒙脱石表面消去条件，使得活性表面再生。

在含金属氧化物+IL 的催化体系中，邓友全团队(图 6.48)利用同位素示踪法推导出了可能的反应机理。首先，由 HDI 与 CH_3OD 反应制备了含有氘代二氢 d_2-MHDC，然后在"IL+催化剂"系统中测试了 d_2-MHDC 的热分解。在反应初始和结束阶段，观察到了 CH_3OH 生成而不是 CH_3OD。基于 d_2-MHDC 分解的结果，提出了一种可能的反应路线。催化剂表面的 H 质子攻击 MHDC 中的羰基，在离子液体环境中形成 CH_3OH 和碳正离子，而 d_2-MHDC 中 D 质子在离子液体介质中转移到催化剂表面，最后碳正离子物种形成异氰酸酯。

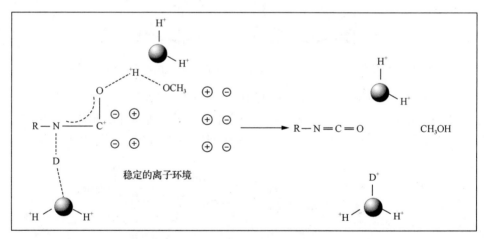

图 6.48　"IL+催化剂"体系的可能裂解机理

6.4.4　热裂解中的副产物

异氰酸酯热敏感，极易发生自聚。这可能是由于 *N*-取代氨基甲酸烷基酯中 N 上的 H 相当活泼，很容易向异氰酸酯上的电子云密度更高的 N 上迁移而发生相互作用偶联成副产物，这种副产物还可以与底物 *N*-取代氨基甲酸烷基酯或产物异氰酸酯发生进一步的偶联反应，从而导致聚合物的产生。研究结果表明，提高反应温度可以大幅度提高裂解反应速率的同时,也可以大幅度提高这种偶联-聚合反应的速率。不幸的是,通常能够提高裂解反应速率的催化剂也能同时提高偶联-聚合反应的速率。所以,如何减少裂解反应中聚合物的产生是一个必须解决的问题。

日本旭化成株式会社提出了一种在芳香族羟基化合物存在下的液相裂解生成异氰酸酯[116],从而减少聚合物的方法。首先,在氨基甲酸酯与芳香族羟基化合物组合体系中,氨基甲酸酯的热裂解反应被抑制,使其在体系中保持稳定,有利于组合体系的运输和储藏,作者推测由于氨基甲酸酯的尿烷键(—NHCOO—)与芳香族化合物形成氢键作用,使体系中的尿烷键之间不易接近,从而使其在体系中保持稳定,避免在高温传输过程就发生分解。Shinohata 等进一步在该组合体系中考察了热裂解反应生成异氰酸酯的过程,在该体系中氨基甲酸酯在催化剂(优选为二月桂酸二丁基锡、辛酸铅、辛酸亚锡等)作用下可直接发生热裂解得到异氰酸酯;或者进行间接热裂解,即氨基甲酸酯先与芳香族羟基化合物进行酯交换生成氨基甲酸芳香酯,氨基甲酸芳香酯再在催化剂存在下(与直接热裂解催化剂相同)进行热裂解生成相应氨基甲酸酯,但是,氨基甲酸烷基酯交换成氨基甲酸芳基酯较难进行,我们对其酯交换反应的效果表示怀疑。在直接热裂解生成异氰酸酯的过程中,一方面芳香族羟基化合物可作为溶剂存在,稀释了生成的异氰酸酯浓度可减少其副反应的发生;另一方面芳香族羟基化合物含有较弱的活性氢,可能起到一定的封闭作用,在体系中与异氰酸酯发生反应,从而使异氰酸酯减少自聚等副反应,在一定温度下又可解封生成异氰酸酯。在间接热裂解过程中,生成的氨基甲酸芳香酯的热分解温度较低,也可抑制副反应;且用于酯交换的芳香族羟基化合物优选为羟基邻位具有取代基的芳香族化合物,该芳香族化合物与异氰酸酯的反应较慢,即热分解反应中逆反应速率小;此外,热裂解过程在羟基邻位的取代基从空间上保护了尿烷键,从而抑制了异氰酸酯与底物氨基甲酸酯尿烷键之间的反应。这种情况下,在该专利实例中,反应后薄膜蒸发装置内没有附着物出现。该专利为较少聚合物的生成提供了一个新的思路,但是芳香族羟基化合物的沸点一般较高(>200℃),与最终产物的沸点较为接近,难以分离。此外,此方法似乎不适合有某些取代基的异氰酸酯的制备,例如,单异氰酸酯丙基三乙氧基硅烷,产物与芳香族羟基化合物可能发生酯交换反应,从而使产物不易提纯和分离。

由于热裂解反应温度较高,从 N-取代氨基甲酸酯制备相应异氰酸酯的最大问题是异氰酸酯和 N-取代氨基甲酸酯的聚合反应。这不仅大幅降低目标产物的收率,而且由于聚合物的形成可黏附和堵塞在反应器和管道中,使得反应难以连续进行。为了寻找减少这些聚合副反应的方法,了解这些副反应的形成或机理是必要的。

邓友全课题组对 EHDC 为底物的热裂解制 HDI 过程中形成不同聚合物的组成和结构通过 FTIR 做了初步分析。图 6.49(a)和(b)分别为 EHDC 和 HDI 的红外吸收，其中在 2267cm^{-1} 的强吸收峰为异氰酸酯的特征吸收峰。根据热裂解聚合物的 FTIR 分析，显示在 1720cm^{-1} 和 1410cm^{-1} 附近有明显吸收峰[图 6.49(c)]，归属于异氰脲酸酯的吸收，说明有异氰酸酯三聚体生成；高温条件下形成的异氰酸酯基团容易发生自身聚合反应，生成较为稳定的三聚体，如三聚体无限制地反应，也会生成聚合度过大而无用的物质(图 6.50，反应式 1)。此外，在低于 1720cm^{-1} 处有伴峰出现，表明有脲基化合物生成；异氰酸酯对含活泼氢的 EHDC 底物非常敏感，可发生偶联反应生成脲基甲酸酯，脲基甲酸酯再与另一分子异氰酸酯反应可以进一步生成缩二脲，并可发展下去得到分子量不同的聚合物(图 6.50，反应式 2)。在裂解反应时间较长时，FTIR 对此条件下形成的聚合物分析显示异氰酸酯吸收峰消失，碳化二亚胺类化合物的特征吸收出现[图 6.49(d)，2116cm^{-1}]，说明热裂解反应时间较长时，异氰酸酯会在高温下脱去 CO_2，发生自身缩聚反应生成碳化二亚胺类化合物(图 6.50，反应式 3)。另外，对所形成的碳化二亚胺聚合物进行水处理，碳化二亚胺类化合物的特征吸收明显消失[图 6.49(e)]，因此碳化二亚胺聚合物也可以认为是脲基类聚合物可以进一步脱水的产物(图 6.50，反应式 4)。采用氨基甲酸酯热裂解制备异氰酸酯过程中，由于产物的极度活泼性，不可避免会发生副反应，生成聚合物。但应该说，如将这些形成的不同聚合物通过适当催化反应的方法，将其降解成原来的氨基甲酸烷基酯是完全可能的。

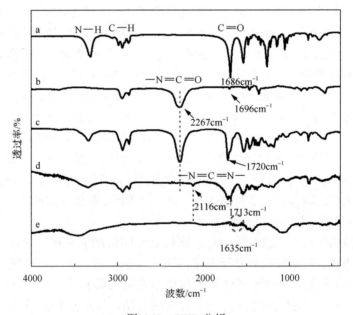

图 6.49　FTIR 分析
a. EHDC；b. HDI；c. 1.0kg EHDC 热裂解 20min 得到的聚合物；
d. 1kg EHDC 热裂解 80min 得到的聚合物；e. 180℃水处理 2h 的聚合物

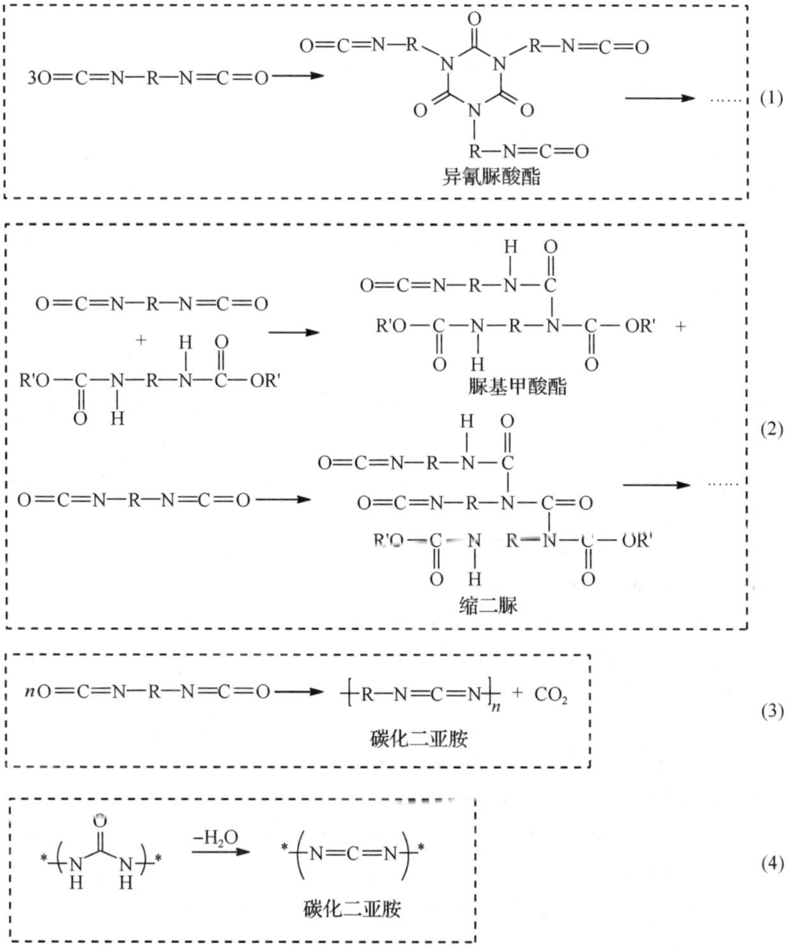

图 6.50 热裂解过程中可能存在的副反应

6.5 结束语

实现非光气制异氰酸酯是异氰酸酯生产行业的未来发展方向，也是绿色化学与催化的重要使命和绿色化学化工重大突破，预计将引发聚氨酯领域的革命，这自然会引起新旧两种技术的博弈。

非光气生产异氰酸酯工艺具有本质上的绿色、环保、安全和低的原料和生产成本，但目前遇到的最大难点应该是由于异氰酸酯特别是二异氰酸酯对温度的高度敏感极易在热裂解反应阶段中发生聚合，降低了目的产物异氰酸酯的收率，从而与目前高收率的光气制异氰酸酯工艺相比缺少竞争力。这也是阻碍非光气制异氰酸酯技术向应用推进的瓶颈环节。所以，研究发展高活性与选择性的催化剂体系,以期提高裂解反应的速率,同时还必须降低裂解反应中聚合反应发生。此外,研究发展与之配套的高效反应-分离一体的反应器系统和研究发展可行的聚合物降解再转变为相应的 N-取代的氨基甲酸烷基酯方法。所以,这个瓶颈环节是有解决办法的。

从基础研究角度考虑,非光气制异氰酸酯的研究发展属于绿色羰化催化体系和反应范畴。非光气制异氰酸酯的实际需求,将推动的绿色羰化剂、绿色羰化反应及相应的绿色催化剂体系的同步发展。

参 考 文 献

[1] Deng Y, Wang L, Ma Y, et al. Method for preparing a carbamate, a catalyst applied in the method, a method for preparing the catalyst and use thereof. US8450518, 2013.

[2] Deng Y, Ma Y, Wang L, et al. Catalyst for the synthesis of alkyl carbamates, the method for preparing the same and the use thereof. US8338634, 2011.

[3] Wang P, Liu S, Deng Y. Important green chemistry and catalysis: non-phosgene syntheses of isocyanates-thermal cracking way. Chinese Journal of Chemistry, 2017, 35(6): 821-835.

[4] Kice J L, Legan E. Relative nucleophilicity of common nucleophiles toward sulfonyl sulfur. Ⅱ. Comparison of the relative reactivity of twenty different nucleophiles toward sulfonyl sulfur vs. carbonyl carbon. Journal of the American Chemical Society, 1973, 95(12): 3912-3917.

[5] Mikolajczyk M, Grzejszczak S, Zatorski A, et al. α-Phosphoryl sulphoxides and sulphones: new catalysts in two-phase alkylation of ketones. Tetrahedron Letters, 1975, 16(43): 3757-3760.

[6] Sakakura T, Choi J C, Yasuda H. Transformation of carbon dioxide. Chemical Reviews, 2007, 107(6): 2365-2387.

[7] Islam S M, Mal D, Palit B K, et al. Reductive carbonylation of nitroaromatics using RhA(CO)$_2$. Journal of Molecular Catalysis A: Chemical, 1999, 142(2): 169-181.

[8] Gasperini M, Ragaini F, Cenini S, et al. Carbonylation of nitrobenzene to N-methyl phenylcarbamate catalyzed by palladium-phenanthroline complexes-bifunctional activation by anthranilic acid. Journal of Molecular Catalysis A: Chemical, 2003, 204: 107-114.

[9] Halligudi S B, Khan N H, Kureshy R I, et al. Synthesis, structural characterization and catalytic carbonylation of nitrobenzene to phenylurethane using palladium(Ⅱ)1,10-phenanthroline diacetato complex. Journal of Molecular Catalysis A: Chemical, 1997, 124(2-3): 147-154.

[10] Skupińska J, Karpińska M. Nitrobenzene carbonylation in the presence of PdCl$_2$/Fe/I$_2$ and PdCl$_2$Py$_2$/Fe/I$_2$ systems. Journal of Molecular Catalysis A: Chemical, 2000, 161(1-2): 69-73.

[11] Ragaini F, Macchi M, Cenini S. Carbonylation of nitrobenzene catalysed by palladium and heteropolyanions; a mechanistic approach. Journal of Molecular Catalysis A: Chemical, 1997, 127(1-3): 33-42.

[12] Zhang J, Xia C G. Study on selectivity of reductive carbonylation of nitrobenzene to carbamates. Acta Chimica Sinica, 2003, 61(3): 427-429.

[13] Wehman P, van Donge H M A, Hagos A, et al. Influence of various P/N and P/P ligands on the palladium-catalysed reductive carbonylation of nitrobenzene. Journal of Organometallic Chemistry, 1997, 535(1-2): 183-193.

[14] Ragaini F, Gallo E, Cenini S. Promotion of the [PPN][Rh(CO)₄]-catalysed carbonylation of nitrobenzene by 2-hydroxypyridine and related molecules: an apparent bifunctional activation. Journal of Organometallic Chemistry, 2000, 593-594: 109-118.

[15] Cenini S, Crotti C, Pizzotti M, et al. Ruthenium carbonyl catalyzed reductive carbonylation of aromatic nitro compounds. A selective route to carbamates. The Journal of Organic Chemistry, 1988, 53(6): 1243-1250.

[16] Skoog S J, Campbell J P, Gladfelter W L. Homogeneous catalytic carbonylation of nitroaromatics. 9. Kinetics and mechanism of the first N—O bond cleavage and structure of the η^2-ArNO intermediate. Organometallics, 1994, 13(11): 4137-4139.

[17] Gargulak J D, Gladfelter W L. Homogeneous catalytic carbonylation of nitroaromatics. 8. Kinetic and mechanistic studies of the carbon-nitrogen bond and product forming steps from $Ru(Ph_2PCH_2CH_2PPh_2)(CO)_2[C(O)OCH_3]_2$: the turnover limiting reactions in the catalytic cycle. Journal of the American Chemical Society, 1994, 116(9): 3792-3800.

[18] Gargulak J D, Berry A J, Noirot M D, et al. Homogeneous catalytic carbonylation of nitroaromatics. 5. Kinetics and mechanism of aniline and carbamate formation using ruthenium complex $Ru(Ph_2PCH_2CH_2PPh_2)(CO)_3$. Journal of the American Chemical Society, 1992, 114(23): 8933-8945.

[19] Ragaini F, Ghitti A, Cenini S. Mechanistic study of the $Ru_3(CO)_{12}$/tetraalkylammonium chloride catalyzed carbonylation reactions of nitroarenes to carbamates and ureas: a completely revised picture. Organometallics, 1999, 18(24): 4925-4933.

[20] Valot F, Fache F, Jacquot R, et al. Gas-phase selective N-alkylation of amines with alcohols over γ-alumina. Tetrahedron Letters, 1999, 40(19): 3689-3692.

[21] Rosenmund K W, Joithe A. On aluminiumoxide as condensation agent and the importance of vehicles in catalysis. Berichte der Deutschen Chemischen Gesellschaft, 1925, 58(2): 2054-2058.

[22] Park Y, Park K, Woo S. Selective alkylation of aniline with methanol over metallosilicates. Catalysis Letters, 1994, 26(1-2): 169-180.

[23] 杨瑛, 陆世维. 硒催化硝基苯的还原羰基化生成苯氨基甲酸酯. 催化学报, 1999, 20(3): 224-226.

[24] Kim H S, Kim Y J, Lee H, et al. The role of alkali metal carbonate on the SeO_2-catalyzed oxidative carbonylation of cyclohexylamine and aniline. Journal of Catalysis, 1998, 176(1): 264-266.

[25] Kim H S, Kim Y J, Lee H, et al. Oxidative carbonylation of aromatic amines by selenium compounds. Journal of Catalysis, 1999, 184(2): 526-534.

[26] Chen B, Chuang S S C. $CuCl_2$ and $PdCl_2$ catalysts for oxidative carbonylation of aniline with methanol. Journal of Molecular Catalysis A: Chemical, 2003, 195(1-2): 37-45.

[27] Wan B, Liao S, Yu D. Polymer-supported palladium-manganese bimetallic catalyst for the oxidative carbonylation of amines to carbamate esters. Applied Catalysis A: General, 1999, 183(1): 81-84.

[28] Shi F, Deng Y, SiMa T, et al. A novel $PdCl_2/ZrO_2$-SO_2^{-4} catalyst for synthesis of carbamates by oxidative carbonylation of amines. Journal of Catalysis, 2001, 203(2): 525-528.

[29] Shi F, Deng Y. First gold(i) complex-catalyzed oxidative carbonylation of amines for the syntheses of carbamates. Chemical Communications, 2001, (5): 443-444.

[30] Shi F, Deng Y. Polymer-immobilized gold catalysts for the efficient and clean syntheses of carbamates and symmetric ureas by oxidative carbonylation of aniline and its derivatives. Journal of Catalysis, 2002, 211(2): 548-551.

[31] Shi F, Zhang Q, Ma Y, et al. From CO oxidation to CO_2 activation: an unexpected catalytic activity of polymer-supported nanogold. Journal of the American Chemical Society, 2005, 127(12): 4182-4183.

[32] Shi F, Peng J J, Deng Y Q. Highly efficient ionic liquid-mediated palladium complex catalyst system for the oxidative carbonylation of amines. Journal of Catalysis, 2003, 219(2): 372-375.

[33] Kim H S, Kim Y J, Lee H, et al. Ionic liquids containing anionic selenium species: applications for the oxidative carbonylation of aniline. Angewandte Chemie, 2002, 41(22): 4300-4303.

[34] Li F, Wang Y J, Xue W, et al. Catalytic synthesis of 1,6-dicarbamate hexane over MgO/ZrO_2. Journal of Chemical Technology and Biotechnology, 2007, 82(2): 209-213.

[35] Zhang L, Li H, Li F, et al. Methoxycarbonylation of 1,6-hexanediamine with dimethyl carbonate to dimethylhexane-1,6-dicarbamate over Zn/SiO_2 catalyst. RSC Advances, 2016, 6(56): 51446-51455.

[36] Deleon R G, Kobayashi A, Yamauchi T, et al. Catalytic methoxycarbonylation of 1,6-hexanediamine with dimethyl carbonate to dimethylhexane-1,6-dicarbamate using $Bi(NO_3)_3$. Applied Catalysis A: General, 2002, 225(1-2): 43-49.

[37] Distaso M, Quaranta E. Highly selective carbamation of aliphatic diamines under mild conditions using $Sc(OTf)_3$ as catalyst and dimethyl carbonate as a phosgene substitute. Applied Catalysis B: Environmental, 2006, 66(1-2): 72-80.

[38] Li H Q, Cao Y, Li X T, et al. Heterogeneous catalytic methoxycarbonylation of 1,6-hexanediamine by dimethyl carbonate to dimethylhexane-1,6-dicarbamate. Industrial and Engineering Chemistry Research, 2013, 53(2): 626-634.

[39] Zhao L Y, He P, Wang L G, et al. Catalysts screening, optimization and mechanism studies of dimethylhexane-1,6-dicarbamate synthesis from 1,6-hexanediamine and dimethyl carbonate over $Mn(OAc)_2$ catalyst. Catalysis Today, 2017, 281: 392-401.

[40] Sun D L, Deng J R, Chao Z S. Catalysis over zinc-incorporated berlinite ($ZnAlPO_4$) of the methoxycarbonylation of 1,6-hexanediamine with dimethyl carbonate to form dimethylhexane-1,6-dicarbamate. Chemistry Central Journal, 2007, 1(1): 27.

[41] Zhou H C, Shi F, Tian X, et al. Synthesis of carbamates from aliphatic amines and dimethyl carbonate catalyzed by acid functional ionic liquids. Journal of Molecular Catalysis A: Chemical, 2007, 271(1-2): 89-92.

[42] Sun D L, Xie S J, Deng J R, et al. CH_3COONa as an effective catalyst for methoxycarbonylation of 1,6-hexanediamine by dimethyl carbonate to dimethylhexane-1,6-dicarbamate. Green Chemistry, 2010, 12(3): 483-490.

[43] Yagii T, Itokazu T, Murata K. Process for preparation of isocyanate compounds. US 5773643, 1998.

[44] Wang P, Fei Y, Li Q, et al. Effective synthesis of dimethylhexane-1,6-dicarbamate from 1,6-hexanediamine and dimethyl carbonate using 3-amino-1,2,4-triazole potassium as a solid base catalyst at ambient temperature. Green Chemistry, 2016, 18(24): 6681-6686.

[45] Baba T, Kobayashi A, Kawanami Y, et al. Characteristics of methoxycarbonylation of aromatic diamine with dimethyl carbonate to dicarbamate using a zinc acetate catalyst. Green Chemistry, 2005, 7(3): 159.

[46] Baba T, Kobayashi A, Yamauchi T, et al. Catalytic methoxycarbonylation of aromatic diamines witk dimethyl carbonate to their dicarbamates using zinc acetate. Catalysis Letters, 2002, 82(3/4): 193-197.

[47] Wang S P, Zhang G L, Ma X B, et al. Investigations of catalytic activity, deactivation, and regeneration of Pb(OAc)$_2$ for methoxycarbonylation of 2,4-toluene diamine with dimethyl carbonate. Industrial and Engineering Chemistry Research, 2007, 46(21): 6858-6864.

[48] Juárez R, Concepción P, Corma A, et al. Gold-catalyzed phosgene-free synthesis of polyurethane precursors. Angewandte Chemie, 2010, 49(7): 1286-1290.

[49] Reixach E, Bonet N, Riusruiz F X, et al. Zinc acetates as efficient catalysts for the synthesis of bis-isocyanate precursors. Industrial and Engineering Chemistry Research, 2010, 49(14): 6362-6366.

[50] Reixach E, Haak R M, Wershofen S, et al. Alkoxycarbonylation of industrially relevant anilines using $Zn_4O(O_2CCH_3)_6$ as Catalyst. Industrial and Engineering Chemistry Research, 2012, 51(50): 16165-16170.

[51] Sun S, Liang N, An H, et al. Kinetics for dimethyl toluene-2,4-dicarbamate synthesis from 2,4-diaminotoluene, urea, and methanol. Industrial & Engineering Chemistry Research, 2013, 52(23): 7684-7689.

[52] Laqua G, Schoner U, Otterbach A, et al. Method of producing organic diurethanes and/or polyurethanes and their use in the production of di and/or polyisocyanates. US6410778, 2002.

[53] Wang P, Ma Y, Liu S, et al. N-substituted carbamate synthesis using urea as carbonyl source over TiO_2-Cr_2O_3/SiO_2 catalyst. Green Chemistry, 2015, 17(7): 3964-3971.

[54] Merger F, Towae F. Process for the preparation of an aliphatic, cycloaliphatic, and/or aliphatic-cycloaliphatic di- and/or polyurethane. US4497963, 1985.

[55] Li Q F, Wang J W, Dong W S, et al. A phosgene-free process for the synthesis of methyl N-phenyl carbamate by the reaction of aniline with methyl carbamate. Journal of Molecular Catalysis A: Chemical, 2004, 212(1-2): 99-105.

[56] Zhang H, Guo X, Zhang Q, et al. Synthesis of dialkyl hexamethylenedicarbamate from 1,6-hexamethylenediamine and alkyl carbamate over Y(NO$_3$)$_3$·6H$_2$O catalyst. Journal of Molecular Catalysis A: Chemical, 2008, 296(1-2): 36-41.

[57] Guo X, Shang J, Ma X, et al. Synthesis of dialkyl hexamethylene-1,6-dicarbamate from 1,6-hexamethylenediamine and alkyl carbamate over $FeCl_3$ as catalyst. Catalysis Communications, 2009, 10(8): 1248-1251.

[58] Han B, Zhao W, Qin X, et al. Synthesis of dimethyl hexane-1,6-diyldicarbamate from 1,6-hexamethylenediamine and methyl carbamate using lead dioxide as catalyst. Catalysis Communications, 2013, 33: 38-41.

[59] Shang J, Guo X, Shi F, et al. N-substituted carbamates syntheses with alkyl carbamates as carbonyl source over Ni-promoted Fe_3O_4 catalyst. Journal of Catalysis, 2011, 279(2): 328-336.

[60] Cannon C G. Infrared frequencies of amide, urea, and urethane groups. Journal of Physical Chemistry, 1976, 80(11): 1247-1248.

[61] Hauck P, Jentys A, Lercher J A. Surface chemistry and kinetics of the hydrolysis of isocyanic acid on anatase. Applied Catalysis B: Environmental, 2007, 70(1-4): 91-99.

[62] Pei Y X, Li H Q, Liu H T, et al. Catalytic synthesis of methylene diphenyl dicarbamate in AcOH/H_2O mixed solvent. Chemical Research in Chinese Universities, 2010, 26(4): 550-553.

[63] Ikariya T, Itagaki M, Mizuguchi M, et al. Method of manufacturing diphenylmethane dicarbamic acid diesters. US 4699994, 1987.

[64] Matsunaga F, Yasuhara M. Method of condensing N-phenyl carbamates. US5079383, 1992.

[65] Zhao X, Wang Y, Wang S, et al. Synthesis of MDI from dimethyl carbonate over solid catalysts. Industrial and Engineering Chemistry Research, 2002, 41(21): 5139-5144.

[66] Lee C W, Lee S M, Park T K, et al. Acid-catalyzed condensation of methyl N-phenylcarbamate. Applied Catalysis, 1990, 66(1): 11-23.

[67] Kim S D, Lee K H. Control of regioselectivity by cation-exchanged sulfonic acid resin catalysts. Journal of Molecular Catalysis A: Chemical, 1993, 78: 237-248.

[68] 王富强, 陈彤, 马飞, 等. 硅钨酸催化合成二苯甲烷二氨基甲酸甲酯. 石油化工, 2006, 35(3): 260-263.

[69] 王贺玲, 王杲, 何国锋, 等. 磷钨酸催化合成二苯甲烷二氨基甲酸甲酯. 精细化工, 2009, 26(4): 408-411.

[70] Zhao X, Hu L, Geng Y, et al. The structure of acidified ionic liquid [emim]BF$_4$ and its catalytic performance in the reaction for 4,4'-MDC synthesis. Journal of Molecular Catalysis A: Chemical, 2007, 276(1-2): 168-173.

[71] Li F, Min R, Li J, et al. Condensation reaction of methyl N-phenylcarbamate with formaldehyde over Hβ catalyst. Industrial and Engineering Chemistry Research, 2014, 53(13): 5406-5412.

[72] Abla M, Choi J C, Sakakura T. Halogen-free process for the conversion of carbon dioxide to urethanes by homogeneous catalysis. Chemical Communications, 2001, (21): 2238-2239.

[73] Abla M, Choi J C, Sakakura T. Nickel-catalyzed dehydrative transformation of CO_2 to urethanes. Green Chemistry, 2004, 6(10): 524.

[74] Ion A, Doorslaer C V, Parvulescu V, et al. Green synthesis of carbamates from CO_2, amines and alcohols. Green Chemistry, 2008, 10(1): 111-116.

[75] Zhao B, Yao S, An H, et al. One-pot synthesis of methyln-phenyl carbamate from aniline, carbon dioxide and methanol. Journal of Chemical Technology and Biotechnology, 2014, 89(10): 1553-1558.

[76] Honda M, Sonehara S, Yasuda H, et al. Heterogeneous CeO_2 catalyst for the one-pot synthesis of organic carbamates from amines, CO_2 and alcohols. Green Chemistry, 2011, 13(12): 3406.

[77] Zhang R, Guo L, Chen C, et al. The role of Mn doping in CeO_2 for catalytic synthesis of aliphatic carbamate from CO_2. Catalysis Science and Technology, 2015, 5(5): 2959-2972.

[78] Yoshida Y, Inoue S. A direct synthesis of carbamic ester from carbon dioxide, vinyl ether and amine. Chemistry Letters, 1977, 6(11): 1375-1376.

[79] Yoshida Y, Ishii S, Yamashita T. A direct synthesis of carbamate ester prom carbon dioxide, amine and alkyl halide. Chemistry Letters, 1984, 13(9): 1571-1572.

[80] Yoshida Y, Ishii S, Watanabe M, et al. Novel synthesis of carbamate ester from carbon dioxide, amines, and alkyl halides. Bulletin of the Chemical Society of Japan, 1989, 62(5): 1534-1538.

[81] Ishii S, Nakayama H, Yoshida Y, et al. Novel synthesis of carbamic ester from carbon dioxide, amine, and ortho ester. Bulletin of the Chemical Society of Japan, 1989, 62(2): 455-458.

[82] Chaturvedi D, Ray S. Triton-B catalyzed, efficient, one-pot synthesis of carbamate esters from alcoholic tosylates. Monatshefte für Chemie-Chemical Monthly, 2006, 137(4): 459-463.

[83] Yoshida Y, Inoue S. A direct synthesis of monocarbamic ester of 1,2-diol from carbon dioxide, epoxide and amine. Chemistry Letters, 1978, 7(2): 139-140.

[84] Yoshida Y, Inoue S. Synthesis of carbamic ester by a reaction of carbon dioxide, tetrakis(dimethylamido) titanium(IV) and epoxide. Bulletin of the Chemical Society of Japan, 1978, 51(2): 559-560.

[85] Asano T, Saito N, Ito S, et al. Formation of carbamate derivatives by reaction of chloromethyloxirane or phenyloxirane with carbon dioxide and aliphatic amines. Chemistry Letters, 1978, 7(3): 311-312.

[86] Shang J, Guo X, Li Z, et al. CO_2 activation and fixation: highly efficient syntheses of hydroxy carbamates over Au/Fe_2O_3. Green Chemistry, 2016, 18(10): 3082-3088.

[87] Li J, Qi X, Wang L, et al. New attempt for CO_2 utilization: one-pot catalytic syntheses of methyl, ethyl and n-butyl carbamates. Catalysis Communications, 2011, 12(13): 1224-1227.

[88] Waldman T E, McGhee W D. Isocyanates from primary amines and carbon dioxide: 'dehydration' of carbamate anions. Journal of the Chemical Society, Chemical Communications, 1994, (8): 957-958.

[89] Wang L, Shang J, Liu S, et al. Environmentally benign and effective syntheses of N-substituted carbamates via alcoholysis of disubstituted ureas over TiO_2/SiO_2 catalyst. Pure and Applied Chemistry, 2011, 84(3): 461-471.

[90] Shang J, Liu S, Ma X, et al. A new route of CO_2 catalytic activation: syntheses of N-substituted carbamates from dialkyl carbonates and polyureas. Green Chemistry, 2012, 14(10): 2899.

[91] Wang P, Ma X, Li Q, et al. Green synthesis of polyureas from CO_2 and diamines with a functional ionic liquid as the catalyst. RSC Advances, 2016, 6(59): 54013-54019.

[92] Li Q, Wang P, Liu S, et al. Catalytic degradation of polyurea: synthesis of N-substituted carbamates with CuOZnO as the catalyst. Green Chemistry, 2016, 18(22): 6091-6098.

[93] 孙大雷, 黄振荣, 黄宇嘉, 等. 氨基甲酸酯裂解制 HDI 热力学分析. 天然气化工, 2013, 38(2): 56-59.

[94] Bohmholdt G, Disteldorf J, Kirchner P, et al. Circulation process for the production of aliphatic and cycloaliphatic diisocyanates. US5087739, 1992.

[95] Tsujimoto T, Okawa T. Process for producing urethane compound. US5391805, 1995.

[96] Delamater G, Herrick E, Milligan B. Isocyanates from urethanes. US3870739, 1975.

[97] Hammen G, Knofel H, Friederichs W, et al. Process for the preparation of polyisocyanates. US5043471, 1991.

[98] Schleenstein D, Rasp C, Ronge G, et al. Heat exchange media for the thermal cracking of carbamic acid esters. US5883291, 1999.

[99] Hyun M J, Shin M, Kim Y J, et al. Phosgene-free decomposition of dimethylhexane-1,6-dicarbamate over ZnO. Research on Chemical Intermediates, 2015, 42(1): 57-70.

[100] Dai Y, Wang Y, Yao J, et al. Phosgene-free synthesis of phenyl isocyanate by catalytic decomposition of methyl n-phenyl carbamate over Bi_2O_3 catalyst. Catalysis Letters, 2008, 123(3-4): 307-316.

[101] Dai Y S, Wang Y, Wang Q Y, et al. Preparation and catalytic performance of Bi-Zn composite oxide catalysts for decomposition of methyl N-phenyl carbamate. Chinese Journal of Catalysis, 2009, 30(11): 1131-1136.

[102] Wang Q Y, Kang W K, Zhang Y, et al. Solvent-free thermal decomposition of methylenediphenyl di(phenylcarbamate) catalyzed by nano-Cu_2O. Chinese Journal of Catalysis, 2013, 34(3): 548-558.

[103] Rosenthal R, Zajacek J G. Catalytic production of isocyanates fromesters of carbamic acid. US3919279, 1975.

[104] Sun D L, Luo J Y, Wen R Y, et al. Phosgene-free synthesis of hexamethylene-1,6-diisocyanate by the catalytic decomposition of dimethylhexane-1,6-dicarbamate over zinc-incorporated berlinite ($ZnAlPO_4$). Journal of Hazardous Materials, 2014, 266: 167-173.

[105] Spohn R J. Production of isocyanates from esters of aromatic carbamic acids (urethanes). US4487713, 1984.

[106] Dai Y S, Wang Y, Yao J, et al. Study on organotin-catalyzed decomposition of methyl N-phenyl carbamate. Acta Chimica Sinica, 2007, 65(11): 1064-1070.

[107] Henson T R, Timberlake J E. Preparation of organic isocyanates. US4294774, 1981.

[108] Okawa T, Aoki T, Matsunaga H, et al. Process for producing isocyanates. US5502244, 1996.

[109] Uriz P, Serra M, Salagre P, et al. A new and efficient catalytic method for synthesizing isocyanates from carbamates. Tetrahedron Letters, 2002, 43(9): 1673-1676.

[110] Miranda C S, Cabrero C C, Gutierrez E F, et al. Isocyanate production procedure. US6639101, 2003.

[111] Hallett J P, Welton T. Room-temperature ionic liquids: solvents for synthesis and catalysis. 2. Chemical Reviews, 2011, 111(5): 3508-3576.

[112] Pârvulescu V I, Hardacre C. Catalysis in ionic liquids. Chemical Reviews, 2007, 107(6): 2615-2665.

[113] 韩云香, 刘士民, 王培学, 等. 热分析法研究离子液体催化体系中氨基甲酸酯热裂解合成异氰酸酯. 分子催化, 2016, 30(4): 297-306.
[114] Deng Y, Guo X, Shi F, et al. Method for preparing isocyanates by liquid-phase thermal cracking. US8809574, 2014.
[115] 何国锋, 王贺玲, 田恒水. 氨基甲酸酯热分解制备异氰酸酯的研究进展. 第十届中国科协年会第 18 分会场——二氧化碳减排和绿色化利用与发展研讨会论文集, 2008: 240-243.
[116] Shinohata M, Miyake N. Isocyanate production process using composition containing carbamic acid ester and aromatic hydroxy compound, and composition for transfer and storage of carbamic acid ester. US9056819, 2015.

第 7 章
展　　望

　　无论是催化科学技术还是绿色催化的研究发展均要跟着发展趋势走。什么是发展趋势？从国际上讲，就是以巴黎气候协议（Paris Climate Agreement）为代表的人类可持续发展和发展低碳绿色经济及能源转型理念和共识的建立；从国内十九大召开确定的有关精神，那就是要绿水青山、美丽中国。这些强有力的政治推动力，加上催化科学技术不断凝练和提升的内在需要，必将极大地促进绿色催化的研究发展。

　　未来绿色催化如何发展？绿色催化的未来必然围绕研究发展本质对环境无害的同时具备高的催化性能的催化剂体系，实现绿色催化材料、绿色催化反应和绿色催化方法三者的协同与匹配。简言之，就是既绿又专。从科学研究层面上，在本书的绪论中有关绿色催化科学问题的论述中应该已部分回答了这个问题，即绿色催化材料的设计与构建。从以往以高催化性能导向或新结构组成导向的催化材料的设计与构建转向以本质绿色导向的催化材料的设计与构建。当然，研发过程中必须解决好既绿又专、绿色优先的难题。

　　绿色催化的研究发展从根本上讲依赖于催化的基本理论与基础研究的发展。由于实验认知方面的局限性，传统的多相催化与均相的基本理论与概念如吸脱附、活化能、活性中心、配位、络合、亲核、亲电等一直处在一种粗略描述的水平。围绕催化活性位点、助催化、配体、介质、反应物及中间产物等的微环境中存在着复杂的多重的弱或二次相互作用。这种复杂的多重的弱相互作用可能在催化的活性和选择性也起到关键作用。现代超算方法在绿色催化剂体系、绿色催化反应及机理在高分辨的时间、空间和能量水平上的设计、认知方面无疑将发挥试验手段不能替代的作用。

　　从人类社会发展的需求来看，随着燃料和化学品从化石原料朝可再生资源转变的趋势看，以可再生资源为原料的反应转化过程已经出现。以面向可再生资源为原料的反应转化为导向的新的绿色催化反应必将得到进一步的重视和发展。同时，合成具有无毒或低毒、可生物降解的"绿色"化学品的需求正在上升，以面向合成具有无毒或低毒、可生物降解的"绿色"化学品为导向的新的绿色催化反应必将得到进一步的重视和发展。

　　科学技术的终极目标和价值在于应用，对于绿色催化来说更是如此。只有实现清洁工艺改造，绿色催化才能在催化科学技术领域中占一席之地。目前工业上污染严重的催化反应技术与工艺，如强腐蚀和严重污染环境的氢氟酸、浓硫酸、汞、铅催化剂、光气工艺等均为西方国家早期发展建立起来的。在研究发展的新的绿色催化反应技术与工艺方面，正在崛起的中国应具有后发优势。当然，指出一种催化及反应过程的污染很容易，但给出没有任何污染的替代选择很难。这都需要绿色催化不断丰富内涵和扩大外延，在颠覆性创新思维的同时融合与重构也是必不可少的。例如，将均相催化的高活性与多相催化易于分离的各自优点适当融合，构建宏观多相微观均相的催化剂体系；非传统催化与化工催化思维的发展等。这其中似乎也存在诸多瓶颈有待认识和突破。

在这快速发展的新时代里，人们对美好生活的向往正在达到前所未有的高度。传统化学形成的污染和副作用的现实与今天美丽中国的要求反差似乎愈加凸显，催化乃至整个化学再不能停留在"没有化肥，没有合成药物人类生存和寿命都存在严重问题"的自我陶醉和开脱的状态中。所以，绿色催化任重道远。

附 录

离子液体结构：

阳离子：

[EMIm] [PrMIm] [BMIm] [HMIm] [OMIm]

[DMIm] [C₁₆MIm] [BMMIm] [BEMIm] [BPy]

[N₂₂₂₂] [N₄₄₄₄] [Et₃NH] [Ch] [P₄₄₄₄]

[BMImOH] [PSO₂ClEIm] [PSO₃HMIm] [BSO₃HMIm]

[PSO₃HNEt₃] [BSO₃HNMe₃] [MIm] [BIm] [BSO₃HPy]

[(PSO₃H)₂Im] [BnMIm] [NHC] [DSO₃HIm]

[DPySO₃H] [Bis-BSO₃HImD] [N₁₁₆,₆N₁₁]

阴离子:

[BF4] [PF6] [SbF6] [OTf] [TFSI]

[DCA] [MeSO4] [EtSO4] [OcSO4] [OAc]

[HSO4] [C17COO] [PhSO3] [p-CH3C6H4SO3] [Ph2P(3-C6H4SO3)]